Mareike Kroll
Gesundheitliche Disparitäten im urbanen Indien

**MEGACITIES AND GLOBAL CHANGE**
**MEGASTÄDTE UND GLOBALER WANDEL**
herausgegeben von

Frauke Kraas, Jost Heintzenberg, Peter Herrle und Volker Kreibich

———————

Band 6

Mareike Kroll

# Gesundheitliche Disparitäten im urbanen Indien

Auswirkungen des sozioökonomischen Status auf die Gesundheit in Pune

Franz Steiner Verlag

Gedruckt mit freundlicher Unterstützung der Deutschen Forschungsgemeinschaft

Umschlagabbildung:
Kamgar Putala Slum, Pune © Mareike Kroll

Bibliografische Information der Deutschen Nationalbibliothek:
Die Deutsche Nationalbibliothek verzeichnet diese Publikation in der Deutschen
Nationalbibliografie; detaillierte bibliografische Daten sind im Internet über
<http://dnb.d-nb.de> abrufbar.

Dieses Werk einschließlich aller seiner Teile ist urheberrechtlich geschützt.
Jede Verwertung außerhalb der engen Grenzen des Urheberrechtsgesetzes
ist unzulässig und strafbar.
© 2013 Franz Steiner Verlag, Stuttgart
Druck: AZ Druck und Datentechnik, Kempten
Gedruckt auf säurefreiem, alterungsbeständigem Papier.
Printed in Germany.
ISBN 978-3-515-10282-7

# INHALTSVERZEICHNIS

VORWORT .................................................................................................. 11

1. EINLEITUNG ........................................................................................ 13

2. URBANISIERUNG UND GESUNDHEIT ........................................... 17
   2.1 (Urbane) Gesundheit ........................................................................ 19
      2.1.1 Gesundheitsbegriff und Gesundheitsdeterminanten ................ 20
      2.1.2 Urbane Gesundheit und Geographische Gesundheitsforschung ...... 25
   2.2 Urbanisierung und Gesundheit in Indien ......................................... 31
      2.2.1 Der Urbanisierungsprozess in Indien ...................................... 31
      2.2.2 Urbane sozioökonomische Disparitäten in Indien ................... 34
      2.2.3 Urbane Gesundheit in Indien ................................................... 38
   2.3 Pune – der Untersuchungsraum ....................................................... 40

3. GESUNDHEITLICHE DISPARITÄTEN: STAND DER FORSCHUNG UND ANALYSEANSÄTZE ................................................................. 45
   3.1 Sozioökonomische und gesundheitliche Disparitäten ...................... 45
      3.1.1 Gesellschaftliche Strukturen und sozioökonomische Disparitäten .. 46
      3.1.2 Gesundheitliche Disparitäten: Begriffsklärung und Stand der Forschung ............................................................................... 48
   3.2 Analyseebene: Erklärungsansätze gesundheitlicher Disparitäten ............... 54
      3.2.1 Ansätze zur Bewertung von Gesundheit und Analyse von Gesundheitsdeterminanten ...................................................... 54
      3.2.2 Erklärungsansätze gesundheitlicher Disparitäten .................... 58
   3.3 Eigener Ansatz zur Analyse gesundheitlicher Disparitäten ...................... 66

4. METHODIK ........................................................................................... 71
   4.1 Empirische Herangehensweise ......................................................... 71
   4.2 Angewendete Methoden ................................................................... 74
   4.3 Auswahl der Untersuchungsgebiete ................................................. 80
   4.4 Methodenkritik ................................................................................. 84
      4.4.1 Kritische Reflexion des Analyserahmens ................................ 84
      4.4.2 Forschungsfriktionen: Sekundärdatenverfügbarkeit in Pune ........... 87

## 5. EMPIRISCHE ANALYSE GESUNDHEITLICHER DISPARITÄTEN IN PUNE ... 91

5.1 Sozioökonomischer Status in den Untersuchungsgebieten ... 91
5.2 Gesundheitsdeterminanten in den Untersuchungsgebieten ... 104
    5.2.1 Materielle Faktoren ... 106
    5.2.2 Ökologische Faktoren ... 121
    5.2.3 Psychosoziale Faktoren ... 130
    5.2.4 Verhaltensbezogene Faktoren ... 147
5.3 Prävalenz der Indikatorerkrankungen in den Untersuchungsgebieten ... 171
    5.3.1 Malaria, Denguefieber und Chikungunya ... 171
    5.3.2 Gastrointestinale Erkrankungen ... 181
    5.3.3 Tuberkulose ... 188
    5.3.4 Chronische Atemwegserkrankungen ... 196
    5.3.5 Kardiovaskuläre Erkrankungen ... 206
    5.3.6 Diabetes mellitus Typ 2 ... 210
5.4 Epidemiologischer Wandel in Pune ... 222
    5.4.1 Veränderungen in der Mortalität ... 222
    5.4.2 Veränderungen in der Morbidität ... 229
    5.4.3 Epidemiologische Diversifizierung in Pune ... 233
5.5 Synthese: Gesundheitliche Disparitäten in Pune ... 235
    5.5.1 Gesundheitsdeterminanten: Risikotransition ... 237
    5.5.2 Morbidität und epidemiologischer Wandel ... 240
    5.5.3 Erweiterte Definition gesundheitlicher Disparitäten ... 248
5.6 Stellenwert gesundheitlicher Disparitäten in der Öffentlichen Gesundheit ... 250
    5.6.1 Nationale Gesundheitsprogramme ... 250
    5.6.2 Funktion von Nichtregierungsorganisationen ... 254

## 6. GESUNDHEITLICHE DISPARITÄTEN: EINE ABSCHLIESSENDE BETRACHTUNG ... 257

## LITERATURVERZEICHNIS ... 265

## ANHANG ... 277

Anhang A: Verzeichnis der geführten Interviews ... 277
Anhang B: Fotografische Dokumentation der Untersuchungsgebiete ... 281

# ABBILDUNGSVERZEICHNIS

| | | |
|---|---|---|
| Abb. 1: | Aufbau der vorliegenden Arbeit | 15 |
| Abb. 2: | Globale Entwicklung der urbanen Bevölkerung | 17 |
| Abb. 3: | Urbane Fragmentierung | 19 |
| Abb. 4: | Gesundheitsdeterminanten im Mehrebenenmodell | 22 |
| Abb. 5: | Konzeptioneller Rahmen für die Analyse urbaner Gesundheit | 28 |
| Abb. 6: | DPSEEA-Modell der WHO | 29 |
| Abb. 7: | Konzepte zum epidemiologischen Wandel | 30 |
| Abb. 8: | Der Urbanisierungsprozess in Indien | 32 |
| Abb. 9: | Indische Einkommensgruppen nach dem McKinsey Global Institute | 37 |
| Abb. 10: | Bevölkerungswachstum in Pune von 1950 bis 2020 | 41 |
| Abb. 11: | Lage Punes und ökonomische Cluster in Pune und Pimpri-Chinchwad | 42 |
| Abb. 12: | Zusammenhang zwischen Sozialstrukturen und Gesundheitsstatus | 47 |
| Abb. 13: | Definitionselemente von gesundheitlichen Disparitäten | 48 |
| Abb. 14: | Synthese aus epidemiologischem Dreieck und Dreieck aus Zeit, Raum und Person | 56 |
| Abb. 15: | Modell gesundheitlicher Ungleichheit bzw. Disparitäten nach Elkeles und Mielck (1997) | 59 |
| Abb. 16: | Forschungsdesign zur Analyse gesundheitlicher Disparitäten | 66 |
| Abb. 17: | Ansatz zur Analyse der Gesundheitsdeterminanten | 67 |
| Abb. 18: | Methodischer Rahmen | 72 |
| Abb. 19: | Verlauf des Forschungsprozesses mit Anzahl der geführten Interviews | 73 |
| Abb. 20: | Lage der Untersuchungsgebiete in Pune | 82 |
| Abb. 21: | Nettoäquivalenzeinkommen der Haushalte nach Quintilen | 92 |
| Abb. 22: | Beurteilung der heutigen Einkommenssituation im Vergleich zu zehn Jahren zuvor | 96 |
| Abb. 23: | Höchster Bildungsabschluss des Haushaltsvorstands | 97 |
| Abb. 24: | Höchster Bildungsabschluss der 25- bis 30-Jährigen | 97 |
| Abb. 25: | Darstellung der Berufsgruppen nach NCO-Klassifikation | 101 |
| Abb. 26: | Untersuchungsgebiete nach Quintilen des Standard of Living-Index | 103 |
| Abb. 27: | Bevölkerungsstruktur der sechs Untersuchungsgebiete | 105 |
| Abb. 28: | Durchschnittliche Anzahl der Personen pro (Schlaf-)Raum | 108 |
| Abb. 29: | Wasserversorgung heute und vor zehn Jahren | 119 |
| Abb. 30: | Luftverschmutzung in Pune nach Stadtteilen | 128 |
| Abb. 31: | Ergebnisse des WHO-5-Index zum Wohlbefinden | 131 |
| Abb. 32: | Stressbelastung: Anteil der Befragten, die in den letzten zwei Wochen stark oder sehr stark an genannten Symptomen gelitten haben | 132 |
| Abb. 33: | Bewertung des eigenen Gesundheitsstatus | 133 |

Abb. 34: Durchschnittliche Anzahl der täglich pro Kopf verzehrten Obst- und Gemüseportionen pro Haushalt..........................................148
Abb. 35: Unter- und Übergewicht nach dem Body Mass Index......................149
Abb. 36: Altersstandardisierte Häufigkeit verschiedener sportlicher Aktivitäten......................................................................................158
Abb. 37: Alkoholkonsum von Frauen und Männern.........................................162
Abb. 38: Auswirkungen und Wechselwirkungen von Alkoholkonsum in betroffenen Haushalten in Slums......................................................165
Abb. 39: Tabakkonsum von Frauen und Männern............................................166
Abb. 40: Selbstberichtete altersstandardisierte Prävalenz von Malaria, Denguefieber und Chikungunya........................................................173
Abb. 41: Ätiologische Matrix: Malaria..............................................................180
Abb. 42: Selbstberichtete altersstandardisierte Prävalenz von gastrointestinalen Erkrankungen und Schmerzen im Bauchraum.......182
Abb. 43: Ätiologische Matrix: Gastrointestinale Erkrankungen.......................186
Abb. 44: Ätiologische Matrix: Tuberkulose......................................................192
Abb. 45: Selbstberichtete altersstandardisierte Prävalenz von COPD und Asthma .......................................................................................198
Abb. 46: Ätiologische Matrix: Chronische Atemwegserkrankungen.................201
Abb. 47: Selbstberichtete altersstandardisierte Prävalenz von Hypertension ....207
Abb. 48: Selbstberichtete altersstandardisierte Prävalenz von Diabetes Typ 2 .211
Abb. 49: Ätiologische Matrix: Diabetes Typ 2..................................................215
Abb. 50: Führende Todesursachen in Pune 1991/92 und 2000 bis 2006 nach Kapiteln der ICD 10 .........................................................................223
Abb. 51: Schematische Darstellung des epidemiologischen Wandels in Pune..234
Abb. 52: Konzeptionelle Betrachtung gesundheitlicher Disparitäten................249
Abb. 53: Strategien von NGOs im Gesundheitsbereich....................................254

## TABELLENVERZEICHNIS

| | | |
|---|---|---|
| Tab. 1: | Erklärungsansätze gesundheitlicher Disparitäten im Überblick | 63 |
| Tab. 2: | Besitz ausgewählter Güter in den Untersuchungsgebieten | 93 |
| Tab. 3: | Gewichtung bestimmter Strukturelemente und Güter nach dem Standard of Living-Index | 102 |
| Tab. 4: | Haushalte mit konsolidierten Strukturen in den drei Slumgebieten | 106 |
| Tab. 5: | Ergebnisse der Trinkwasseranalyse nach der MPN-Methode | 118 |
| Tab. 6: | WHO-5-Fragebogen zum Wohlbefinden | 131 |
| Tab. 7: | Selbstberichtete Asthma-Prävalenz nach Altersgruppen | 198 |
| Tab. 8: | Selbstberichtete Diabetes-Prävalenz nach Altersgruppen | 213 |
| Tab. 9: | Führende einzelne Todesursachen in Pune 1991 und 2006 im Vergleich | 225 |
| Tab. 10: | Mortalität durch Indikatorerkrankungen 1991, 1992, 2000, 2005 und 2006 | 226 |
| Tab. 11: | Todesfälle nach selbstberichteten Ursachen in den Untersuchungsgebieten | 227 |
| Tab. 12: | Todesfälle nach Altersgruppen in den Untersuchungsgebieten | 228 |
| Tab. 13: | Exposition zu gesundheitlichen Risiko- und Schutzfaktoren in unterschiedlichen sozioökonomischen Gruppen | 237 |

# VORWORT

Mein Interesse an urbaner Gesundheit wurde bereits während der Feldforschung für meine Diplomarbeit geweckt, als ich Müllsammlerinnen der Gewerkschaft KKPKP in Pune bei ihrer Arbeit begleitete und beobachtete, wie sie ihren mageren Lebensunterhalt aus dem „Wohlstandsmüll" der aufstrebenden Mittelschicht bestreiten. Dabei war offensichtlich, dass nicht nur die Lebenswelten zwischen diesen beiden Gruppen an der oberen und unteren Stufe der urbanen Gesellschaft enorm variieren, sondern dass ihre Lebensweisen auch ganz unterschiedliche gesundheitliche Implikationen haben.

Die vorliegende Dissertation wurde mit der Genehmigung der Mathematisch-Naturwissenschaftlichen Fakultät der Universität zu Köln am Geographischen Institut unter Betreuung von Prof. Dr. Frauke Kraas und Prof. Dr. Boris Braun angefertigt. Die Disputation fand am 15. Juni 2012 statt.

Mein ganz herzlicher Dank geht an Prof. Dr. Frauke Kraas, die mich mit meiner Forschungsidee von Anfang an unterstützt und dieses Projekt ermöglicht hat, für die vertrauensvolle Zusammenarbeit. Die Arbeit in Pune wäre jedoch auch ohne die Unterstützung durch das Bharati Vidyapeeth Institute of Environment Education and Research in Pune niemals möglich gewesen, die mir immer mit Rat und Tat zur Seite standen; insbesondere Prof. Dr. Erach Bharucha bin ich für seine Unterstützung zu tiefstem Dank verpflichtet. Zudem wäre diese Arbeit ohne die Bereitschaft der vielen Bürger in Pune, der Ärzte und NGO-Mitarbeiter, an den z.T. sehr langwierigen Befragungen teilzunehmen, nicht zustande gekommen. Ihnen möchte ich für die vielen offenen Gespräche und den meist unkomplizierten Zugang danken.

Des Weiteren standen mir während des Forschungsprozesses sowie beim Verfassen der Arbeit zahlreiche Kollegen und Freunde aus Köln mit konstruktiver Kritik und moralischer Unterstützung zur Seite. Mein ganz besonderer Dank geht an Carsten Butsch für die vertrauensvolle Zusammenarbeit sowie an Gerrit Peters, Sara Madjlessi-Roudi und Tine Trumpp für die kritische Durchsicht der Arbeit.

Nicht zuletzt möchte ich mich auch bei Prof. Dr. Boris Braun für die Übernahme der Zweitbegutachtung bedanken sowie bei der DFG, die diese Studie in Teilen finanziert hat.

Köln, im Mai 2012
Mareike Kroll

*„without health nothing is of any use,
not money nor anything else"*
(Democritus, 5. Jh. v. Chr.)

# 1. EINLEITUNG

Uma ist 20 Jahre alt und lebt mit ihrem Ehemann Nagesh in einem informellen Slum in Pune in einer Hütte aus Plastikplanen und Sperrholzplatten, ohne Wasser- oder Stromanschluss, ohne sanitäre Anlagen. Uma ist schwanger, sie hatte bereits eine Fehlgeburt, bei der sie 20.000 Rupees für eine lebenswichtige Operation bezahlen mussten. Ihr Mann arbeitet als Bauarbeiter auf einer Baustelle und verdient etwa 3.000 Rupees pro Monat, umgerechnet ca. 43 Euro. Meena, 24 Jahre alt, lebt mit ihren Eltern in einem geräumigen Bungalow etwa einen Kilometer von Uma entfernt. Sie studiert an der Pune University; zurzeit macht Meena ein Praktikum bei einer deutsch-indischen Handelsorganisation in Deutschland. Sana, 18 Jahre alt, lebt in einem registrierten Slum in einem anderen Stadtteil, der um einen Schlachthof gewachsen ist. Sie ist mit Nadeem verheiratet und hat eine zweijährige Tochter. Sie macht gerade ihren Highschool-Abschluss und möchte später im Handelsbereich arbeiten. Abgesehen von ihrem Alter haben diese drei jungen Frauen, die alle an einem Haushaltssurvey in Pune teilnahmen, wenig gemeinsam. Dieser knappe Einblick in ihre Lebensweisen zeigt jedoch, wie stark diese variieren, und lässt bereits erahnen, mit welchen gesundheitlichen Implikationen diese verbunden sind.

Der Grad sozioökonomischer Disparitäten scheint mit der Größe einer Stadt zu wachsen, wobei diese in Schwellenländern ohne soziale Sicherungssysteme besonders stark ausfallen. Etablierte und entstehende Megastädte stehen daher hinsichtlich der urbanen Gesundheit vor besonderen Herausforderungen, die im Zuge des rapiden Urbanisierungsprozesses in Asien an Dringlichkeit gewinnen: Während lebensstil- und umweltinduzierte Erkrankungen wie Diabetes und Asthma zunehmen, sind infektiöse Erkrankungen wie gastrointestinale Erkrankungen oder Malaria immer noch prävalent bzw. gewinnen wieder an Bedeutung. Zudem steigt die Prävalenz neuer Infektionskrankheiten wie HIV/AIDS, was ebenfalls die Fortschritte bei der Bekämpfung alter Infektionskrankheiten wie der Tuberkulose gefährdet, welche zusätzlich durch die Zunahme von Medikamentenresistenzen erschwert wird. Einzelne Erkrankungen können aufgrund der vielfältigen Interdependenzen genauso wenig isoliert voneinander betrachtet werden wie sozioökonomische Bevölkerungsgruppen, wobei Letztere in Abhängigkeit von ihrem sozioökonomischen Status unterschiedliche Suszeptibilitäten (Anfälligkeiten) aufweisen. Eine gute Gesundheit ist jedoch die wichtigste Grundlage für den Menschen, um sein Leben selbstbestimmt gestalten zu können. Ein Abbau von Disparitäten in megaurbanen Gesellschaften wird daher ohne die Adressierung urbaner Gesundheitsprobleme nicht möglich sein.

## Forschungsfrage

Ziel des Forschungsvorhabens ist es, vor dem Hintergrund politischer Steuerungsprobleme, zunehmender ökologischer und infrastruktureller Überlastungserscheinungen sowie gesellschaftlicher Fragmentierungsprozesse in den Megastädten der Schwellenländer zu untersuchen, wie sich diese Prozesse auf den Gesundheitsstatus verschiedener sozioökonomischer Bevölkerungsgruppen in der entstehenden Megastadt Pune auswirken. Dem Forschungsprojekt liegt die Annahme zugrunde, dass sich die Lebensbedingungen durch die hohe Urbanisierungsdynamik im Schwellenland Indien insbesondere in den entstehenden Megastädten rapide verändern, mit weitreichenden Auswirkungen auf die Gesundheit der Bevölkerung. Dabei sind verschiedene sozioökonomische Gruppen in unterschiedlichem Ausmaß Gesundheitsrisiken ausgesetzt bzw. haben ungleichen Zugang zu gesundheitsfördernden Maßnahmen, was die gesundheitlichen Disparitäten innerhalb der megaurbanen Gesellschaft verschärft. Es wird angenommen, dass die in der Literatur häufig zu findende Argumentation – die wohlhabende Bevölkerung würde überwiegend an chronischen und Armutsgruppen überwiegend an infektiösen Erkrankungen leiden – in Pune nicht zuletzt aufgrund komplexer Urbanisierungsprozesse und Interdependenzen so nicht mehr zutrifft. Die Forschung richtete sich an der folgenden zentralen Leitfrage aus:

> Inwiefern bestehen gesundheitliche Disparitäten zwischen verschiedenen sozioökonomischen Bevölkerungsgruppen in Pune in Bezug auf die Exposition zu gesundheitlichen Risiko- und Schutzfaktoren und den Gesundheitsstatus?

Da Gesundheit das Ergebnis verschiedener kumulativ wirkender Faktoren ist, kann sie nicht losgelöst von Entwicklungsprozessen betrachtet werden. Daher soll basierend auf einer Querschnitts- und Longitudinalstudie die Teilfrage beantwortet werden, inwiefern der epidemiologische Wandel in Pune zu einer Verschärfung oder Abmilderung gesundheitlicher Disparitäten führt. Darauf basierend erfolgt abschließend eine Bewertung der politischen Implikationen, die sich aus den gesundheitlichen Disparitäten ergeben und der Maßnahmen, die im öffentlichen Gesundheitssektor und von weiteren Akteuren zum Abbau dieser Disparitäten ergriffen werden.

Damit ist das Forschungsprojekt an drei verschiedene geographische Forschungsdisziplinen auf unterschiedlichen Ebenen angekoppelt: die Megastadtforschung und die Geographische Entwicklungsforschung mit regionalem Fokus auf Indien, die beide eine starke Raum- und Prozessorientierung aufweisen, sowie die Geographische Gesundheitsforschung, die ebenfalls raumwirksame Entwicklungen zur Analyse von Krankheit und Gesundheit in verschiedenen Bevölkerungsgruppen betrachtet.

## Aufbau der Arbeit

Die vorliegende Arbeit ist in drei Teile gegliedert (Abb. 1): Kapitel 2 und 3 bilden den theoretisch-konzeptionellen Rahmen der Arbeit um die beiden zentralen Themenkomplexe Urbanisierung und Gesundheit. Nach einer kurzen einführenden Betrachtung zu Chancen und Risiken der Megaurbanisierung werden in Kapitel 2.1 der Gesundheitsbegriff erläutert, gesundheitsdeterminierende Faktoren betrachtet sowie die Forschungsdisziplinen Urbane Gesundheit und Geographische Gesundheitsforschung vorgestellt. Anschließend erfolgt in Kapitel 2.2 auf regionaler Ebene eine Skizzierung des Urbanisierungsprozesses in Indien und der damit einhergehenden gesellschaftlichen und gesundheitlichen Implikationen sowie in Kapitel 2.3 eine Vorstellung des Untersuchungsraums Pune. Kapitel 3 widmet sich dem Stand der Forschung und Analyseansätzen zu gesundheitlichen Disparitäten: Zunächst werden in Kapitel 3.1 Ansätze zur Abgrenzung unterschiedlicher Sozialgruppen beleuchtet, der Begriff gesundheitliche Disparitäten erörtert und der Stand der Forschung in dem interdisziplinären Forschungsfeld dargelegt. Kapitel 3.2 dient der Darstellung verschiedener Analyseansätze zu gesundheitlichen Determinanten und gesundheitlichen Disparitäten. Darauf basierend erfolgt in Kapitel 3.3 die Vorstellung des eigenen Analyserahmens für den empirischen Teil der vorliegenden Arbeit.

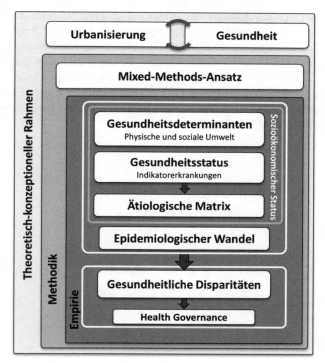

*Abb. 1: Aufbau der vorliegenden Arbeit (Entwurf: M. Kroll)*

In Kapitel 4 wird die methodische Herangehensweise erläutert, die einem Mixed-Methods-Ansatz folgt. Nach einer Darlegung der empirischen Herangehensweise, der einzelnen Methoden und der Auswahl der Untersuchungsgebiete erfolgt eine Methodenkritik, die sich zum einen auf den angewendeten methodischen Analyserahmen erstreckt, zum anderen auf die mangelhafte Sekundärdatenverfügbarkeit in Pune als Forschungsfriktion.

Kapitel 5 beinhaltet den empirischen Teil dieser Arbeit, der in sechs Teilkapitel untergliedert ist: Nach einer Darstellung der sozioökonomischen Profile der Untersuchungsgebiete erfolgt eine Beschreibung und Bewertung der Ausprägung einzelner Gesundheitsdeterminanten der physischen (Kontext) und sozialen (Komposition) Umwelt. Die Bewertung des Gesundheitsstatus in Kapitel 5.3 vollzieht sich anhand sechs ausgewählter Erkrankungen, die als Indikatoren sowohl soziale als auch ökologische Veränderungsprozesse im Zuge der Urbanisierung anzeigen: Gastrointestinale Erkrankungen und Tuberkulose sind an die Infrastrukturausstattung, die Umwelthygiene und den sozioökonomischen Status gekoppelt, Malaria und chronische Atemwegserkrankungen können als Indikatoren für Umweltveränderungen betrachtet werden, kardiovaskuläre Erkrankungen und Diabetes Typ 2 als Indikatoren für veränderte Lebensweisen. Die Analyse der Suszeptibilität gegenüber diesen Erkrankungen in Abhängigkeit vom sozioökonomischen Status erfolgt in einer ätiologischen[1] Matrix, in der gesundheitliche Risiko- und Schutzfaktoren in Bezug auf die jeweiligen Erkrankungen analysiert werden. Kapitel 5.4 widmet sich der Analyse des epidemiologischen Wandels in Pune anhand von Primär- und Sekundärdaten. In der Synthese in Kapitel 5.5 erfolgt eine abschließende Bewertung gesundheitlicher Disparitäten in Pune sowie eine konzeptionelle Betrachtung. Abschließend werden die Implikationen gesundheitlicher Disparitäten für die Öffentliche Gesundheit auf der Ebene der Health Governance diskutiert. Die wichtigsten Ergebnisse der Arbeit werden in einem Fazit in Kapitel 6 zusammengefasst, das mit den aus der Arbeit ableitbaren Handlungsempfehlungen und Forschungsdesiderata schließt.

---

1 Die Ätiologie ist die Lehre von den Krankheitsursachen.

## 2. URBANISIERUNG UND GESUNDHEIT

Städte als Lebensräume haben vielschichtige Auswirkungen auf den Gesundheitsstatus ihrer Bevölkerung. Die fortschreitende globale Urbanisierung als irreversibler Prozess verändert sowohl die physische Umwelt als auch das soziale Gefüge menschlicher Gesellschaften nachhaltig (Sanchez et al. 2005). Der Urbanisierungsprozess wird dabei zunehmend durch globale wirtschaftliche Integrationsprozesse verstärkt, so dass sich nicht nur Staaten, sondern auch Städte immer mehr im globalen Wettbewerb positionieren müssen (Cohen 2004). Die derzeitige Phase des Verstädterungsprozesses insbesondere in Asien und Afrika unterscheidet sich dabei deutlich von früheren: Ausmaß und Geschwindigkeit des Prozesses sind in historischer Perspektive einmalig. Mit der globalen Wende 2008 leben erstmals mehr Menschen in Städten als in ländlichen Räumen. Der Prozessschwerpunkt hat sich in Schwellen- und Entwicklungsländer verlagert, häufig einhergehend mit einer Entkopplung von dem Wirtschaftswachstum (Herrle/Jachnow/Ley 2006). De facto wird nahezu das gesamte Wachstum der Weltbevölkerung zukünftig in urbanen Räumen stattfinden (Abb. 2).

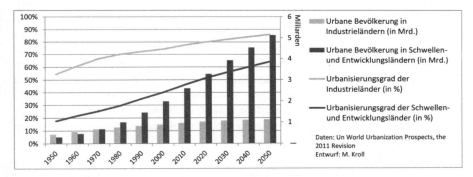

*Abb. 2: Globale Entwicklung der urbanen Bevölkerung*

Megastädte[1] sind dabei extreme Produkte dieses Prozesses und nehmen deshalb eine Schlüsselposition für das Verständnis, aber auch für die Gestaltung der Urba-

---

[1] Megastädten werden je nach Quelle über einen Schwellenwert von fünf, acht oder zehn Millionen Einwohner definiert, wobei zum Teil der reine Einwohnerschwellenwert um weitere Charakteristika, wie z.B. Mindesteinwohnerdichten, ergänzt wird (Bronger 2004, Kraas/Nitschke 2006). Städte mit mehr als fünf Millionen Einwohnern und hohem Bevölkerungswachstum werden auch als aufsteigende oder entstehende Megastädte bezeichnet (Kraas/Nitschke 2006).

nisierung ein. Sie sind „Labore" der globalen Veränderungsprozesse, da sie diese nicht nur auf engstem Raum widerspiegeln, sondern die Prozesse auch zum Teil früher einsetzen, was eine ex ante-Identifizierung und Bewertung neuer Prozesscharakteristika erlaubt (Kraas 2007). Der Terminus des „Labors" weist hierbei auf eine neue positive Konnotation in der Bewertung von Megastädten durch verschiedene Autoren[2] hin, denn die Megaurbanisierung bietet auch Ansatzpunkte für eine nachhaltige Entwicklung (Cohen 2004, Herrle/Jachnow/Ley 2006, Kraas/Nitschke 2006, Kraas 2007). Dafür müssen jedoch insbesondere in den schnell wachsenden Städten die negativen Aspekte der Megaurbanisierung wie intensive Expansions- und Verdichtungsprozesse, zunehmender Verlust von Steuer- und Regierbarkeit bei wachsender Informalität, infrastrukturelle und ökologische Überlastungserscheinungen sowie eine zunehmende Fragmentierung und Polarisierung urbaner Gesellschaften abgefedert werden (Kraas/Nitschke 2006, UNHABITAT 2010). Diese Prozesse sind in den Megastädten der Schwellen- und Entwicklungsländer aufgrund des anhaltenden Urbanisierungsprozesses wesentlich stärker ausgeprägt als in den „alten" Megastädten wie etwa New York oder Tokio. Und auch zwischen den Megastädten der Schwellen- und Entwicklungsländer gibt es markante Unterschiede in Bezug auf politische, ökonomische und soziale Prozesse und Strukturen, weshalb im Folgenden in erster Linie Megaurbanisierungsprozesse in Schwellenländern adressiert werden.

Der Frage der Regier- und Steuerbarkeit von Megastädten kommt in Wissenschaft und Praxis eine wachsende Bedeutung zu, da eine mangelhafte Kontrolle der vielschichtigen Dynamiken und Wachstumsprozesse die Planungs-, Organisations- und Steuerungsfähigkeit städtischer Aufgaben durch die lokalen Autoritäten unterminiert (Coy/Kraas 2003). Soziale Fragmentierungs- und Polarisierungsprozesse mit expandierenden informellen Siedlungen auf der einen und wachsenden Ansprüchen der wohlhabenden Mittel- und Oberschicht[3] auf der anderen Seite (Abb. 3) gefährden die soziale Stabilität einer Gesellschaft. Aufgrund ungleicher Einkommenschancen und geringer Redistributionsleistungen der Regierungen in den meisten Schwellenländern stehen einer unzureichenden Befriedigung der Grundbedürfnisse urbaner Armutsgruppen, insbesondere im Bereich Wohnen, Nahrung, Zugang zu Gesundheitsdiensten, steigende Konsumbedürfnisse der Mittel- und Oberschicht entgegen.

---

2  Zur besseren Lesbarkeit wird in der vorliegenden Arbeit auf die weibliche Form jeweils verzichtet; werden nicht ausschließlich Männer oder Frauen angesprochen, sind jeweils beide Geschlechter gemeint.
3  In der vorliegenden Arbeit wird allgemein der Begriff des sozioökonomischen Status zur Abgrenzung unterschiedlicher Sozialgruppen verwendet (vgl. 3.1.1). Die einzelnen Statusgruppen werden zur sprachlichen Vereinfachung und in Anlehnung an die indische Terminologie, nach der in der Literatur von „upper", „middle" und „lower class" gesprochen wird (vgl. Philipps 2003), auch als Unter-, Mittel- und Oberschicht angesprochen.

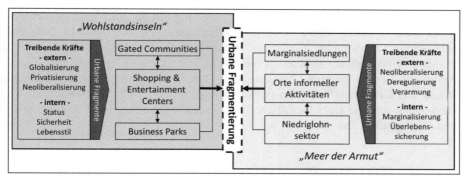

Abb. 3: Urbane Fragmentierung (Entwurf: M. Kroll, verändert nach Coy 2006)

Aufgrund infrastruktureller Defizite hängt der Zugang zu sicherem Wohnraum, Trinkwasserversorgung, sanitären Anlagen oder Gesundheitsdiensten zunehmend von der individuellen Zahlungsfähigkeit ab. Daher stellen Infektionskrankheiten in den Megastädten nach wie vor eine bisher ungelöste Herausforderung für die Entwicklung einer grundlegenden öffentlichen Gesundheitsstrategie dar (Krafft 2006). Die lokalen Administrationen sind weder in der Lage, flächendeckend kostenlose oder subventionierte Gesundheitsdienste zur Verfügung zu stellen, noch ökologische Dysfunktionalitäten in Megastädten zu verhindern oder sozioökonomische Disparitäten abzubauen. Diese Faktoren tragen gemeinsam zu einer „*new urban penalty*" (Krafft/Wolff/Aggarwal 2003: 20) bei, die durch eine doppelte Belastung der Bevölkerung durch weiterhin hohe Erkrankungsraten aufgrund von Infektionskrankheiten und Mangelernährung bei einem gleichzeitig zu beobachtenden Anstieg der Rate lebensstil- und umweltinduzierter Erkrankungen charakterisiert ist. Dabei trägt die ungleiche Verteilung gesundheitlicher Risiko- und Schutzfaktoren zu wachsenden gesundheitlichen Disparitäten bei (Kroll/Butsch/Kraas 2011). Diese megaurbanen Herausforderungen überlasten zunehmend die Steuerungskapazitäten lokaler Regierungen und erfordern im Sinne der Health Governance, verstanden als die gesellschaftliche Organisation von Aktionen und Mitteln, die Gesundheit der Bevölkerung zu schützen und zu fördern, ein aktives Greifen von Steuerungsmechanismen auf globaler, nationaler und regionaler Ebene sowie das Interagieren verschiedener Akteure aus dem öffentlichen und privaten Sektor und der Zivilgesellschaft (Dodgson/Lee/Drager 2002).

## 2.1 (URBANE) GESUNDHEIT

Gesundheit ist eine unabdingbare Grundvoraussetzung dafür, dass der Mensch sein Leben gestalten und seinen Lebensunterhalt verdienen kann; sie ist einer der wichtigsten Posten seines Humankapitals (Sen 2004, Bohle 2005, Yusuf/Nabeshima/Ha 2007). Auf gesellschaftlicher Ebene wird Gesundheit einerseits als Determinante, andererseits als Indikator für die Entwicklung angesehen. Die elementare Bedeutung von Gesundheit im Zusammenhang mit der Entwicklung menschlicher Gesellschaften wird z.B. darin sichtbar, dass sich drei der acht Ziele der Millennium Development Goals der Vereinten Nationen direkt auf Gesundheit beziehen. Und auch der Human Development Index zieht als eine von drei Kennzahlen die Lebenserwartung bei der Geburt zur Bestimmung des Entwicklungsstands von Gesellschaften heran (UNDP 2006). Bohle (2005: 55) bezeichnet den Gesundheitszustand einer Gesellschaft als verlässliches Spiegelbild ihres sozialen und ökologischen Zustands.

### 2.1.1 Gesundheitsbegriff und Gesundheitsdeterminanten

Die Komplexität des Gesundheitsbegriffs spiegelt sich in dem Fehlen einer Universaldefinition von Gesundheit wider (Diesfeld et al. 2001), da die Auffassung und Konzeption von Gesundheit stark von regional variierenden soziokulturellen Parametern sowie von den jeweiligen Perspektiven unterschiedlicher Forschungsdisziplinen abhängt. Die wohl am häufigsten zitierte Definition von Gesundheit wurde 1946 in der Präambel der WHO-Verfassung festgehalten:

> „Health is a state of complete physical, mental and social well-being and not merely the absence of disease or infirmity." (WHO 2006: 1)

Kritisiert wurde diese umfassende Nominaldefinition für ihre faktische Nicht-Operationalisierbarkeit sowie ihren utopischen Anspruch und das statische Verständnis von Gesundheit[4]. Dabei enthält die Definition bereits wesentliche Elemente der Präventionsdiskussion, die mit einer disziplinären Ausweitung der Gesundheitsforschung und der damit einhergehenden inhaltlichen Weiterentwicklung des Gesundheitsbegriffs im 20. Jh. einhergingen. Während zu Beginn des 19. Jh. biomedizinische Konzepte vorherrschen, die Gesundheit zunächst einer funktionalistischen Logik folgend als Abwesenheit von Krankheit definierten und etwas später als dynamisches Gleichgewicht zwischen dem Menschen und seiner Umwelt, wurden erst im Verlauf des 20. Jh. psychosoziale Aspekte in die Gesundheitsforschung eingeführt[5]. Aaron Antonovsky verankerte mit dem Konzept der Salutogenese in den 1970er und 80er Jahren ein holistisches Verständnis

---

4 Weitere Definitionsversuche bemühen sich zwar, eben dieses Desideratum aufzufangen, jedoch gelangen auch sie nur zu unvollständigen Ergebnissen (vgl. z.B. Audy 1971). Andere Autoren betonen z.B. das Stadium des Gleichgewichts von Risiko- und Schutzfaktoren zur Konstitution von Gesundheit (Hurrelmann/Franzkowiak 2006: 52).

5 Rudolph Virchow (1821-1902), der als einer der ersten Sozialepidemiologen betrachtet wird, gelangte bereits im 19. Jh. zu der Überzeugung, dass Krankheitsausbrüche nur durch die komplexe Interaktion von sozialen, politischen, ökonomischen und biologischen Kräften erklärt werden können. (Cwikel 2006: 127). Die explizite Einbeziehung psychosozialer Faktoren in Forschung und Praxis setzte jedoch erst wesentlich später ein.

von Gesundheit in der Forschung, nach dem der Gesundheitserhalt unter Einbezug biologischer, psychischer und sozialer Faktoren im Vordergrund steht; Krankheit und Gesundheit sind damit als Pole eines Kontinuums zwischen Wohlergehen und Tod zu sehen und nicht mehr statisch (Kolip/Wydler/Abel 2010). Neuere Ansätze z.B. der Sozialökologie betonen die politische, soziale, ökonomische und strukturelle Dimension von Krankheit und Gesundheit, wonach Gesundheit bzw. gesundheitliche Disparitäten aus den strukturellen Rahmenbedingungen und den vielfältigen Wechselwirkungen der Gesundheitsdeterminanten untereinander resultieren (Keleher/Murphy 2004: 4, Krieger 2008). Der Gesundheitsbegriff weist demnach sowohl aufgrund der Vielzahl der Gesundheit beeinflussenden Faktoren als auch aufgrund des Kontinuums zwischen Gesundheit und Krankheit (vgl. Mead/Earickson 2002) einen extrem hohen Grad an Komplexität auf.

*Gesundheitsdeterminanten*

Eine Gesundheitsdeterminante ist ein Faktor oder ein Charakteristikum, welches die Gesundheit positiv oder negativ beeinflussen kann (Reidpath 2004: 9). Da Gesundheit ein Produkt zahlreicher Faktoren und vielschichtiger Prozesse ist, weisen Gesundheitsdeterminanten eine enorme Bandbreite auf und können z.B. Ernährungsmuster oder das Verhalten im Straßenverkehr umfassen. Aufgrund der komplexen Wechselbeziehungen können die Determinanten nicht isoliert betrachtet werden. Die Identifikation und Analyse von Gesundheitsdeterminanten dient der Klärung, wie Gesundheit erhalten werden kann bzw. wie Erkrankungen bei Individuen oder bei bestimmten Gruppen entstehen und ermöglicht somit die Ableitung von Interventionsmöglichkeiten zur Reduktion der Krankheitslast.

Eine häufig verwendete Klassifizierung von Gesundheitsdeterminanten wurde von Dahlgren und Whitehead (1991) entwickelt, die unterschiedliche Ebenen von Determinanten unterscheiden, die mit abnehmender Intensität auf ein Individuum wirken: Diese umfassen biologische Faktoren (Alter, Geschlecht, Erbanlagen), individuelle Verhaltensweisen (z.B. Rauchen, Essgewohnheiten), soziale und kommunale Netzwerke (z.B. Familie, Freunde), Lebens- und Arbeitsbedingungen (z.B. Arbeitsumfeld, Wasserqualität) bis hin zu allgemeinen Faktoren, die sich z.B. auf die wirtschaftlichen Rahmenbedingungen, das Rechtsgefüge und die Umwelt beziehen. Diese Klassifikation, die für den europäischen Kontext entwickelt wurde, betont stark die individuellen Lebensweisen und sozialen Netzwerke, aber kaum Defizite in der Erfüllung von Grundbedürfnissen, wie sie im Kontext der Schwellen- und Entwicklungsländer vorhanden sind. Nach der Maslowschen Bedürfnispyramide (Kirchler/Meier-Pesti/Hofmann 2008) bestehen in diesen Ländern für Armutsgruppen Probleme in der Erfüllung der untersten Stufe, den physiologischen Bedürfnissen wie Nahrung, sicherer Schlafplatz und Wohnraum. Als weitere Stufen identifiziert Maslow Sicherheit, soziale Bedürfnisse und erst dann Individualbedürfnisse wie Status, Anerkennung, Wohlstand und Selbstverwirklichung. Da die Bedürfnispyramide im Kontext der Motivationsforschung entwickelt wurde, ließe sich diese Liste auf der Ebene der gesundheitsbezogenen

Grundbedürfnisse noch um infrastrukturelle Aspekte wie die Trinkwasserversorgung und Abwasserentsorgung ergänzen sowie Bildung, zuvorderst Gesundheitserziehung und Gesundheitswissen, und den Zugang zu primären Gesundheitsdiensten (Yusuf/Nabeshima/Ha 2007). Dabei wird den öffentlichen Gesundheitsmaßnahmen zur Verbesserung des Gesundheitsniveaus von vielen Autoren mehr Bedeutung zugemessen als dem medizinischen Fortschritt (Vlahov et al. 2004, Anand 2004, Mackenbach 2006).

Des Weiteren können Gesundheitsdeterminanten nach ihrer Zugehörigkeit zu verschiedenen Raumebenen sowie zur physischen oder sozialen Umwelt betrachtet werden (Abb. 4). Raum wird dabei als Mehrebenenmodell betrachtet (Cummins et al. 2007), wonach die Gegebenheiten auf der Makroebene (Stadt) wesentlich durch Rahmenbedingungen auf nationaler und internationaler Ebene beeinflusst werden und sich auf die Mesoebene (Stadtgebiet) und Mikroebene (Haushalt bzw. Individuum) niederschlagen. Raum tritt in diesem Kontext als eine grundlegende Analyseebene in Erscheinung, da in ihm umweltbedingte Risikoelemente oder Bevölkerungsgruppen mit ähnlicher Risikoexposition lokalisiert und Räume in Bezug auf gesundheitsdeterminierende Faktoren zueinander abgegrenzt werden können (Bithell 2007). Dadurch können durch den Raum nicht nur sozioökonomische Disparitäten verstärkt, sondern ebenfalls produziert werden (Mielck 2008). Zusätzlich können die Raumebenen in eine physische und soziale Umwelt unterteilt werden: Während unter dem Begriff der physischen Umwelt alle ökologischen Aspekte sowie materielle bzw. bauliche Strukturen im Raum zusammengefasst werden, bezieht sich der Begriff der sozialen Umwelt als Metapher auf die sozialen Determinanten von Gesundheit, d.h. auf bestimmte Eigenschaften und Pfade, durch die soziale Bedingungen auf Gesundheit wirken. Somit werden auch die sozialen, ökonomischen und politischen Strukturen einer Gesellschaft sowie ökologische Parameter betrachtet (Krieger 2001a: 698).

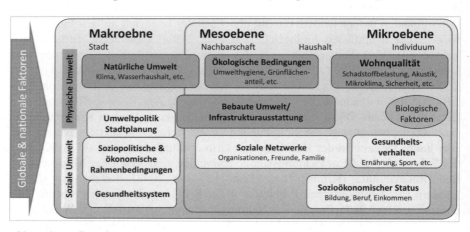

Abb. 4: Gesundheitsdeterminanten im Mehrebenenmodell (Entwurf: M. Kroll)

Die Mikroebene umfasst in diesem Modell das Individuum und erstreckt sich als Kontinuum über den Haushalt als Komplex aller in einem Haushalt dauerhaft lebenden Individuen bis zur Nachbarschaft auf der Mesoebene, da diese Ebenen eng miteinander verwoben sind. Ebenfalls auf der Individuenebene angesiedelt sind die biologischen Faktoren Alter, Geschlecht und genetische Prädispositionen, die den Gesundheitsstatus des Individuums determinieren: In Abhängigkeit von der Lebensphase ist ein Mensch unterschiedlichen gesundheitlichen Risiken ausgesetzt, insbesondere steigt mit zunehmendem Alter die Gefahr chronischer Erkrankungen, während Kleinkinder besonders anfällig für infektiöse Erkrankungen sind. Mit dem biologischen Geschlecht sind unterschiedliche Erkrankungsrisiken verbunden, die jedoch häufig stark von soziokulturellen Faktoren wie etwa den sozialen Rollen in Familie und Beruf überlagert werden, die in unterschiedliche physische und psychische Belastungen münden und als soziokulturell konstruierte Aspekte von Geschlecht unter dem Gender-Begriff subsumiert werden (Reidpath 2004: 20). Die genetische Prädisposition, die auch durch die ethnische Abstammung beeinflusst wird, spielt in Bezug auf die Veranlagung für chronische Erkrankungen ebenfalls eine Rolle (Reidpath 2004: 18). In verschiedenen Studien wurde beispielsweise eine erhöhte genetische Prädisposition der indischen Bevölkerung gegenüber Diabetes belegt (Ramachandran/Snehalatha 2009).

In der physischen Umwelt kommt auf der Mikroebene der Wohnqualität eine zentrale Bedeutung zu: Wichtigste Parameter gesunden Wohnens sind die Luftqualität, die Akustik bzw. Lärmbelastung, das Mikroklima und die Lichtverhältnisse (Hasselaar 2006). Während eine hohe Lärmbelastung die psychische Gesundheit beeinflusst, begünstigt eine langfristige Exposition zu Luftverschmutzung im Innenraum- und Außenbereich z.B. durch Öfen und Zigarettenrauch bzw. Industrie- und Straßenemissionen u.a. chronische Atemwegserkrankungen; ein ungünstiges Mikroklima wie z.B. extreme Hitze erhöht die Gefahr von Herzkreislaufproblemen (Bartley 2004: 95). Im indischen Kontext ist auch die Infrastrukturausstattung, insbesondere Wasser- und Abwasserversorgung und Abfallentsorgung, zu betrachten. Eine mangelhafte öffentliche Hygiene zieht Insekten und Nagetiere an, die als Vektoren infektiöse Erkrankungen übertragen können. Gesundheit als Produkt des alltäglichen Handelns und Lebens wird somit stark vom Wohnumfeld beeinflusst. Der Setting-Ansatz der WHO strebt daher eine Verbesserung des Wohnumfelds bzw. Settings als Kernstück der Gesundheitsförderung auf der Mikro- und Mesoebene an (Engelmann/Halkow 2008). Dabei spielt auch die Qualität des Wohnumfeldes wie z.B. Privatsphäre, Sicherheit und soziale Netzwerke für die menschliche Gesundheit eine zentrale Rolle.

Wichtige soziale Gesundheitsdeterminanten auf der Mikroebene sind Bildungsstand, Beruf und Einkommen, die als drei wesentliche Faktoren zur Bestimmung des sozioökonomischen Status (vgl. 3.1.1) herangezogen werden und über die das Human- und Finanzkapital eines Haushalts bzw. Individuums gemessen werden kann. Mit der Erfassung des Bildungsabschlusses können Unterschiede im Wissensstand, Problemlösungskompetenzen und die Fähigkeit, Wissen in Handeln umzusetzen, erhoben werden. Daraus resultieren unterschiedliche Kontrollmöglichkeiten sowie Optionen der Einflussnahme auf die eigenen Lebensbedingungen. Des Weiteren hat die Schulbildung eine Platzierungsfunktion für die berufliche Position und beeinflusst damit indirekt auch das Einkommen. Allerdings wird mit dem Bildungsabschluss weder die Intelligenz gemessen noch außerschulisch erworbene Fähigkeiten erfasst. Die berufliche Position ist zeitlich der Ausbildung nachgeordnet und veränderbar. Aus gesundheitlicher Perspektive sind an unterschiedliche Berufsbilder verschiedene psychische und physische Belastungen gebunden, die z.B. von den Kontrollmöglichkeiten über die eigenen Tätigkeiten sowie die Art und Dauer von Bewegungsabläufen und die Exposition zu gesundheitsgefährdenden Materialien beeinflusst werden (vgl. 3.2.2). Das Einkommen als dritte Variable bestimmt die materiellen Lebensbedingungen eines Individuums oder Haushalts, wobei sowohl die relative als auch die absolute Höhe des Einkommens relevant sind. Das Finanzkapital erweitert ebenso den Handlungsspielraum einer Person oder Gruppe, indem potenziell belastende Situationen leichter bewältigt werden (Lampert/Kroll 2006, Geyer 2008: 128 f.). Bildung und Einkommen bedingen zudem individuelle Verhaltensweisen wie Essgewohnheiten, körperliche Aktivitäten, Tabak- und Alkoholkonsum, die aber auch von soziokulturellen Praktiken und sozialen Netzwerken beeinflusst werden. Soziale Netzwerke, die auf der Mikroebene (Familie) und der Mesoebene (Freundschaft, Nachbarschaft, Vereinszugehörigkeit) anzusiedeln sind, leisten beispielsweise auch einen wichtigen Beitrag zur Stressbewältigung. Im Bereich der physischen Umwelt auf der Mesobene beeinflusst die bebaute Umwelt bzw. die Infrastrukturausstattung die Gesundheit und ist unmittelbar verbunden mit ökologischen Aspekten wie der Umwelthygiene oder dem Grünflächenangebot, die als Risiko- bzw. protektive Faktoren wirken können. Die Mesoebene bedingt in vielerlei Hinsicht die Mikroebene, z.B. hat die Bebauungsstruktur eines Wohnviertels Einfluss auf die Dichte der zwischenmenschlichen Beziehungen.

Auf der Makroebene wird die Beschaffenheit der physischen Umwelt mit ihrer komplexen Durchmischung aus bebauter Umwelt und Naturelementen stark beeinflusst durch die jeweilige geographische Lage einer Stadt, die Relief, Hydrologie, das lokale Klima und die Biodiversität bedingt, sowie das Ausmaß, die Art und Struktur menschlicher Aktivitäten (Hardoy/Mitlin/Satterthwaite 2001). Letztere werden gesteuert durch die ökonomischen, sozialen und politischen Rahmenbedingungen der sozialen Umwelt auf der Makroebene, die wiederum durch nationale Faktoren wie etwa die nationale Gesetzgebung und Finanzpolitik sowie globale Faktoren (z.B. internationale Migration, internationaler Warenverkehr) determiniert werden. Die Art und Weise der Konzeption und Implementierung der Sozial-, Gesundheits- und Umweltpolitik und die Stadtplanung als Steuerungsinstrument wirken bis auf die Mikroebene durch. Somit wird urbane Gesundheit durch ein äußerst komplexes Netz aus unterschiedlichsten strukturellen und individuellen Faktoren determiniert.

## 2.1.2 Urbane Gesundheit und Geographische Gesundheitsforschung

Mit dem Wandel vom pathogenetischen zum salutogenetischen Paradigma wird Gesundheitsforschung heute als interdisziplinäres Forschungsfeld verstanden, denn für eine fundierte Konzeption von öffentlichen Gesundheitsmaßnahmen zur Gesundheitsförderung[6] und Krankheitsprävention[7] bedarf es nicht alleine medizinischen Wissens. Ebenso wichtig ist ein Verständnis der relevanten sozialen, ökonomischen und politischen Zusammenhänge und Prozesse sowie der kulturell und sozioökonomisch determinierten Perzeption von Gesundheit, Gesundheitsrisiken und Krankheit.

Die erweiterte Konzeption von Gesundheit und Krankheit wird auch in dem interdisziplinären Forschungszweig Urbane Gesundheit aufgegriffen, indem der klassische medizinisch-epidemiologische Ansatz um eine sozial- und umweltwissenschaftliche Perspektive ergänzt wird (Obrist 2003, Khan/Zanuzdana 2011). Urbane Gesundheit als etablierter Forschungszweig hat zuletzt durch verstärkt interdisziplinäre Beiträge eine neue Entwicklung genommen (Galea/Vlahov 2005a). Ziel ist es, die spezifischen Eigenschaften urbaner Lebenswelten und deren Einfluss auf die menschliche Gesundheit zu untersuchen. Daran knüpft sich die Frage an, inwiefern diese Eigenschaften jeweils ortsspezifisch oder allgemein auf Städte anwendbar sind, und letztlich, inwiefern diese Faktoren veränderbar sind. Drei Studiendesigns haben sich dafür in der urbanen Gesundheitsforschung etabliert (Galea/Vlahov 2005a): Die meisten Studien vergleichen die Krankheitslast oder Gesundheitsdeterminanten von städtischen mit ländlichen Gebieten, um spezifische urbane Einflussfaktoren zu identifizieren. Eine zweite Gruppe von Studien untersucht gesundheitliche Unterschiede zwischen verschiedenen Städten, um die Auswirkungen spezifischer urbaner Charakteristika auf die Gesundheit zu analysieren. Weitere Forschungsprojekte widmen sich der Analyse intraurbaner Unterschiede, z.B. zwischen verschiedenen Nachbarschaften, um die Wirkungsmechanismen für kleinräumig variierende Gesundheitsprofile nachzuvollziehen.

Die Geographie kann an der Schnittstelle zwischen Mensch und Umwelt einen wichtigen Beitrag zur Analyse urbaner Gesundheit leisten, zumal raumwirksame Entwicklungen wie Migration, Klimawandel oder Globalisierungsprozesse

---

6 Ziel der Gesundheitsförderung ist der Schutz von Individuen bzw. Bevölkerungsgruppen gegen Gesundheitsgefahren durch nicht-medizinische Interventionen (z.B. Lärmschutz, Rauchverbot) und Förderung des Gesundheitsbewusstseins zur langfristigen Reduktion der Krankheitslast (Jenkins 2005, Mielck 2008).

7 Die Krankheitsprävention zielt auf die Bekämpfung bestimmter Erkrankungen durch protektive Maßnahmen und Reduktion von Risiken auf verschiedenen Ebenen ab: Auf der primären Ebene soll der Krankheitsausbruch verhindert werden (z.B. durch Impfungen). Sekundäre Prävention umfasst Maßnahmen zur frühen Diagnose und frühen Intervention (z.B. Krebs-Vorsorgeuntersuchungen), auf der tertiären Stufe sollen bei einer ausgebrochenen Erkrankung Komplikationen vermieden und eine Genesung erzielt werden (Jenkins 2005).

Gesundheit in zunehmendem Maße beeinflussen (Kistemann/Schweikart 2010, Bohle 2005, Gatrell 2002). In der Geographischen Gesundheitsforschung werden geographische Vorgehensweisen von quantitativen und qualitativen Methoden über kartographische Darstellungen und Geographische Informationssysteme bis zur Fernerkundung auf gesundheitsrelevante Fragestellungen angewendet (Kistemann/Schweikart 2010). Die Veränderung der Terminologie von Medizinischer Geographie zu Geographischer Gesundheitsforschung geht dabei auf einen Paradigmenwechsel weg von einem biomedizinischen hin zu einem salutogenetischen Gesundheitsverständnis mit einem breiteren Methodenkanon und Themenspektrum zurück (Kearns/Moon 2002, Butsch 2011). Prinzipiell kann unterschieden werden zwischen einer krankheitsökologischen Perspektive auf Gesundheit, die auf die Analyse der Entstehung und Verteilung von Gesundheit und Krankheit in Bevölkerungsgruppen gerichtet ist, und einer gesundheitssystemischen Perspektive, die u.a. die räumliche Verteilung, Inanspruchnahme und Akzeptanz von Gesundheitseinrichtungen zum Gegenstand hat (Kistemann/Leisch/Schweikart 1997, Curtis/Taket 1996). In der vorliegenden Arbeit steht die krankheitsökologische Perspektive im Fokus, die soziokulturelle, politische und ökologische Faktoren für die Analyse von Krankheitsmustern und Diffusionsmechanismen heranzieht (Mayer 1996). Damit hat das Konzept der Krankheitsökologie, das ursprünglich von May 1954 für die Analyse infektiöser und durch Mangelernährung verursachter Erkrankungen entwickelt wurde, eine mehrdimensionale Erweiterung erfahren und ist heute auch auf chronische Erkrankungen übertragbar.

Die Krankheitsökologie ist disziplinär eng mit der Sozialepidemiologie verwandt, die ebenfalls einen holistischen Ansatz zur Analyse von Krankheit und Gesundheit verfolgt (Kistemann/Leisch/Schweikart 1997; Kearns/Moon 2002). Während die Epidemiologie sich vor allem mit der Erfassung der Häufigkeit und Verteilung von Erkrankungen und deren Risikofaktoren in großen Populationen oder bei bestimmten Bevölkerungsgruppen beschäftigt (Ahrens/Krickeberg/Pigeot 2007), ist es das Ziel der Sozialepidemiologie, den Zusammenhang zwischen Faktoren der sozialen Umwelt, daraus resultierenden gesundheitlichen Risiko- und Schutzfaktoren und der Gesundheit der Bevölkerung zu konzeptualisieren, zu operationalisieren und zu testen (Kawachi 2002, Cwikel 2006). Damit zielt die Sozialepidemiologie als noch recht junge und interdisziplinäre Wissenschaft nicht nur auf direkte Determinanten des Gesundheitszustands ab, sondern bezieht auch zunächst indirekt erscheinende Faktoren wie das soziale, ökonomische, politische und räumliche Umfeld von Menschen in die Untersuchungen mit ein (Galea/Vlahov 2005b) und weist methodisch und konzeptionell verschiedene Überschneidungspunkte mit der Geographischen Gesundheitsforschung auf. Diese hat laut Pearce und Dorling (2009: 4) bereits auf verschiedenen Ebenen einen wertvollen Beitrag zu der Erforschung gesundheitlicher Disparitäten geleistet: methodisch durch die räumliche Darstellung gesundheitlicher Disparitäten bzw. gesundheitsbezogener Makro-Daten, konzeptionell durch die Einbindung von Aspekten wie Migration und Mobilität zur Etablierung von Disparitäten, sowie durch ein erweitertes Raumverständnis, das z.B. die Rolle von Raum als identitätsstiftender Einheit (*sense of place*) betrachtet (Curtis 2004, Smyth 2008, Eyles/Williams

2008). Somit hat die Geographische Gesundheitsforschung insbesondere räumliche und strukturelle Determinanten in den Diskurs um gesundheitliche Disparitäten gebracht, die auch an die Politik herangetragen wurden und z.B. im Healthy City Model der WHO zum Ausdruck kommen (Pearce/Dorling 2009: 4).

*Gesundheit in Städten*

Durch den dynamischen Urbanisierungsprozess wächst das Interesse an Gesundheit in städtischen Räumen, da die spezifischen Einflussfaktoren urbanen Lebens für immer mehr Menschen zu Determinanten des Gesundheitszustands werden (Vlahov et al. 2004). Dabei weisen Städte im Hinblick auf die menschliche Gesundheit positive wie negative Einflussfaktoren auf, die in einem komplexen Wirkungsgeflecht miteinander verwoben sind (Glouberman et al. 2006). Dies führt dazu, dass in Städten gleichzeitig die gesündesten wie auch die gesundheitlich benachteiligsten Bevölkerungsgruppen anzutreffen sind. Zum einen konzentrieren sich in Städten medizinische Infrastruktureinrichtungen der verschiedenen Versorgungsstufen, zum anderen kann sich der höhere Grad an sozialer Freiheit sowie gesellschaftlicher Pluralität positiv auf die physische und psychische Gesundheit auswirken. Diesen positiven Aspekten stehen insbesondere in den Metropolen der Schwellenländer zahlreiche negative Einflussfaktoren gegenüber, deren Bedeutung mit der Größe der Stadt in aller Regel wächst. Hierunter sind zu nennen: Degradation der Umwelt, problematische hygienische Bedingungen, vor allem in Slumsiedlungen, mangelnder Zugang zu sauberem Trinkwasser sowie Überlastung der öffentlichen Gesundheitsinfrastruktur, die nicht zuletzt auf einem Verlust von Steuerbarkeit aufgrund einer Überforderung des Systems durch die neuen Dimensionen und Dynamiken des urbanen Wachstums beruhen. Daher treten in Megastädten Überlastungserscheinungen besonders deutlich zu Tage: Bohle (2005) spricht von einer Megapolisierung von Krankheit, Horton (1996: 135) fordert eine spezifische interdisziplinäre Forschungsagenda für Gesundheit in Megastädten, die von Epidemiologen, geographischen Gesundheitsforschern, Mikrobiologen und Virologen bzw. Infektionsepidemiologen verfolgt werden solle. Eine solche Forschungsagenda sei unabdingbar, wenn es zu verhindern gelte, dass aus den großen Metropolen kranke und verseuchte „Nekropolen" werden. Dabei rücken gesundheitliche Disparitäten im Zuge der gesellschaftlichen Fragmentierung in Megastädten zunehmend in den Fokus der Forschung und Politik (WHO/ UN-HABITAT 2010) (vgl. 3.1.2).

In der urbanen Gesundheitsforschung lassen sich diese Strömungen in drei (deskriptiven) Ansätzen wiederfinden, in denen entweder (1) die schlechten Gesundheitsbedingungen in Städten fokussiert (*urban health penalty*), (2) die Ausbreitung z.B. von ungesunden Lebensweisen im Zuge der (Sub-) Urbanisierung betrachtet (*urban sprawl*) oder (3) die Vorteile von Städten für die Gesundheit wie z.B. das bessere Angebot an Gesundheitsdiensten betont werden (*urban health advantage*). Im Endeffekt müssen jedoch aufgrund der Komplexität von Städten alle drei Ansätze zusammen gedacht werden (Galea/Freudenberg/Vlahov 2005).

Yusuf, Nabeshima und Ha (2007) sehen den erfolgversprechendsten Ansatz zur Verbesserung der urbanen Gesundheit in einem Wachstum des Pro-Kopf-Einkommens, z.B. durch eine Anhebung des Lohnniveaus im Niedriglohnsektor. Dies führe nicht nur zu einer Verringerung der absoluten Zahl der Armen, womit eine Verringerung von Unterschieden im Gesundheitsstatus erreicht werden könne, sondern auch zu höheren Investitionen in gesundheitsrelevante öffentliche Infrastruktur. Da diese Strategie nur langfristig zum Erfolg führen kann, schlagen die Autoren mittelfristig eine Konzentration auf fünf zentrale Maßnahmen vor, die zu einer signifikanten Verbesserung der allgemeinen Gesundheit sowie zum Abbau von gesundheitlichen Disparitäten in den Megastädten der Entwicklungs- und Schwellenländer führen können: (1) Verbesserung der Wasserver- und Abwasserentsorgung, (2) Etablierung einer effizienten Bauleit- und Verkehrsplanung, (3) Verbesserung des Bildungsstandards und Verhinderung von Frauendiskriminierung, (4) Schaffung eines effektiven primären Gesundheitssystems, und (5) Einrichtung von Gesundheitserziehungsprogrammen mit besonderem Fokus auf Ernährung und Lebensstilaspekten. Die Verbesserungen des Gesundheitszustands durch diese Maßnahmen lassen nach Auffassung der Autoren den Effekt vergleichbarer Investitionen in kurative medizinische Dienstleistungen verblassen.

Galea, Freudenberg und Vlahov (2005) haben einen konzeptionellen Rahmen zur Analyse urbaner Gesundheit entwickelt (Abb. 5), in dem die Komplexität der Einflussfaktoren in Städten auf die Gesundheit in einem Mehrebenenmodell aufgezeigt wird. Aus dem Zusammenspiel der einzelnen räumlichen Ebenen und sektoralen Faktoren muss im jeweiligen Kontext abgeleitet werden, wie die sich ändernden sozioökonomischen Bedingungen mit öffentlichen Gesundheitsinterventionen und medizinischem Fortschritt interagieren, um Gesundheit positiv zu beeinflussen.

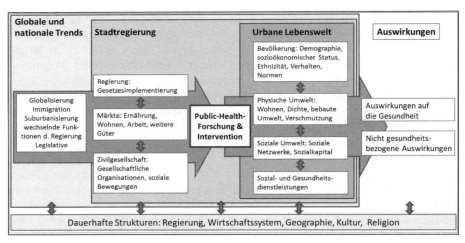

Abb. 5: *Konzeptioneller Rahmen für die Analyse urbaner Gesundheit (Entwurf: M. Kroll, nach Galea/Freudenberg/Vlahov 2005)*

Ein ähnlicher Ansatz, der weniger räumliche Ebenen als vielmehr prozessuale Elemente beleuchtet, ist das DPSEEA-Modell der WHO, das allerdings nicht speziell für den urbanen Kontext entworfen wurde. Das Modell dient v.a. der Analyse umweltbezogener Gesundheitsindikatoren und der Ableitung von politischen Interventionsmaßnahmen. Es baut auf fünf Kategorien auf, wie in Abbildung 6 am Beispiel von Verkehr und durch Luftverschmutzung induzierter Krankheitslast dargestellt: Bevölkerung- und Wirtschaftswachstum als Antriebskräfte (*driving forces*) führen zu Belastungen der urbanen Umwelt durch ein gesteigertes Verkehrsaufkommen (*pressure*). Dessen punktuelle und langfristige Auswirkungen können durch Messung der Luftverschmutzung evaluiert werden (*state*), führen aber bei verschiedenen Bevölkerungsgruppen je nach Bewegungsmustern zu unterschiedlichen Expositionen z.B. zu Feinstaub (*dosis*). Die Exposition beeinflusst zusammen mit der Suszeptibilität der Person den Gesundheitsstatus als Ergebnis (*effect*). Auf der anderen Seite können auf jeder dieser Stufe Interventionsmöglichkeiten abgeleitet werden, um die Morbidität (Krankheitslast) und Mortalität (Sterblichkeit) durch Luftverschmutzung zu reduzieren. Diese können von kurzfristigen Interventionen wie etwa der medizinischen Behandlung von Atemwegserkrankungen hin zu langfristigen Interventionen z.B. durch eine Verbesserung der Umweltgesetze und eine Effizienzsteigerung der Verbrennungsmotoren reichen (Schirnding 2002). Somit ist das DPSEEA-Modell zwar konkreter als der Ansatz von Galea, Freudenberg und Vlahov, jedoch wird er der Komplexität der urbanen Umwelt v.a. auch mit vielschichtigen Veränderungen in der sozialen Umwelt nicht gerecht. Zudem sind die Ansätze zwar durchaus prozessorientiert, erlauben jedoch eher eine querschnittartige Betrachtung aktueller gesundheitlicher Probleme denn eine langfristige Betrachtung der Veränderung der Krankheitslast im Zuge der Urbanisierung.

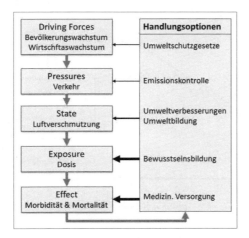

*Abb. 6: DPSEEA-Modell der WHO (Entwurf: M. Kroll, nach Schirnding 2002)*

## Epidemiologischer Wandel

Ein erstes Modell zur Erklärung sich verändernder Krankheitsbilder innerhalb einer Gesellschaft wurde 1971 von Omran vorgestellt, der globale Trends in der dynamischen Beziehung zwischen epidemiologischen Phänomenen und demographischem Wandel zu erklären versuchte (Omran 1971, Omran 1983). Das Modell des epidemiologischen Übergangs von Omran basiert auf der Grundannahme, dass sich die Haupttodesursachen innerhalb einer Gesellschaft im Zuge der gesellschaftlichen Entwicklung im zeitlichen Verlauf von infektiösen hin zu chronisch-degenerativen Erkrankungen verlagern. Diese These ist zugleich an modernisierungstheoretische Aspekte geknüpft, denn sinkende Sterblichkeitsraten werden durch sich verändernde epidemiologische Bedingungen infolge eines „unumkehrbaren" sozioökonomischen Fortschritts und einem damit verbundenen medizinisch-technologischen Fortschritt erklärt (Gaylin/Kates 1997). Demnach wird der epidemiologische Übergang als ein in Phasen verlaufender, linearer Prozess betrachtet, der mit der ökonomischen Entwicklung einer Gesellschaft einhergeht (Abb. 7): Als Hauptphasen identifiziert Omran eine Phase der Epidemien und Hungersnöte durch Mangel an sozialen und finanziellen Ressourcen, eine Phase abnehmender Pandemien durch ökonomischen Fortschritt und Bereitstellung sozialer Dienstleistungen und eine Phase chronischer Erkrankungen, die aufgrund der gestiegenen Lebenserwartung zunehmen. Kritisiert wurde an dem Konzept des epidemiologischen Übergangs die Missachtung einzelner Subgruppen sowie die Grundannahme graduell abnehmender Infektionskrankheiten. Auch bietet das Modell eher eine phänomenologische Beschreibung denn eine theoretische Erklärung für diese Veränderungen (Gaylin/Kates 1997).

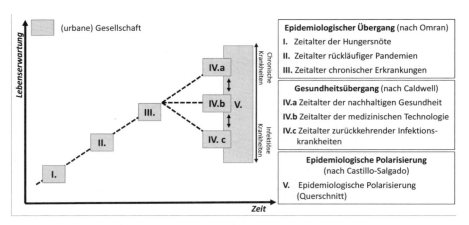

Abb. 7: Konzepte zum epidemiologischen Wandel (Entwurf: M. Kroll)

Auf Basis der vorgebrachten Kritik entwickelte Caldwell (1993) das Konzept des Gesundheitsübergangs, welches das Modell des epidemiologischen Übergangs um soziale, ökologische und ökonomische Aspekte erweitert und in dem drei Hauptszenarien für die zukünftige Entwicklung epidemiologischer Profile von Gesellschaften skizziert werden (Abb. 7): Demnach können Gesellschaften entweder den Status nachhaltiger Gesundheit durch gesunde Lebensstile erreichen oder durch medizinischen Fortschritt gesundheitliche Probleme ausgleichen; auch die Rückkehr infektiöser Erkrankungen ist ein denkbaresSzenario(Martens 2002).

Die sozioökonomische Diversifizierung in Verbindung mit einer räumlichen Fragmentierung in Megastädten macht es erforderlich, in Konzepten des Gesundheitswandels über die zeitliche Dimension hinauszugehen und stärker soziale wie räumliche Aspekte zu integrieren (Cummins et al. 2007). Phillips (1994) spricht von verschiedenen „epidemiologischen Welten", die meist in unmittelbarer Nachbarschaft in den Städten der Entwicklungs- und Schwellenländer existieren. Diese Entwicklung wurde von Castillo-Salgado in dem Konzept der epidemiologischen Polarisierung zum Ausdruck gebracht:

> „(...) epidemiological polarization is characterized by a prolonged coexistence of two mortality patterns, one typical of the developed societies (chronic and degenerative), and the other of poor societal living conditions (infectious and parasitic) combined with high mortality from accidents and violence. (...) This profile indicates the persistence of large health gaps between different social groups and areas within countries. (...) Increasing gaps in income and social inequalities still raise concerns because of their effect on the widening of mortality differentials in the region." (Castillo-Salgado 2000: 2)

Während Castillo-Salgado in dem Zitat Bezug auf Nord- und Lateinamerika nimmt, führt Shukla (2007) für die indische urbane Gesellschaft aus, dass insbesondere die urbane Mittelschicht den klassischen epidemiologischen Übergang durchlaufe, während die urbanen Slumbewohner und Arbeiter des informellen Sektors noch eine hohe Mortalität an übertragbaren Erkrankungen aufweisen. Auch wenn das Konzept der epidemiologischen Polarisierung durch die räumliche und soziale Komponente einen wesentlich höheren Komplexitätsgrad aufweist und daher schwerer zu operationalisieren ist, scheint es für (mega)urbane Gesellschaften dennoch ein geeigneter Ansatz zu sein, um die zeitliche Veränderung der Krankheitslast zu erfassen.

## 2.2 URBANISIERUNG UND GESUNDHEIT IN INDIEN

Der rapide Urbanisierungsprozess in Indien, der mit einer gesellschaftlichen Transformation sowie einer starken Veränderung der physischen urbanen Lebenswelt einhergeht, wird im Folgenden kurz skizziert. Anschließend werden die vielschichtigen Implikationen für die Gesellschaft selbst als auch die urbane Gesundheit in indischen Städten dargestellt.

### 2.2.1 Der Urbanisierungsprozess in Indien

Indien weist mit der Induskultur eine der frühesten städtischen Zivilisationen weltweit auf, der Urbanisierungsprozess ist jedoch global betrachtet ein vergleichsweise junges Phänomen und setzte erst mit der Unabhängigkeit Indiens sowie den Flüchtlingsströmen nach der Teilung Pakistans ein (Ramachandran 2007). Der Urbanisierungsgrad stieg von 17,6% 1951 auf 25,7% 1991 (Abb. 8), was in absoluten Zahlen einen Anstieg von 62 auf 218 Millionen Stadtbewohner bedeute (Stang 2002). Beim letzten Zensus im Jahr 2011 wurde zum ersten Mal seit der Unabhängigkeit in Indien eine stärkere Bevölkerungszunahme in städtischen als in ländlichen Räumen verzeichnet; die urbane Bevölkerung ist in der Dekade 2001 bis 2011 um 31,8% bzw. um 91 Millionen Menschen gewachsen. So ist der aktuelle Urbanisierungsgrad mit 31,16% im internationalen Vergleich zwar immer noch relativ niedrig, allerdings übersteigt die urbane Bevölkerung Indiens mit 337 Millionen Menschen z.B. die absolute Bevölkerung der USA (Zensus 2011[8]). Zudem ist der Schwellenwert für Städte in Indien mit einem Minimum an 5.000 Einwohnern[9] im internationalen Vergleich recht hoch, wodurch es zu statistischen Verzerrungseffekten kommt. Mit einer anderen Stadtdefinition würde die indische Bevölkerung sich sehr schnell von einer primär ländlichen zu einer urban geprägten Gesellschaft wandeln (Cohen 2004).

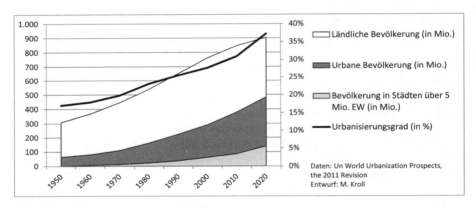

Abb. 8: Der Urbanisierungsprozess in Indien

Zudem ist der Anteil der urbanen Bevölkerung in Indien sehr unterschiedlich auf die verschiedenen Bundesstaaten verteilt: Maharashtra weist mit 42,4% nach Tamil Nadu den zweithöchsten Urbanisierungsgrad und den höchsten absoluten An-

---

8 http://censusindia.gov.in/2011-provresults/paper2/data_files/India2/1.%20Data%20Highlight.pdf (Zugriff: 2.03.2012)
9 Zwei weitere Kriterien werden zur Abgrenzung von Städten herangezogen: Mindestens 75% der männlichen arbeitenden Bevölkerung müssen in nicht-agrarischen Berufen beschäftigt sein, die Bevölkerungsdichte muss mindestens 400 Personen pro km² betragen; zudem können Siedlungen auch per Gesetzesbeschluss Stadtstatus bekommen (Ramachandran 2007).

teil an urbaner Bevölkerung mit 50,8 Millionen Menschen auf, während in Himachal Pradesh und Bihar nur 9,8 und 10,5% der Bevölkerung in Städten leben (MoUD 2010[10], Zensus 2011[8]). Eine weitere Distinktionslinie ergibt sich durch die Betrachtung der Stadtgrößen: Die drei Megastädte Mumbai, Delhi und Kolkatta mit jeweils mehr als zehn Millionen Einwohnern umfassen 14,5% der gesamten urbanen Bevölkerung, ein Viertel der urbanen Bevölkerung lebt in den acht größten Städten mit mehr als fünf Millionen Einwohnern (Zensus 2011[11]). Die Zuwachsrate ist in den etablierten Megastädten in der letzten Dekade jedoch stark gesunken, z.B. in Mumbai von 30,5% zwischen 1991 bis 2001 auf 12,1% 2001 bis 2011. Das überwiegende Wachstum hat hingegen in den sog. *class 1*-Städten, die im indischen Zensus über eine Bevölkerung von über 100.000 Einwohnern definiert werden, stattgefunden. 43% der urbanen Bevölkerung leben heute in den 53 sog. *million plus*-Städten (Zensus 2011[8]). Ein enormes Bevölkerungswachstum hat sich in den letzten beiden Dekaden insbesondere auf die entstehenden Megastädte wie Pune, Bangalore und Hyderabad konzentriert. Die Bevölkerung ist in den Städten zwischen 2000 und 2010 zwischen 26% in Pune und 33% in Bangalore angestiegen (UN 2010[12]). Dieses enorme Bevölkerungswachstum führt zu massiven infrastrukturellen und ökologischen Überlastungserscheinungen, wie sie in den Primatstädten Mumbai, Delhi, Kolkatta und Chennai schon seit längerer Zeit zu beobachten sind (vgl. Aggarwal/Butsch 2011). Die Primatstädte, die jeweils als regionale Zentren (Stang 2002) zu betrachten sind, haben lange Zeit die wirtschaftliche Entwicklung auf sich konzentriert, weshalb das Arbeitsplatzangebot als *pull*-Faktor trotz der infrastrukturellen Überlastung wirkte. Im Jahr 2007 wurden 8,5% des nationalen Bruttoinlandprodukts alleine in Delhi und Mumbai erwirtschaftet (UNHABITAT 2010). Bangalore, Hyderabad und Pune konnten seit der Liberalisierung der indischen Wirtschaft insbesondere von dem Ausbau des Dienstleistungssektors mit einer wachsenden Anzahl niedergelassener ausländischer und nationaler Computer- und Softwarefirmen profitieren. Durch das Wirtschaftswachstum ist nicht nur eine neue Mittelschicht entstanden, sondern es sind auch viele Armutsgruppen aus dem ländlichen Raum auf der Suche nach Einkommensmöglichkeiten in die Städte gezogen.

---

10 http://www.urbanindia.nic.in/urbanscene/levelofurbanisation/urblevel.htm (Zugriff: 2.3.2012)
11 http://censusindia.gov.in/2011-prov-results/paper2/data_files/india2/Million_ Plus_UAs_Cities _2011.pdf (Zugriff: 19.4.2012)
12 UN World Urbanization Prospects: http://esa.un.org/unpd/wup/unup/p2k0data.asp (Zugriff: 25.4.2012)

## 2.2.2 Urbane sozioökonomische Disparitäten in Indien

Die Disparitäten in indischen Städten ziehen sich entlang verschiedener Achsen. Dazu gehören neben dem bereits angesprochenen sozioökonomischen Status auch das Kastenwesen sowie die Religions- und Geschlechtszugehörigkeit. In der indischen Gesellschaft spielt das Kastenwesen zur Ausdifferenzierung sozialer Strukturen nach wie vor eine große Rolle bei den Anhängern des Hinduismus und hat in Indien auch den Islam geprägt. Insgesamt weisen die Kasten heute immer noch einen großen Zusammenhang mit dem sozioökonomischen Status auf, obwohl das Kastensystem offiziell mit der Unabhängigkeit abgeschafft wurde (Rothermund 2008). So besteht die Slumbevölkerung in Jaipur beispielsweise zu 52% aus *scheduled castes*[13], zu denen u.a. die sog. Unberührbaren bzw. Dalits gehören, zu 9% aus *other backward classes*, zu 7% aus *scheduled tribes;* 31% gehören der restlichen Bevölkerung an (UNHABITAT 2010).

Auch die Modernisierungseffekte in den Städten konnten den Zusammenhang zwischen Status und Kaste nicht auflösen, jedoch erheblich abschwächen: Verschiedene Studien belegen, dass der Einfluss des Kastenwesens wesentlich schwächer ist als der der Klassenzugehörigkeit, die über Bildung, Beruf und Einkommen definiert wird (Philipps 2003: 84, Vaid 2007: 1). Insbesondere im urbanen Indien gewinnt der sozioökonomische Status in einer sich durch Wirtschaftswachstum und Modernisierung ausdifferenzierende Gesellschaft zunehmend an Gewicht. Eine indische Mittelschicht wuchs bereits unter britischer Kolonialherrschaft heran, da die Briten wachsenden Bedarf an gelernten Fachkräften für die expandierende Bürokratie hatten. Diese neue Mittelschicht durchlief das britische Bildungswesen und wurde dadurch auch durch westliche Werte wie Universalismus, Egalitarismus, Freiheit und Demokratie beeinflusst (Pandey 2009). Die heutige stark anwachsende aufstrebende Mittelschicht, die von dem Wirtschaftswachstum seit Beginn der Liberalisierung Anfang der 1990er Jahre profitieren konnte, zeichnet sich ebenfalls durch veränderte Bildungs- und Berufsstrukturen aus, wird aber auch stark über ihre Konsummuster definiert. Durch die Liberalisierung, Privatisierung und Globalisierung wurde der Zugang zu vielen Konsumgütern wie Waschmaschinen, Farbfernsehern, Kühlschränken, Computern und Mobiltelefonen erleichtert. Dennoch hat Bildung in der aufstrebenden Mittelschicht einen hohen Stellenwert, weshalb in die Bildung der Kinder investiert wird (Pandey 2009, Datta 2010, Rothermund 2008). Die Berufsstrukturen haben sich durch die Ansiedlung ausländischer und die Gründung nationaler Unternehmen und die damit verbundenen neu geschaffenen Arbeitsplätze im IT-Bereich, in

---

13 Die Kategorien *scheduled castes, scheduled tribes* und *other backward classes* wurden für die sozioökonomisch benachteiligten Kastenlosen, die Stammesbevölkerung und später für weitere rückständige Gruppen eingeführt, um diesen Gruppen durch Quotenregelungen einen Zugang zu öffentlichen Ämtern, Universitäten etc. zu ermöglichen (Stang 2002).

BPOs (*business process outsourcing*) sowie weiteren Dienstleistungsbereichen stark gewandelt. Die veränderten Lebensbedingungen haben ebenso Veränderungen der Sozialstrukturen mit sich gebracht: Die Familienstruktur in der Mittelschicht verändert sich zunehmend von der Groß- zur Kernfamilie, bedingt durch bildungs- oder arbeitsplatzbedingte Migration und sich verknappenden Wohnraum. Daraus resultieren vielschichtige Veränderungen in der Sozialstruktur, die insbesondere die Rolle der Frau beeinflussen. Nachbarschaftsnetzwerke ändern sich v.a. in den *housing societies*, die eine starke Anonymisierung der nachbarschaftlichen Beziehungen mit sich bringen können. Auch das Freizeitverhalten verändert sich im Zuge der Urbanisierung z.B. mit einem zunehmenden Entertainment-Angebot in Shopping Malls (Pandey 2009).

Der aufstrebenden Mittelschicht, die das McKinsey Global Institute (2007) für das Jahr 2005 auf 5% und 2015 auf bereits 20% für Gesamtindien schätzt (Abb. 9), steht ein breites Spektrum der urbanen Armutsbevölkerung gegenüber. Über den Anteil urbaner Armutsgruppen an der gesamten urbanen Bevölkerung existieren unterschiedliche Angaben; UNHABITAT (2010) schätzt ihn z.B. auf 32%. Dies ist jedoch auch eine Frage der Definition: Häufig wird die urbane Armutsbevölkerung mit dem Anteil der Slumbevölkerung gleichgesetzt. In Mumbai leben z.B. 56% der Haushalte in Slums, in Delhi 20% und in Chennai 18% (Gupta/Arnold/Lhungdim 2009: 23). Slums wiederum werden in der wissenschaftlichen Literatur (Bähr/Mertins 2000) als auch von verschiedenen Staaten und internationalen Institutionen unterschiedlich definiert. In dem Report „The Challenge of Slums" zieht UNHABITAT (2003: 10) folgende Charakteristika heran: Mangel an Basisinfrastruktur, mangelhafte und/oder illegale Bausubstanz, Überbevölkerung, Armut und soziale Exklusion sowie eine Mindest-Siedlungsgröße. Die indische Regierung hat für den Zensus 2001 folgende Kriterien zur Abgrenzung von Slumgebieten verwendet:

> „(i) all specified areas in a town or city notified as „Slum" by State/Local Government and UT Administration under any Act including a „Slum Act"; (ii) all areas recognized as „Slum" by State/Local Government and UT Administration, Housing and Slum Boards, which may have not been formally notified as slum under any act; and, (iii) a compact area of at least 300 population or about 60–70 households of poorly built congested tenements, in unhygienic environment usually with inadequate infrastructure and lacking in proper sanitary and drinking water facilities." (Office of the Registrar General and Census Commissioner 2005)

Die unter den Punkten (i) und (ii) aufgeführten Slums sind von der Stadtverwaltung registrierte Slums, die legal und permanent sind und gemäß dem Slum Areas (Improvement and Clearance) Act 1956 ein Recht auf alle öffentlichen Dienstleistungen und Infrastruktur haben. Die unter Punkt (iii) beschriebenen Slums sind in der Regel unregistrierte bzw. informelle Slums, die von temporären oder langfristig bleibenden Migranten auf der Suche nach Arbeit bewohnt werden, die aufgrund von Mangel an günstigem Wohnraum sowie finanziellen Zwängen freie innerstädtische Flächen besiedeln. Diese sind in der Regel äußerst ungenügend oder gar nicht mit Dienstleistungen der öffentlichen Hand versorgt und zeichnen sich durch schlechte Lebensbedingungen und Armut aus (Gupta/ Arnold/Lhungdim 2009: 10). Bei Schätzungen der Slumbevölkerung in indischen Städten ziehen alle indischen Institutionen jedoch nur registrierte Slums in Betracht (Gupta/Arnold/Lhungdim 2009: 11). Diese befinden sich häufig in marginalisierter Lage bzw. in Risikogebieten. Bei einer Studie der National Sample Survey Organisation lagen 24% der Slums in indischen Städten an *nallahs* (Ab-/Wasserkanäle), 12% entlang von Eisenbahnstrecken und 7% an Flussufern. 48% der Slums sind von Überschwemmungen während des Monsuns betroffen (NSSO 2010: 14 ff.). Dadurch ist die urbane Slumbevölkerung alleine schon aufgrund der Wohnlage erhöhten gesundheitlichen Risiken ausgesetzt (vgl. z.B. Bapat/Agarwal 2003 für Pune/Mumbai, Chandramouli 2003 für Chennai).

Aufgrund dieser dezidierten Merkmale wird in Berichten über Lebensbedingungen oder gesundheitsbezogene Aspekte in Städten häufig nur zwischen Slum- und Nicht-Slum-Bevölkerung unterschieden, wie z.B. auch beim National Family Health Survey (NFHS) der indischen Regierung. Damit werden weitere Distinktionen der urbanen Unterschicht bzw. Armutsbevölkerung, die insbesondere zwischen *pavement dwellers* und Bewohnern informeller sowie formeller Slums bestehen, ignoriert; allmählich wird diese Sichtweise jedoch revidiert. Denn obwohl Slumbewohner in vielerlei Hinsicht oft schlechter gestellt sind, trifft dies nicht immer auf alle Indikatoren zu. So halten Gupta, Arnold und Lhungdim (2009: 1) in ihrem Bericht fest, dass ein substanzieller Anteil der urbanen Armen nicht in Slums lebt wie z.B. *pavement dwellers*, Bewohner von *resettlement colonies* und unregistrierten Slums. Hingegen sind aber auch nicht alle Slumbewohner arm. Diese Zahlen variieren von Stadt zu Stadt: In Delhi sind laut Daten des NFHS 2005/06 42% der Haushalte ins Slums arm und 5% der Haushalte in Nicht-Slum-Gebieten, in Nagpur beträgt das Verhältnis beispielsweise 29 zu 15 (Gupta/Arnold/Lhungdim 2009: 11).

Das McKinsey Global Institute (2007) hat in einer Studie, basierend auf den Kategorien des National Council for Applied Economic Research, indische Haushalte nach dem Jahreseinkommen in fünf Segmente eingeteilt, wie in Abbildung 9 umgerechnet auf das Monatseinkommen in Indische Rupien (INR) bzw. Euro dargestellt. Die *globals* sind demnach die reiche Elite, die *seekers* und *strivers* machen die Konsum tragende Mittelschicht aus. Die *aspirers* und *deprived* hingegen gehören zur Unterschicht; die *aspirers*, deren Gruppe am schnellsten anwächst, sind weder verarmt noch Konsum tragend, haben aber eine hohe Aufwärtsmobilität und versuchen den Aufstieg in die Mittelschicht im Gegensatz zu den *deprived*, die unterhalb der Armutsgrenze leben.

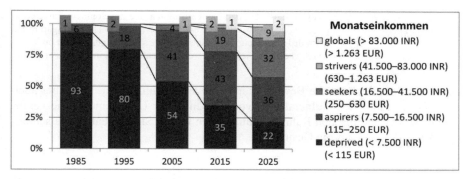

Abb. 9: *Indische Einkommensgruppen nach dem McKinsey Global Institute (Entwurf: M. Kroll; nach McKinsey Global Institute 2007)*

Während die Daten von McKinsey einen generellen einkommensbezogenen Aufwärtstrend zeigen, belegen andere Studien zur Einkommenssituation in Indien, dass die urbane Bevölkerung nur sehr ungleich vom Wirtschaftswachstum der letzten Jahre von durchschnittlich über 7% pro Jahr[14] profitiert und die Schere zwischen arm und reich sich vergrößert, da die Regierung die Ungleichheiten nicht ausreichend durch redistributive Maßnahmen ausgleicht (Mishra et al. 2008: 4). Dies spiegelt sich auch im Human-Development-Index des UNDP wider, auf dem Indien 2011 Platz 134 von 187 Ländern belegt[15]. Während die Armut im ländlichen Raum in den letzten Jahren leicht zurückgegangen ist, steigt die Anzahl der urbanen Armen (Gupta/Arnold/Lhungdim 2009: 14). Auch in Maharashtra, einem der reichsten indischen Bundesstaaten, haben die aus dem Wirtschaftswachstum resultierenden Gewinne nur bedingt zu einer Verminderung der Armut beigetragen (Mishra et al. 2008: 5). Im urbanen Maharashtra sank der Anteil der Armutsbevölkerung zwar zwischen 1983 und 1999 von 40,3 auf 26,8%, stieg im 21. Jh. aber wieder auf 29% im Jahr 2004/05 an. Dies ist u.a. auf die neoliberalen Strukturanpassungsprogramme im Zuge der Integration in den Weltmarkt mit sinkenden Investitionen in den öffentlichen Sektor sowie Abbau von Arbeitsrechten zurückzuführen, wodurch die Vulnerabilität niedriger Statusgruppen zugenommen hat (Mishra 2008: 18). Die Ungleichheit manifestiert sich z.B. auch darin, dass in Maharashtra sowohl der Anteil der Menschen mit chronischem Untergewicht als auch der Anteil mit Übergewicht über dem nationalen Durchschnitt liegt (Mishra 2008: 10). Die wieder zunehmende Armut in den Städten bedingt ein Anwachsen der Slumbevölkerung mit einer Verschlechterung der Lebensbedingungen:

---

14 https://www.cia.gov/library/publications/the-world-factbook/geos/in.html (Zugriff: 25.4.2012)
15 http://hdr.undp.org/en/statistics/ (Zugriff: 25.4.2012)

„(…) post 1990s, due to adaptation of neoliberal globalisation as the development framework, the gap between the rich and the poor is growing in every sphere of life. The wide gap in the availability of resources with different sections of the society has an obvious impact on health status of these sections, which is evident from the increasing health status inequities." (Mishra et al. 2008: 4)

Dies trifft vor allem auf die Bewohner informeller Siedlungen zu, führt aber auch zu einer zunehmenden Vulnerabilität von Frauen in der Unterschicht. Die veränderten sozioökonomischen Rahmenbedingungen in den Städten haben vielschichtige Auswirkungen auf die Gesundheit.

### 2.2.3 Urbane Gesundheit in Indien

Mit dem ökonomischen Wachstum in den letzten beiden Dekaden geht insbesondere in den indischen Städten eine Veränderung der Lebensstile und Konsummuster einher. Sozioökonomische Fortschritte, die u.a. eine Verbesserung der Ernährungssituation ermöglicht haben, sowie Fortschritte in der medizinischen Versorgung inklusive einer erfolgreichen Kontrolle von Krankheiten mit hoher Mortalität wie z.B. Pocken, Masern, Polio, Cholera und Diarrhö, haben zu einer Reduktion der Kindersterblichkeit und einem Anstieg der Lebenserwartung geführt (Gupte et al. 2001). Im urbanen Maharashtra sank beispielsweise die Sterblichkeit von Kleinkindern vor Erreichung des ersten Lebensjahrs von 33,3 pro 1000 Lebendgeburten 1991/92 auf 18,9 2005/06 (IIPS 2008: 69). Die Lebenserwartung bei Geburt von Männern und Frauen ist von 55,8 Jahren Anfang der 1970er Jahre auf 67,9 Jahre für Männer und 71,3 Jahre für Frauen im Zeitraum 2006 bis 2010 gestiegen (Radkar et al. 2010: 25). Der demographische und epidemiologische Wandel (vgl. 2.1.2) bedingen sich somit wechselseitig: Die steigende Lebenserwartung basiert u.a. auf einem Rückgang übertragbarer Erkrankungen und führt gleichzeitig zu einer Zunahme nichtübertragbarer Erkrankungen in älteren Bevölkerungsgruppen. Infolgedessen haben Herzkreislauf-Erkrankungen ab den 1990er Jahren infektiöse und parasitäre Erkrankungen als primäre Todesursache im urbanen Maharashtra abgelöst (Radkar et al. 2010).

Kale (2010: 37 ff.) benennt im India Health Report 2010 sieben zentrale Probleme für die Öffentliche Gesundheit in Indien: Im Bereich der nichtübertragbaren Krankheiten sind dies Diabetes, ischämische Herzerkrankungen, Krebs, geistige und physische Behinderungen und Straßenunfälle. Im Bereich übertragbarer Erkrankungen nennt die Autorin HIV/AIDS und Medikamentenresistenzen als aktuelle Herausforderungen. Die Zunahme sogenannter „Industrialisierungskrankheiten" im urbanen Indien (Cwikel 2006: 156), die durch veränderte Lebensweisen und Umweltrisiken verursacht werden, gerät zunehmend in den Fokus der Öffentlichen Gesundheit. Insbesondere der starke Anstieg von Diabeteserkrankungen ist alarmierend: Die Diabetes-Prävalenz ist in den Städten von 2,1% 1975 auf 12,1% 2000 angestiegen (Mohan et al. 2001, Ramachandran 2001). Schätzungen zufolge sind 41 Millionen Inder Diabetiker; 2025 wird sich deren Zahl auf etwa 70 Millionen belaufen (Ramachandran/Snehalatha 2009).

Fortschritte im Gesundheitsbereich drohen daher durch zwei Entwicklungen unterminiert zu werden: zum einen durch lebensstil- und umweltinduzierte Erkrankungen wie Diabetes, kardiovaskuläre Erkrankungen, chronische Atemwegserkrankungen und Unfälle. Zum anderen sind verschiedene Infektionskrankheiten durch weitverbreitete Armut, sozioökonomische Disparitäten und schlechte Lebensbedingungen in Städten immer noch prävalent oder wieder zunehmend (Gupte/Ramachandran/Mutatkar 2001, Shukla 2007). Gastrointestinale Erkrankungen, Mangelernährung und virale Hepatitis sind nach wie vor prävalent, vektorbürtige Erkrankungen wie Malaria, die in den 1960er Jahren stark rückläufig war, und Denguefieber haben in den letzten Jahren in den Städten eine wachsende Prävalenz gezeigt (Park 2007: 41). Dabei muss auch der globale Klimawandel mit seinen regionalen bzw. lokalen Ausprägungen als unmittelbare und mittelbare Einflussgröße auf die Gesundheit der urbanen Bevölkerung in die Betrachtung mit einbezogen werden: Eine Zunahme der Morbidität und Mortalität durch sog. „geo hazards" wie Hitzewellen oder Fluten, eine Ausbreitung von Übertragungskrankheiten wie Malaria, sowie eine steigende Zahl von Todesfällen durch bodennahes Ozon, das zu Herz-Kreislauf- und Atemwegserkrankungen führt, sind für die indischen Städte zu erwarten (IPCC 2007, Majra/Gur 2009). Bewohner von Marginalsiedlungen weisen diesen Risiken gegenüber aufgrund geringerer Handlungsspielräume zur Risikominimierung eine besonders hohe Vulnerabilität auf. Auch Tuberkulose ist nach wie vor stark prävalent, wo Armut und urbane Lebensbedingungen günstige Transmissionswege bieten:

> „The rise and fall of TB as a cause of mortality and morbidity is a marker for the changing patterns in health and disease, the exposure of susceptible population to infectious individuals, the weakening of the health safety net, and people's interaction with medical, social and public health services." (Cwikel 2006: 71)

Die duale Infektion von Tuberkulose mit HIV/AIDS als „neuer" Infektionskrankheit stellt darüber hinaus ein wachsendes Problem dar; die gleichzeitige Zunahme medikamentöser Resistenzen erschwert eine erfolgreiche Tuberkulose-Kontrolle. Letztlich hat auch der Ausbruch der Schweinegrippe in Indien 2009 mit 24.000 Erkrankten und 782 Toten gezeigt, wie verwundbar die urbane Bevölkerung gegenüber Epidemien ist (Das et al. 2011). Die Verwundbarkeit bezieht sich dabei nicht alleine auf die Morbidität und Mortalität, sondern ebenso auf die politischen, ökonomischen und sozialen Implikationen einer Epidemie. Dabei können die disparaten Entwicklungen verschiedener Bevölkerungsgruppen die Gesundheitsfortschritte in den Städten insgesamt gefährden. Die vielschichtigen Interaktionen zwischen Erreger, Wirt und Umwelt auf engstem Raum führen zu dynamischen Veränderungen von Krankheit und Gesundheit, wie z.B. die steigenden Inzidenzraten für multiresistente Tuberkulose oder Denguefieber belegen, und erschweren damit eine langfristige Verbesserung der urbanen Öffentlichen Gesundheit.

Dabei standen in Indien bisher überwiegend Gesundheitsunterschiede zwischen ländlichen und urbanen Bevölkerungsgruppen im Fokus des Gesundheitsdiskurses, während urbane Gesundheitsprobleme und intraurbane Disparitäten weitgehend ignoriert wurden, da die urbane Bevölkerung als ausreichend medizinisch versorgt galt. So hat die indische Regierung 2005 die National Rural Health Mission (NRHM) ins Leben gerufen, deren Ziel es ist, den Zugang zu primärer Gesundheitsversorgung auf dem Land zu verbessern. Damit wurde der Fokus der ohnehin rückläufigen Investitionen der öffentlichen Hand im Gesundheitssystem für mehrere Jahre zuungunsten der städtischen Marginalbevölkerung verschoben, die auf subventionierte Dienstleistungen des öffentlichen Gesundheitssektors angewiesen ist. So ist die Kindersterblichkeit im urbanen Indien mit 52‰ zwar insgesamt geringer als im ländlichen Raum mit 82‰, im ärmsten Quintil der urbanen Bevölkerung ist sie jedoch mit 85‰ am höchsten[16]. In Anbetracht des rapiden Urbanisierungsprozesses in Indien ist eine Restrukturierung des öffentlichen Gesundheitswesens mittelfristig notwendig, um eine schleichende urbane Gesundheitskatastrophe zu vermeiden (Agarwal/Sangar 2005). Als Antwort auf diese Probleme sollte 2009 die National Urban Health Mission (NUHM) vom Ministry of Health and Family Welfare zur Bekämpfung der Gesundheitsprobleme urbaner Armutsgruppen ins Leben gerufen werden (vgl. 5.6.1). Obwohl der Start der NUHM verschoben wurde, zeigt diese Initiative der Regierung, dass die Heterogenität urbaner Gesellschaften sowie die wachsenden gesundheitlichen Disparitäten allmählich stärker in den Blickpunkt der nationalen und regionalen Regierungen rücken. Erschwert wird die Entwicklung adäquater Maßnahmen zur Verbesserung der urbanen Gesundheit jedoch dadurch, dass für eine Untersuchung intraurbaner Disparitäten die Daten fehlen, wie unlängst vom Ministry of Health and Family Welfare eingeräumt wurde (MoHFW 2010) (vgl. 3.1.2). Dabei bestehen nicht nur Probleme für die etablierten, sondern auch für die entstehenden Megastädte, die ebenfalls einen tief greifenden strukturellen Wandel durch starken Bevölkerungszuwachs durchlaufen und mit der Bereitstellung wichtiger Dienstleistungen nicht Schritt halten können (Gupta/Arnold/Lhungdim 2009: 14). Diese Probleme sind auch in der Stadt Pune, dem Untersuchungsraum der vorliegenden Studie, ersichtlich.

## 2.3 PUNE – DER UNTERSUCHUNGSRAUM

Die Stadt Pune ist Teil des megaurbanen Großraums Pune-Pimpri-Chinchwad, der das östliche Ende des Verdichtungskorridors Mumbai-Pune im Bundesstaat Maharashtra darstellt (Abb. 11). Pune weist für die letzten Dekaden ein hohes Bevölkerungs- und Flächenwachstum auf: Seit den 1960er Jahren wuchs das Stadtgebiet in seinen administrativen Grenzen von 138 km$^2$ auf heute 244 km$^2$ (PMC 2009), die Bevölkerung von 723.000 auf 3,1 Millionen 2011 (Zensus 2011[17]). Etwa die

---

16 http://www.who.or.jp/uhcprofiles/India.pdf (Zugriff: 25.4.2012)
17 http://www.census2011.co.in/census/city/375-pune.html (Zugriff: 8.3.2012)

Hälfte des Wachstums ist dabei auf Migration zurückzuführen (PMC 2009). Die Expansion der Siedlungsfläche zwischen Pune und Pimpri-Chinchwad hat zur Entstehung eines nahezu geschlossenen Siedlungskörpers geführt. Dem wurde bereits 1967 Rechnung getragen, indem eine übergeordnete Metropolregion als zusätzliche Verwaltungsebene geschaffen wurde. Die Pune Metropolitan Region bildet den Rahmen für eine aufeinander abgestimmte Planung beider Gebietskörperschaften. Die Fläche der Metropolregion beträgt 1.605 km² (PMC 2006), die Bevölkerung belief sich beim Zensus 2011[17] auf 5,1 Millionen ( Abb. 10). Die Pune Municipal Corporation (PMC) gibt für ihr Stadtgebiet eine jährliche Wachstumsrate von 3,5% an (PMC 2009), nach Daten der UN[18] sinkt die Rate für die Metropolregion seit 2000 und beläuft sich auf etwa 2%. Bis 2020 wird die Bevölkerung voraussichtlich auf 6,1 Millionen anwachsen. Aufgrund des Status als globalem Dienstleistungszentrum wurde Pune 2010 vom Globalization and World Cities Research Network als gamma world city eingestuft[19].

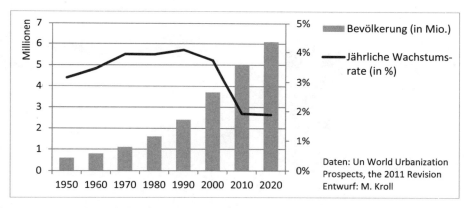

*Abb. 10: Bevölkerungswachstum in Pune von 1950 bis 2020*

Die Entwicklung Punes lässt sich in verschiedene Urbanisierungsphasen einteilen: (1) Die erste präkoloniale Phase erfolgte in der frühen Neuzeit, als die recht unbedeutende Siedlung zum Herrschaftszentrum der Marathen aufstieg, von dem aus weite Teile des indischen Subkontinents verwaltet wurden. Unter der Herrschaft der Peshwas, die Pune zu ihrer Hauptstadt ausbauten, entstand um 1750 die heutige Altstadt, die sich in mehrere Viertel, sog. *peths*, gliedert. Dieses Gebiet zeichnet sich heute durch eine sehr hohe Dichte und unregelmäßige Strukturen aus. (2) In der zweiten Phase der Kolonialzeit wurden durch die Briten ab 1817 vor den

18 http://esa.un.org/unpd/wup/unup/p2k0data.asp (Zugriff: 7.2.2012)
19 http://www.lboro.ac.uk/gawc/world2010t.html (Zugriff: 7.2.2012)

Toren der Altstadt zum einen die koloniale Administration (*civil lines*), zum anderen zwei Militärstützpunkte (*cantonments*) geschaffen. Diese neueren Strukturen setzen sich auch heute noch deutlich vom übrigen Stadtbild ab, da sie im Gegensatz zur gewachsenen Altstadt geplant und strukturiert angelegt wurden mit Bungalows, Paradeplätzen und weiteren typischen Elementen kolonialer Stadtplanung. (3) Die dritte Urbanisierungsphase begann mit der indischen Unabhängigkeit 1947 und führte seit den 1960er Jahren in Folge der Industrialisierung in der Region Pune zu einer rapiden, weitestgehend ungeplanten Flächenexpansion und Bevölkerungszunahme. Bereits in den 1960er Jahren wurden Pune und Pimpri-Chinchwad mit gezielter staatlicher Förderung zu nationalen und ab den 90er Jahren internationalen Zentren der Automobilindustrie ausgebaut. In jüngster Zeit lassen sich zunehmend Unternehmen aus dem IT-Bereich sowie der Chemie- und Pharmaindustrie nieder (Abb. 11).

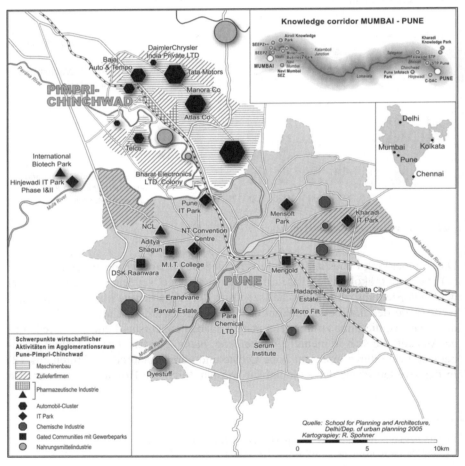

*Abb. 11: Lage Punes und ökonomische Cluster in Pune und Pimpri-Chinchwad*

Als Gunstfaktoren sind die Nähe zu Mumbai sowie das bessere Flächenangebot bzw. die höhere Lebensqualität am östlichen, höher gelegenen, trockeneren und klimatisch wohltemperierteren Rand des Verdichtungsraums Mumbai-Pune für die Standortwahl ausschlaggebend gewesen. Zudem ist Pune ein wichtiger nationaler Universitätsstandort mit renommierten Instituten, wodurch viele Absolventen der Ingenieurs-, IT- und anderer Wissenschaftsbereiche als qualifizierte Arbeitskräfte zur Verfügung stehen (Diddee/Gupta 2003, PMC 2006). Somit sind heute im Gebiet der Pune Municipal Corporation (PMC) etwa 23% der im formellen Sektor arbeitenden Bevölkerung im IT-Sektor beschäftigt; weitere Beschäftigungsfelder liegen im Dienstleistungssektor, im Handel, in der Hotellerie und im Transport (PMC 2009).

Die dritte Urbanisierungsphase lässt sich durch ein weitgehend ungeplantes und chaotisches Wachstum der Stadt charakterisieren (Bapat 1981, Diddee/Gupta 2003): Private Baugesellschaften haben in Eigenregie große, moderne Apartmentkomplexe errichtet, die am Stadtrand nicht immer infrastrukturell erschlossen sind und die vor allem von der aufsteigenden Mittelschicht bewohnt werden. Inselartig fügen sich in diese Gebiete sog. *slum pockets* ein, die häufig von Migranten mangels Alternative errichtet wurden und sich im Laufe der Zeit etabliert haben. Laut PMC gibt es in Pune 353 registrierte und 211 unregistrierte Slums, in denen aktuell 25 bis 30% der Stadtbevölkerung leben (PMC 2009). Ältere Angaben der PMC belaufen sich sogar auf 41% (PMC 2006). Zwar werden Slumbewohner als Gruppe häufig stigmatisiert (Sen/Hobson/Joshi 2003), jedoch gibt es deutliche Unterschiede in der Akzeptanz und Anerkennung verschiedener Slums. Wesentlich ist dabei die Unterscheidung nach dem Rechtsstatus in formelle und informelle bzw. registrierte und unregistrierte Siedlungen, wobei nur die von der Stadt formalisierten Slums in der Regel mit einer Basisinfrastruktur ausgestattet sind (vgl. 2.2.2). Somit bestehen im heutigen Stadtbild grob charakterisiert nicht nur große bauliche und infrastrukturelle Unterschiede zwischen den geplanten Wohngebieten der Mittel- und Oberschicht und den Slums, sondern auch innerhalb Letzterer zwischen Siedlungen mit formellem und informellem Status. Pune als heterogener Gesamtraum zerfällt somit in verschiedene Teilräume, die sich wiederum in kleine, homogene Nachbarschaften unterteilen lassen. So sind häufig zwischen zwei in sich homogenen Siedlungskomplexen, die unmittelbar aneinandergrenzen, steile sozialräumliche Gradienten zu beobachten.

Des Weiteren haben die rapiden Expansionsprozesse in den letzten zwei Dekaden in Pune nicht nur zu wachsenden sozioökonomischen Disparitäten geführt, sondern auch einen großflächigen Landnutzungswandel, Umweltdegradation und eine starke Überlastung der städtischen Infrastruktur verursacht; es kommt z.B. immer wieder zu Engpässen in der Wasser- und Stromversorgung sowie der Abfallentsorgung (Kraas/Kroll 2008), die Straßen sind chronisch überlastet vom wachsenden Verkehrsaufkommen, das eine hohe Lärm- und Schadstoffbelastung verursacht (vgl. 5.2). Diese Veränderungen der urbanen Lebenswelt in Pune durch ökologische Degradation, wachsende sozioökonomische Disparitäten und eine Pluralisierung der Lebensweisen führen zu veränderten gesundheitlichen Risikoexpositionen, die in Abhängigkeit vom sozioökonomischen Status variieren.

# 3. GESUNDHEITLICHE DISPARITÄTEN: STAND DER FORSCHUNG UND ANALYSEANSÄTZE

In den entstehenden Megastädten der Schwellenländer wie etwa der indischen Stadt Pune divergiert der Gesundheitsstatus verschiedener sozioökonomischer Bevölkerungsgruppen durch die mehrdimensionalen dynamischen Überprägungen gesundheitsdeterminierender Faktoren der physischen und sozialen Umwelt besonders stark. Während der Zusammenhang zwischen sozioökonomischem Status und Gesundheitszustand für westliche Gesellschaften grundsätzlich belegt wurde (Mielck 2005, Richter/Hurrelmann 2006), besteht hier noch erheblicher Forschungsbedarf.

In diesem Kapitel werden zunächst Ansätze zur Klassifizierung von Gesellschaften nach sozioökonomischen Merkmalen als Basis für eine Unterscheidung gesundheitlicher Disparitäten vorgestellt. Anschließend erfolgt eine kritische Auseinandersetzung mit der Terminologie und dem Stand der Forschung zu gesundheitlichen Disparitäten. Das zweite Unterkapitel dient der Übersicht über vorhandene Analyseansätze: zum einen zu Gesundheit bzw. Gesundheitsdeterminanten, zum anderen zu gesundheitlichen Disparitäten. Basierend auf den vorgestellten Konzepten wird der eigene Analyserahmen für den empirischen Teil dieser Arbeit in Kapitel 3.3 vorgestellt.

## 3.1 SOZIOÖKONOMISCHE UND GESUNDHEITLICHE DISPARITÄTEN

Der Disparitäten-Begriff wird primär für die Beschreibung sozialer bzw. sozioökonomischer und räumlicher Ungleichheiten verwendet. Während unter räumlichen Disparitäten die ungleiche Ausstattung eines Raums z.B. mit Infrastruktur auf verschiedenen Ebenen sowie die räumliche Verteilung sozioökonomischer und demographischer Merkmale von Bevölkerungsgruppen betrachtet werden, erfolgt die Beschreibung sozioökonomischer Disparitäten bzw. die Abgrenzung verschiedener sozialer Gruppen unter Heranziehung verschiedener Konzepte wie Klasse, Schicht, Status oder Lage (Brunotte et al. 2005). Raum und Bevölkerung sind dabei vielschichtig miteinander verknüpft: Bevölkerungsgruppen mit ähnlichem sozioökonomischem Status clustern sich, bedingt z.B. durch Wohnpreise, häufig in bestimmten Raumeinheiten und sind damit wiederum besonderen raumwirksamen Effekten ausgesetzt, wodurch Raum als Setting sozioökonomische und gesundheitliche Disparitäten verstärken kann. Zudem beeinflusst der Raum die menschliche Gesundheit durch psychosoziale Faktoren, die an die Perzeption und Identifikation mit einem Raum gebunden sind (vgl. 2.1.1).

### 3.1.1 Gesellschaftliche Strukturen und sozioökonomische Disparitäten

Die Klassifikation unterschiedlicher Bevölkerungsgruppen nach sozioökonomischen Kriterien ist ein zentraler Bestandteil des Diskurses zu gesundheitlichen Disparitäten, da in Abhängigkeit von der Konzeption von Sozialgruppen diese unterschiedlich voneinander abgegrenzt bzw. auch verschiedene Aspekte in die Untersuchung mit einbezogen werden. Vertikalen Modellen wie dem Klassen- oder Statuskonzept ist gemein, dass sie die Sozialstruktur einer Gesellschaft nach „äußeren" Lebensbedingungen erfassen wollen. Während gesellschaftliche Klassen vor allem über die Verteilung der Produktionsmittel (Marx) oder Art des Berufs (z.B. gelernte/ungelernte Arbeit, selbstständig/angestellt) voneinander abgegrenzt werden, zeichnet sich das Statuskonzept durch eine Hierarchisierung der Gesellschaft anhand sozioökonomischer Merkmale aus. Der sozioökonomische Status wird in der Regel durch Bildung, Beruf und Einkommen erhoben (Lampert/Kroll 2006) (vgl. 2.1.1). Zusätzlich zum Einkommen kann der Güterbesitz zur Erfassung der materiellen Ressourcen hinzugezogen werden. Die Kombination von Bildung, Beruf und Einkommen entscheidet über den Zugang zu Status, Prestige und Macht sowie über materielle Vermögenswerte und beeinflusst damit die Position eines Individuums oder eines Haushalts in der Gesellschaft. Vertikale Modelle laufen dabei Gefahr, materielle Ressourcen als Schlüsseldeterminante zur Bestimmung der sozialen Position in einer Gesellschaft heranzuziehen und werden zudem aufgrund ihrer statischen Konzeption kritisiert. Mit dem Konzept der sozialen Lage wird versucht, die vertikalen Strukturen aufzubrechen, indem Statusinkonsistenzen z.B. in Abhängigkeit von unterschiedlichen Lebensphasen sowie auch Unterschiede innerhalb einer Schicht, z.B. zwischen Männern und Frauen, berücksichtigt werden (Geißler 2004, Kroll 2010). Soziale Ungleichheiten entstehen nicht nur durch vertikale Faktoren wie Bildung und Einkommen, die eine gewisse Hierarchisierung zulassen, sondern auch durch horizontale Faktoren wie z.B. Alter, Geschlecht, Nationalität, Ethnizität oder Familienstand. Um die gesundheitliche Belastung, aber auch gesundheitsfördernde Faktoren in einzelnen Bevölkerungsgruppen zu analysieren, müssen vertikale und horizontale Merkmale synoptisch betrachtet werden.

Neuere Konzepte, die sich mit Milieus, Lebensstil- oder Habitus-Gruppen beschäftigen, brechen die vertikale Gliederung der Gesellschaft noch stärker auf, indem sie nicht nur die äußeren Lebenslagen, sondern auch sozialgruppenspezifische Lebensstile und Verhaltensmuster miteinbeziehen, die durch die gruppenspezifische Enkulturation entstehen. Soziale Milieus sind Sozialisationsgemeinschaften mit eigenen ganzheitlichen Handlungsmustern: Sie zeichnen sich durch spezifische Wertorientierungen, Lebensauffassungen und Lebensziele, ihre Einstellungen zu Politik, Arbeit, Freizeit und Konsum, zu Familie und Partnerschaft aus und können darauf basierend in soziale Milieus bzw. subkulturelle Einheiten eingeteilt werden. Die Grenzen zwischen den sozialen Milieus verlaufen nicht starr, sondern fließend mit Übergängen, Zwischenformen und Überschneidungen (Bauer/Bittlingmayer/Richter 2008, Geißler 2004). Lebensstilgruppen weisen ebenfalls typische Verhaltens- und Handlungsmuster im Alltag aufgrund gemeinsamer

Werte (z.B. Interessen, politische Einstellungen, Geschmack, Kleidung etc.) und Lebensumstände (z.B. in Bezug auf Einkommen und Bildung) auf. In der Sozialepidemiologie besteht weitgehend Einigkeit, dass gesundheitsförderliche und -schädliche Verhaltensweisen an bestimmte Lebensstile geknüpft sind, die wiederum in Abhängigkeit von den Lebensbedingungen und den zur Verfügung stehenden Ressourcen, d.h. vom sozioökonomischen Status in der Gesellschaft, stark beeinflusst werden (Bauer/Bittlingmayer/Richter 2008: 26). Lebensstile synthetisieren damit Fähigkeiten und Eigenschaften, Einstellungen und Kompetenzen, die mit einem bestimmten sozioökonomischen Status verbunden sind; sie bilden ein Auswahlreservoir für tatsächliche Reaktionen und Handlungs-muster, die das gesundheitliche Gleichgewicht beeinflussen. Die Entstehung gesundheitsförderlicher oder -gefährdender Verhaltensmuster ist dabei auch eng an biographische Linien und die Umfeldbedingungen geknüpft (Janßen 1999: 27). Ein weiterer struktureller Ansatz zur Abgrenzung von Sozialstrukturen wurde von Bourdieu (1979) mit dem Habituskonzept etabliert: Habitus wird durch spezifische Lebensbedingungen erzeugt und geformt, die sich aus der Position in der Gesellschaft und der damit verbundenen Ausstattung mit ökonomischem, sozialem und kulturellem Kapital ergeben (Bauer/Bittlingmayer/Richter 2008: 35). Der Habitus ist dabei das Ergebnis eines Sozialisationsprozesses im jeweiligen Herkunftsmilieu und den damit verbundenen Lebensbedingungen, durch die das Individuum kognitive Dispositionen verinnerlicht, welche dem Individuum klassenabhängige und prädisponierte Wege des Denkens, Fühlens und Handelns (=Habitus) zur Verfügung stellen. Demnach ist der Habitus ein wesentliches, jedoch nicht das alleinige Handlungsprinzip; er gibt quasi die Struktur für Handlungsoptionen im Alltag vor und dient damit als Erklärungsmodell für die Verbreitung gruppenspezifischer Verhaltensweisen und Lebensstile. Daraus ergeben sich aber auch ein sozialgruppenspezifischer Umgang mit Gesundheitsrisiken und eine unterschiedliche Wirksamkeit von gesundheitsfördernden Maßnahmen (Hensen 2011). So haben Studien gezeigt, dass höhere Statusgruppen eher für Präventionsprogramme wie z.B. Nichtraucherkampagnen empfänglich sind und sich durch diese Maßnahmen gesundheitliche Disparitäten sogar verschärfen (Bauer/Bittlingmayer 2012).

*Abb. 12: Zusammenhang zwischen Sozialstrukturen und Gesundheitsstatus (Entwurf: M. Kroll, nach Bauer/Bittlingmayer 2012: 707)*

Die neueren Ansätze wie die Habitus- oder Milieuanalyse werden damit den pluralen Strukturen urbaner Gesellschaften zur Analyse gesundheitlicher Disparitäten besser gerecht, wenn deren Anwendbarkeit aufgrund der schwierigeren Operationalisierbarkeit allerdings auch kritisch zu betrachten ist (Lahelma et. al 2008: 143). Diese Ansätze sind jedoch für die vorliegende Arbeit nur sekundär zielführend. Zum einen sind qualitative Aspekte wie z.B. Einstellungen, zumal in einem anderen kulturellen Kontext, kaum zu quantifizieren. Zum anderen kann man im indischen Kontext gerade bei Armutsgruppen kaum von bewusst gewählten Lebensstilen sprechen, eher von einem strukturell determinierten Habitus. Daher werden in der vorliegenden Arbeit Bevölkerungsgruppen nach ihrem sozioökonomischen Status, operationalisiert durch Bildung, Beruf, Einkommen und Güterbesitz, betrachtet bzw. voneinander abgegrenzt und nicht nach Lebensstil-, Milieu- oder Habitus-Gruppen. Dabei werden Verhaltensweisen durchaus zur Erklärung gesundheitlicher Disparitäten herangezogen, jedoch nicht zur Konstituierung der Sozialgruppen.

### 3.1.2 Gesundheitliche Disparitäten: Begriffsklärung und Stand der Forschung

In der Gesundheitsforschung werden unterschiedliche Terminologien zur Beschreibung des Zusammenhangs von sozioökonomischem Status und Gesundheit verwendet. Im Deutschen wird am häufigsten der Terminus der gesundheitlichen Ungleichheit benutzt (Mielck 2005), angelehnt an den in Großbritannien verwendeten Begriff der *health inequalities*, sowie seltener synonym der Begriff gesundheitliche Disparitäten (Graham 2008), abgeleitet von dem in den USA gebräuchlichen Begriff *health disparities*. Carter-Pokras und Baquet (2002) sowie Bravemen (2006) haben verschiedene Definitionen von gesundheitlichen Disparitäten zusammengetragen und verglichen: Die meisten Definition adressieren überwiegend den sozioökonomischen Status als vertikale Disparitäten erzeugenden Faktor und seltener auch horizontale Faktoren wie Geschlecht oder Ethnizität (Abb. 13).

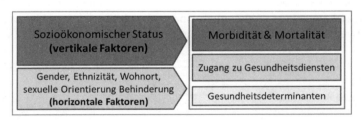

*Abb. 13: Definitionselemente von gesundheitlichen Disparitäten (Entwurf: M. Kroll)*

Entlang dieser vertikalen und horizontalen Achsen zeigen sich gesundheitliche Disparitäten, die überwiegend durch Unterschiede in der Morbidität und Mortalität gemessen werden, bei einigen Definitionen auch durch den Zugang zu Gesundheitsdiensten, seltener durch die Exposition zu Gesundheitsdeterminanten wie etwa Umweltfaktoren. So definiert z.B. das Resource Center for Adolescent Pregnancy Prevention gesundheitliche Disparitäten folgendermaßen:

> „Health disparities refer to differences in health status amongst different groups of people. In the United States, these differences are categorized by gender, race or ethnicity, education or income, disability, geographic location and sometimes sexual orientation. " (RECAPP, zitiert nach Carter-Pokras/Baquet 2002: 439)

Diese Definition verdeutlicht, dass gesundheitliche Disparitäten je nach kulturellem Kontext auch entlang verschiedener horizontaler Achsen verlaufen können. Carter-Pokras und Baquet definieren gesundheitliche Disparitäten wie folgt:

> „A health disparity should be viewed as a chain of events signified by a difference in: (1) the environment, (2) access to, utilization of, and quality of care, (3) health status, or (4) a particular health outcome that deserves scrutiny." (Carter-Pokras/Baquet 2002: 427)

Dahlgren und Whitehead (1991) spezifizieren zudem verschiedene Determinanten von gesundheitlichen Disparitäten, von denen sie einige als unvermeidbar bzw. nicht ungerecht einstufen (z.B. genetische Prädispositionen oder gesundheitsgefährdendes Verhalten wie z.B. Extremsport), und andere als vermeidbar oder ungerecht (z.B. gesundheitsgefährdendes Verhalten durch einen nicht frei wählbaren Lebensstil, Exposition gegenüber ungesunden und stressvollen Lebens- oder Arbeitsbedingungen). Damit schließen sie an den Diskurs zu Gesundheitsgerechtigkeit an: In Großbritannien wird terminologisch zwischen *health inequities* und *health inequalities* differenziert. Der Begriff *health inequity* beinhaltet eine wertende Komponente und thematisiert ungerechte Unterschiede im Gesundheitsstatus sowie deren Vermeidbarkeit (Mielck 2005). Dabei bedarf es für die Beurteilung, ob eine Disparität ungerecht oder gerecht ist, sozialer Normen und ist auch abhängig von der wissenschaftlichen Perspektive, sodass hier keine präzise Trennlinie etabliert werden kann, da sie teilweise sehr nahe beieinanderliegen. So kann z.B. eine genetische Prädisposition für eine Erkrankung nicht als ungerecht betrachtet werden, Ressourcen für die Erforschung und Bekämpfung von Erbkrankheiten können aber sehr wohl ungerecht verteilt sein. In der vorliegenden Arbeit wird der Begriff gesundheitliche Disparitäten als nicht-normativ belegter Begriff verwendet, der sowohl vermeidbare als auch unvermeidbare Disparitäten umfasst.

*Stand der Forschung zu gesundheitlichen Disparitäten*

Die aktuelle Forschung zu gesundheitlichen Disparitäten kann der (1) deskriptiven Perspektive, (2) der erklärenden Perspektive oder (3) der Policyebene (Reduktion von Disparitäten) zugeordnet werden (Bauer/Bittlingmayer/Richter 2008: 14). Obwohl die drei Ebenen sich wechselseitig bedingen, hilft ihre Unterscheidung der Reduktion der Komplexität des Themas. Dabei werden die Ebenen je nach Forschungskontext und Region unterschiedlich bearbeitet bzw. weiterentwickelt.

Die meisten Arbeiten zu gesundheitlichen Disparitäten sind auf der **deskriptiven Ebene** anzusiedeln und haben vielfach belegt, dass die Verteilung von Gesundheit und Krankheit einem sozioökonomischen Gradienten folgt (Bauer/Bittlingmayer/Richter 2008, Cwikel 2006, Bartley 2004). Eine der umfassendsten und frühesten Studien zur Beeinflussung der Gesundheit durch den sozioökonomischen Status ist der Black Report der Working Group on Inequalities in Health für Großbritannien (1980), in dem die Mortalität und Morbidität umfassend nach fünf verschiedenen berufsbasierten sozioökonomischen Gruppen von 1930 bis 1980 dargestellt wurde (Bartley 2004). Der Großteil dieser Studien wurde allerdings in Industrieländern durchgeführt (für Deutschland[1] vgl. z.B. Helmert et al. 2000, Kroll 2010; für Europa z.B. Mackenbach 2006; für USA z.B. Carlo/Crockett/Carranza 2011, Barr 2008). Lampert und Kroll (2008) fassen beispielsweise in einem Aufsatz die Ergebnisse verschiedener Studien zusammen, die für niedrigere Statusgruppen in Deutschland eine höhere Prävalenz chronischer und psychischer Erkrankungen belegen sowie eine geringere Lebenserwartung. So unterscheidet sich die durchschnittliche Lebenserwartung bei Geburt zwischen dem niedrigsten und höchsten Einkommensquintil um etwa zehn Jahre bei Männern und acht Jahre bei Frauen. Trotz der zahlreichen Studien bestehen immer noch Schwierigkeit, sozioökonomischen Status adäquat und ohne zu starke Übersimplifizierung zu messen (Bartley 2004, Lahelma et al. 2008) und diese Variablen in Zusammenhang mit gesundheitlichen Disparitäten zu bringen, da hier keine unilineare Kausalbeziehung nachgewiesen werden kann. Denn selbst wenn in einer Gesellschaft sozioökonomischer Status und Krankheitslast hoch korrelieren, ist der Kausalzusammenhang zwischen Ursache und Wirkung noch nicht ausreichend geklärt (Bartley 2004: 22) (vgl. 3.2.2).

Auf **analytischer Ebene** konnten in vielfacher Hinsicht bisher keine klaren Aussagen zur Entstehung gesundheitlicher Disparitäten gemacht werden. Die Mehrheit der Studien zu gesundheitlichen Disparitäten in Industrieländern basieren auf statistischen Erklärungsmodellen, die zwar Krankheit und Gesundheit mit einzelnen Parametern korrelieren (z.B. Diabetes und Bildung) oder sich auf einzelne Erklärungsansätze wie z.B. Tabakkonsum konzentrieren, aber selten eine holistische Betrachtung der Determinanten und Mechanismen gesundheitlicher Disparitäten erlauben, da Daten z.B. zu Ernährungsgewohnheiten oder Stressbelastungen häufig nicht vorhanden sind (Bartley 2004, Mielck 2005, Richter/Hurrelmann 2006). Vielmehr wurden im Kontext der Industrieländer verschiedene Ansätze zur Herstellung von Verursachungszusammenhängen entwickelt, die jedoch über den tatsächlichen Wirkmechanismus nur wenig Auskunft geben (Bauer/Bittlingmayer/Richter 2008: 15) (vgl. 3.2.2). Bartley (2004: 37) fordert daher, dass statistische Verfahren ergänzt werden müssen durch klinische (biologische Messungen) und qualitative Methoden (z.B. biographische Interviews, Tiefeninterviews, ethnographische Studien verschiedener sozialer Settings).

Die im Kontext der Industrieländer erzielten Ergebnisse und entwickelten Konzepte zu gesundheitlichen Disparitäten (vgl. 3.2.2) sind zudem nicht ohne

---

1 Mielck (2005) hat bei einer Recherche zu gesundheitlicher Ungleichheit in Deutschland 684 Veröffentlichungen über einen Zeitraum von 24 Jahren gelistet. Daraus wird ersichtlich, dass das Thema in Deutschland ab Mitte der 1990er Jahre stark an Relevanz gewonnen hat.

Weiteres auf Megastädte der Schwellenländer übertragbar, da sich die sozialen, ökonomischen, ökologischen und politischen Rahmenbedingungen sowie die jeweiligen Gesundheitssysteme und das kulturell geprägte Gesundheitsverhalten deutlich unterscheiden. Zudem ist die Korrelation zwischen sozioökonomischem Status und Gesundheit stärker innerhalb einer Gesellschaft als zwischen Gesellschaften, d.h. es handelt sich um ein relationales Problem, das im jeweiligen regionalen Kontext untersucht werden muss (Cwikel 2006: 75). Duggal (2008b: 57) hält z.B. für den indischen Kontext fest, dass neben dem sozioökonomischen Status auch die mangelnden Investitionen in den öffentlichen Gesundheitssektor eine Schlüsselfunktion zur Erklärung gesundheitlicher Disparitäten in Indien einnehmen. Daher besteht Forschungsbedarf in Bezug auf die konkreten gesundheitsrelevanten Auswirkungen von tief greifenden gesellschaftlichen Polarisationserscheinungen, wie sie in Megastädten in Schwellenländern zu beobachten sind.

Das aktuelle Forschungsdefizit in Schwellenländern ist zum einen darauf zurückzuführen, dass sozioökonomische Disparitäten dort nur langsam auf die Forschungsagenda gelangen, zum anderen lässt die mangelhafte Datengrundlage zu gesundheitsrelevanten Aspekten keine detaillierten Analysen zu, wie sich am Beispiel Indiens beobachten lässt. In Indien dominiert immer noch eine polarisierende Dichotomie, bei der aufgrund von einkommens- und infrastrukturellen Unterschieden Stadtbewohnern im Vergleich zur ländlichen Bevölkerung ein besserer Gesundheitsstatus zugesprochen wird (Agarwal 2011). Diese Annahmen verhindern häufig eine differenzierte Betrachtung städtischer Gesundheitsprobleme, da urbanen Gesellschaften ein hoher Grad an Homogenität unterstellt wird. Diese Betrachtungsweise wird der Realität in den etablierten und entstehenden Megastädten in Indien nicht gerecht, da die sozioökonomischen Disparitäten, die räumliche Fragmentierung und der unterschiedliche Zugang zu Gesundheitsdiensten zu variierenden epidemiologischen Profilen in der Bevölkerung führen, die sich aufgrund der kleinräumigen sozioökonomischen Gradienten jedoch wechselseitig bedingen. Daher sind in jüngerer Zeit verschiedene Berichte zur Gesundheitssituation urbaner Armutsgruppen entstanden (vgl. Bapat 2009, UHRC 2007). Eine Analyse des Gesundheitsstatus verschiedener sozioökonomischer Gruppen innerhalb von Städten sowie eine konzeptionelle Betrachtung gesundheitlicher Disparitäten finden jedoch fast nicht statt, auch wenn sich langsam ein Bewusstsein für intraurbane Disparitäten und deren Auswirkungen auf die Gesundheit in Politik und Forschung zeigt (vgl. Agarwal 2011). Dennoch fehlt in Indien eine kleinräumig differenzierende Gesundheitsberichterstattung, die Rückschlüsse auf die Krankheitslast verschiedener Bevölkerungsgruppen ermöglichen würde (vgl. 2.2, 4.4.2). Die Planung von Gesundheitsprogrammen im öffentlichen Gesundheitsbereich basiert auf Mortalitätsstatistiken, Morbiditätsdaten von unregelmäßig durchgeführten Surveys zu bestimmten Erkrankungen sowie Daten zu Mütter- und Kindergesundheit im Rahmen des National Family Health Surveys (Krickeberg/ Kar/Chakraborty 2005). Zudem fokussieren auch die nationalen Surveys wie etwa der National Family Health Survey aufgrund der bereits angesprochenen Dichotomie in der Regel Disparitäten zwischen dem ländlichen und dem urbanen Raum und gehen nur selten auf intraurbane Unterschiede ein (Duggal 2008b: 57). Daher sind Daten und Forschungsergebnisse zur Gesundheitssituation in einzelnen indischen Städten bzw. unterschiedlichen Bevölkerungsgruppen in Städten bisher kaum vorhanden (Gupta/Arnold/Lhungdim 2009: 15). Dies wird mittlerweile auch vom indischen Gesundheitsministerium eingeräumt:

> „Urban population, unlike the rural population, is highly heterogeneous. Most published data does not capture the heterogeneity as it is often not disaggregated by the Standard of Living Index. It therefore masks the health condition of the urban poor." (MoHFW 2008a: 18)

Die Defizite in der Gesundheitsberichterstattung verhindern nicht nur eine umfassende Analyse der Krankheitslast von Bevölkerungssubgruppen, sondern erschweren auch die Anpassung der medizinischen Versorgungsstrukturen an die lokalen Bedürfnisse (Krickeberg/Kar/Chakraborty 2005). Nur einzelne aktuelle Studien widmen sich gesundheitlichen Disparitäten in Indien: Gupta, Arnold und Lhungdim (2009) haben z.B. im Auftrag des indischen Gesundheitsministeriums Daten des National Family Health Survey 2005/06 für acht indische Städte in Bezug auf Gesundheit und Lebensbedingungen von Armuts- versus Nicht-Armutsgruppen und Slum- versus Nicht-Slum-Bevölkerung ausgewertet. Allerdings gehen sie primär auf Mütter- und Kindergesundheit sowie Ernährungsstatus ein. Agarwal (2011) nutzt ebenfalls Daten des National Family Health Survey 2005/06 und vergleicht das ärmste Quartil der urbanen Bevölkerung mit der restlichen Bevölkerung in Bezug auf Kindersterblichkeit, Müttergesundheit, Zugang zu Gesundheitsdiensten und Umweltdeterminanten für gesamt Indien und acht Bundesstaaten. So zeigt er z.B. auf, dass die Kindersterblichkeit in dem ärmsten urbanen Quartil mit 73‰ wesentlich höher ist als in der übrigen Bevölkerung mit 42‰. Ebenso haben arme Haushalte mit knapp 20% nur dreimal so selten einen Wasseranschluss zu Hause wie die übrige Bevölkerung. Mishra et al. (2008) vergleichen gesundheitliche Disparitäten in Maharashtra in Bezug auf den Zugang zu Gesundheitsdiensten sowie z.B. Kindersterblichkeit und Ernährungsstatus nach verschiedenen Einkommensgruppen und Kasten.

Allgemein lässt sich auf der **Policyebene** beobachten, dass gesundheitlichen Disparitäten in Internationalen Organisationen und vielen Staaten eine wachsende Bedeutung beigemessen wird. Z.B. haben UNHABIATAT und WHO 2010 einen Bericht mit dem Titel „Hidden Cities: Unmasking and Overcoming Health Inequities in Urban Settings" heraus gebracht, in dem sie wachsende sozioökonomische und gesundheitliche Disparitäten in Städten thematisieren. Zugleich wird in dem Bericht aber auch der Mangel an disaggregrierten Daten sowie eine ungenügende Datenaufbereitung v.a. in Schwellen- und Entwicklungsländern moniert, was eine evidenzbasierte Intervention erschwere. Auch das Global Research Network on Urban Health Equity (GRNUHE) formuliert in einem Bericht zu gesundheitlichen Disparitäten weltweit eine ähnliche Kritik:

> „However, in reviewing the peer-review and grey literature it became clear that there are indeed significant gaps in the global evidence base concerning urban health inequities. First, it proved difficult to demonstrate systematically the socio-economic and socio-cultural distributions of a range of health outcomes in cities around the world, especially in LMICs. In general, the dominant health outcomes reported in the literature from LMICs are life expectancy

and under-five mortality, and these are usually stratified as slum versus non-slum dwellers, or urban versus rural. These data do not reflect the social heterogeneity of urban dwellers nor do they properly characterize the current and projected health burden in cities all over the world, where the triple threat of communicable, non-communicable diseases, and accidents, injuries, road accidents, violence and crime is growing. Second, a significant proportion of existing research on urban health determinants focuses on average population health outcomes rather than the distribution of urban health (urban health inequities). The range of determinants studied is limited." (GRNUHE 2010: 69)

Eine substanzielle Datengrundlage zu Gesundheitsdeterminanten und Gesundheitsstatus in Bezug auf unterschiedliche sozioökonomische Bevölkerungsgruppen ist jedoch wesentliche Voraussetzung zur Entwicklung und Implementierung von Strategien im präventiven und kurativen Gesundheitsbereich zum Abbau gesundheitlicher Disparitäten (GRNUHE 2010, WHO/UNHABITAT 2010). Die WHO (2010) hat z.B. einen Bericht zu Gerechtigkeit, sozialen Determinanten und öffentlichen Gesundheitsprogrammen herausgebracht, in dem für einzelne Gesundheitsdeterminanten wie Alkohol- und Tabakkonsum, Ernährung von Kindern, Gewalt und bestimmte Krankheiten wie kardiovaskuläre Erkrankungen, Diabetes und Tuberkulose allgemeine Interventionsmöglichkeiten zur Bekämpfung gesundheitlicher Disparitäten aufgezeigt werden; dabei bleibt der Bericht aber auf einer sehr allgemeinen Ebene.

Die unzureichenden Kenntnisse über den Wirkungszusammenhang von sozioökonomischen und gesundheitlichen Disparitäten stellen somit ein Problem für die Entwicklung und Implementierung von Präventionsstrategien zur Reduzierung gesundheitlicher Disparitäten dar. Dabei gewinnt die Erforschung gesundheitlicher Disparitäten nicht nur aufgrund der Zunahme sozioökonomischer Disparitäten und gesellschaftlicher Fragmentierung an Relevanz, sondern auch weil erkannt wurde, dass gesellschaftliche Disparitäten die Gesundheit aller sozioökonomischen Gruppen und nicht nur der Armutsbevölkerung belasten:

„It is thought that inequalities create and nurture fear and anxiety in more unequal countries. They harm the mental health of all involved in living in the more competitive and cutthroat societies they foster. They harm the health of the poor the most, but also of those who supposedly benefit from their poverty: the rich." (Pearce/Dorling 2009: 2)

Auch die Commission on Social Determinants of Health der WHO hält in ihrem Bericht zu Gesundheitsgerechtigkeit fest, dass soziale Ungerechtigkeit die Gesundheit der gesamten Gesellschaft vielschichtig beeinträchtigt (CSDH 2008: 26). Woodward und Kawachi (2000) führen aus, dass hohe Einkommensunterschiede zu vermehrten Kriminalitäts- und Gewaltdelikten führen können. Auch für infektiöse Erkrankungen wie HIV/AIDS und Tuberkulose und Drogenmissbrauch wurden Spillover-Effekte dokumentiert. Gesundheitliche Disparitäten können daher nur durch eine bessere Sozialpolitik und ein gerechteres Politik- und Wirtschaftssystem, die eine determinantenorientierte Intervention z.B. durch die Verbesserung des Settings ermöglichen, abgebaut werden (CSDH 2008: 35); diese strukturellen Ursachen sozioökonomischer und gesundheitlicher Disparitäten werden in Dokumenten mit politischen Lösungsstrategien immer noch nicht umfassend genug adressiert (Pearce/Dorling 2009: 2). Auch Bauer und Bittlingmayer (2012:

693) halten z.B. für Deutschland, in dem die Forschung wesentlich weiter fortgeschritten ist als in den Schwellenländern, fest, dass trotz der starken Beachtung gesundheitlicher Disparitäten in der Wissenschaft und Politik dieses Thema noch nicht auf der Policyebene angekommen sei. In Indien könnte die National Urban Health Mission einen ersten Versuch darstellen, deren Umsetzung ist jedoch noch ungewiss (vgl. 5.6.1). Insgesamt hat die Beschreibung gesundheitlicher intraurbaner Disparitäten in Indien aber bisher nur einen sehr geringen Stellenwert erfahren, was sich auch auf die erklärende und reduzierende bzw. intervenierende Ebene durchschlägt, zu der es bisher nur sehr wenige Arbeiten gibt.

## 3.2 ANALYSEEBENE: ERKLÄRUNGSANSÄTZE GESUNDHEITLICHER DISPARITÄTEN

Gesundheitliche Disparitäten äußern sich zunächst einmal in der Exposition zu Gesundheitsdeterminanten als mittelbaren Faktoren sowie in der Morbidität und Mortalität als Ergebnis der Exposition. Daher erfolgt zunächst eine Darstellung von Analyseansätzen zu Gesundheitsstatus und Gesundheitsdeterminanten. Anschließend wird ein Überblick über die verschiedenen Analyseansätze gegeben, die Mechanismen zur Verursachung gesundheitlicher Disparitäten beschreiben. Basierend auf den Ausführungen erfolgt in Kapitel 3.3 die Vorstellung des eigenen Analyserahmens für den empirischen Teil der vorliegenden Arbeit.

### 3.2.1 Ansätze zur Bewertung von Gesundheit und Analyse von Gesundheitsdeterminanten

Aufgrund der Komplexität von Gesundheit, die nicht nur zeitlich variabel ist, sondern sich auch in verschiedenen Stadien manifestiert (vgl. 2.1.1), ist diese schwer messbar. In der Regel wird der Gesundheitsstatus über die Morbidität und Mortalität durch die Verwendung von Primär- oder Sekundärdaten z.B. aus nationalen Monitoring- und Surveillance-Programmen, amtlichen Statistiken, Krankheitsregistern, von Krankenkassen, aus nationalen Surveys oder epidemiologischen Studien ermittelt (vgl. Kreienbrock/Pigeot/Ahrens 2012). Die am weitesten verbreiteten Gesundheitsindikatoren sind die Lebenserwartung bei Geburt sowie die Kinder- und Säuglingssterblichkeit, seltener je nach Datenverfügbarkeit wird die Morbidität einzelner Erkrankungen berechnet. Auch über die Bereitstellung und Inanspruchnahme von Gesundheitsdiensten können Rückschlüsse auf die Gesundheit gezogen werden, z.B. über die Anzahl der Allgemein- und Fachärzte pro 1000 Einwohner. Des Weiteren existieren verschiedene summarische Maßeinheiten für die Krankheitslast, die Vergleiche zwischen Staaten und Regionen ermöglichen sollen. Der bekannteste Ansatz ist das Disability-Adjusted Life Years (DALY)-Konzept der WHO, welches die durch Krankheit und vorzeitigen Tod verlorene Lebenszeit kalkuliert, und das z.B. zu einer Bewertung der globalen Krankheitslast (*global burden of disease*) herangezogen wird (Prüss-Üstün 2003:

27). Andere Ansätze sollen das pathogenetische Gesundheitsverständnis, wonach Gesundheit als Abwesenheit von Krankheit definiert wird (vgl. 2.1.1), überwinden und das Wohlergehen messen. Beispiele dafür sind der WHO-5-Index zum Wohlbefinden (vgl. 5.2.3) (WHO 1998) sowie der Gallup-Healthways Well-Being-Index[2], der v.a. in den USA angewendet wird und neben der physischen Gesundheit auch sozioökonomische und demographische Daten sowie die psychische Gesundheit und das Gesundheitsverhalten berücksichtigt. Wesentlich mehr Ansätze hingegen widmen sich der Untersuchung des Zusammenhangs zwischen Gesundheitsdeterminanten und Gesundheitsstatus.

*Analyseansätze zu Gesundheitsdeterminanten*

Für die Analyse der Ursachenzusammenhänge von Krankheit und Gesundheit wurden v.a. in der (Sozial-)Epidemiologie verschiedene Ansätze entwickelt, die Gesundheitsdeterminanten anhand verschiedener Analyseraster organisieren: Einen Ansatz zur Identifikation krankheitsverursachender Faktoren für verschiedene Bevölkerungsgruppen stellt das Dreieck aus Zeit, Raum und Person dar (Ahrens/ Krickeberg/Pigeot 2007). Durch den Faktor Zeit werden saisonale Gesundheitsrisiken oder längerfristige Veränderungen identifiziert. Der Raum determiniert die klimatische Lage, Staatlichkeit oder das Wohnumfeld auf verschiedenen Ebenen. Die Gesundheit von Personen wird durch Alter, Geschlecht, ethnische Zugehörigkeit und individuelles Verhalten beeinflusst. Die Untersuchung der Wechselwirkungen innerhalb des Dreiecks kann bei der Entwicklung bevölkerungsbezogener Interventionsprogramme oder dem Aufbau eines Systems zur Gesundheitsberichterstattung helfen und damit zur Entwicklung wirksamer Präventionsstrategien beitragen, die auf epidemiologische Veränderungen in Gesellschaften reagieren (Ahrens/Krickeberg/Pigeot 2007, Vutuc et al. 2006). Einen ähnlichen Ansatz stellt das epidemiologische Dreieck, bestehend aus Wirt, Agens und Umwelt, dar: Demnach wird Krankheit durch die Exposition eines anfälligen Wirtes bzw. eines Individuums zu einem gesundheitsschädlichen Agens in einer Umwelt verursacht, deren Faktoren das Agens entweder behindern (protektive Faktoren) oder verstärken (Risikofaktoren) (Cwikel 2006: 47 f.). Der Wirt beeinflusst durch verschiedene Eigenschaften und Verhaltensweisen den Ausbruch bzw. Verlauf einer Erkrankung: Charakteristika wie z.B. Alter, Lebensstil, Immunschutz und Vorerkrankungen beeinflussen dessen Suszeptibilität, wobei manche Faktoren unveränderbar sind (z.B. Alter), andere hingegen durch Interventionen veränderbar (z.B. Verhalten). Das Agens ist der Krankheitsverursacher; mit ihm variieren Dosis und Exposition zu einem Virus, Giftstoff oder andersartigen Risikofaktoren (z.B. Ka-

---

2  http://www.well-beingindex.com/ (Zugriff: 11.3.2012)

lorien in Nahrung). Die Exposition zum Agens wird durch Umweltfaktoren der physischen und sozialen Umwelt bestimmt, die das Wirken eines Agens auf einen anfälligen Wirt fördern oder verhindern können (Jenkins 2005: 11 f.). Wie bei dem Dreieck aus Person, Raum und Zeit können hier ebenfalls Interventionen in einer oder allen drei Komponenten zu einer Reduzierung der Krankheitslast beitragen. Vergleicht man beide Ansätze (Abb. 14), so sind die Kategorien Person und Wirt nahezu identisch, die Kategorien Raum und Zeit können zu einer präziseren Betrachtung von Umwelt herangezogen werden, die ebenfalls auf Wirt und Agens wirken. Dennoch sind die Ansätze eher für die Analyse infektiöser Erkrankungen geeignet und werden der Komplexität vieler chronischer Erkrankungen nicht gerecht. Zudem wurde an dem epidemiologischen Dreieck die Kategorie Umwelt als „Allesfänger" kritisiert (Krieger 2001b: 669). Somit hat das epidemiologische Dreieck auch mit der zunehmenden Komplexität (sozial)epidemiologischer Forschung an Erklärungskraft verloren, obwohl es heute noch gelehrt und zu Analysezwecken herangezogen wird.

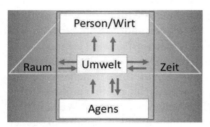

Abb. 14: Synthese aus epidemiologischem Dreieck und Dreieck aus Zeit, Raum und Person (Entwurf: M. Kroll)

Das **web of causation** als multifaktorieller Analyserahmen dient der Beschreibung des Zusammenhangs von Ursache und Wirkung, wobei eine Vielzahl von Faktoren und deren Beziehungen zueinander in Betracht gezogen werden können. Der Ansatz wurde von MacMahon, Pugh und Ipsen (1960) in die Literatur eingeführt, die damit den damals verbreiteten Ansatz der Kausalketten ablösen wollten. Sie argumentierten, dass gesundheitliche Effekte immer mehrere Ursachen haben können, die vielfältig miteinander verknüpft sind, sodass lineare Ansätze zu kurz greifen. Das Konzept, das später von verschiedenen Autoren weiterentwickelt wurde, eignet sich insbesondere zur Analyse chronischer Erkrankungen, die viele interdependente Ursachen haben und nicht auf ein einzelnes Agens zurückgeführt werden können (Park 2007: 31). Eine Erkrankung hat demnach viele potenzielle Risiko- und Schutzfaktoren, die kumulativ, individuell oder interaktiv wirken können. Zudem kann ein Agens (z.B. Stress) verschiedene gesundheitliche Probleme (mit) verursachen. Dies gilt genauso für gesundheitsfördernde Aspekte, die ebenfalls berücksichtigt werden müssen. Somit integriert das Konzept sowohl Risiko- als auch protektive Faktoren in eine probabilistische multidimensionale Matrix von Interaktionen (Jenkins 2005: 19). Das *web of causation* hat sich in der Epidemiologie etabliert, wird jedoch selten als Analyserahmen herangezogen. Krieger (1994: 891) hält fest, dass das Netz der Ursachen für viele Erkrankungen in der Regel vorgegeben ist und Epidemiologen sich primär auf die Wechselwirkungen der einzelnen Komponenten mithilfe multivariater Analysen konzentrieren. Allerdings ist hier einzuwenden, dass in der Forschung immer noch neue Zusammenhänge zwischen Erkrankungen und Ursachen aufgedeckt werden und die Wirkungsmechanismen vieler Faktoren, insbesondere sozialer Determinanten, nicht hinreichend bekannt sind. Wie bei dem epidemiologischen Dreieck kann auch das *web of causation* für die Krankheitsprävention genutzt werden: Auch wenn nicht für jede Erkrankung das Ursachengeflecht ganz klar ist, so kann doch durch die Intervention an einer bestimmten Stelle des Netzes eine Kette von Faktoren durchbrochen und der Krankheitsausbruch gestoppt werden (z.B. bei vektorbürtigen Erkrankungen durch die Vermeidung von Brutstätten).

Die Komplexität des Ansatzes wurde in verschiedener Hinsicht kritisiert: So haben die Urheber des Ansatzes nie erklärt, wie bestimmte Ursachen als Komponenten für ihr *web* auszumachen sind. Krieger mutmaßt, dass es ihnen weniger um die Erklärung kausaler Ursachenzusammenhänge ging, sondern um die Möglichkeit, komplexe Beziehungen zwischen Risikofaktoren und Krankheit in der Epidemiologie herzustellen und zu analysieren. Krieger (2008: 225) kritisiert weiterhin, dass in dem Ansatz zu stark vereinfachend zwischen proximalen und distalen Determinanten unterschieden wird. Proximale Determinanten (auch als *downstream* Faktoren bezeichnet) beeinflussen den Gesundheitsstatus direkt, während distale Determinanten (oder *upstream* Faktoren) diesen nur indirekt, d.h. mit räumlicher oder zeitlicher Distanz, beeinflussen (Reidpath 2004: 10). Eine Priorisierung der proximalen Faktoren, quasi einem kausalen Pragmatismus folgend, werde jedoch dem Anspruch der Verbesserung der Öffentlichen Gesundheit nicht gerecht. Merrill (2010) sieht in der Auffächerung zwischen proximalen und distalen Faktoren als Netze unterschiedlicher Ebenen dennoch einen analytischen Mehrwert.

Der Ansatz wurde zudem durch eine Differenzierung der Ursachenzusammenhänge weiter entwickelt, die folgendermaßen kategorisiert werden können: (a) hinreichende Krankheitsursachen: Zusammentreffen einer Reihe von Bedingungen bzw. Ereignissen, die unweigerlich zum Krankheitsausbruch führen (z.B. schwaches Immunsystem und Grippevirus), (b) Teilursache: Bedingung, die Bestandteil einer hinreichenden Krankheitsursache ist, für sich genommen aber nicht zur Verursachung der Krankheit führt (z.B. Stress), und (c) notwendige Ursache: Bedingung, die Bestandteil aller hinreichenden Krankheitsursachen ist, d.h. ohne die ein Krankheitsereignis nicht eintreten kann (z.B. Grippevirus) (Kuhn/Heißenhuber/Wildner 2004, Krieger 1994). Beispielsweise gestaltet sich das Ursachengeflecht einer Tuberkuloseerkrankung folgendermaßen: Notwendige Ursache ist die Infektion mit Mycobakterien, Teilursachen können ein schlechter Ernährungszustand und Vorerkrankungen sein. Nur beim Zusammentreffen der notwendigen mit zumindest einer der Teilursachen ist die hinreichende Ursache erfüllt und es kommt zum Ausbruch der Erkrankung.

Weiterhin erfuhr das Konzept aufgrund der namentlich suggerierten Kausalität, d.h. dem statistischen Nachweis über den kausalen Zusammenhang zwischen einer Ursache und einer Erkrankung, starke Kritik: Denn eine chronische Erkrankung lässt sich nur selten statistisch nachweisbar auf eine Ursache zurückführen und auch bei infektiösen Erkrankungen können die Teilursachen zahlreich und interdependent sein. Daher erscheint es sinnvoller, von einer Assoziation von Merkmalen zu sprechen, d.h. eine Beziehung besteht statistisch (z.B. Übergewicht und Sprachprobleme), kann aber nicht kausal interpretiert werden (Kuhn/Heißenhuber/Wildner 2004: 6). Daher haben Autoren später unter anderem die Begriffe *web of etiology*, *web of intervention* (z.B. Jenkins 2005: 19) und *web of disease (causation)* (z.B. Starfield 2002) gebraucht. In der vorliegenden Arbeit wird in Anlehnung an den englischen Terminus *web of etiology* der Begriff der ätiologischen Matrix verwendet.

### 3.2.2 Erklärungsansätze gesundheitlicher Disparitäten

Der sozioökonomische Status nimmt keinen direkten Einfluss auf die menschliche Gesundheit, sondern bedingt unterschiedliche Risikoexpositionen und Schutzfaktoren, die durch verschiedene Mechanismen bzw. Ansätze erklärt werden können (Richter/Hurrelmann 2006). Theoretische Ansätze zur Erklärung gesundheitlicher Disparitäten gehen dabei über die reine Erklärung von Kausalzusammenhängen hinaus und versuchen, Ungleichheiten verursachende oder verstärkende Prinzipien ausfindig zu machen. Die Ansätze lassen sich in zwei Gruppen einteilen (Kroll 2010): Ansätze auf der Strukturebene betrachten die Mechanismen einer Gesellschaft zur Erzeugung gesundheitlicher Disparitäten und erklären damit, warum sich gesundheitliche Disparitäten verändern. Ansätze auf der Individuenebene beschreiben und analysieren Mechanismen, die gesundheitliche Disparitäten zwischen verschiedenen sozioökonomischen Gruppen erzeugen, und erklären damit, wie sich sozioökonomischer Status und Gesundheit bedingen. Verschiedene Autoren haben versucht, diesen Zusammenhang modellhaft darzustellen (vgl. z.B. Evans/Stoddart 2003, Mackenbach 2006). Elkeles und Mielck (1997) betrachten gesundheitliche Disparitäten als das Ergebnis unterschiedlicher Belastungen und zur Verfügung stehender gesundheitlicher Ressourcen, die zusammen mit Differenzen in der gesundheitlichen Versorgung in unterschiedliche Verhaltensweisen münden (Abb. 15).

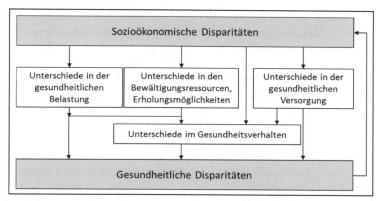

Abb. 15: *Modell gesundheitlicher Ungleichheit bzw. Disparitäten nach Elkeles und Mielck (1997) (Entwurf: M. Kroll)*

Faktoren gesundheitlicher Belastung sowie Bewältigungsstrategien können auf der Individuenebene vier Erklärungsansätzen zugeordnet werden, die interdependent miteinander verwoben sind: materielle, psychosoziale, verhaltensbezogene und lebenslaufbezogene Ansätze (Tab. 1) (Bartley 2004: 16, Bauer/Bittlingmayer/Richter 2008: 16). Anhand der Unterscheidung können unterschiedliche Expositionen zu gesundheitlichen Risiko- und Schutzfaktoren bzw. Mechanismen gesundheitlicher Disparitäten klassifiziert werden.

**Materielle Ansätze** betrachten die Verfügbarkeit finanzieller Ressourcen und Vermögenswerte eines Haushalts oder eines Individuums. Diese stehen in keinem direkten kausalen Zusammenhang mit dem Gesundheitsstatus, bedingen aber Handlungsspielräume z.B. beim Erwerb von Nahrungsmitteln oder bei der Wahl des Wohnortes. So sind niedrige Statusgruppen aufgrund fehlender finanzieller Ressourcen überproportional stärker von Umweltbelastungen im Wohnumfeld betroffen, was auch unter dem Begriff der Umweltgerechtigkeit zusammengefasst wird (Mielck 2008: 173). Die materielle Dimension bezieht sich auch auf den Zugang zu Gesundheitsdiensten im präventiven und kurativen Bereich. Generell sind materielle Ansätze stark mit der Strukturebene verwoben: Sie beziehen sich auf Faktoren, die aus der sozialen Struktur bzw. Organisation von Gesellschaften resultieren, auf die das Individuum keine bzw. nur eingeschränkt Kontrolle hat (Bauer/Bittlingmayer/Richter 2008: 16, Bartley 2004: 96). Demnach hat eine Person mit geringerer Qualifizierung und weniger einflussreichen Kontakten z.B. eine geringere Chance, eine sichere und gut bezahlte Arbeit zu bekommen. Lahelma et al. (2008: 149 f.) unterscheiden neben diesem Ansatz der Verursachung auch den Ansatz der Selektion: Demnach hat der Gesundheitsstatus auch direkten Einfluss auf den sozioökonomischen Status, z.B. bei krankheitsbedingtem Einkommensverlust, Berufswechsel oder Frühpensionierung. Diese Rückwirkung zwischen Gesundheitszustand und sozioökonomischem Status gilt es ebenfalls zu berücksichtigen, insbesondere in Staaten ohne weitreichende soziale Sicherungssysteme.

Relativ wenige Studien haben dabei den Gesundheitszustand mit Einkommen korreliert, da Einkommen als Variable bei Sekundärdaten nicht immer verfügbar ist; bei den existierenden Studien hat sich gezeigt, dass die Morbiditätsverteilung einen Gradienten zwischen Gering- und Großverdienern bildet, was insofern verwundert, da eher eine Clusterung von Haushalten nach absoluter, relativer und keiner Armut zu erwarten wäre (Bartley 2004: 91). Zudem wurde in Industrieländern wie z.B. Großbritannien festgestellt, dass die Gefahr einer Erkrankung oder einer geringeren Lebenserwartung in einkommensschwachen Gruppen nicht im Verhältnis zur Exposition zu gesundheitsgefährdenden Faktoren steht, die sich aus einer materiellen Armut ergeben, wie z.B. Exposition zu feuchtem oder kühlem Wohnraum. Dies spricht dafür, dass die relative Armut über die Grundbedürfnisbefriedigung hinaus ebenfalls einen großen Einfluss auf die Gesundheit hat, z.B. für die Erschwinglichkeit eines gesunden Lebensstils, die soziale Teilhabe und den Status in einer Gesellschaft. Auch wenn der Wirkungszusammenhang zwischen materieller Armut und Gesundheit noch nicht hinreichend erklärt ist, treten materielle Erklärungsansätze in den Industrieländern zunehmend in den Hintergrund, da materielle Defizite insbesondere in Gesellschaften mit staatlichen Sozialsystemen alleine gesundheitliche Disparitäten nicht erklären können (Bartley 2004: 92). Im Kontext der Schwellenländer ist die materielle Dimension in Bezug auf die Grundbedürfnisbefriedigung jedoch nach wie vor von hoher Relevanz.

**Psychosoziale Ansätze** betrachten die Entstehung ungleicher epidemiologischer Profile als Ergebnis einer übermäßigen Stressbelastung bzw. der Balance zwischen Prestige, sozialer Unterstützung und Kontrollmöglichkeiten auf der einen und Anstrengungen und Stress auf der anderen Seite (Bauer/Bittlingmayer/Richter 2008: 16). Psychosoziale Ansätze sind auf der Individuenebene angesiedelt und gehen von der zentralen Hypothese aus, dass akute und chronische soziale Stressoren, die aus der zwischenmenschlichen Interaktion resultieren, neuroendokrine Prozesse auslösen sowie zu gesundheitsschädigendem Verhalten führen können und damit die gesundheitliche Prädisposition einer Person verändern (Krieger 2001b: 696). Dabei ist der kausale Wirkungszusammenhang zwischen Stresslevel und veränderten Morbiditäts- und Mortalitätstrends immer noch nicht ganz geklärt (Krieger 2001a: 669), die Bedeutung von Stress als Teilursache für verschiedene chronische Erkrankungen gilt jedoch als bewiesen (WHO 2010). Die psychosoziale Belastung eines Menschen lässt sich am besten über die Analyse der Stressoren auf der einen Seite und das verfügbare Sozialkapital als Abfederungsmechanismus auf der anderen Seite untersuchen.

Stress entsteht durch ein Konglomerat aus kontinuierlichen Belastungen z.B. am Arbeitsplatz oder im Privatleben, kritischen Lebensereignissen und -phasen sowie einer individuellen Disposition, die die subjektive Stressperzeption und Belastungsfähigkeit einer Person beeinflusst (Bauer/Bittlingmayer/Richter 2008: 16). Stressoren können als innere und äußere Faktoren sowie mit unterschiedlicher Intensität und Einwirkungsdauer auftreten. Die Stresstheorie betrachtet Belastungen und Kontrollmöglichkeiten über die eigenen Tätigkeiten z.B. am Arbeitsplatz: Eine Überlastung führt zu gesundheitsschädigendem Distress, der z.B. Auswirkungen auf das Herz-Kreislaufsystem, den Magen-Darm-Trakt, den Muskeltonus und das Immunsystem haben kann. Das Modell beruflicher Gratifikationskrisen zeigt, dass der Distress zunimmt, wenn eine Person einer hohen Beanspruchung bei geringer Tätigkeitskontrolle (z.B. bei der Fließbandarbeit) ausgesetzt wird; dies wird auch als *job strain* bezeichnet. Stress kann aber auch positiv auf die Gesundheit wirken (sog. Eustress), wenn eine Person unter der Einwirkung von Stressoren schwierige Aufgaben zufriedenstellend lösen kann, dadurch ein Erfolgserlebnis erfährt und ihr Einsatz angemessen honoriert wird (Kulbe 2009, Geyer 2008: 129). Dabei können neben der Belastung, Kontrollmöglichkeiten und Honorierung der Arbeit durch Vorgesetzte auch weitere Faktoren wie die Angemessenheit der Bezahlung, Jobsicherheit und Beförderungschancen die Gesundheit negativ oder positiv beeinflussen (Siegrist/Dragano/Knesebeck 2006). Das Konzept der Gratifikationskrise lässt sich auch auf soziale Beziehungen, z.B. die Partnerschaft, übertragen, wenn Geleistetes nicht durch eine angemessene Gegenleistung im Sinne einer balancierten oder generalisierten Reziprozität belohnt wird.

Sozialkapital in Form von sozialen Netzwerken dient dem Stressabbau, da es abmildernd auf den Stressor wirkt (z.B. familiäre Unterstützung bei Arbeitsplatzverlust). Dabei können natürlich auch weitere Faktoren wie z.B. Sport Stress abbauend wirken. Sozialen Netzwerken kommt aber im Bereich der psychosozialen Gesundheit eine Schlüsselfunktion zu, die sich auf drei Sphären erstreckt: das Zuhause bzw. die Familie, den Arbeitsplatz und die Gemeinschaft bzw. Zivilgesellschaft. Je höher die soziale Kohäsion, sprich die Qualität und Dichte der zwischenmenschlichen Beziehungen in überschaubaren sozialräumlichen Einheiten, die durch gemeinsam getragene Normen und Werte gekennzeichnet sind, desto stärker ist das Sozialkapital ausgeprägt. Vertrauensvolle Beziehungen und soziales Engagement stellen somit in ihrer Summe eine soziale Ressource dar, in die Mitglieder einer Gruppe gemeinsam investieren, um z.B. in einer Krisensituation davon profitieren zu können (Siegrist/Dragano/Knesebeck 2006). Fraglich ist, inwiefern fehlendes Sozialkapital z.B. in Form sozialer Isolation ein Gesundheitsrisiko darstellt (Mielck 2008: 174 f.). Die Bedeutung sozialer Unterstützung als psychosozialem Faktor zur Erhaltung der Gesundheit wurde vielfach nachgewiesen: Durch die Erfüllung sozialer Rollen in der Familie, bei der Arbeit, als Bürger oder Mitglied in einem Verein oder einer anderen Gruppe kann ein Individuum positives Feedback und Selbstvertrauen gewinnen, dass die eigene Kontrollüberzeugung (engl. *locus of control*), d.h. die subjektive Einschätzung der eigenen Fähigkeit, Situationen und Ereignisse selbst kontrollieren zu können, stärkt. Die Kontrollüberzeugung eines Individuums, die im gesellschaftlichen Kontext zu betrachten ist, beeinflusst somit auch gesundheitsrelevantes Handeln und Verhaltensweisen, die wiederum einfacher zu messen sind als psychosoziale Einflussfaktoren (Bartley 2004: 66, Geyer 2008).

**Verhaltensbezogene Ansätze** beziehen sich auf Effekte ungleicher Präferenz- und Verhaltensmuster auf die Gesundheit wie dem Ess-, Rauch- oder Sportverhalten unter Berücksichtigung kultureller Normen und Werte. Sie sind auf der Gruppen- bzw. Institutionenebene anzusiedeln und betrachten sowohl gesundheitsfördernde als auch -gefährdende Verhaltensweisen (Bauer/Bittlingmayer/

Richter 2008: 16). Die meisten Studien fokussieren jedoch eher Verhalten unter Vernachlässigung kultureller Aspekte. Als Erklärungsansätze für unterschiedliche Verhaltensweisen in Abhängigkeit vom sozioökonomischen Status werden der Bildungsgrad und zur Verfügung stehende Bewältigungsstrategien angeführt, die sich aus finanziellen Ressourcen, Sozialkapital und Kontrollüberzeugungen ableiten. Des Weiteren werden Verhaltensweisen durch das Gesundheitsbewusstsein bzw. Gesundheitswissen, d.h. das Alltagswissen von Personen oder sozialen Gruppen zu Krankheit und Gesundheit, geprägt. Erst dies ermöglicht in Abhängigkeit von der Risikowahrnehmung, der Handlungskapazität und der Kontrollüberzeugung ein bewusstes Gesundheitshandeln von Menschen zum Gesundheitserhalt; zur weiteren Unterscheidung wird der Begriff Krankheitsverhalten zur Beschreibung des Verhaltens von Menschen mit Krankheitssymptomen herangezogen, inwiefern sich diese um eine Diagnose und Behandlung bemühen (Faltermaier 2005). Mangelnde Kontrollüberzeugung wird als Barriere für die Adaption gesünderer Lebensstile betrachtet und führt häufiger zu einer Ausübung gesundheitsschädigender Verhaltensweisen wie z.B. Tabak- und Alkoholkonsum zur Stressbewältigung. Niedrigen Statusgruppen wird dabei allgemein eine höhere Suszeptibilität für gesundheitsschädigende Verhaltensweisen zugesprochen, da sie aufgrund der genannten Faktoren eher die Langzeitfolgen ihres Handelns missachten, was durch eine geringere Empfänglichkeit für Gesundheitskampagnen noch verschärft wird (Helmert/Schorb 2006).

Neben sozioökonomischen werden auch kulturelle bzw. soziokulturelle Faktoren zur Erklärung unterschiedlicher Handlungsmuster herangezogen: Kinder und auch Erwachsene erlernen bzw. adaptieren Verhaltensweisen bewusst und unbewusst durch ihr soziokulturelles Umfeld und den daran gekoppelten Sozialisationsprozess (Enkulturation). In diesen Kontext lässt sich auch das Habitus-Modell von Bourdieu verorten (vgl. 3.1.1), wonach Individuen durch ihre soziokulturelle Umwelt in ihren Verhaltensweisen geprägt werden. Diese Verhaltensweisen können nach Bourdieu (1979) als Lebensstile gepflegt werden, durch die Gruppen ihre Distinktion zu anderen gesellschaftlichen Gruppierungen zum Ausdruck bringen, z.B. über die Wahl der Kleidung, Freizeitverhalten, Ernährung etc. Nach der These des *cultural shift* besteht z.B. bei höheren Statusgruppen in den Industrieländern die Tendenz, gesunde Lebensstile (z.B. Obstessen, Nichtrauchen) zu adaptieren, wenn sich diese als Distinktionsmerkmal zu niedrigen Statusgruppen eignen (Bartley 2004: 75). Soziale Faktoren können auch Verhaltensweisen erzeugen, die im Widerspruch zu Gesundheitswissen und kulturellen Verhaltensnormen stehen, wie z.B. Alkoholmissbrauch von Ärzten. Zudem wächst in Zusammenhang mit dem sozialen Wandel von Gesellschaften die Bedeutung selbst gewählter Lebensstile, die zwar auch kulturell geprägt sind, aber kulturell verankerte Normen und Werte aufbrechen können, wie z.B. beim Alkoholtabu für Frauen in Indien zu beobachten ist. Allerdings sind soziokulturell begründete Verhaltensweisen insbesondere auf quantitativer Ebene kaum messbar und schwer zur Erklärung gesundheitlicher Disparitäten heranziehbar; der Zusammenhang von Bildung und Gesundheitsstatus ist hingegen gut belegt. Daraus lässt sich folgern, dass in höheren Statusgruppen Bildung und Gesundheit im Enkulturationsprozess eine höhere Stellung eingeräumt wird und daher Kinder eher gesündere Lebensstile adaptieren.

| Perspektive | Analyseebene | Variablen | Einfluss auf Gesundheit |
|---|---|---|---|
| **Materielle Ansätze** | **Strukturebene** Verfügbarkeit finanzieller Ressourcen und Vermögenswerte | – Einkommen<br>– Güterbesitz | – Exposition zu Gesundheit gefährdenden und -fördernden Umweltfaktoren<br>– Zugang zu Gesundheitsdiensten |
| **Psychosoziale Ansätze** | **Individuenebene** Exposition zu Stress und belastenden Ereignissen | – Stress im Beruf und Alltag<br>– Sozialkapital: soziale Netzwerke | – Psychische Belastung<br>– Endokrine Störungen<br>– Stressbedingte Verhaltensänderungen |
| **Verhaltensbezogene Ansätze** | **Gruppen-/ Institutionenebene** Effekte ungleicher Präferenz- oder Verhaltensmuster auf die Gesundheit; Einfluss kultureller Normen und Werte | – Alkohol- und Zigarettenkonsum<br>– Ernährungsweise<br>– Bewegung<br>– Enkulturation | – Organische Schädigungen (v.a. der Lunge und Leber)<br>– Über-/Unterernährung<br>– Aufbau des Muskel-Skelettsystems |
| **Lebenslauf-Perspektive** | **Zeitübergreifende Ebene** Wachsende und abnehmende Gefährdungen in verschiedenen Lebensphasen | – z.B. Risiko- und Schutzfaktoren in der Kindheit, im Berufsleben, im Alter | Abhängig von der Betrachtungsebene |

Tab. 1: *Erklärungsansätze gesundheitlicher Disparitäten im Überblick (Entwurf: M. Kroll, in Anlehnung an Bartley 2004)*

Neben den drei bisher vorgestellten Ansätzen nimmt die **Lebenslaufperspektive** mit der Fokussierung der zeitlichen Dimension eine Sonderposition ein: Diese berücksichtigt gebündelte Faktoren wachsender bzw. abnehmender Gefährdungen in verschiedenen Lebensphasen, wodurch die ersten drei Ansätze zusammengebracht werden. Demnach ist die Gesundheit im Erwachsenenalter Resultat einer komplexen Kombination verschiedener Lebensumstände im Laufe des bisherigen Lebens, beginnend im pränatalen Stadium (Cwikel 2006: 79). Die Qualität der Ernährung, Fürsorge und Bildung in der Kindheit determiniert die Gesundheit besonders stark, im Erwachsenenalter kommen weitere Faktoren wie die berufliche Position und der familiäre Status hinzu. Daher werden in der Lebenslaufperspektive Elemente aus der Vergangenheit zur Erklärung aktueller gesundheitlicher Disparitäten zwischen verschiedenen Statusgruppen herangezogen. Studiendesigns identifizieren dabei entweder kritische Punkte bestimmter Lebensabschnittsphasen (z.B. Ernährung im Säuglingsalter) oder fokussieren die kumulativen Effekte bestimmter Ereignisse auf die Gesundheit (Bartley 2004: 103 f.). Der Effekt des Lebenslaufs auf die Gesundheit wurde statistisch in verschiedenen Longitudinal- und Querschnittsstudien für westliche Gesellschaften nachgewiesen, wonach Krankheit und Invalidität in höheren Statusgruppen deutlich später eintreten als in niedrigen Statusgruppen (Cwikel 2006: 79). Allerdings ist der statistische Nachweis für viele Länder aufgrund mangelnder Datenverfügbarkeit nicht leistbar.

*Gesellschaftliche Strukturebene zur Erklärung gesundheitlicher Disparitäten*

Die vier aufgezeigten Ansätze beschäftigen sich primär mit den Auswirkungen des individuellen sozioökonomischen Status auf die Gesundheit, auch wenn diese im Fall der materiellen Faktoren mit der strukturellen Ebene verknüpft sind. In verschiedenen Studien wurden die Auswirkungen materieller Ungleichheiten auf Gesundheit auf gesamtgesellschaftlicher Ebene analysiert und die Hypothese aufgestellt, dass größere Einkommensunterschiede in einer Gesellschaft auch größere gesundheitliche Disparitäten hervorrufen (CSDH 2008). Dies ist insbesondere im Kontext fragmentierter Gesellschaften relevant, wie sie im Megaurbanisierungsprozess in Schwellenländern zu beobachten sind. Zur Erklärung werden v.a. psychosoziale, aber auch materielle und verhaltensbezogene Ansätze herangezogen. Vertreter psychosozialer Ansätze argumentieren, dass große Einkommensunterschiede die Gesundheit durch die Wahrnehmung der eigenen relativen Position in der sozialen Hierarchie beeinflussen, wenn Gefühle wie Scham oder Misstrauen psychoneuroendokrine Mechanismen und Stress auslösen (Bartley 2004: 124). Dies betrifft nicht nur die unteren, sondern auch mittlere Einkommensgruppen, die den Reichtum der oberen Einkommensgruppen vor Augen haben, wobei große Einkommensunterschiede bei Letzteren auch zu mehr Angst um ihre Sicherheit und ihr Kapital führen können. Zudem wird weiterhin argumentiert, dass die Ausbildung von Sozialkapital in ungleicheren Gesellschaften geringer ausfällt, da Menschen sich weniger an gesellschaftlichen Prozessen beteiligen und mehr Wettbewerb herrscht. Zudem können Armutsgruppen aufgrund der Einkommensungleichheit in Schwellenländern ihre Grundbedürfnisse nicht befriedigen. Somit werden gesamtgesellschaftliche Strukturen als die primäre Ursache für die Präformation individueller Gesundheit identifiziert und erst in zweiter Linie lebensstil- und verhaltensorientierte Variablen hinzugezogen (Geyer 2008). Diese strukturalistische Perspektive geht auch in die folgende Gesundheitsdefinition von Marcuse ein:

> „Eine Gesellschaft ist krank, wenn ihre fundamentalen Institutionen und Beziehungen (d.h. ihre Struktur) so geartet sind, dass sie die Nutzung der vorhandenen materiellen und intellektuellen Mittel für die optimale Entfaltung der menschlichen Existenz (Humanität) nicht gestattet." (Marcuse 1968: 11, zitiert nach Bauer/Bittlingmayer/Richter 2008: 22).

Die Perspektivenerweiterung um sozialwissenschaftliche Elemente geht mit einem steigenden Komplexitätsgrad gesundheitlicher Disparitäten einher und bedeutet auch einen Rekurs auf die allgemeinen Produktions- und Reproduktionsbedingungen sozialer Ungleichheit, die im Gesellschaftssystem verankert sind (Bauer/Bittlingmayer/Richter 2008: 19 f.). Eine Reduktion gesundheitlicher Disparitäten kann somit nur über die Reduktion gesamtgesellschaftlicher Disparitäten erfolgen. Diese Position wird von Krieger (2001: 670) unter Ansätze der sozialen Produktion von Krankheit bzw. der politischen Ökonomie von Gesundheit zusammengefasst. Diese sind aus der Kritik an sog. Lebensstil-Theorien entstanden, die Individuen mit ihrer Lebensstilwahl eine hohe Eigenverantwortung für ihre Gesundheit zuweisen. Stattdessen adressieren sie explizit ökonomische und politische Determinanten als strukturelle Barrieren, die zu einer ungleichen Verteilung von Kapital und Macht führen und Individuen von der Annahme gesunder Lebensstile abhalten. Eine zentrale Frage dieser Forschungsrichtung ist demnach auch, welchen Einfluss wachsende Einkommensdisparitäten auf die Gesundheit haben. Lösungsansätze für gesundheitliche Disparitäten bestehen demnach in einer Reduzierung von Armut sowie generell einer Umsetzung nachhaltiger Entwicklung, die politische Freiheit sowie ökonomische, ökologische und soziale Gerechtigkeit fördert.

Insgesamt können die Ansätze kaum isoliert betrachtet werden, sondern nur unter Berücksichtigung ihrer wechselseitigen Beeinflussung, auch wenn dies eine hohe Komplexität mit sich bringt (Bartley 2004: 17). Denn weder materielle Güter noch soziale Beziehungen oder Arbeitsbedingungen alleine können zur Erklärung von gesundheitlichen Disparitäten herangezogen werden, sondern müssen zusammen betrachtet werden. Eine weitere Schwachstelle in der Disparitätenforschung besteht in der kausalen Verknüpfung von sozioökonomischem Status und Gesundheit: Dabei besteht nicht nur die Schwierigkeit darin, sozioökonomischen Status zu operationalisieren, sondern diese Variablen auch in Zusammenhang mit gesundheitlichen Disparitäten zu bringen, da hier kaum eine unilineare Kausalbeziehung nachgewiesen werden kann. Zudem kann der Bezug zwischen sozialen Bedingungen und Gesundheit nur schwer mit biopsychologischen Prozessen in Verbindung gebracht werden (Bartley 2004: 22, 89). Letztlich führt auch die Verfolgung nur eines bestimmten Ansatzes auf der Policyebene zu sehr einseitigen Lösungsmechanismen.

Die Theorie- und Methodendiskussion im Bereich der Forschung zu gesundheitlichen Disparitäten ist somit noch nicht abgeschlossen (Bauer/Bittlingmayer/Richter 2008: 17), da insbesondere durch die Kombination epidemiologischer und sozialwissenschaftlicher Ansätze die Komplexität von Erklärungsversuchen stark zugenommen hat. Die Herausforderung besteht darin, diese Perspektiven in modellbildender Absicht zu kombinieren. Statistische Relationen bieten zwar wichtige Hinweise zur konkreten Ausprägung sozial bedingter gesundheitlicher Disparitäten, aber sozialwissenschaftliche Theorien zielen auf Dimensionen ab, die von der sozialepidemiologischen Forschung bisher nicht in den Blick genommen wurden (Bauer/Bittlingmayer/Richter 2008: 17). Dabei sind die neueren Ansätze (vgl. z.B. Starfield 2007) zunehmend mehrdimensional und dynamisch und nicht mehr auf eindimensionale Ursachenketten gerichtet, wie von Krieger (2001b) kritisiert.

## 3.3 EIGENER ANSATZ ZUR ANALYSE GESUNDHEITLICHER DISPARITÄTEN

Intraurbane gesundheitliche Disparitäten werden im Forschungskontext als Unterschiede in der Exposition zu gesundheitlichen Risiko- und Schutzfaktoren sowie im Gesundheitsstatus zwischen sozioökonomischen Bevölkerungssubgruppen innerhalb einer Stadt definiert. Dabei gilt es zu berücksichtigen, dass auch horizontale Faktoren wie Geschlecht, Alter oder Ethnizität gesundheitliche Disparitäten erzeugen können. Der Zugang zu Gesundheitsdiensten wird unter die materielle Dimension als Schutzfaktor subsumiert, da dieser in Indien aufgrund der Überlastung des öffentlichen Gesundheitssektors und dem Fehlen eines allgemeinen Krankenversicherungswesens stark an das Einkommen geknüpft ist (vgl. Shukla 2007).

Die Analyse gesundheitlicher Disparitäten in Pune in Kapitel 5 erfolgt in drei Schritten (Abb. 16): (A) der Analyse von Gesundheitsdeterminanten und (B) der Morbidität anhand sechs ausgewählter Indikatorerkrankungen in unterschiedlichen sozioökonomischen Gruppen, repräsentiert durch sechs Untersuchungsgebiete (vgl. 4.3). Dieses duale Vorgehen erlaubt zum einen Rückschlüsse von den Gesundheitsdeterminanten auf die Krankheitslast durch Ableitung von Suszeptibili-

*Abb. 16: Forschungsdesign zur Analyse gesundheitlicher Disparitäten (Entwurf: M. Kroll)*

täten gegenüber bestimmten Erkrankungen, zum anderen können die Morbiditätsmuster anhand einer ätiologischen Matrix (vgl. 3.2.1) mit den Gesundheitsdeterminanten trianguliert werden. (C) Drittens werden Primär- und Sekundärdaten zu einer Bewertung des epidemiologischen Wandels in Pune ausgewertet. Aus der Verteilung der Risiko- und Schutzfaktoren sowie der aktuellen und historischen Morbidität werden epidemiologische Profile abgeleitet, die Aufschluss über gesundheitliche Disparitäten in Abhängigkeit vom sozioökonomischen Status geben.

(A) Gesundheitsdeterminanten

Die Beschreibung und Analyse der gesundheitsdeterminierenden Faktoren in den sechs Untersuchungsgebieten erfolgt in Anlehnung an die vier von Bartley (2004) identifizierten Analyseebenen mit Ergänzung einer weiteren Dimension (Abb. 17): (I) Materielle Faktoren: verfügbare finanzielle Ressourcen und Güterbesitz sowie die darauf basierende strukturelle Ausstattung mit Wohnraum und Infrastruktur und der Zugang zu Gesundheitsdiensten. Die Infrastrukturversorgung wird bei Studien im Kontext der Industrieländer häufig außen vor gelassen, gerade die Wasserversorgung spielt aber im Kontext der Schwellenländer eine große Rolle (vgl. Selbach 2009). (II) Ökologische Faktoren: Ökologische Faktoren werden in Studien zu Industrieländern an die materielle Dimension (Erschwinglichkeit von Wohnraum in gesunder Umwelt) geknüpft. In den (Mega)Städten der Schwellenländer bestehen jedoch gravierende Defizite in Bezug auf die öffentliche Hygiene, die durch weitere ökologische Faktoren wie etwa Temperatur- und Nieder-

*Abb. 17: Ansatz zur Analyse der Gesundheitsdeterminanten (Entwurf: M. Kroll)*

schlagsverteilung verschärft werden. Die Risikoexposition ist hier nur eingeschränkt an die materielle Dimension anknüpfbar, sodass ökologische Aspekte in einer eigenen Dimension behandelt werden. (III) Psychosoziale Faktoren: Betrachtung von Stressoren im Berufs- und im Privatleben und dem vorhandenen Sozialkapital zur Stressminimierung. (IV) Verhaltensbezogene Faktoren: Effekte ungleicher Präferenz- und Verhaltensmuster unter Berücksichtigung kultureller Normen und Werte. Kulturelle Aspekte wurden aufgrund ihrer Komplexität nur eingeschränkt berücksichtigt und exemplarisch am Beispiel der Frauengesundheit erörtert. (V) Lebenslaufperspektive: Veränderungen der materiellen, ökologischen, psychosozialen und verhaltensbezogenen Faktoren innerhalb der letzten zehn Jahre. Durch die Zeit-Perspektive wird den rapiden Veränderungen der Lebensbedingungen im Zuge der Urbanisierung Rechnung getragen; zudem ist die Krankheitslast der Exposition zu Gesundheitsdeterminanten bei vielen Faktoren zeitlich nachgelagert. Dieses Vorgehen ermöglicht die Ableitung von Aussagen zur Veränderung des sozioökonomischen Status sowie der damit einhergehenden veränderten Exposition zu Gesundheitsdeterminanten für unterschiedliche Bevölkerungsgruppen. Die Lebenslauf-Perspektive als zeitliche Dimension wird in die vier übergeordneten Dimensionen integriert.

Die vier Dimensionen stehen in direktem Zusammenhang mit dem sozioökonomischen Status und sind vielschichtig miteinander verwoben, sodass sie nicht isoliert voneinander betrachtet werden können, wobei materielle Faktoren den anderen Mechanismen kausal vorgelagert zu sein scheinen (Kroll 2010: 75). Dennoch ist eine weitere Distinktion nach kompositorischen und kontextuellen Effekten (Smyth 2008) hilfreich: Materielle und ökologische Faktoren sind im Raum verortet und können daher als kontextuelle Faktoren zusammengefasst werden. Hinzu kommt eine Unterscheidung nach verschiedenen räumlichen Ebenen: Materielle Faktoren der Wohnsituation und Infrastrukturausstattung werden primär auf der Mikroebene der Haushalte betrachtet, ökologische Faktoren auf der Mesoebene (Nachbarschaft) und Makroebene (Stadt). Verhaltensbezogene und psychosoziale Faktoren ergeben sich aus der Struktur der Bevölkerung bzw. der sozialen Umwelt (z.B. Erwerbsprofil, Religionszugehörigkeit) und werden als kompositorische Effekte zusammengefasst. Somit ermöglicht die Trennung zwischen kontextuellen und kompositorischen Effekten eine differenzierte Diskussion der komplexen Wechselwirkungen (Mielck 2008: 172).

In dem entwickelten Analyserahmen werden zwei weitere Dimensionen berücksichtigt: Biologische Faktoren wie Alter, Geschlecht und genetische Prädisposition sind wichtige Gesundheitsdeterminanten, die jedoch nur eingeschränkt und dem sozioökonomischen Status nachgeordnet berücksichtigt werden können, wie z.B. gesundheitsschädigende Verhaltensweisen oder Krankheitslast nach Alter und Geschlecht, wenn dies sinnvoll erscheint. Mit der in Abbildung 17 als Systemfaktoren angesprochenen Ebene wird ein Perspektivwechsel von der Akteurs- zur Systemebene vollzogen: Die übergeordnete Systemebene steht für die ökonomischen und politischen Rahmenbedingungen, die durch globale, nationale und regionale Einflüsse bedingt werden und vielschichtige Auswirkungen auf die Stadt und ihre Akteure hat. Denn auch wenn in der vorliegenden Arbeit die individuellen Auswirkungen des sozioökonomischen Status auf die Gesundheit untersucht werden, so ist die gesellschaftliche Perspektive insofern relevant, als das urbane Systeme mit ihrer fragmentierten Gesellschaft ebenso als Referenzpunkt genommen werden können und bis auf die Individuenebene durch wirken.

(B) Morbidität

Der Gesundheitsstatus wird über die Krankheitslast von sechs ausgewählten Erkrankungen bzw. Krankheitsgruppen in den sechs Untersuchungsgebieten erfasst, die als Indikatoren für soziale und ökologische Veränderungsprozesse im Kontext der Megaurbanisierung herangezogen werden. Diese sechs Erkrankungen wurden zunächst über eine umfassende Literaturrecherche aufgrund ihrer Relevanz für die Öffentliche Gesundheit identifiziert (vgl. 5.3) und mit medizinischen Experten während des ersten Feldaufenthalts in Bezug auf ihre Eignung hin diskutiert:
– Übertragbare Erkrankungen: (1) Malaria und andere vektorbürtige Erkrankungen wie Denguefieber sind durch die Veränderungen der physischen Umwelt im Zuge der Urbanisierung auf dem Vormarsch; (2) Tuberkulose als sogenannte „alte" Infektionskrankheit ist stark an die Lebensbedingungen geknüpft und wird daher auch als soziales Barometer betrachtet; aufgrund einer wachsenden Medikamentenresistenz und der Gefahr einer opportunistischen Infektion im Zuge der Ausbreitung von HIV/AIDS als neuer infektiöser chronischer Erkrankung stellt Tuberkulose eine Bedrohung für die Öffentliche Gesundheit dar. Auch die Suszeptibilität gegenüber (3) gastrointestinalen Erkrankungen ist stark an die Lebensumstände, die Infrastrukturausstattung und die Umwelthygiene gekoppelt;
– Nichtübertragbare Erkrankungen: (4) Chronische Atemwegserkrankungen werden in Indien v.a. mit der zunehmenden Luftverschmutzung assoziiert; (5) kardiovaskuläre Erkrankungen und (6) Diabetes mellitus Typ 2 sind stark an individuelle Verhaltensweisen wie z.B. Ernährung, Stress, Tabakkonsum und Bewegung geknüpft. Die Zunahme dieser Risikofaktoren steht im Zusammenhang mit der Veränderung von Lebensweisen im Zuge der Urbanisierung. Chronische Atemwegserkrankungen, kardiovaskuläre Erkrankungen und Diabetes machen zusammen mit Krebserkrankungen heute den Hauptteil der Krankheitslast nichtübertragbarerer Erkrankungen in Indien aus (WHO SEARO 2011).

Die Morbidität in den einzelnen Untersuchungsgebieten wird für jede Erkrankung mit der Exposition zu gesundheitlichen Risiko- und Schutzfaktoren in den Untersuchungsgebieten anhand einer ätiologischen Matrix (vgl. 3.2.1) in Anlehnung an den Analyserahmen zu Gesundheitsdeterminanten (Abb. 17) in Zusammenhang gebracht. Auf statistische Nachweise wird aufgrund verschiedener Verzerrungseffekte (vgl. 4.4.1) verzichtet. Zwar kann die Prävalenz der Indikatorerkrankungen nicht monokausal erklärt werden, jedoch können Ursache-Wirkungs-Mechanismen durch die Analyse der Gesundheitsdeterminanten im Zusammenhang mit dem sozioökonomischen Status hergestellt werden. Ziel ist es, neben der

Verifizierung der Krankheitslast Suszeptibilitäten für die einzelnen Bevölkerungsgruppen herauszuarbeiten.

(C) Epidemiologischer Wandel

Da Gesundheit ein sehr dynamisches Gut ist, werden anhand von Primär- und Sekundärdaten zeitliche Veränderungen in der Morbidität und Mortalität in Pune analysiert, um den epidemiologischen Wandel in Pune nachzuvollziehen und Implikationen für die Gesundheit einzelner sozioökonomischer Bevölkerungsgruppen abzuleiten.

Basierend auf der Exposition zu Gesundheitsdeterminanten und der Morbidität werden anhand epidemiologischer Profile in der Synthese (vgl. 5.5) die raumzeitliche Ausprägung sowie die konstituierenden Elemente gesundheitlicher Disparitäten in Pune beleuchtet.

# 4. METHODIK

Die dieser Studie zugrunde liegende Forschung basiert überwiegend auf der Erhebung von Primärdaten in einem Mixed-Methods-Ansatz, was v.a. auf die mangelnde Verfügbarkeit von Sekundärdaten in Pune (vgl. 4.4.2) und die damit verbundene explorative Forschung zurückzuführen ist. Im Folgenden wird zunächst die empirische Herangehensweise mit dem gewählten Methodendesign und Forschungsprozess dargelegt. Anschließend erfolgt ein Überblick über die angewendeten Methoden im Einzelnen sowie die Vorstellung der Untersuchungsgebiete. Das Kapitel schließt mit einer Methodenkritik, in der einerseits eine kritische Reflexion des gewählten Ansatzes vollzogen, andererseits die Probleme der Sekundärdatenverfügbarkeit in Pune als Forschungsfriktion genauer beleuchtet werden.

## 4.1 EMPIRISCHE HERANGEHENSWEISE

Aufgrund des explorativen Charakters der Studie wurde ein qualitativer Zugang zum Forschungsthema gewählt mit induktiver Konzept- und Theoriebildung sowie der Anwendung quantitativer und qualitativer Methoden in einem Mixed-Methods-Ansatz (vgl. Creswell/Plano-Clark 2011). Angesichts des raschen sozialen Wandels mit einer gesellschaftlichen Diversifizierung und Pluralisierung der Lebensweisen, wie er gegenwärtig auch in Pune zu beobachten ist, gewinnen induktive Verfahren zunehmend an Bedeutung (Flick 2007: 12 f.). Daher gilt es, Menschen in ihrem lokalen Kontext zu verstehen und aus diesen Prozessen und Strukturen angemessene Theorien abzuleiten. Die Feldforschung als Forschungsdesign ermöglicht die Kombination von visuellen und verbalen Techniken zur Analyse von Strukturen und Prozessen im Raum. Diese Methodik, die sich durch eine Methodenvielfalt sowie ein zielgerichtetes und möglichst holistisches Forschungsverständnis unter Einbezug des kulturellen Kontexts auszeichnet, ermöglicht die Analyse eines definierten Ausschnitts der Alltagspraxis, indem soziale Beziehungen, Strukturen und Prozesse innerhalb eines offenen analytischen Feldes verstanden werden sollen. Die Feldforschung ermöglicht dabei sowohl ein deskriptives als auch analytisches Vorgehen (Beer 2003a: 11 ff.). Aufgrund des explorativen Forschungsverständnisses wurde die gegenstandsbezogene Theoriebildung als theoretische Grundlage gewählt, bei der Theorien endogen auf der Grundlage empirischer Daten und Einsichten entwickelt werden (Glaser/Strauss/Paul 2008). Die gegenstandsbezogene Theoriebildung erlaubt die Konzeptbildung während der Datenerhebung und ermöglicht somit eine Gleichzeitigkeit von Datenerhebung und Auswertung. Im Verlauf der Datenerhebung kristallisiert sich somit ein theoretischer Bezugsrahmen heraus, der sukzessive modifiziert und vervollständigt wird, bis eine theoretische Sättigung eintritt (Mayring 2002: 104).

Der Methodenkanon der vorliegenden Arbeit stützt sich auf eine standardisierte Haushaltsbefragung als quantitativem Instrument sowie qualitative, semistandardisierte Tiefen- und Experteninterviews. Des Weiteren ergänzen die Beobachtung und die Sekundärdatenanalyse die beiden erstgenannten Ebenen (Abb. 18). Die Methoden bzw. deren Anwendungsparameter wurden in einer interdependenten Weise weiterentwickelt und bauen daher aufeinander auf. Zudem decken die Methoden die räumliche und die zeitliche Dimension gesundheitlicher Disparitäten in unterschiedlichem Maße ab: In der räumlichen Dimension wurden gesundheitliche Aspekte in einer Querschnittsstudie in unterschiedlichen sozioökonomischen Bevölkerungsgruppen in sechs Untersuchungsgebieten (vgl. 4.3) auf Ebene der Haushalte (Mikrosysteme) und der Untersuchungsgebiete (Mesosysteme) erhoben. Um auch Veränderungen der Krankheitslast zu erfassen, wurde in der zeitlichen Dimension der Gesundheitswandel der Bevölkerung in Pune ab 1991, dem Beginn der indischen Liberalisierung, untersucht; denn diese hat in den letzten beiden Dekaden zu starken Veränderungen der urbanen Lebenswelten geführt. Da die Haushaltsbefragung nur sehr begrenzt für die Analyse zeitlicher Veränderungen von Krankheitslasten eingesetzt werden kann und nur wenige Krankenhäuser in Pune medizinische Daten dokumentieren (vgl. 4.4.2), wurde auf verschiedenen Ebenen gearbeitet, die unterschiedlich in die zeitliche und räumliche Ebene hinein reichen (Abb. 18). Die Sekundärdatenanalyse ermöglicht dabei durch die Heranziehung historischer Daten einen längsschnittartigen Vergleich. Ein zentraler Aspekt des methodischen Rahmens ist die Triangulation (Flick 2004, Lamnek 2005: 274 ff.), d.h. die Heranziehung unterschiedlicher Methoden, Datenarten und Informationsquellen, um durch die Einnahme unterschiedlicher Perspektiven auf den zu untersuchenden Gegenstand einen Erkenntniszuwachs auf unterschiedlichen Ebenen zu ermöglichen.

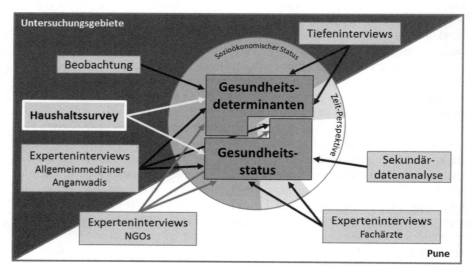

*Abb. 18: Methodischer Rahmen (Entwurf: M. Kroll)*

## 4. Methodik

Die Forschung verlief in sieben Phasen (Abb. 19): (1) Nach einer umfassenden Literaturrecherche zu urbaner Gesundheit in Indien, epidemiologischem Wandel und gesundheitlichen Disparitäten sowie geographischen und sozialepidemiologischen Methoden wurde (2) in der ersten Feldforschungsphase 2008/09 zusammen mit Carsten Butsch, der seine Dissertation (Butsch 2011) zum Thema Zugang zu Gesundheitsdienstleistungen in Pune verfasste, ein Haushaltssurvey in Pune durchgeführt. Die frühe Verwendung einer standardisierten Methode war möglich, da Carsten Butsch die Untersuchungsgebiete schon vorher ausgewählt und auf ihre sozioökonomischen Profile getestet sowie einen Fragebogen erstellt und in einem Pretest validiert hatte. Der gemeinsame Fragebogen konnte in vielen Parametern für beide Arbeiten verwendet werden bzw. wurde für die vorliegende Arbeit um ein Fragemodul zu Gesundheitsdeterminanten erweitert.

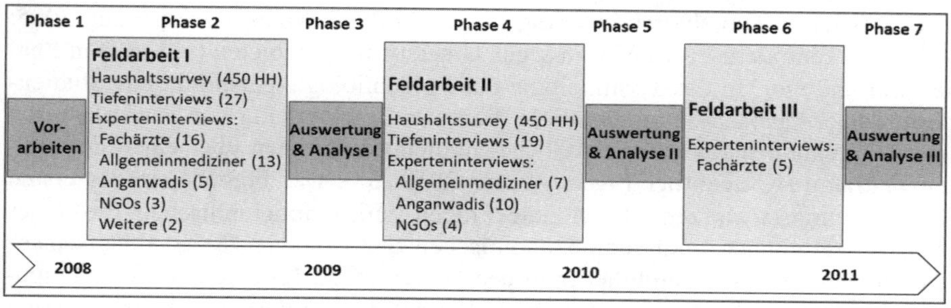

| Phase 1 | Phase 2 | Phase 3 | Phase 4 | Phase 5 | Phase 6 | Phase 7 |
|---|---|---|---|---|---|---|
| Vorarbeiten | **Feldarbeit I**<br>Haushaltssurvey (450 HH)<br>Tiefeninterviews (27)<br>Experteninterviews:<br>Fachärzte (16)<br>Allgemeinmediziner (13)<br>Anganwadis (5)<br>NGOs (3)<br>Weitere (2) | Auswertung & Analyse I | **Feldarbeit II**<br>Haushaltssurvey (450 HH)<br>Tiefeninterviews (19)<br>Experteninterviews:<br>Allgemeinmediziner (7)<br>Anganwadis (10)<br>NGOs (4) | Auswertung & Analyse II | **Feldarbeit III**<br>Experteninterviews:<br>Fachärzte (5) | Auswertung & Analyse III |
| 2008 | | 2009 | | 2010 | | 2011 |

*Abb. 19: Verlauf des Forschungsprozesses mit Anzahl der geführten Interviews (Entwurf: M. Kroll)*

Neben dem Haushaltssurvey kam ein weiteres Set qualitativer Methoden zur Anwendung: Tiefeninterviews wurden mit ausgesuchten Haushalten aus dem Survey geführt sowie Experteninterviews mit Allgemeinmedizinern, Fachärzten und sonstigen Experten. (3) Nach einer ersten Auswertungsphase kamen die Erhebungsinstrumente (4) in der zweiten Feldarbeitsphase modifiziert zur Anwendung. (5) Die ausgewerteten Daten zur Krankheitslast in den Untersuchungsgebieten wurden (6) in einer dritten Feldphase in Experteninterviews mit Fachärzten zur Triangulation diskutiert. (7) In einer abschließenden Phase erfolgte die Auswertung und Analyse der gesamten Daten und die Verschriftlichung der Ergebnisse.

Im Rahmen des Forschungsprojektes wurde im Juni 2011 basierend auf den vorläufigen Ergebnissen eine Studie zur Analyse von gesundheitsbezogenen Umweltdeterminanten in den sechs Untersuchungsgebieten zusammen mit dem Bharati Vidyapeeth Institute for Environment Education in Pune begonnen. Ziel der Studie ist es, umweltbezogene Gesundheitsdeterminanten in den sechs Untersuchungsgebieten quantitativ zu erfassen, um zu genaueren Aussagen hinsichtlich der Suszeptibilität verschiedener sozioökonomischer Gruppen gegenüber umweltbezogenen Erkrankungen zu gelangen. Vorläufige Ergebnisse wie z.B. die Auswertung einer mikrobiologischen Trinkwasseranalyse fließen an den entsprechenden Stellen in die Empirie ein.

## 4.2 ANGEWENDETE METHODEN

Die im Forschungsprozess verwendeten Methoden richteten sich an verschiedene Adressatengruppen, von medizinischen Laien bis hin zu medizinischen Experten. In Anlehnung an diese werden zunächst die angewendeten Methoden auf der Ebene der Haushalte in den Untersuchungsgebieten beschrieben und anschließend die verschiedenen Kategorien von Experteninterviews. Abschließend wird der Einsatz der Sekundärdatenanalyse erläutert.

*Methoden auf Ebene der Untersuchungsgebiete*

Die Datenerhebung zu gesundheitsbezogenen Aspekten erfolgte in Form einer standardisierten **Haushaltsbefragung** (Sökefeld 2003, Meier Kruker/Rauh 2005: 90 ff.) als zentralem Instrument in sechs Untersuchungsgebieten (vgl. 4.3) in Phase zwei und vier. In der Terminologie der Epidemiologie entspricht das Studiendesign einer Querschnittsstudie; diese dient der Beschreibung von Risikofaktoren und Erkrankungen für unterschiedliche Studienpopulationen über einen definierten Zeitraum (Kreienbrock/Pigeot/Ahrens 2012: 87). Der Fragebogen des ersten Surveys umfasst als zentrale Module Fragen zum demographischen Profil der Haushaltsmitglieder, zum sozioökonomischen Status sowie zu Krankheitsepisoden einzelner Haushaltsmitglieder in den letzten zwölf Monaten. Weitere Fragemodule umfassen Wahrnehmungen über Veränderungen der Krankheitslast sowie gesundheitsdeterminierender Faktoren. In Anschluss an das Interview erfasste der jeweilige Interviewer die Struktur des Haushalts (Wohnform, Art des Dachs, der Wände und Fenster), um Daten zur Wohnqualität zu generieren[1]. In der zweiten Feldphase wurde ein erneuter Survey durchgeführt, um die Samplezahl zu den Morbiditätsdaten zu erhöhen und neue Fragekomplexe zu Gesundheit mit einzubringen. Die zentralen Module zum demographischen und sozioökonomischen Profil der Haushalte sowie zur Krankheitslast wurden in dem Fragebogen z.T. um weitere Aspekte ergänzt. Als zusätzliche Module kamen Fragen zur Infrastrukturausstattung der Haushalte und Gesundheitshandeln (Tabak- und Alkoholkonsum, Sportverhalten sowie Ernährung) hinzu, basierend auf einer umfassenden Literaturrecherche sowie den bereits geführten Tiefen- und Experteninterviews der ersten Feldphase. Zusätzlich umfasst der Fragebogen ein Modul zur Mortalität von in den letzten zehn Jahren verstorbenen Haushaltsmitgliedern. In einem weiteren Modul sollte der Befragte seinen eigenen Gesundheitsstatus beurteilen: Es wurden

---

1 Zusätzlich enthielt der erste Fragebogen verschiedene Module zu Zugangsverhalten zu Gesundheitsdienstleistungen (Dissertation Carsten Butsch) sowie zu dem Wissen um und Profitierung von Gesundheitsprogrammen. Die Module zum Zugangsverhalten wurden beim zweiten Survey ausgelassen.

verschiedene Symptome abgefragt sowie die Indikatoren für mentale Gesundheit nach dem Well Being-Index der WHO. Die Datensätze, die im ersten und zweiten Survey in identischen Fragemodulen erhoben wurden, werden zur besseren Anschaulichkeit zusammengefasst dargestellt, zumal zwischen den beiden Surveys nur ein Abstand von etwa zehn Monaten liegt, so dass keine Verzerrungseffekte aufgrund zeitlicher Veränderungen zu erwarten sind.

Jeweils drei Feldforschungsassistenten, die zuvor umfassend geschult und auch im Feld kontinuierlich von der Autorin begleitet wurden, begleiteten beide Surveys. Die Befragung erfolgte je nach Wunsch der Interviewpartner auf Englisch oder in der Lokalsprache Marathi mit dem entsprechenden Fragebogen, in seltenen Fällen auch auf Hindi. Die Autorin führte in den beiden UpperMiddle-Class-Gebieten ebenfalls zahlreiche Interviews durch. Die Stichprobenziehung (Meier Kruker/Rauh 2005: 50 ff.) vollzog sich in einem zweistufigen Verfahren: Zunächst wurden sechs Untersuchungsgebiete zur Repräsentation unterschiedlicher sozioökonomischer Gruppen ausgewählt (vgl. 4.3) und dann in jedem Untersuchungsgebiet in den beiden Surveys jeweils 75 Haushalte nach einer systematischen Zufallsauswahl gemäß dem Random-Route-Verfahren (Kromrey 2009) befragt: Basierend auf einer selbst angefertigten Karte mit den Hauptwegen und einer Haushaltszählung bekam jeder Assistent eine Route durch das Gebiet zugewiesen mit dem Auftrag, in jedem x-ten Haushalt (z.B. jedem zehnten Haushalt) ein Interview zu führen. Lehnte ein Haushalt die Teilnahme ab, wurde der nächste gefragt. Die Lage aller befragten Haushalte wurde auf einer Karte markiert. Beim zweiten Survey kam die gleiche Methode zur Anwendung. Es wurde vorab gefragt, ob der Haushalt bereits im vorherigen Jahr teilgenommen habe und gegebenenfalls das Interview abgebrochen. Unmittelbar nach den Feldaufenthalten erfolgte anhand der Namen und Lage der Haushalte eine Prüfung auf doppelte Teilnahme; entsprechende Haushalte wurden aus dem Sample entfernt, um Doppelungen auszuschließen. Die Interviews dauerten im Schnitt 20 bis 35 Minuten, im direkten Anschluss erfolgte eine Nachbereitung und eine Prüfung auf logische Konsistenz seitens der Autorin. Das Sample umfasste in jedem Gebiet 150 Haushalte und insgesamt 900 Haushalte mit Daten zu 3857 Individuen.

Die Eingabe der Daten erfolgte mittels der Software Epidata durch die jeweiligen Assistenten selbst und wurde durch jeweils einen anderen Assistenten bzw. beim zweiten Survey durch die Autorin überprüft, um Fehler in der Datenbank auszuschließen. Zudem ermöglicht die Software bereits bei der Dateneingabe eine Plausibilitätsprüfung. Anschließend erfolgte ein Export der Daten in Excel und eine Auswertung mittels deskriptiver statistischer Verfahren. Aufgrund der geringen Samplezahl sowie der Gefahr von Verzerrungseffekten (vgl. 4.4.1) erschien die Anwendung von Verfahren der analytischen Statistik nicht angemessen. Zudem sind Querschnittstudien zur Ursachenforschung von Krankheiten nur eingeschränkt geeignet, da aufgrund der Prävalenzerhebung die zeitliche Abfolge von Exposition und Krankheit nicht geklärt werden kann (Kreienbrock/Pigeot/Ahrens 2012: 87). Die Auswertung erfolgte in vier Schritten: (1) Die Datenbank wurde auf Fehler überprüft und einzelne Variablen umcodiert (offene Antwortkategorien wie z.B. Beruf wurden klassifiziert und codiert), (2) einzelne Variablen wurden in

Unterdatenbanken zusammengeführt, miteinander verknüpft und neu berechnet, wie z.B. das Nettoäquivalenzeinkommen oder der Standard of Living-Index (vgl. 5.1). Um bei der Krankheitslast Verzerrungseffekte durch unterschiedliche Altersstrukturen in den sechs Untersuchungsgebieten auszuschalten, wurden die Periodenprävalenzraten jeweils in direkte altersstandardisierte Morbiditätsraten umgerechnet (Bartley 2004: 42 f., Kreienbrock/Pigeot/Ahrens 2012). Dafür wurden die Morbiditätsraten in den einzelnen Untersuchungsgebieten auf die Altersklassen einer Standardbevölkerung, die aus der Gesamtzahl aller durch den Survey erfassten Personen bestand, umgerechnet. (3) In einem dritten Schritt wurden die erstellten Häufigkeits- und Kreuztabellen mittels einer explorativen Datenanalyse ausgewertet, um Muster in der Verteilung von Häufigkeiten zu erkennen. (4) Abschließend erfolgte die Visualisierung der Daten mithilfe von Excel.

Insgesamt wurden 46 semistrukturierte **Tiefeninterviews** mit Laien zur Analyse der Exposition gegenüber gesundheitsdeterminierenden Faktoren bzw. zur Suszeptibilität gegenüber bestimmten Erkrankungen in den einzelnen Untersuchungsgebieten geführt. Mit den problemzentrierten Laieninterviews werden Personen adressiert, die in ihrem Alltag von dem untersuchten Thema betroffen sind, ohne sich damit professionell auseinanderzusetzen (Meier Kruker/Rauh 2005: 62 f., Lamnek 2005: 371 ff.). Tiefeninterviews erlauben dem Befragten, seine subjektiven Sichtweisen zum Thema stärker einzubringen, indem narrative Sequenzen stimuliert werden; denn gerade soziale Gesundheitsdeterminanten wie z.B. soziale Netzwerke sind – zumal in einem fremden kulturellen Kontext – nur sehr schwer quantitativ zu erfassen. Auch die Diskussion zurückliegender Ereignisse wird durch den narrativen, semistrukturierten Ansatz ermöglicht. Die Auswahl der Interviewpartner erfolgte nach qualitativen Kriterien gemäß dem theoretischen Sampling: Es wurden einzelne Befragte aus dem Haushaltssurvey ausgesucht, die erstens einem qualitativen Interview zugestimmt hatten und zweitens entweder sehr typische oder extreme Fälle (z.B. in Bezug auf Krankheitsepisoden) darstellten. In der ersten Feldphase wurden zwischen vier und sechs Interviews pro Untersuchungsgebiet geführt, in der zweiten Feldphase drei Interviews pro Gebiet.

Die Tiefeninterviews wurden je nach Sprachkenntnissen der Interviewpartner auf Englisch von der Autorin selbst oder auf Marathi durch einen dafür geschulten Feldforschungsassistenten mit Hilfe eines Leitfadens sowie eines selbst entwickelten Tools zur Lenkung des Kommunikationsprozesses durchgeführt. Im ersten Teil wurden Erkrankungen einzelner Haushaltsmitglieder aus dem Survey angesprochen und Ursachen vertieft. Es folgte eine Diskussion über die Bedeutung ausgewählter Gesundheitsdeterminanten für die Gesundheit der Befragten, wie z.B. die Wohnsituation, die Wasserversorgung, nachbarschaftliche Netzwerke oder die Umweltbedingungen im Wohnumfeld. Dazu wurde eine Magnettafel verwendet, auf die diese Faktoren als englische Begriffe oder Symbole (bei den Interviews auf Marathi) geheftet waren. Dadurch konnten einzelne Faktoren als negative oder positive Aspekte für die eigene Gesundheit eingeordnet, miteinander in Beziehung gesetzt sowie in Zusammenhang mit der Situation zehn Jahre zuvor gebracht werden. Vielen Befragten half der zeitliche Vergleich auch, die heutige Situation besser beurteilen zu können. Der Leitfaden und das Tool wurden basierend auf den Erfahrungen und Ergebnissen der ersten Feldforschungsphase in der zweiten Feldphase weiter entwickelt. Die Tiefeninterviews dauerten etwa 30 bis 60 Minuten und wurden im Wohnraum des Befragten geführt, um die Privatsphäre der Befragten zu schützen und Verzerrungseffekte durch die Anwesenheit von Nachbarn zu vermeiden. Alle Interviews wurden mit Erlaubnis der Befragten aufgezeichnet. Die auf Englisch geführten Interviews wurden von der Autorin selbst transkribiert, die auf Marathi geführten Interviews von den Assistenten in Marathi transkribiert und zusammen mit den Aufnahmen an eine Übersetzerin übermittelt. Es ist davon auszugehen, dass durch die Übersetzung gewisse Verzerrungseffekte auftreten, was es bei der Auswertung zu berücksichtigen gilt. Die Auswertung der Interviews erfolgte mit der Software Max QDA.

In Ergänzung zu der Haushaltsbefragung und den Tiefeninterviews kam die explorative und systematische **Beobachtung** zur Anwendung, die den Untersuchungsgegenstand im Raum betrachtet und darauf abzielt, Strukturen und Personen in ihrer natürlichen Lebenswelt im Raum in kognitiv-betrachtender und analytischer Weise aufzunehmen (Lamnek 2005: 552, Mayring 2002: 80, Beer 3003b, Meier Kruker/Rauh 2005: 57 ff.). Die Beobachtung wurde in den Untersuchungsgebieten in der ersten Feldphase explorativ eingesetzt, um relevante Gesundheitsdeterminanten im Raum zu erfassen. In der zweiten Feldphase wurden systematisch Gesundheitsdeterminanten wie Wasserverfügbarkeit oder öffentliche Hygiene beobachtet, um eine Triangulation der Datensätze zu ermöglichen. Wichtigste Dokumentationsinstrumente bei den Feldaufenthalten waren Protokolle, Fotodokumentationen (vgl. Anhang B) und Kartierungen auf der Grundlage von Satellitenbildern (Bernard 2006).

*Experteninterviews*

Als Experteninterviews werden leitfadengestützte, problemzentrierte Interviews verstanden, bei denen der Befragte in seiner Eigenschaft als Experte für ein bestimmtes Handlungsfeld von Interesse ist (Flick 2007, Bogner/Littig/Benz 2005). Für die vorliegende Arbeit wurden Allgemeinmediziner, Fachärzte, NGO-Mitarbeiter, Anganwadi-Mitarbeiterinnen sowie zwei weitere Experten von Forschungsinstitutionen als Experten befragt (Abb. 19), um Daten zur Krankheitslast unterschiedlicher sozioökonomischer Gruppen sowie zu gesundheitsdeterminierenden Faktoren und zum epidemiologischen Wandel in Pune zu generieren. Die Auswahl der Interviewpartner erfolgte nach Zugänglichkeit und zu erwartendem Erkenntnisgewinn, d.h. es gab keine vorab definierte Grundgesamtheit. Diese Auswahlmethode entspricht dem theoretischen Sampling, das von Glaser und Strauss im Rahmen der gegenstandsbezogenen Theoriebildung entwickelt wurde (Lamnek 2005: 188 f.). Die Experteninterviews wurden von der Autorin auf Englisch geführt, mit Erlaubnis der Interviewpartner aufgenommen und transkribiert. War die Aufnahme nicht gestattet, wurde das Gespräch protokolliert und nach dem Interview verschriftlicht. Die Auswertung der Transkripte bzw. Protokolle erfolgte mit Hilfe der Software MAX QDA. Das gesamte Datenmaterial wurde gemäß der qualitativen Inhaltsanalyse (Mayring 2002: 114 ff., Lamnek 2005: 505 ff.) schrittweise und methodisch kontrolliert mit einem theoriegeleiteten und am Material entwickelten Kategoriensystem analysiert und ausgewertet. Im Folgenden werden nun die Interviews mit unterschiedlichen Expertengruppen kurz dargestellt.

In der ersten und zweiten Feldphase wurden 20 Experteninterviews mit **Allgemeinmedizinern** geführt, die in einem der drei Stadtgebiete, in denen die sechs Untersuchungsgebiete liegen, ihre Praxis führen. Die Auswahl der Ärzte erfolgte dabei primär über die beim Haushaltssurvey am häufigsten von den Befragten genannten Hausärzte. Diese wurden zuerst angesprochen, um repräsentative Aussagen zur Triangulation der Krankheitslast zu bekommen. Weitere Allgemeinmediziner wurden je nach Verfügbarkeit angesprochen; die Bereitschaft zur Interviewteilnahme war allgemein hoch. Für den ersten Survey wurde ein Leitfaden basierend auf der Literaturrecherche entwickelt, der für den zweiten Survey basierend auf einer ersten Ergebnisauswertung angepasst wurde. Der Leitfaden umfasst Module zum Profil der Klinik und der Patienten (medizinisches System der Klinik, Wohnort und sozioökonomischer Status der Patienten), zur Krankheitslast der Patienten allgemein sowie nach sozioökonomischem Status und Veränderungen in der Krankheitslast im Verlauf der letzten zehn Jahre. Ebenfalls wurde nach der Speicherung gesundheitsbezogener Daten in den Praxen gefragt.

In der ersten Feldphase wurde zudem ein öffentliches und drei private Krankenhäuser, die in Pune eine zentrale Bedeutung haben sowie sich im sozioökonomischen Profil ihrer Patienten[2] unterscheiden, für Experteninterviews mit **Fachärzten** ausgewählt. Ziel war es, (1) Informationen über die aktuelle und historische Krankheitslast verschiedener sozioökonomischer Gruppen allgemein sowie (2) über die aktuelle und historische Krankheitslast der Indikatorerkrankungen zu erlangen und (3) die Verfügbarkeit und Zugänglichkeit gesundheitsbezogener Daten zu überprüfen. Für die Ziele 1 und 3 wurden Interviews mit den Medizinischen Direktoren der Krankenhäusern geführt, für die Ziele 2 und 3 Interviews mit Fachärzten der entsprechenden Abteilungen. Je nachdem wurden auch unterschiedliche Leitfäden angewendet, die aufgrund des explorativen Charakters und der Bandbreite der Fachärzte jedoch sehr flexibel gehandhabt wurden. Insgesamt wurden 17 Interviews in Krankenhäusern geführt.

---

2  In Bezug auf die unterschiedlichen Nutzerstrukturen lässt sich nach Aussagen der Medizinischen Direktoren verallgemeinern, dass das öffentliche Krankenhaus fast ausschließlich von niedrigen Statusgruppen besucht wird (Gh1). So hat etwa die Hälfte der Patienten eine *ration card* und lebt unterhalb der Armutsgrenze (Gh4). Das private Krankenhaus III hat unterschiedliche Nutzerkategorien: zur ambulanten Versorgung kommen v.a. Patienten der Unter- und Mittelschicht, Fachärzte und eine stationäre Versorgung werden v.a. von der Mittel- und Oberschicht in Anspruch genommen (Ph10). In Krankenhaus I und II gehören etwa die Hälfte der Patienten höheren Statusgruppen an, die andere Hälfte setzte sich aus der Mittel- und Unterschicht zusammen (Ph5); beide Krankenhäuser haben überregionale Bedeutung.

Des Weiteren wurden in der ersten und zweiten Feldphase 15 Mitarbeiterinnen von **Anganwadis** in Slum A und Slum C und sieben **NGO-Mitarbeiter** interviewt, um Daten zur Suszeptibilität und Krankheitslast der Slumbevölkerung zu generieren. Anganwadis sind Zentren zur Unterstützung der Kinder- und Müttergesundheit im Rahmen des Integrated Child Development Services (ICDS)-Programm (vgl. 5.6.1) der Zentralregierung, die v.a. in den registrierten Slums zu finden sind. Die Mitarbeiterinnen sind daher mit Gesundheitsproblemen der Slumbevölkerung vertraut. Die Interviews mit den Anganwadi-Mitarbeiterinnen wurden von den Assistenten als semistandardisierte Interviews auf Marathi geführt, und während des Interviews übersetzt. Die Autorin führte Protokoll, da eine Aufnahme meist nicht gestattet war. Es wurden alle vorhandenen Anganwadis in Slum A und C erfasst, wobei manche Zentren zur Verifizierung der Daten in der ersten und zweiten Feldphase besucht und Interviews mit dem Personal geführt wurden. Sieben Interviews wurden mit NGOs, die zu Gesundheit in Slums in Pune arbeiten, zur Suszeptibilität und Krankheitslast der Slumbevölkerung geführt. Eine NGO, die zu Tuberkulose und HIV in Slum C arbeitet, wurde beispielsweise von der Slumbevölkerung selbst genannt und daraufhin von der Autorin kontaktiert. Diese Experteninterviews dienen der Triangulation, da insbesondere bei der Slumbevölkerung aufgrund des geringeren Gesundheitswissens gewisse Verzerrungen bei den Angaben zur Krankheitslast beim Haushaltssurvey zu erwarten sind (vgl. 4.4.1). Zwei weitere Experteninterviews wurden speziell zu Atemwegserkrankungen und Luftverschmutzung geführt, einmal mit dem Direktor einer privaten Forschungseinrichtung zu chronischen Atemwegserkrankungen in Pune, einmal mit dem Direktor eines Instituts zur Emissionsüberwachung in Pune. Aufgrund der jeweils sehr speziellen Foki dieser Interviews kamen ganz unterschiedliche Leitfäden zur Anwendung.

In der dritten Feldphase wurden fünf Interviews zur Datentriangulation mit drei Fachärzten, einem Allgemeinmediziner aus einem der Untersuchungsgebiete und einem Kinderarzt geführt. In den Interviews wurden die Ergebnisse des Haushaltssurveys in Form von Prävalenzraten für die wichtigsten Erkrankungen vorgelegt und mit den Experten diskutiert, inwiefern diese Ergebnisse als realistisch einzustufen sind bzw. welche Verzerrungseffekte berücksichtigt werden müssen.

Zur Triangulation der erhobenen Primärdaten wurde umfassend nach **Sekundärdaten** zur aktuellen und historischen Krankheitslast in Pune sowie zu gesundheitsdeterminierenden Faktoren (z.B. Daten zur Luftverschmutzung) recherchiert (zur Sekundärdatenanalyse vgl. Geyer/Siegrist 2006, Kreienbrock/Pigeot/Ahrens 2012). In Bezug auf die Morbiditätsdaten wurden private und öffentliche Krankenhäuser nach der Verfügbarkeit und Zugänglichkeit befragt sowie verschiedene staatliche Institutionen, insbesondere die Pune Municipal Corporation, das Vital Statistics Department, das National Institut for Virology und die Pune Air Quality Monitoring Cell. Auch NGOs, die zu Gesundheit in Slums arbeiten, wurden nach Daten und Berichten gefragt. Letztlich konnten jedoch nur wenige Sekundärdaten, darunter Mortalitätsstatistiken des Medical Certification of Causes of Death

Scheme, zugänglich gemacht werden (vgl. 4.4.2), die in die Empirie mit einfließen.

Bei Zitaten und Verweisen auf Primärdaten ist in der vorliegenden Arbeit anhand der Quellenangabe die Interviewform bzw. die Funktion des Befragten erkennbar: Die Tiefeninterviews mit medizinischen Laien haben z.B. die Kürzel (SL/A/X) (X für jeweilige Interviewnummer) für Slum A oder (MC/B/X) für UpperMiddleClass B. Bei den Experteninterviews sind die Interviews mit Anganwadis mit dem Kürzeln (AnAX) für Slum A und (AnCX) für Slum C gekennzeichnet, die Interviews mit Allgemeinmedizinern (*general physician*) mit (GpAX) für Stadtgebiet A, (GpBX) für Gebiet B und (GpCX) für Gebiet C. Interviews mit NGO-Mitarbeitern tragen das Kürzel (NgoX), Interviews mit weiteren Experten (OrX). Die Interviews mit Fachärzten aus privaten Krankenhäusern (*public hospital*) sind mit (PhX) gekennzeichnet und solche mit Fachärzten aus Regierungskrankenhäusern (*government hospital*) mit (GhX). Ein Verzeichnis aller geführten Interviews befindet sich in Anhang A.

## 4.3 AUSWAHL DER UNTERSUCHUNGSGEBIETE

Die Datenerhebung für den Haushaltssurvey, die Tiefeninterviews und einen Teil der Experteninterviews erfolgte in sechs Untersuchungsgebieten innerhalb der Grenzen der Pune Municipal Corporation. Die Gebiete wurden von Carsten Butsch bei zwei explorativen Aufenthalten primär nach sozioökonomischen Kriterien und Stadtentwicklungsphasen ausgesucht (Abb. 20), um neben sozioökonomischen auch räumliche Aspekte zu adressieren. Vor Beginn der ersten Feldphase wurden die ausgewählten Gebiete gemeinsam begangen und informelle, explorative Interviews mit Bewohnern z.B. zur Entstehung des Slums bzw. des Wohnviertels geführt sowie Haushaltszählungen durchgeführt, um die Auswahl zu bestätigen. Das erste Stadtgebiet (Gebiet A) liegt in der hoch verdichteten Altstadt (Somwar Peth) und schließt eine Nachbarschaft mit Haushalten der eher traditionell orientierten Mittelschicht (MiddleClass A) und einen registrierten Slum (Slum A) ein. Das zweite Stadtgebiet (Gebiet B) liegt im früheren britischen *cantonment* (heute Koregaon Park), das ab den 1940er Jahren unter den Briten entstand; es umfasst eine Nachbarschaft mit Haushalten der gehobenen Mittelschicht (UpperMiddleClass B) sowie stadtauswärts angrenzend drei temporäre, unregistrierte Slums mit hohem Migrantenanteil (Slum B). Das dritte Stadtgebiet (Gebiet C) liegt im Stadtteil Kondhwa, der erst in den letzten 15 Jahren im Zuge der rapiden Urbanisierung entstanden ist. Hier wurde ebenfalls eine Nachbarschaft mit Haushalten der gehobenen Mittelschicht (UpperMiddleClass C) ausgewählt und drei kleinere registrierte Slumgebiete (Slum C). Die Gebiete mit sozioökonomisch schwächer gestellter Bevölkerung wurden über den rechtlichen Status ihres Wohngebiets (registrierter/unregistrierter Slum) ausgewählt, die MiddleClass-Gebiete nach Art der Bebauung sowie Wohnungspreisen. Im Folgenden werden die sechs Gebiete nur kurz charakterisiert, da das sozioökonomische Profil der Haushalte sowie demographische Aspekte und Gesundheitsdeterminanten in den Kapiteln 5.1 und 5.2 ausführlich dargelegt werden.

Das Gebiet MiddleClass A liegt östlich des Mutha River im Stadtteil Somwar Peth (Abb. 20), erstreckt sich von dem Kamala Nehru Hospital bis zu dem Apollo Theater und umfasst etwa 1.650 Haushalte. Die Altstadt, auch als *city* bezeichnet, weist die höchste Bevölkerungsdichte in Pune auf. Weite Teile der Altstadt wurden bei einer großen Flutkatastrophe 1960 zerstört, dennoch findet sich hier noch viel alte Bausubstanz. Etwa ein Viertel der Haushalte lebt in dem Gebiet in sog. *wadas*, den traditionellen Häusern, die ein- bis dreistöckig meist um einen gemeinsamen Innenhof von mehreren Familien gemeinsam bewohnt werden (Foto 1&2). Das Stadtgebiet befindet sich jedoch in einem Transformationsprozess, da viele denkmalgeschützte *wadas* nicht mehr in Stand gehalten werden, folglich verfallen und durch moderne Apartmenthäuser in Betonskelettbauweise ersetzt werden (Foto 6&7). MiddleClass A weist die höchste Wohnpersistenz der sechs Gebiete auf, nur 4% der Befragten waren in den letzten zehn Jahren zugezogen. Tendenziell ist in dem Gebiet eher die traditionell orientierte Mittelschicht anzutreffen.

Slum A liegt am Zusammenfluss von Mula und Mutha River. Die ersten Haushalte ließen sich hier bereits in den 1930ern nieder, die Mehrzahl der Hütten entstand nach der großen Flut 1960. Genau genommen besteht der Slum aus zwei Gebieten: Kamgar Putla (nördlicher Teil) und Rajiv Gandhi Nagar (südlicher Teil). Nach der Angabe einer Anganwadi-Mitarbeiterin wurde der Slum 1993 von der PMC registriert (AnA2). Er umfasst etwa 800 Haushalte und 4.000 Einwohner (Shelter Associates 2004). Da der Slum bereits seit Jahrzehnten existiert und einen formellen Rechtsstatus besitzt, sind heute weite Teile des Slums konsolidiert: Etwa drei Viertel der Hütten weisen feste Strukturen auf. Insbesondere in den Randgebieten existieren aber auch nicht-konsolidierte Bereiche (Foto 8&9).

Das Gebiet UpperMiddleClass B, das in der Kolonialzeit zum Bereich der *civil lines* des britischen *cantonments* gehörte, liegt nordöstlich der Altstadt am Mula-Mutha River. Das Gebiet, das sich zwischen Lane 1 und Lane 7 in Koregaon Park erstreckt, umfasst etwa 900 Haushalte. Drei Kategorien von Gebäudestrukturen sind vorzufinden: Zum einen existieren im westlichen Teil noch Bungalows aus der britischen Zeit mit großen Gärten und Alleen, zum Teil wurden Bungalows durch Villen ersetzt (Foto 15&16). Des Weiteren sind mehrere Gebiete mit Einfamilienhäusern vorzufinden, die z.T. in *housing societies* organisiert sind. Drittens entstehen im Zuge einer massiven Nachverdichtung v.a. im östlichen Bereich hochwertige Apartmentkomplexe, die als *semi-gated communities* bezeichnet werden können, d.h. sie sind mit Mauern und Wachpersonal gesichert (Foto 17&18). Koregaon Park weist nach dem angrenzenden Gebiet Boat Club

Road die höchsten Mietpreise in Pune auf[3]. Das Stadtgebiet hat den höchsten Grünflächenanteil und Biodiversitätsgrad in Pune und ist mit drei Parkanlagen ausgestattet (Foto 21). Neben dem Osho International Resort als internationaler Touristendestination gibt es in dem Stadtteil zahlreiche hochwertigere Restaurants und Geschäfte.

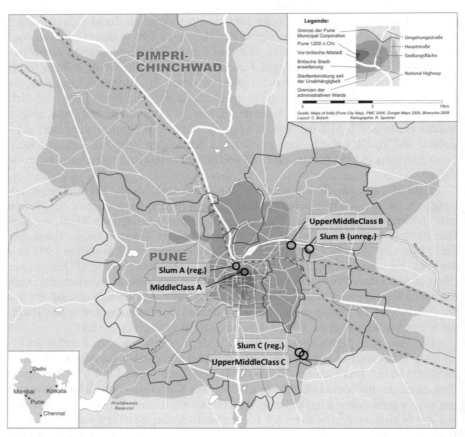

Abb. 20: Lage der Untersuchungsgebiete in Pune

Östlich schließt sich an Koregaon Park ein Neubaugebiet an, auch als Koregaon Park Annex bezeichnet, in dem zurzeit verschiedene Bauprojekte verwirklicht werden, u.a. ein Luxus Hotel. In dem Gebiet wurden drei temporäre *slum pockets*

---

3  http://www.puneproperties.com/real-estate-price-updates.php (Zugriff: 9.12.2011)

(Slum B) ausgewählt: Der erste Slum (B1) ist eine durch einen Bauunternehmer auf privatem Grund angelegte temporäre Siedlung mit 159 Wellblechhütten fast ohne Infrastrukturausstattung (Foto 23&24). Die Hütten werden an die auf einer nahe gelegenen Baustelle arbeitenden Bauarbeiter für den Zeitraum ihres Vertrags vermietet. Bei einem weiteren Besuch der Untersuchungsgebiete 2010 existierte der Slum bereits nicht mehr. Das zweite Gebiet (B2) liegt an der Kreuzung nahe der Brücke nach Yerwada auf Regierungsland; in etwa 100 Hütten leben dort ebenfalls Bauarbeiter, zum Teil mit ihren Familien (Foto 25). Der dritte Slum (Renuka Slum, B3), ebenfalls an der Kreuzung zwischen einer Kläranlage und der Straße gelegen, ist ein informeller Slum mit etwa 133 Haushalten (Foto 26). Bewohner gaben an, bereits seit über zehn Jahren dort zu leben. Das Gebiet verfügt über keine Infrastruktur. In allen drei Gebieten ist die Wohnsituation sehr prekär.

UpperMiddleClass C erstreckt sich in Kondhwa auf einen großen Straßenblock zwischen NIBM Road und Salunke Vihar Road und umfasst etwa 2.000 Haushalte. Der Stadtteil Kondhwa, an der südöstlichen Stadtgrenze Punes gelegen, wurde erst in den letzten zwei Dekaden erschlossen. Das Gebiet besteht überwiegend aus Apartmentkomplexen, die als *semi-gated housing societies* zusammengeschlossen sind (Foto 31). So besteht eine *housing society* meist aus mehreren baugleichen Blöcken, die mehrgeschossig und mit modernen, hochwertigen Apartments ausgestattet sind. Viele *housing societies* verfügen zudem über gemeinschaftlich genutzte kleine Grünanlagen, Spielplätze oder Club Häuser und sind nach außen durch Wachpersonal und Tore geschützt (Foto 33).

Slum C umfasst drei kleinere *slum pockets* in Kondhwa, die an UpperMiddleClass C anschließen. Ein Slum (C1) wurde in den 1980ern Jahren als temporäre Siedlung für die Bauarbeiter der nahe gelegenen *housing society* Salunke Vihar angelegt. Laut einer Anganwadi-Mitarbeiterin wurde der Slum bereits 1985 von der PMC registriert und ab 1999 Wasser und Elektrizität bereitgestellt (AnC1). Der Slum wurde 1998 ebenfalls neu parzelliert. 70% der 260 Hütten weisen heute einen hohen Konsolidierungsgrad auf (Foto 38). In dem zweiten Slum (C2) an der Kondhwa Road leben etwa 250 Haushalte. Der Slum wurde 2001 von der PMC registriert und mit Wasser und Elektrizität versorgt. Das Gebiet weist einen geringeren Konsolidierungsgrad auf; 94% der Hütten bestehen primär aus Wellblech (Foto 39). Der dritte Slum (C3, Kamela Slum) ist vor mehr als 50 Jahren um einen Schlachthof entstanden (AnC6). Die meisten Teile des Slums sind von der PMC legalisiert und mit Infrastruktur ausgestattet worden, der hintere Teil des Slums befindet sich auf Spekulationsland und die Bewohner sind laut eigenen Aussagen temporär geduldet. Hier leben knapp 300 Haushalte, etwa ein Drittel der Hütten weist einen hohen Konsolidierungsgrad auf (Foto 40&41).

Die sechs Untersuchungsgebiete weisen somit unterschiedliche Strukturen in Bezug auf Lage, sozioökonomisches Profil und Konsolidierungsgrad auf und repräsentieren eine gewisse Bandbreite in Pune vorfindbarer Wohnstrukturen.

## 4.4 METHODENKRITIK

Während des Forschungsprozesses zeigten sich verschiedene Friktionen im Feld sowie Schwachstellen der Datenerhebungsinstrumente, die im Folgenden in einer kritischen Methodenreflexion angesprochen werden. Darüber hinaus stellte die Beziehung von Sekundärdaten zur Datentriangulation ein großes Problem dar, so dass dieses Problemfeld, das allgemein bei gesundheitsbezogener Forschung in Indien besteht, in einem eigenen Unterkapitel beleuchtet wird.

### 4.4.1 Kritische Reflexion des Analyserahmens

Die Triangulation unterschiedlicher Methoden, Perspektiven und Datenquellen ist zwar ein zentrales Element im Forschungsdesign, dennoch ist von verschiedenen Verzerrungseffekten (Bias) (Kreienbrock/Pigeot/Ahrens 2012) in Zusammenhang mit den angewendeten Methoden auszugehen.

Bei der Durchführung des **Haushaltssurveys** ergaben sich Probleme bei der Stichprobenziehung in UpperMiddleClass B und C, da sich die Zugänglichkeit zu den *housing societies* schwierig gestaltete. Häufig wurden die Assistenten vom Wachpersonal zu den Managern gebracht, wo sie zunächst eine Erlaubnis für die Befragung einholen mussten. In einigen *housing societies* wurde die Befragung nicht genehmigt, so dass diese aus der Stichprobe heraus fielen. Das Random-Route-Verfahren konnte somit nur eingeschränkt angewendet werden. Des Weiteren sind bei der Befragung selbst verschiedene Verzerrungseffekte möglich: Bei dem Fragemodul zu Gesundheitsdeterminanten sind Bias durch den Effekt der sozialen Erwünschtheit (Schnell/Hill/Esser 2008) zu erwarten, z.B. bei den Angaben zu Tabak- und Alkoholkonsum; diese werden im Empirieteil jeweils einzeln adressiert. Auch bei den erhobenen Daten zur selbstberichteten Morbidität treten verschiedene Bias auf, da die befragten Personen über einen unterschiedlichen Grad an Bildung und Gesundheitswissen verfügen. Personen mit höherem Bildungsgrad sind tendenziell besser über Krankheiten bzw. Krankheitssymptome informiert (Informations-Bias) und suchen auch eher einen Arzt auf, der eine entsprechende Diagnose stellt. Damit kann eine unterschiedliche Bewertung von Krankheit und Gesundheit einhergehen, z.B. bestehe laut einigen Ärzten die Gefahr, dass Menschen mit niedrigem Bildungsgrad Diarrhö eher als Normalzustand denn als akute Erkrankung wahrnehmen (Et3). Daher ist insbesondere in den unteren Statusgruppen mit einer zu niedrig berichteten Krankheitslast zu rechnen (Et2) bzw. bei manchen Symptomen mit einer inkorrekten Berichterstattung:

„Was this really allergies? Because many times what they [slum dwellers, d.V.] consider as allergies is usually scabies or infections which are not diagnosed." (Et4)[4]

Bei akuten Erkrankungen ist in den oberen Statusgruppen hingegen eher mit einer sehr hohen Berichterstattung zu rechnen, da bereits leichte Erkrankungen berichtet werden:

„The awareness of the upper middle class is much higher. So they tell you any little thing." (Et1)

Auch Duggal (2008b: 57) weist in einem Bericht zu gesundheitlichen Disparitäten in Maharashtra darauf hin, dass die Krankheitsperzeption in Verbindung mit Zugang zu adäquaten Gesundheitsdiensten stark zwischen sozioökonomischen Gruppen variiert und die Berichterstattung der Krankheitslast daher mit steigendem Einkommen tendenziell zunimmt. Die Verzerrungseffekte der Selbstberichterstattung können dadurch abgemildert werden, dass Daten zum Arztbesuch für die jeweilige Krankheitsepisode erhoben wurden, so dass bei einem Arztbesuch auch von einer ärztlichen Diagnose ausgegangen werden kann (Et3). Ein weiterer kritischer Punkt ist auch der lange Zeitraum von zwölf Monaten für zu berichtende Krankheitsepisoden, da sich die Befragten unterschiedlich gut an Erkrankungen erinnern können (Et2). Dieser Recall-Bias besteht v.a. für leichtere akute Erkrankungen wie z.B. einen grippalen Infekt, jedoch nicht für chronische Erkrankungen und auch kaum für schwere akute Erkrankungen wie z.B. Malaria. Allerdings werden z.B. Erkrankungen mit HIV/AIDS, Tuberkulose und Lepra im indischen Kontext stark tabuisiert (Ph2), so dass hier von einer zu geringen Berichterstattung auszugehen ist.

Zur Einschätzung der Verzerrungseffekte wurde beim zweiten Survey nach Abschluss der Befragung die Kooperationsbereitschaft des Befragten durch den Interviewer auf einer Skala von exzellent (1) bis sehr schlecht (5) bewertet. In die Bewertung ging ein, inwiefern der Befragte die Fragen verstanden und sich bemüht hat, diese zu beantworten. Insgesamt wurden 30% der Interviews als exzellent und sehr gut eingestuft, 59% als gut und 11% als schlecht. In Slum B wurde mit 27% der höchste Anteil der Interviews als schlecht beurteilt, was vor allem auf Verständnisschwierigkeiten bei der Befragung zurückgeführt werden kann, da viele der Befragten Analphabeten waren. Aber auch in UpperMiddleClass C wurden 17% der Interviews als schlecht eingestuft, was hier jedoch eher auf mangelnde Bereitschaft der Befragten zurückzuführen ist. Insgesamt zeigt die Einschätzung der Interviewer jedoch, dass die meisten Befragten beim Survey gut kooperierten und die Fragen gut verstehen und beantworten konnten.

Bei den **Tiefeninterviews** treten Bias zum einen bei der Auswahl der Interviewpartner auf, denn es wurde nur zwischen den Haushalten ausgewählt, die

---

4 Alle Interviews wurden wörtlich transkribiert und die Zitate im Originalton belassen.

beim Survey einer erneuten Befragung zustimmten (Freiwilligen-Bias). Dadurch ergibt sich bereits eine Selektion der Haushalte, die stärker an der Gesundheitsthematik interessiert sind und daher auch über einen anderen Wissensstand verfügen. Zudem wurden gerade in den Slums Haushalte mit höherem Reflexionsniveau ausgewählt, um mehr Informationen durch die Tiefeninterviews zu generieren. Des Weiteren konnten aufgrund der Vielzahl der Faktoren einige nur verkürzt angesprochen werden. Allerdings wurde den Befragten so auch Raum gegeben, die für sie wesentlichen Faktoren detaillierter zu besprechen und andere, als unwichtig empfundene Faktoren, wegzulassen. Bei kritischen Faktoren wie z.B. Alkoholmissbrauch oder Konflikten in der Familie kann aber auch hier von Verzerrungen durch soziale Erwünschtheit ausgegangen werden. Ein weiterer Bias besteht bei den in Marathi geführten Interviews, da die Autorin zwar durch das Interview-Tool und zusammengefasste Übersetzungen dem Interviewverlauf folgen konnte, aber dennoch durch die spätere Übersetzung Verzerrungseffekte möglich sind.

In Bezug auf die **Experteninterviews** sind zwei Kategorien von Bias anzusprechen: Zum einen beruhen die Aussagen der befragten Experten zur Krankheitslast auf Perzeptionen aus dem täglichen Berufsalltag und nicht auf statistischen Daten. Gerade die Einschätzung der Krankheitslast unterschiedlicher sozioökonomischer Bevölkerungsgruppen ist dabei kritisch zu betrachten, auch wenn viele Ärzte diese Unterscheidung im Interview problemlos für sich treffen konnten. Zweitens kann die Betrachtung der zeitlichen Veränderung der Krankheitslast auch stark subjektiv verzerrt sein, was zum einen an das Erinnerungsvermögen gekoppelt ist (Recall-Bias), zum anderen haben die diagnostischen Möglichkeiten in den letzten zehn Jahren stark zugenommen:

> „Maybe we are picking up more and more diagnoses that we haven't been picked up in the past. That is because awareness is increasing, diagnostic assistance has come up, imagine, biochemistry and the rest. (…) some steps have been taken in advancing critical care. This is mainly for the higher classes, because the lower classes are completely unable to pay for that." (Et5)

Auch sind die Ergebnisse der Interviews mit Allgemeinmedizinern als Anbieter primärer Gesundheitsdienste nicht direkt vergleichbar mit denen der Interviews mit Fachärzten aus Krankenhäusern, da Letztere auf der tertiären Versorgungsstufe meist Patienten mit komplizierteren und schwereren Erkrankungen behandeln:

> „We are seeing more sicker people because we are a tertiary health care centre, so that is why we would feel that there is so much happening in the community but at large we would see it on a different scale. And it also depends on like – the GP would be a better person to deal with it but many people now are directly going to a consultant in the specialty." (Et2) (vgl. auch Ph11 sowie Cwikel 2006: 41)

Potenzielle und offensichtliche Bias, die sich aus der Anwendung einzelner Methoden ergeben, werden in dem empirischen Teil der vorliegenden Arbeit jeweils in den Teilkapiteln angesprochen und die einzelnen Ergebnisse, insofern möglich, mit anderen Datenquellen trianguliert.

### 4.4.2 Forschungsfriktionen: Sekundärdatenverfügbarkeit in Pune

Ein zentrales Problem für epidemiologische bzw. krankheitsökologische Studien im indischen Kontext ist die mangelhafte Datenverfügbarkeit bzw. das Fehlen einer umfassenden Gesundheitsberichterstattung, die eine fundierte Analyse der epidemiologischen Profile verschiedener Bevölkerungsgruppen verhindert. Aus diesem Grund war eine Heranziehung von Sekundärdaten vom Health Department der PMC sowie privaten und öffentlichen Gesundheitsdienstleistern, wie ursprünglich zur Triangulation der Primärdaten geplant, nicht möglich. Da diese Rahmenbedingungen ein grundsätzliches Problem im indischen Kontext darstellen, werden die zentralen Ergebnisse zur Datenverfügbarkeit aus den Experteninterviews mit Allgemeinmedizinern, Fachärzten und NGOs kurz vorgestellt.

**Private Allgemeinmediziner** sind in Indien gesetzlich nicht dazu verpflichtet, Daten über ihre Patienten zu erheben und zu archivieren und tun dies in der Regel auch nicht, wie die Befragung der Allgemeinmediziner ergab:

„We don't collect these data because we are not told to collect these data." (GpC3)

Von 20 befragten Allgemeinmedizinern mit privater Praxis gaben zwei Ärzte an, gelegentlich Krankenakten in Papierform zu pflegen. Ein Arzt sagte, dass vor allem der Zeitmangel das regelmäßige Führen von Akten quasi unmöglich mache:

„Honestly, I started off that way in 1991 and gave it up mid-way and restarted now. I started initially because I thought it would be a good thing to do, I gave it up midway because it was too much to handle. So there is no time. Once in a while I look which kind of diseases come up in which months, but unfortunately these month are the most weak once, because when I have 150 patients to see that day I can't start writing descriptions here." (GpC1)

Ein Arzt führt seit 2006 Krankenakten seiner Patienten in Papierform und war zum Zeitpunkt der Befragung gerade dabei, eine Software zur elektronischen Erfassung einzurichten (GpC7). Dies ist jedoch eher eine Ausnahme, weshalb von Privatpraxen in Pune de facto keine Daten in das existierende rudimentäre System der Gesundheitsberichterstattung einfließen, das primär für bestimmte meldepflichtige Erkrankungen besteht. Dabei sind gerade die privaten Allgemeinmediziner häufig der erste oder auch der einzige Kontaktpunkt von Patienten (vgl. auch Butsch 2011), wie eine Fachärztin betonte:

„We don't have a uniform healthcare system in the city and everything is basically (…) general practitioner-based and it is individual-based. Therefore, there is not much consolidated data of this kind." (Et2)

Zudem besteht das Problem, dass manche privat praktizierende Ärzte keine allopathische Ausbildung haben (vgl. Butsch 2011); daher besteht laut Experten des medizinischen Sektors in Pune das Problem, dass nicht fachgerecht ausgebildete Ärzte häufiger Fehldiagnosen stellen und daher diese Daten bei einer Pflicht zur Datendokumentation durchaus auch zu Fehleinschätzungen für die Öffentliche Gesundheit führen könnten. Zwei Ärzte gaben dafür Beispiele:

„Like nowadays we are seeing a lot of patients with post viral exanthema, that's a rash. Yet there are even physicians in these areas who were labelling it as measles. So if it is labelled as measles, imagine what is the burden of the immunization status? That hundreds of patients have been diagnosed with measles in a neighbourhood, for what? The tests are negative, if in very few one or two patients we have got the actual IgG done and they were negative." (Et4)

„Many times what they [slum dwellers, d.V.] consider as allergies is usually scabies or infections which are not diagnosed. You will be surprised to know how many patients we get, because in the slum population usually it is before they line up with me they prefer to go to the nearest physician somewhere." (GpC8)

Daher müssen auch Qualitätskriterien wie etwa die Richtigkeit der Diagnose berücksichtigt werden.

**Private Krankenhäuser** sind in Indien nur dazu verpflichtet, meldepflichtige Krankheiten wie z.B. vektorbürtige Erkrankungen, Cholera oder H1N1 an die PMC zu übermitteln (Et2). In keinem der drei besuchten Privatkrankenhäuser existiert ein umfassendes elektronisches Datenerfassungssystem. In Krankenhaus I sagte zwar der Medical Superintendent, sie hätten seit 2006 ein elektronisches System zur Datenerfassung, davor hätten nur handschriftliche Eintragungen in Bücher stattgefunden (Ph1). Recherchen in der Statistikabteilung, die nur in diesem Krankenhaus gestattet wurden, ergaben jedoch, dass primär die Auslastung einzelner Abteilungen erfasst wird, jedoch nicht die genaue Diagnose oder sozioökonomische Variablen. Auch ein Facharzt des Krankenhauses bemängelte die fehlende Datendokumentation, die für die Forschung ein großes Hindernis darstelle (Ph3). In Krankenhaus III wurde der Zugang zu Daten nicht gestattet und auch die Art und Weise der Datendokumentation im Krankenhaus nicht offen gelegt. Ein Facharzt betonte die eher fragmentierte Erhebung durch einzelne übergeordnete Institutionen:

„Since the last two years we have a chronic kidney diseases registry of India. It is based in Gujarat, but people from all over the country send data to it. They have data on 35.000 patients from all over the country who are suffering from chronic kidney disease." (Ph12)

In Krankenhaus III sagte der Medical Director, es gäbe eine umfassende Datenbank, Zugang zu den Daten wurde jedoch nicht gestattet:

„Yes, we maintain records, which are confidential data. Everything is there. In fact those records also guide us in taking further decisions of how to grow the facility also." (Ph5)

Allerdings steht die Aussage des Medical Director in Widerspruch zu denen der Fachärzte:

„It has not yet been formulated, what we have right now is only the patient's name, their age and the prescription. We don't have the diagnosis, we don't have anything else on the computer. We are working on that. I am talking about the OPD database. (...) Indoor patient database is not stored. The records are stored. But we don't have a centralized database." (Ph8)

Ein anderer Facharzt betonte, dass aufgrund der hohen Patientenzahlen keine Zeit für die Dokumentation bleibe (Ph7). Somit ist davon auszugehen, dass auch hier nur Daten zur Auslastung der unterschiedlichen Abteilungen erfasst werden. Auch eine Fachärztin bestätigte, dass private Krankenhäuser in Pune in der Regel über keine systematischen Datenerhebungs- und Auswertungssysteme verfügen würden (Et2). Ein anderer Facharzt erklärte dies mit dem mangelnden Interesse der privaten Krankenhäuser an der Datenerhebung und -pflege:

> „The private hospitals (...) have a lot of clinical material, they are not interested in the records because more they are interested in probably conducting health care, delivering health care and gaining money for it. They are not interested in recording, reporting and contributing to the public health portfolio. So they won't allocate a department, people or funds, just for recording data and analysing data and making any project out of it." (Et5)

In dem ausgewählten **öffentlichen Generalkrankenhaus** werden stationäre und ambulante Patienten erfasst und zum Teil auch nach der International Classification of Diseases[5] (ICD) kategorisiert, jedoch nur in Papierformat, und nicht alle Departments scheinen auch die Diagnose zu übermitteln, wie ein Facharzt sagte:

> „There is no systematic data keeping. They don't have a hospital information system. It is still on the pipe line. So when that comes maybe things will be more streamlined. (...) The data are there in raw form. It has to be calculated. Nothing is organised." (Gh4)

Nur für meldepflichtige Erkrankungen werden Daten erhoben:

> „What happened in the medical set up, the system has not been computerised, that's why we cannot maintain the statistics of each and every diseases condition. But because TB is a notified disease we maintain the statistics of it. And whatever the patients are coming outdoor or indoor, we are maintaining the records. So we have statistics about TB, but if you ask about COPD or bronchitis or pneumonia, we don't have exact statistic." (Gh2)

Somit existieren in dem öffentlichen Krankenhaus zwar Daten der ambulanten und stationären Versorgung nach ICD in Papierformat, es wurde auch eine kurze Einsicht in Daten gewährt, die Herausgabe der Daten jedoch untersagt. Einige Fachärzte zweifelten jedoch die Vollständigkeit und Akkuratheit der Daten an:

> „They will be honest, they won't hide anything from you. About the other problem, the problem about the [hospital, d.V.] data is, it might be very inadequate, incomplete and badly kept. Because unfortunately, data recording is not good in our country as in general." (Et5)

Ein Problem bei Krankenhausdaten besteht auch darin, dass diese als tertiäre Einrichtungen oft Patienten mit speziellen gesundheitlichen Problemen überwiesen bekommen, so dass diese nicht die durchschnittliche Krankheitslast widerspiegeln (Ph11). Zudem wird zwar z.T. erfasst, ob der Patient eine *ration card* [6] hat, generell werden aber keine sozioökonomischen Variablen erhoben. Zwar konnten ein-

---

5  Die Internationale statistische Klassifikation der Krankheiten und verwandter Gesundheitsprobleme (International Statistical Classification of Diseases and Related Health Problems, kurz: ICD) wurde von der WHO erstellt und ist weltweit als Diagnoseklassifikationssystem der Medizin anerkannt. Die aktuelle Version ist ICD-10 (http://www.who.int/classifications/icd/en/; Zugriff: 30.4.2012).
6  Ration Cards werden von der indischen Regierung ausgegeben und ermöglichen den Einkauf von reduzierten Bedarfsartikeln wie etwa Öl oder Reis in *public distribution shops*.

zelne Autoren für Studien in Pune Krankenhausdaten zugänglich machen (vgl. Pathwardan et al. 2003), insgesamt jedoch sind diese Daten aufgrund der unzulänglichen Erfassung und Dokumentation für gesundheitsbezogene Studien kaum geeignet.

Auch die Mitarbeiterinnen von **Anganwadis** in den beiden registrierten Slumgebieten wurden zur Datenverfügbarkeit befragt. Anganwadi-Centren sind dazu verpflichtet, Krankheiten von Kindern in ihrem Einzugsbereich zu protokollieren sowie festzuhalten, ob ein Arztbesuch erfolgte. Damit könnten diese Daten zumindest für die Slumbevölkerung eine gute Datengrundlage für die Krankheitslast darstellen. Allerdings kommt das Personal in vielen Anganwadis dieser Pflicht nicht nach (Et1). Bei den Interviews mit Anganwadi-Personal wurde in einigen Fällen um einen Blick in die Register gebeten, die nur sporadische Einträge aufwiesen.

Insgesamt ist damit die Datenlage zur Krankheitslast in Pune sehr unzureichend, sozialgruppenspezifische Morbiditätsdaten existieren nicht. Im privaten Sektor, der die Hauptlast der medizinischen Versorgung in Pune trägt, werden gesundheitsbezogene Daten auf der primären Versorgungsstufe in der Regel nicht erhoben, in der tertiären Versorgung nur in äußerst unsystematischer und unvollständiger Art und Weise, so dass sie für eine Analyse der Krankheitslast kaum herangezogen werden können. Für einzelne meldepflichtige Erkrankungen werden Fälle an staatliche Stellen gemeldet, jedoch werden die Daten meist auf Distriktebene in aggregierter Form veröffentlicht und sind somit für die Analyse intraurbaner Unterschiede ungeeignet. Auch wurde angedeutet, dass die PMC nur Daten bzw. Laborbefunde (z.B. zu Malaria) von Regierungsinstitutionen akzeptiert und damit auch hier starke Verzerrungseffekte vorliegen. Die Sekundärdaten, die zu Mortalität und Morbidität zugänglich gemacht werden konnten, fließen in die Empirie mit ein.

# 5. EMPIRISCHE ANALYSE GESUNDHEITLICHER DISPARITÄTEN IN PUNE

Die Analyse gesundheitlicher Disparitäten erfolgt in den ersten drei Teilkapiteln über eine Querschnittsstudie in den sechs Untersuchungsgebieten (vgl. 4.3): Nach einer Darstellung des soziökonomischen Status der Bevölkerung erfolgt in Kapitel 5.2 eine Charakterisierung und Bewertung der Ausprägung gesundheitlicher Risiko- und Schutzfaktoren in den Gebieten und im dritten Teilkapitel die Analyse der Krankheitslast in Bezug auf die sechs Indikatorerkrankungen. In Kapitel 5.4 wird der Verlauf des epidemiologischen Wandels in Pune seit 1991 anhand von Primär- und Sekundärdaten untersucht und Mechanismen der zu beobachtenden epidemiologischen Diversifizierung abgeleitet. Basierend auf den vier Teilkapiteln wird in einem Syntheseteil zunächst die Ausprägung bestehender gesundheitlicher Disparitäten in Pune zusammenfassend dargestellt und daraus ein erweitertes Konzept zum Verständnis gesundheitlicher Disparitäten abgeleitet. Abschließend erfolgt eine Bewertung des Stellenwerts gesundheitlicher Disparitäten in der Öffentlichen Gesundheit.

## 5.1 SOZIOÖKONOMISCHER STATUS IN DEN UNTERSUCHUNGSGEBIETEN

Der soziökonomische Status der Haushalte in den Untersuchungsgebieten wird über die vier Variablen Bildung, Beruf, Einkommen und Güterbesitz (vgl. 3.1.1) bewertet. Da die Kategorie Einkommen unterschiedlichen Bias unterliegt und sich die Klassifikation der Berufe nach der Revised National Classification of Occupation stark am Bildungsabschluss orientiert, wurde von einem Schichtindex (vgl. Mielck 2005) basierend auf den drei Hauptvariablen abgesehen. Stattdessen wird der Standard of Living-Index verwendet, der auf der Verfügbarkeit materieller Güter sowie strukturellen Faktoren wie z.B. der Wasserverfügbarkeit basiert.

*Einkommen und Güterbesitz*

Das monatliche Haushaltseinkommen wurde in sechs geschlossenen Antwortkategorien abgefragt, da diese Frage einen sehr sensiblen Bereich betrifft (vgl. Rutstein/Johnson 2004: 2). Die absoluten Angaben des Einkommens sind kritisch zu betrachten, da insbesondere in den Slumsiedlungen viele Menschen im informellen Sektor oder nur temporär beschäftigt sind und daher über kein regelmäßiges Einkommen verfügen, so dass das Einkommen starken Schwankungen unterliegen kann und auch nicht zwangsläufig den Befragten bekannt ist. Auch bei Beziehern staatlicher Rente wie etwa in UpperMiddleClass B treten Verzerrungen auf, da der Besitz weiterer Kapitalgüter nicht berücksichtigt wird. Zudem ließ sich, verglichen mit den jeweiligen Wohnverhältnissen und dem Güterbesitz, beobachten, dass manche Bewohner der Slumgebiete ihr Einkommen tendenziell zu hoch und Bewohner der gehobenen Mittelschicht eher zu niedrig angaben; einige Haushalte der gehobenen Mittelschicht verweigerten auch die Angabe. Zur besseren Vergleichbarkeit wurde das Nettoäquivalenzeinkommen[1] der Haushalte berechnet, bei dem Anzahl und Alter der Haushaltsmitglieder durch unterschiedliche Gewichtungen mit einfließen, und die Haushalte entsprechend in Quintile eingeteilt (Abb. 21). Demnach gehören die Haushalte der Gebiete UpperMiddleClass B und C überwiegend zu dem reichsten und zweitreichsten Quintil. Das Gebiet MiddleClass A weist eine hohe Heterogenität hinsichtlich des Einkommens auf, wobei 27% dem zweitreichsten und 43% dem mittleren Quintil zuzurechnen sind. In den drei Slumgebieten gehören jeweils über ein Drittel der Haushalte dem ärmsten und ein weiteres Drittel dem zweitärmsten Quintil an.

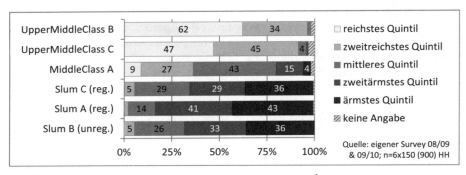

*Abb. 21: Nettoäquivalenzeinkommen der Haushalte nach Quintilen[2]*

Zieht man das absolute Einkommen heran, so leben in den drei Slumgebieten weite Teile der Haushalte unterhalb der Armutsgrenze von 4.800 INR (ca. 65 Euro) pro Monat, die von der Planning Commission der Indischen Regierung[3] festgesetzt wurde. In Slum C verdienen 52% der Haushalte weniger als 5.000 INR im

---

1 Nach der EU-Definition wird der Hauptverdiener mit 1 gewichtet, alle weiteren Personen ab 14 Jahren werden mit 0,5 und Kinder unter 13 Jahren mit 0,3 gewichtet (Quelle: www.destatis.de, Zugriff: 2.3.2012).
2 In allen Abbildungen der vorliegenden Arbeit sind die Untersuchungsgebiete nach dem Standard of Living-Index von dem sozioökonomisch am besten zu dem am schlechtesten gestellten Gebiet angeordnet.
3 http://planningcommission.nic.in/aboutus/speech/spemsa/pr_dch0309.pdf (Zugriff: 9.4.2012)

Monat, in Slum A 78%[4] und in Slum B 72%. Der überwiegende Teil der übrigen Haushalte hat ein Einkommen von 5.000 bis 10.000 INR (ca. 70–140 Euro). In MiddleClass A liegen etwa 12% der Haushalte unterhalb der Armutsgrenze, 46% verdienen 5.000 bis 10.000 INR, 38% 10.000 bis 50.000 INR (ca. 140–700 Euro). In UpperMiddleClass B und C verdienen 58[5] bzw. 75% zwischen 10.000 bis 50.000 INR, 34 bzw. 17% zwischen 50.000 und 100.000 INR (ca. 700–1.400 Euro) sowie 6 bzw. 1% über 100.000 INR. Entsprechend der einkommensbasierten Klassifikation des McKinsey Global Institute (vgl. 2.2.2) gehören die Haushalte der drei Slumgebiete überwiegend zur Gruppe der *deprived*, in Slum C beispielsweise aber auch 48% zu den *aspirers*. In MiddleClass A überwiegen die *seekers* und *aspirers*. Die Haushalte in UpperMiddleClass B und C sind den *seekers* und *strivers* zu zurechnen, sowie 6 bzw. 1% den *globals*.

Zur Verifizierung der Einkommensangaben wurde der Besitz verschiedener Güter von der Grundausstattung bis zu Luxusgütern abgefragt. In Tabelle 2 ist der Besitz ausgewählter Güter nach Untersuchungsgebieten zur Veranschaulichung der Besitzstrukturen in den Haushalten dargestellt.

| Wertigkeit | Ausstattung (in %) | | | | | | | |
|---|---|---|---|---|---|---|---|---|
| | niedrig | | mittel | | gehoben | | | hoch |
| Gut | Matratze | Druckkochtopf | Mobiltelefon | Elektr. Ventilator | Kühlschrank | PC | Farb-TV | Auto |
| UpperMiddle Class B | 100 | 99 | 98 | 100 | 98 | 87 | 99 | 77 |
| UpperMiddle Class C | 100 | 100 | 95 | 100 | 97 | 87 | 98 | 69 |
| MiddleClass A | 96 | 99 | 92 | 97 | 77 | 31 | 92 | 16 |
| Slum C | 66 | 95 | 81 | 88 | 39 | 3 | 86 | 1 |
| Slum A | 35 | 91 | 65 | 85 | 12 | 1 | 75 | 1 |
| Slum B | 33 | 33 | 63 | 41 | 4 | 1 | 27 | 1 |

*Tab. 2: Besitz ausgewählter Güter in den Untersuchungsgebieten (Quelle: eigener Survey 08/09 & 09/10; n=6x150 (900) HH)*

Auch hier zeigen sich wie beim Einkommen deutliche sozioökonomische Disparitäten in allen vier Ausstattungskategorien: So besitzen überwiegend Haushalte der UpperMiddleClass B und C ein Auto, einen Computer oder einen Kühlschrank. Fernseher und Mobiltelefone sind hingegen in allen Gebieten weit verbreitet, in

---

4  Diese Zahl deckt sich in etwa mit der Anzahl der Haushalte, die laut Shelter Associates 2004 eine *ration card* in Slum A besitzen (86%) (Shelter Associates 2004).
5  In UpperMiddleClass B beziehen einige Haushalte staatliche Rente; dieser Betrag ist jedoch nicht repräsentativ für den gesamten Kapitalbesitz.

Slum B etwas seltener. Eine Matratze besitzen in Slum A und B hingegen nur ein Drittel der Haushalte.

Auch in den Tiefeninterviews wurde die aktuelle Einkommenssituation thematisiert und mit der Situation vor zehn Jahren verglichen. In UpperMiddleClass B und C wurde das Thema Einkommen seltener von den Befragten vertieft, es wurde als positiv und mehr als ausreichend bewertet:

> „Since we are from a well off to do family, we were always good (...). Of course we are growing since we are, I mean the income level is going up, from a 2BHK we are going to a 4BHK." (MC/C/5)[6]

Eine andere Gruppe an Befragten vor allem in UpperMiddleClass C äußerte sich zwar ähnlich, Personen betonten allerdings, dass sie ihren Lebensstandard härter erarbeiten müssen:

> „Because of economy only we have so many luxury in our life (...). What we are earning and what we are giving for their [the children, d.V.] education and day-to-day living it is very difficult to save money for the middle class people. (...) I think most of the people here they are like us only. They are neither rich, they are neither poor they are in between, but we have to suffer a lot, for a big thing, struggle a lot. Yet we cannot live below down our standard, can't even reach there so we have to be here." (MC/C/4)

Der Investition in Bildung wird viel Bedeutung beigemessen, um den materiellen Standard zu verbessern. Es wurde auch der positive Wandel hin zu mehr ökonomischer Sicherheit heute betont:

> „Income ten years back was very unstable, so the mental point of it was more affected then the physical point of it. Now it's quite better. Now it's much much better." (MC/C/6)

In MiddleClass A wurde die finanzielle Lage in vielen Haushalten als ausreichend bewertet und ebenfalls selten weiter thematisiert:

> „We don't really have problems with money. It's positive. We are quite well-off" (MC/A/4)

Die Konsumkultur der gehobenen Mittelschicht scheint in der eher traditionell orientierten Mittelschicht jedoch noch nicht so stark verbreitet zu sein.

In den beiden registrierten Slumgebieten wurde die Einkommenssituation unterschiedlich bewertet. Eine Gruppe schätzte die Einkommenssituation heute als ausreichend ein, v.a. im Vergleich zur Situation vor zehn Jahren. Eine Befragte sagte, sie hätten sich früher zwar auch alle notwendigen Güter leisten können, heute besäßen sie aber auch u.a. einen Fernseher und einen Computer (SL/C/7). Des Weiteren verglichen gerade die Migranten aus dem ländlichen Raum die Situation in Pune mit ihren Heimatdörfern und bewerteten ihre Einkommenssituation als positiv:

---

6 Die verschiedenen Interviewkürzel sind in Kapitel 4.2 (S. 80) erläutert.

## 5. Empirische Analyse gesundheitlicher Disparitäten in Pune

> „It's been positive for us because we used to live in our village before this and moved to the city for work purposes. We found work here and worked very hard and earned a living to better our living conditions and now it's much better. So it's been a positive to be living in the city." (SL/C/1)

Ein NGO-Experte sagte, man könne den sozialen Kontext in Pune nicht ohne Kenntnisse über die Armut im ländlichen Raum, aus dem viele Migranten nach Pune kommen, verstehen (Ngo1). Und auch wenn in dieser Gruppe nach eigenen Angaben ausreichend finanzielle Ressourcen zur Erfüllung der Grundbedürfnisse vorhanden sind, wurde in manchen Interviews die Krisenanfälligkeit der Haushalte angesprochen, v.a. in Bezug auf krankheitsbedingte Einkommensausfälle:

> „Money is indeed important. We have the money we need. All our needs are fulfilled with the money we possess. We don't even have a single penny more (...) we don't have any items for luxury." (SL/A/7)

Diese Gruppe kann den *aspirers* zugerechnet werden. Viele Haushalte berichteten aber auch von großen finanziellen Schwierigkeiten und sind der Gruppe der *deprived* zuzurechnen. Das Einkommen würde nicht für die Grundversorgung mit Lebensmitteln und auch nicht für die gesundheitliche Versorgung ausreichen:

> „Yes, sometimes. When there is lack of money then one can't buy certain things from the shop and sometimes we can't visit the doctor. (...) It's stressful when there are financial crisis." (SL/A/4) (vgl. auch SL/C/5)

Viele beurteilten die Lage vor zehn Jahren aber als wesentlich problematischer:

> „No, we were financially very poor ten years ago and we had to see many bad times. We had just 200 Rupees to spend in a month. I didn't have a job then." (SL/C/5)

Anganwadi-Mitarbeiterinnen in Slum A und C sagten, dass sich die finanzielle Situation bei vielen Haushalten in der Tat verbessert habe, viele aber auch noch sehr arm wären (AnA6, AnA5, AnA3, AnC5), zumal in einigen Haushalten viel Geld für Alkohol ausgegeben würde (AnA6) (vgl. 5.2.4). Generell wären Haushalte kaum in der Lage, Geld zu sparen und Rücklagen z.B. für Notfälle zu bilden:

> „People earn daily and spend daily. It is improving but not much." (AnA3)

In den temporären Slums ist die Einkommenssituation recht heterogen: Einige der temporären Arbeiter ohne Familienanschluss verdienen – im Vergleich zu den Einkommensmöglichkeiten an ihrem Herkunftsort – gut und schicken Geld nach Hause:

> „Sometimes I earn 10.000 Rupees. So sometimes I can send more than 5.000 Rupees or sometimes I can't even send 1.000 Rupees." (SL/B/7)

Andere Haushalte, v.a. im informellen Slum (B3), verdienen wesentlich weniger. Eine Befragte sagte, von den 3.000 INR, die ihnen im Monat zur Verfügung stünden, würden sie 2.000 INR für Nahrungsmittel ausgeben, so dass sie 1.000 INR für andere Dinge zu Verfügung hätten (SL/B/8). Aufgrund der finanziellen Lage können viele Haushalte in den Slums nicht ihre Grundbedürfnisse in Bezug auf Nahrung, Dinge des alltäglichen Bedarfs und medizinische Versorgung decken.

Beim Vergleich der heutigen Einkommenssituation mit der zehn Jahre zuvor bewertete die Mehrzahl der Haushalte beim Survey ihre Situation heute als positiver, wenn auch in unterschiedlichem Ausmaß (Abb. 22). Die verhältnismäßig besser gestellten Haushalte konnten ihre finanzielle Situation nach eigener Einschätzung deutlich stärker verbessern, was auf eine weitere Verschärfung der sozioökonomischen Disparitäten innerhalb der letzten zehn Jahre schließen lässt.

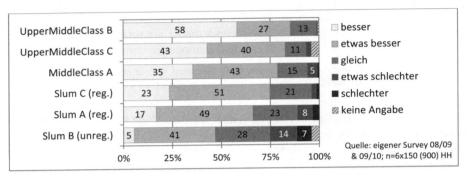

*Abb. 22: Beurteilung der heutigen Einkommenssituation im Vergleich zu zehn Jahren zuvor*

Insgesamt lassen sich somit starke Einkommensdisparitäten mit mehreren Abstufungen zwischen den Untersuchungsgebieten beobachten, wobei dem reichsten Haushalt mehr als 33-mal so viel Geld monatlich zur Verfügung steht wie dem ärmsten Haushalt.

*Bildung*

Im ersten Survey wurde nur der höchste Schulabschluss des Haushaltsvorstands erfasst, im zweiten Survey der Bildungsabschluss aller Haushaltsmitglieder, um somit eine geschlechtsspezifische und intergenerative Perspektive zu ermöglichen. Die Bildungsabschlüsse wurden gemäß des indischen Schulsystems kategorisiert in (A) niedrige Bildung: keine Schulbildung und Primarschule (Klasse 1–5, Alter 6–11), (B) mittlerer Bildungsabschluss: Middle School (Klasse 6–8, Alter 11–13) und High School (Klasse 9–12, Alter 14–17) und (C) hoher Bildungsabschluss: Graduation (Bachelor) und Postgraduation (Master, PhD). Die Auswertung nach höchstem Bildungsgrad des Haushaltsvorstands (Abb. 23) zeigt einen deutlichen sozioökonomischen Gradienten zwischen den Untersuchungsgebieten: So haben in UpperMiddleClass B und C knapp ein Drittel einen postgraduierten Bildungsabschluss und etwa die Hälfte sind graduiert. In MiddleClass A sind 28% graduiert, 44% haben ein High School-Abschluss. In den Slumgebieten besitzen die Hälfte bis ein Drittel der Haushaltsvorstände einen mittleren Bildungsabschluss, 48 bis 61% haben nur die Primarschule oder nie eine Schule besucht und sind quasi als Analphabeten zu betrachten. In Slum A besitzen jedoch 5% der Haushaltsvorstände einen hohen Bildungsabschluss und in Slum C 2%.

# 5. Empirische Analyse gesundheitlicher Disparitäten in Pune

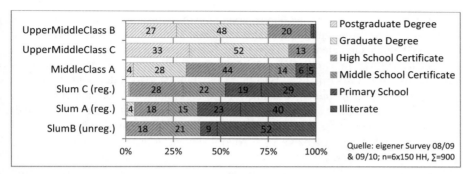

Abb. 23: Höchster Bildungsabschluss des Haushaltsvorstands

Betrachtet man die Altersgruppe der 25- bis 30-Jährigen (Abb. 24) als die nächste Generation, die das formelle Schulwesen vollständig durchlaufen haben kann, so zeigen sich einige Veränderungen.

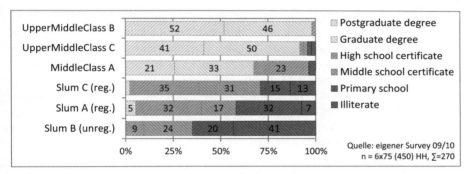

Abb. 24: Höchster Bildungsabschluss der 25- bis 30-Jährigen

In Slum B ist der Anteil der Personen mit Primarschulbildung um 10% gestiegen, hingegen besitzen in der jüngeren Generation etwa 6% weniger einen mittleren Bildungsabschluss. In Slum A und C ist die Anzahl der Personen mit mittlerem Abschluss um etwa 15% gestiegen, auch die Anzahl der Personen ohne Schulabschluss ist in Slum A um 33% und in Slum C um 16% zurückgegangen. In Middle Class A hat sich die Zahl der Postgraduierten vervierfacht und in UpperMiddle Class B und C ist deren Zahl ebenfalls angestiegen. Somit zeigt sich, dass die Bildungsstandards in allen sozioökonomischen Gruppen bis auf Slum B innerhalb von ein bis zwei Generationen stark gestiegen sind. In Slum A und C hat die Quote der Schulbesucher stark zugenommen, die Anzahl der Personen mit mittlerem Abschluss wächst und selbst hohe Bildungsabschlüsse werden von Einzelnen erreicht. Auch in der Mittelschicht findet eine Verlagerung von mittleren zu hohen Bildungsabschlüssen statt, in UpperMiddleClass B und C sind nahezu alle 25- bis 30-Jährigen graduiert.

Eine Auswertung der bildungsbezogenen Daten nach Geschlecht der über 24-Jährigen zeigt für alle Untersuchungsgebiete einen niedrigeren Bildungsabschluss von Frauen. Der Gradient in UpperMiddleClass B und C ist relativ gering: So haben in beiden Gebieten z.B. 12% mehr Männer als Frauen einen gehobenen Bildungsabschluss. In MiddleClass A ist der Gradient etwas größer beim gehobenen Bildungsabschluss mit 18%. Besonders eklatant ist jedoch der hohe Anteil der Frauen in den Slumgebieten, die maximal die Primarschule besucht haben: In Slum A und C sind nach eigenen Angaben etwa die Hälfte der Frauen Analphabeten, weitere 21 bzw. 13% haben die Primarschule besucht. Bei den Männern sind in Slum A und C nur 14 bzw. 24% Analphabeten, zudem verfügen etwa 20% mehr Männer als Frauen über einen mittleren Bildungsabschluss. In Slum B sind 74% der Frauen Analphabeten im Vergleich zu 51% der Männer, Letztere weisen fast drei Mal häufiger einen mittleren Bildungsabschluss auf. Gerade bei Frauen geht ein geringer Bildungsstand häufig mit früher Heirat und Mutterschaft einher, was für sie in der Regel erhebliche physische und psychische Gesundheitsrisiken birgt (Ngo1, Ngo2).

In den Tiefeninterviews sprachen Befragte der Mittelschicht Bildung einen sehr hohen Stellenwert zu (MC/B/1, MC/C/2), die als Schlüsselelement für ein erfolgreiches Berufsleben betrachtet wird. In Slum A und C zeichnen sich jeweils zwei Trends ab: Es gibt viele Kinder, die gar nicht zur Schule gehen oder diese nach wenigen Jahren oder Monaten wieder verlassen und somit keine bzw. nur eine sehr geringe Bildung erfahren (AnA2, AnC5). Dabei besteht in Indien Schulpflicht bis einschließlich dem 14. Lebensjahr und öffentliche Schulen sind bis zur achten Klasse kostenfrei, wenn sie auch keinen guten Ruf genießen. Eine Anganwadi-Mitarbeiterin berichtete, dass insbesondere in den Haushalten mit arbeitslosen und z.T. auch alkoholabhängigen Vätern viele Kinder die Schule frühzeitig abbrechen würden. In diesen Familien würden Söhne häufig ihren Vätern nacheifern und im Slum „herumlungern" (AnC5). Die Mädchen müssen häufig frühzeitig die Schule verlassen, um im Haushalt zu helfen oder gar zum Haushaltseinkommen beizutragen:

> „They also can't go to school because they have the responsibilities at home. They have to work at home, and sometimes even outside the home. Right at the age of 10 to 15 they start working. They work as maid servant or do baby-sitting. That's why they can't go to school. They just learn till fourth or fifth standard." (SL/C/6)

Auf der anderen Seite steigt das Bildungsniveau in vielen Haushalten, einige Kinder besuchen sogar die English Medium School oder die Universität:

> „It is improving and they are getting, I mean they are very aware of education. The people also send their kids to at least medium level. (…) They want to teach their kids, and they want to educate their kids and they are taking efforts on that and some of them are sending their kids to English medium also." (GpB8)

Dabei spielen die Eltern eine zentrale Rolle bei der Unterstützung ihrer Kinder. Viele Befragte sagten in den Tiefeninterviews, sie würden ihren Kindern eine bessere Bildung zukommen lassen wollen:

> „I'm illiterate, so people around have always made fun of me. I think the condition of educational awareness has improved. (…) One of my daughters is in ninth standard and other is in tenth. I have provided them better educational facilities. I want them to learn more." (SL/C/6) (vgl. auch SL/C/1, SL/A/6, SL/A/7)

Das Zitat belegt den großen Sprung innerhalb einer Generation. Eine andere Befragte sprach auch ihren eigenen eingeschränkten Bewegungsradius als ungebildete Frau an, da sie primär zu Hause sei; ihren Kindern wolle sie eine gute Bildung zukommen lassen, wenn möglich einen Hochschulabschluss (SL/A/6). Der Bildungsfortschritt wird häufig durch die Mütter vorangetrieben, die in der Bildung eine Chance für ihre Kinder sehen, sich mehr Orientierungswissen anzueignen und damit im Alltag besser zurecht zukommen sowie einen besseren Arbeitsplatz zu finden (SL/C/3, SL/A/5). In zwei Tiefeninterviews wurde Bildung auch mit zwei jungen Frauen diskutiert, die beide die English High School besuchen bzw. abgeschlossen haben. Beide sagten, dass vor allem ihre Mütter sich für ihre Bildung eingesetzt hätten, auch gegen den Willen der Familie:

> „I studied till seventh standard. After that my mama, all my family members were there, like they were uneducated so they told that she is in the 14$^{th}$ year now. Just let her get married and just send her to her husband's house. So my mama told, she is uneducated, but she told no. My daughters will not suffer. Let them educate first. So she send me to the girls school and then I improved. This is the way of education. A lot of teachers were there, I got insulted for so many times because I am from the slum area." (SL/C/8)

Heute unterrichtet sie selbst Schüler in Informatik und studiert Informationstechnologie. Die zweite Befragte sprach klar die Verbesserung der Lebensverhältnisse an, die sie sich erhoffe:

> „I am in 12$^{th}$. I am in commerce. (...) Actually, I want to get educated because I want to leave this place and I want to shift my family into a nice society. And what I have faced when I was small I don't want that my child should face that problems." (SL/C/7)

Die Frage, ob auch andere Mädchen in dem Slum ähnlich erfolgreiche Schulkarrieren machen würden, verneinten beide. Dies läge zum einen an den finanziellen Schwierigkeiten vieler Haushalte, die keine Schulgebühren für die English Medium und High School bezahlen könnten (SL/C/7), zum anderen an mangelndem Bewusstsein für die Wichtigkeit von Bildung bei den Eltern und Kindern (SL/C/8). Während in Slum A und C somit insgesamt Verbesserungen in der Schulbildung zu beobachten sind, scheinen in vielen Haushalten immer noch soziale und finanzielle Probleme die Schulbildung der Kinder, insbesondere der Mädchen, zu verhindern. In Slum B wurde das geringe Bildungsniveau zum einen mit den häufigen Ortswechseln durch Arbeitsmigration in Zusammenhang gebracht, was einen Schulbesuch der Kinder erschwere:

> „I'm not educated whereas I wanted to study further. I dropped out of school after class three. We are never stationary or settled. We keep moving from one place to the other. So that's why I couldn't continue with school." (SL/B/4)

Zum anderen wurden finanzielle Schwierigkeiten von einer Befragten angeführt, aufgrund derer sie und ihre fünf Geschwister niemals eine Schule besucht hätten.

Auf die Bemerkung, dass öffentliche Schulen kostenfrei seien, sagte sie dies sei ihr nicht bekannt (SL/B/9). Die mangelnde Bildung wurde von verschiedenen Befragten als negativ beurteilt und in direkten Zusammenhang mit ihrer schwierigen Arbeits- und Einkommenssituation gebracht:

> „As we are illiterate, we have to work on this construction site. If I'd have been literate I would have done some good job, would have earned better. I also would have lived in my hometown in Karnataka. I'd have got the job there only. I would not have to do this physically tiresome job. I had to come here to work as I'm illiterate." (SL/B/9) (vgl. auch SL/B/4)

Da die Haushalte zu sehr mit der Befriedigung der materiellen Bedürfnisse beschäftigt sind, fehlen ihnen das nötige Wissen und die nötige Kontrollüberzeugung, um die Bildungssituation der eigenen Kinder aktiv zu verbessern. Somit sind sie in einem Kreislauf der Armut gefangen. Verstärkt wird dies bei Migranten aus anderen Bundesstaaten u.a. durch Sprachbarrieren, da viele nicht die lokale Sprache Marathi und z.T. auch nicht Hindi sprechen (SL/B/9, GpB8).

### *Beruf*

Aufgrund der großen Heterogenität der Erwerbstätigkeiten wurden die Berufe des jeweiligen Haushaltsvorstands beim Survey über eine offene Frage erfasst und nachträglich nach der Revised National Classification of Occupation (NCO) 2004[7] der indischen Regierung klassifiziert. Diese Klassifikation richtet sich primär nach der Art der auszuführenden Tätigkeit, aber auch nach dem Qualifikations- und Spezialisierungsgrad. Sie umfasst neun Berufsgruppen, die vier Wertkategorien zugeordnet werden:
- Kategorie IV: Juristen, gehobene Beamte und Manager (1), Berufstätige mit qualifizierter Ausbildung (2)[8];
- Kategorie III: Facharbeiter mit mittlerer Qualifikation (3);
- Kategorie II: Büroangestellte (4), Arbeiter im Dienstleistungssektor und Handel (5), gelernte Arbeiter in der Agrarwirtschaft (6), Handwerker (7), Maschinenführer und Montagearbeiter (8);
- Kategorie I: ungelernte Berufe (9).

Nicht zuordbare Berufe, Rentner ohne Angabe der vorherigen Profession sowie Hausfrauen wurden unter die Kategorie „andere" zusammengefasst. Abbildung 25 zeigt die prozentuale Verteilung der Berufsgruppen nach den vier Hauptkategorien, wobei zu berücksichtigen ist, dass die Zuordnung der Berufe zu einer Gruppe

---

7 http://dget.nic.in/nco/jobdescription/welcome.html (Zugriff: 15.12.2011)
8 Berufsgruppe 1 steht bei der NCO-Klassifikation außerhalb der Wertekategorien, wurde hier aber zur Vereinfachung hinzugerechnet; auch wurden Armeezugehörige des gehobenen Dienstes zu Kategorie IV hinzugezählt; diese sind bei der NCO nicht klassifiziert.

nicht immer eindeutig erfolgen konnte, da manche Berufsangaben beim Survey zu vage blieben. Zum anderen weisen die NCO-Kategorien in manchen Berufsfeldern keine klaren Kriterien auf, weshalb im Folgenden nur die Hauptkategorien quantitativ dargestellt werden.

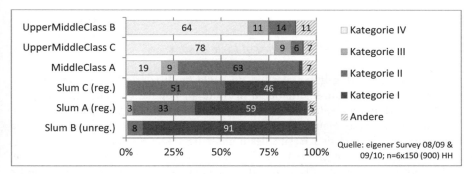

Abb. 25: *Darstellung der Berufsgruppen nach NCO-Klassifikation*

In UpperMiddleClass B und C gehen die meisten Haushaltsvorstände Berufen mit qualifizierter Ausbildung der Kategorie IV nach wie z.B. Regierungsangestellte im gehobenen Dienst, Manager, Finanzangestellte, Ärzte, Ingenieure, IT-Beschäftigte und Architekten. In MiddleClass A führen 19% Berufe mit qualifizierter Ausbildung (Kategorie IV) aus, 63% der Berufe sind der Kategorie II zuzurechnen: Davon arbeiten 9% als Büroangestellte und 29% im Dienstleistungsbereich und Handel (häufig als selbstständige Ladenbesitzer). In Slum C gehen etwa die Hälfte der Haushaltsvorstände Beschäftigungen der Kategorie II nach, davon 6% als Büroangestellte, 18% im Dienstleistungsgewerbe oder Verkauf, 10% als Handwerker und 17% als Maschinenführer und Montagearbeiter. 46% gehen ungelernten Tätigkeiten (Kategorie I) meist im informellen Sektor nach z.B. als Gemüsehändler, Hausangestellte, Wachmann oder Fahrer. In Slum A ist das Bild ähnlich mit einem höheren Anteil der ungelernten Angestellten. Diese arbeiten im Recyclingsektor, als Fahrer, Verkäufer oder üben sonstige ungelernte Tätigkeiten der Kategorie I aus. In Slum B gehen 91% ungelernten Tätigkeiten nach, fast ausschließlich im Baugewerbe.

Im zweiten Survey wurde auch nach der Berufstätigkeit weiterer Haushaltsmitglieder gefragt, um Daten über die Berufstätigkeit von Frauen zu erheben, denn 82% aller Haushaltsvorstände in den Untersuchungsgebieten sind männlich. Bei der Hälfte aller Mehrpersonen-Haushalte trägt mehr als eine Person zum Einkommen bei. Am niedrigsten ist der Anteil in Slum B mit 35%, gefolgt von Slum A (40%) und UpperMiddleClass C und Slum C (48%). In UpperMiddleClass B und MiddleClass A sind 59 bzw. 68% Mehrverdienerhaushalte. Während in den MiddleClass-Gebieten Frauen unterschiedlichen qualifizierten Berufen nachgehen, arbeiten in Slum A und C viele Frauen als Hausangestellte und ungelernte Arbeitskräfte. In Slum A sind zudem viele Frauen im Recyclingsektor beschäftigt. Somit zeigt sich, dass Doppelverdienerhaushalte in allen sozioökonomischen

Gruppen vertreten sind, auch wenn die Berufsprofile in Bezug auf den Qualifikations- und Spezialisierungsgrad zwischen Slum- und MiddleClass-Gebieten stark variieren. Dies lässt sich wiederum durch den unterschiedlichen Bildungsgrad der Haushalte in den Untersuchungsgebieten erklären, mit direkten Auswirkungen auf das Einkommen.

## Standard of Living-Index

Der Standard of Living-Index, der hier in leicht modifizierter Weise zur Anwendung kommt, wurde vom International Institute for Population Sciences (IIPS) für den National Family Health Survey in Indien entwickelt. Bei dem Index wird der Lebensstandard eines Haushalts über die Verfügbarkeit bzw. Zugänglichkeit zu Basisinfrastruktur und den Besitz bestimmter permanenter Güter vom Auto bis zum Stuhl operationalisiert[9] (IIPS 2000). Jedes Strukturelement bzw. Gut wird je nach Wertigkeit gewichtet (Tab. 3) und zu einem Gesamtwert je Haushalt addiert.

| Kategorie | Subkategorie | Strukturmerkmal bzw. Gut und Gewichtung |
|---|---|---|
| Basisinfrastruktur | Hausart | pucca (4), semi-pucca (2), khacha (0)[10] |
| | Sanitäre Anlagen | Eigene Toilette mit Spülung (4), öffentliche Toilette (2), keine Toilette (0) |
| | Lichtquelle | Elektrizität (2), Kerosin/Gas/Öl (1), andere(0) |
| | Haupt-Energiequelle zum Kochen | Elektrizität/Gas (2), Kohle/Kerosin (1), Andere (0) |
| | Trinkwasserquelle | Eigener Wasserhahn (2), öffentlicher Wasserhahn (1), andere (0) |
| | Separate Küche | Ja/Nein (1/0) |
| Güterbesitz | höchste Ausstattung | Auto (4/0) |
| | gehobene Ausstattung | Scooter, Festnetz, Kühlschrank, Farb-TV, Computer (jew. 3/0) |
| | mittlere Ausstattung | Mobiltelefon, Fahrrad, Ventilator, Radio, Nähmaschine, Schwarz-Weiß-TV (jew. 2/0) |
| | Grundausstattung | Matratze, Dampfkochtopf, Stuhl, Bett, Tisch, Uhr (jew. 1/0) |

Tab. 3: Gewichtung bestimmter Strukturelemente und Güter nach dem Standard of Living-Index (nach IIPS 2000: 32)

---

9  Nicht eingeschlossen wurde der Besitz des eigenen Wohnraums, da diese Variable nicht erhoben wurde, sowie der Besitz verschiedener Güter, die v.a. im ländlichen Raum eine Rolle spielen (z.B. Besitz von landwirtschaftlicher Nutzfläche, Vieh).
10 Pucca-Häuser bezeichnen im indischen Kontext solide Häuser mit festen Baumaterialien, Khacha-Häuser bestehen hingegen aus weniger massiven Baumaterialien wie Lehm, Plastikfolien oder Bastmatten. Semi-Pucca-Häuser als Zwischenform weisen festes Mauerwerk auf, haben aber kein solides Dach oder festen Boden.

Der Gesamtwert von 52 Punkten wurde in gleichgroße Quintile aufgeteilt und jeder Haushalt entsprechend einer Quintilgruppe zugeordnet. Der Index (Abb. 26) weist einen klaren sozioökonomischen Gradienten von UpperMiddleClass B bis Slum B auf: UpperMiddleClass B und C gehören mit jeweils 87% zu dem obersten Quintil, 32% der Haushalte in MiddleClass A sind der höchsten und 57% der zweithöchsten Quintilgruppe zuzurechnen. Slum A und C weisen recht heterogene Strukturen auf, wobei über 82% der Haushalte im mittleren und zweitniedrigsten Quintil zu finden sind. In Slum B gehören die Haushalte zu 49% der niedrigsten und zu 37% der zweitniedrigsten Quintilgruppe an.

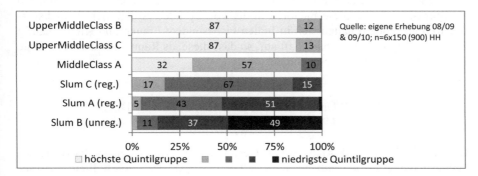

*Abb. 26: Untersuchungsgebiete nach Quintilen des Standard of Living-Index*

Die Verteilung der Quintilgruppen gemäß dem Standard of Living-Index weist starke Ähnlichkeit mit der Verteilung nach Nettoäquivalenzeinkommen (Abb. 21) auf. Dabei ist zu beachten, dass in Slum B durch die auf Baustellen beschäftigten Migranten durchaus kurzfristig höhere Einkommen erzielt werden, die nicht ihrem „Lebensstandard" in Pune entsprechen, wodurch es hier zu Statusinkonsistenzen kommen kann. Insgesamt zeigen die drei Variablen Bildung, Beruf und Einkommen sowie der Standard of Living-Index deutliche strukturelle und sozioökonomische Disparitäten zwischen den Untersuchungsgebieten, wobei UpperMiddleClass B und C sehr ähnliche und homogene Profile aufweisen. In MiddleClass A sind die Haushalte überwiegend sozioökonomisch schlechter gestellt als in UpperMiddleClass B und C, wobei eine gewisse Heterogenität in Bezug auf den sozioökonomischen Status besteht. Auch die beiden registrierten Slums A und C zeigen ein sehr ähnliches Profil für die verschiedenen Variablen, wobei die beiden Gebiete eine gewisse Spannbreite in Bezug auf den sozioökonomischen Status der Haushalte aufweisen. Die Bevölkerung in Slum B hingegen ist in Bezug auf Bildung, Lebensstandard, Beruf und Einkommen wesentlich schlechter gestellt.

Zur Darstellung der Gesundheitsdeterminanten sowie der Krankheitslast wird im Folgenden primär die Ebene der Untersuchungsgebiete gewählt, da diese zum einen vier unterschiedliche sozioökonomische Gruppen repräsentieren. Auch wenn zwischen den Haushalten innerhalb der Gebiete gewisse sozioökonomische Unterschiede bestehen, sind die Diskrepanzen zwischen den Gebieten deutlich größer. Zum anderen sind viele Gesundheitsdeterminanten im Wohnumfeld als wichtigstem Gesundheitssetting verortet: Dies trifft stark auf materielle bzw. strukturelle Faktoren wie Wohnbedingungen und die Basisinfrastrukturversorgung zu sowie auf umweltbezogene Faktoren wie z.B. die Umwelthygiene. Diese im Raum verorteten Faktoren sind wichtige Determinanten übertragbarer Erkrankungen. Aber auch in der psychosozialen und verhaltensbezogenen Dimension kommt dem Wohnumfeld und den daran geknüpften sozialen Netzwerken eine zentrale Bedeutung zu (vgl. 2.1.1). Zusätzlich beeinflussen auch außerhalb der jeweiligen Wohngebiete viele Faktoren die Gesundheit, z.B. am Arbeitsplatz. Aufgrund der unterschiedlichen Bewegungsräume und der damit verbundenen Komplexität können diese Faktoren in der vorliegenden Arbeit nicht berücksichtigt werden. Zudem halten sich in Indien insbesondere Frauen und Kinder häufig Zuhause und in der Nachbarschaft auf, so dass diese als Raumeinheit eine zentrale Rolle für die Gesundheit einnehmen.

## 5.2 GESUNDHEITSDETERMINANTEN IN DEN UNTERSUCHUNGSGEBIETEN

Die Beschreibung und Analyse von Gesundheitsdeterminanten in den Untersuchungsgebieten erfolgt anhand der vier Dimensionen des vorgestellten Analyserahmens (vgl. 3.3). Vorab wird die Bevölkerungsstruktur der sechs Gebiete dargestellt. Anschließend werden gesundheitliche Risiko- und Schutzfaktoren der materiellen, ökologischen, psychosozialen und verhaltensbezogenen Dimension in ihrer Ausprägung charakterisiert. Die Lebenslauf-Perspektive als zeitliche Dimension wird in die vier anderen Ebenen integriert, um Veränderungsprozesse im Zuge der Urbanisierung aufzugreifen. Ziel ist es, Suszeptibilitäten für übertragbare und nichtübertragbare Erkrankungen in unterschiedlichen sozioökonomischen Gruppen zu identifizieren. Im anschließenden Kapitel wird bei der Analyse der Krankheitslast der Indikatorerkrankungen wiederum auf die einzelnen Gesundheitsdeterminanten und die daraus abgeleitete Suszeptibilität zur Triangulation zurückgegriffen.

*Bevölkerungsstruktur der Untersuchungsgebiete*

Biologische Faktoren wie Alter und Geschlecht sind wichtige Gesundheitsdeterminanten. Betrachtet wird zunächst nur die Altersverteilung nach Geschlecht in den Untersuchungsgebieten, während weitere demographische Faktoren der Haushalte wie Haushaltsgröße und Familienstruktur in Kapitel 5.2.1 und 5.2.3 aufgegriffen und in direkten Zusammenhang zu Gesundheit gebracht werden.

Die Bevölkerungspyramiden der drei Untersuchungsgebiete der MiddleClass (Abb. 27) weisen Urnenformen auf, die der drei Slumgebiete eine Mischung aus Glocken- und Pyramidenformen.

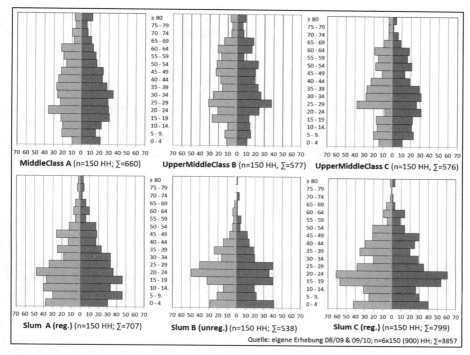

Abb. 27: Bevölkerungsstruktur der sechs Untersuchungsgebiete

Betrachtet man die Gesamtbevölkerung aller sechs Untersuchungsgebiete gemeinsam, so zeigt sich eine fast idealtypische Urnenform mit einem geringen Überhang an männlicher Bevölkerung in den meisten Altersklassen. Diese Bevölkerungsstruktur weicht von der Gesamtindischen ab, die eine Pyramidenform mit abnehmender Basis aufzeigt (vgl. Haub/Sharma 2006). Erklären lässt sich dies mit dem unproportional hohen Anteil der oberen Mittelschicht in den Untersuchungsgebieten, die sich in ihrer Bevölkerungsstruktur von der der Slumgebiete deutlich unterscheidet.

Die abweichende Bevölkerungsverteilung in Slum B ist auf den hohen Anteil an Migranten im arbeitsfähigen Alter ohne Familienanschluss zurückzuführen. Bis auf Slum C existiert in allen Gebieten ein leichter Überhang der männlichen Bevölkerung. Der Vergleich der Pyramiden zeigt markante Unterschiede zwischen MiddleClass- und Slumgebieten, die auf Unterschiede in der Fertilität und der Lebenserwartung schließen lassen: Während der Anteil der Kinder bis 14 Jahre in allen drei Slumgebieten zwischen 24 und 31% liegt, beträgt er in den Middle Class-Gebieten nur 13 bis 18%. Dies weist auf eine wesentlich höhere Fertilität in den Slumgebieten hin (vgl. auch Ngo5). Der Anteil der Bevölkerung im erwerbsfähigen Alter liegt in den MiddleClass-Gebieten bei etwa 75%, in den Slumgebieten zwischen 66 und 73%. Des Weiteren beträgt der Anteil der Bevölkerung über 65 Jahre in den Slumgebieten nur 1 bis 4%, in den MiddleClass-Gebieten zwischen 7% in UpperMiddleClass C und 12% in UpperMiddleClass B, woraus eine höhere Lebenserwartung gefolgert werden kann (vgl. auch 5.4.1).

### 5.2.1 Materielle Faktoren

Unter den materiellen Faktoren werden im Folgenden die Wohnbedingungen, die Verfügbarkeit sanitärer Anlagen und die Versorgung mit öffentlicher Infrastruktur (Wasser und Elektrizität) sowie abschließend Zugang zu Gesundheitsdiensten dargestellt. Im indischen Kontext sind diese Faktoren aufgrund geringer Redistributionsleistungen des Staates stark an die finanziellen Ressourcen eines Haushalts gekoppelt.

*Wohnbedingungen*

Die sechs Untersuchungsgebiete sind in Bezug auf die vorherrschenden **Gebäudestrukturen** klar voneinander abgrenzbar: In UpperMiddleClass B wohnt die eine Hälfte der befragten Haushalte in Einfamilienhäusern oder Bungalows, die andere in Apartments (Foto 17&18), in UpperMiddleClass C wohnt die Mehrzahl der Haushalte in Apartments in *housing societies* (Foto 31) und nur wenige Haushalte in Einfamilienhäusern. In MiddleClass A wohnen über ein Drittel der Befragten in *wadas*, den traditionellen Häusern, die sowohl als Ein- als auch als Mehrfamilienhäuser mit einem gemeinsamen Hofkomplex existieren. Die übrigen Haushalte wohnen in einfachen Apartmenthäusern (Foto 1&6). Während in MiddleClass A einige alte *wadas* aufgrund der starken Degradierung und hoher Wohndichte als minderwertig einzustufen sind, sind die allgemeinen Wohnbedingungen aus gesundheitlicher Perspektive in allen Mittelschichtgebieten als unproblematisch zu bezeichnen. Heterogener zeichnet sich das Bild in den beiden registrierten Slumgebieten, in denen sich Häuser und Hütten mit unterschiedlichem Konsolidierungsgrad befinden. Der Konsolidierungsgrad der Unterkünfte der befragten Haushalte wurde nach dem Interview durch Beobachtung der Beschaffenheit des Bodens, der Wände und des Dachs erfasst. Anhand von Tabelle 4 lässt sich der Konsolidierungsprozess der Hütten in den drei Slumgebieten nachvollziehen, der üblicherweise über die Umwandlung des Bodens von einem Lehmboden hin zu einem Zement- oder Steinboden, dann über die Ersetzung rudimentärer Wände (Wellblech, Holz, Plastikplanen) durch Steinwände hin zur Konsolidierung des Dachs (Ersetzen des Wellblechdachs durch feste Materialien) verläuft.

|  | Fester Boden | Feste Wände | Festes Dach | Fenster |
|---|---|---|---|---|
| Slum C (reg.) | 80 | 36 | 27 | 42 |
| Slum A (reg.) | 87 | 49 | 5 | 39 |
| Slum B (unreg.) | 33 | 0 | 0 | 2 |

*Tab. 4: Haushalte mit konsolidierten Strukturen in den drei Slumgebieten (in %)*

Zieht man feste Wände als Kriterium für einen konsolidierten Zustand heran, so sind 49% der Hütten in Slum A[11], 36% der Hütten in Slum C und keine Hütte in Slum B konsolidiert; daran lassen sich auch die unterschiedlichen Entstehungszeiten der Slumgebiete erkennen. Allerdings haben in Slum C 27% der Hütten der befragten Haushalte den Konsolidierungsprozess bereits vollständig durchlaufen, was auf eine bessere Einkommenssituation zurückzuführen ist. Die Wohnsituation in den Slums ist in den gar nicht oder nur wenig konsolidierten Hütten aus verschiedenen Gründen gesundheitlich problematisch: Der unbefestigte Boden erschwert die Reinhaltung der Hütten, bei rudimentären Wänden und Dächern sind die Hütten den klimatischen Bedingungen sehr schlecht angepasst. Im Sommer wird es bei Außentemperaturen von bis zu 40°C v.a. in den Wellblechhütten extrem heiß, wodurch das Herz-Kreislaufsystem enorm belastet wird. Die Hitze wird durch die fehlende Luftzirkulation aufgrund fehlender Fenster noch verstärkt, denn über die Hälfte der Hütten haben keine Fenster, in Slum B nur 2%. Vorhandene Fenster sind in der Regel mit Fensterläden oder Gittern verschlossen oder offen. Im Winter, wenn die Temperaturen in Pune nachts auf 5°C sinken können, bieten die Materialien keine Isolation gegen die Kälte. Während des Monsuns kann Wasser in die Hütte eintreten und Feuchtigkeit in die Wände ziehen, wodurch Schimmelpilzbefall begünstigt wird:

„In summer season we have to face lots of problems. It is really hot in summer. We just can't live under this roof. And in winter also it feels very cold. My god, it's really cold. And in rainy days we just can't walk from here." (SL/C/7)

„Yes it's raining inside. If monsoon coming raining inside that's why. When it's raining we have lot of problems like fever, cold." (SL/A/1)

Die prekären Wohnbedingungen führen u.a. zu einer höheren Suszeptibilität gegenüber Atemwegsinfektionen als in den MiddleClass-Gebieten, auch wenn grippale Infekte in Pune während der Monsunzeit und im Winter allgemein in der Bevölkerung weit verbreitet sind (z.B. SL/A/7, SL/A/1, MC/A/4, MC/C/2).

Ein weiterer Risikofaktor für die Ausbreitung übertragbarer Erkrankungen ist die hohe **Wohn- und Belegungsdichte** in den Slumgebieten und z.T. in Middle Class A. In UpperMiddleClass B und C hingegen stehen über 85% der Haushalte mindestens drei bis vier Zimmer zur Verfügung, so dass das Übertragungsrisiko als geringer zu bewerten ist. In MiddleClass A leben aufgrund der hohen Bevölkerungsdichte in der Altstadt 43% der Haushalte in nur einem Raum, die restlichen Haushalte überwiegend in zwei bis vier Räumen. In Slum C stehen 59% der Haushalte nur ein Raum, 23% zwei Räume und 17% mehr als zwei Räume zur Verfügung. In Slum A teilen sich 87% der Haushalte einen Raum, 13% zwei Räume. In Slum B bestehen nahezu alle Hütten aus nur einem Raum. Während

---

11 Der Gesamtanteil der konsolidierten Hütten in Slum A ist etwas höher als der der befragten Haushalte und beträgt gemäß der Gesamtzählung aller Haushalte rund 75%.

die Anzahl der verfügbaren Räume mit der Verschlechterung des sozioökonomischen Status sinkt, steigt die durchschnittliche Anzahl der Haushaltsmitglieder von 3,8 in UpperMiddleClass B und C, über 4,4 in MiddleClass A bis zu 4,7 in Slum A, 4,9 in Slum B[12] und 5,3 in Slum C[13]. Dies führt zu einer wesentlich höheren Belegungsdichte der Räumlichkeiten in den Slumgebieten (Abb. 28), wodurch die Übertragung infektiöser Erkrankungen begünstigt wird: Während sich in UpperMiddleClass B und C über 74% der Haushalte ein bis zwei Personen einen Raum teilen, teilen sich in den Slumgebieten über 40% der Haushalte mit mehr als fünf Personen einen Raum.

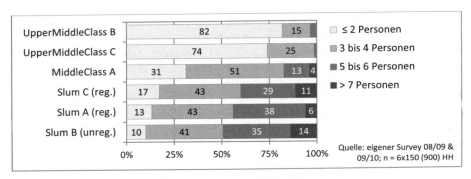

*Abb. 28: Durchschnittliche Anzahl der Personen pro (Schlaf-)Raum*

Zudem kann ein Mangel an Privatsphäre bzw. fehlende Ausweichmöglichkeiten z.B. bei Konflikten auch psychosoziale Probleme verursachen, wobei das Teilen eines Schlafzimmers für eine Familie in Indien als normal betrachtet wird und auch bei den Tiefeninterviews nicht als Problem im Bereich der Wohnqualität angeführt wurde.

Des Weiteren besteht in den Slumgebieten das Problem, dass in den Haushalten, denen nur ein Raum zur Verfügung steht, dieser in der Regel auch als **Küche** genutzt wird (Foto 12). Beim zweiten Survey ergab die Befragung, dass 67% aller befragten Haushalte in Slum C, 89% in Slum A und 92% in Slum B keine separate Küche besitzen. Auch 20% der Haushalte in MiddleClass A verfügen in den alten *wadas* über keine eigene Küche. Durch das Kochen im Wohnraum entstehen Emissionen, die die Innenraumluft belasten, zumal diese Hütten häufig auch kein Fenster haben. In indischen Städten wird überwiegend mit Gas gekocht (IIPS

---

12 In Slum B treten in den beiden Bauarbeitercamps Verzerrungseffekte auf, da viele Bauarbeiter ohne Familie in Pune sind. Hier wurde nach der Anzahl der Personen, mit denen sich der Interviewte eine Hütte teilt, gefragt.
13 Ein Survey in 211 Slums in Pune ergab eine durchschnittliche Haushaltsgröße von 4,7 Personen (UNHABITAT 2003: 67).

2008: 40), aufgrund ökonomischer Zwänge wird in Slums aber auch Kerosin und seltener Feuerholz verwendet. Dies spiegelt sich auch in den Untersuchungsgebieten wieder: Während in Slum C 89% aller Haushalte Gas verwenden, nutzen in Slum A 40% Gas und 60% Kerosin und in Slum B 40% Kerosin und 60% Feuerholz. Allerdings benutzen in allen drei Slumgebieten viele Frauen Feuerholz zum Erhitzen des Badewassers vor den Hütten, was in den engen Gassen zu einer extrem hohen Rauchentwicklung führt (Foto 13). Auch Kerosinkocher, die meist in den engen Hütten benutzt werden, produzieren viel Ruß und verursachen bei mangelnder Belüftung eine starke Luftbelastung. Hinzu kommt eine erhöhte Verletzungsgefahr bei alten, defekten oder unsachgemäß benutzten Gas- und Kerosinkochern. Die Innenraumluftverschmutzung kann somit in vielen Haushalten der Slums als erhebliches Gesundheitsrisiko v.a. für die Atemwege eingestuft werden (vgl. dazu Saksena et al. 2003, Smith et al. 1994, Dutta et al. 2007). Biobrennstoffe wie Holz emittieren Feinstaub von 10 und 2.5 Mikrometer, Kohlenmonoxid, Benzpyren, Formaldehyd, Stickstoffoxid und Schwefeldioxid. Diese können zu akuten Irritationen der Bronchien führen sowie langfristig zu chronischen Lungenerkrankungen, wodurch auch die Suszeptibilität für infektiöse und chronische Lungenerkrankungen erhöht wird (Bruce/Perez-Padilla/Albalak 2002). Zudem sind in den Slumgebieten nicht alle Haushalte an das Stromnetz angeschlossen und müssen z.B. auf Kerosinlampen (SL/B/8) zurückgreifen, die die Innenraumluft zusätzlich belasten. In Slum C und A gaben 12 bzw. 15% der Haushalte an, keinen Zugang zu Elektrizität zu haben, was v.a. auf finanzielle Gründe zurückzuführen ist. In Slum B besitzen die Haushalte in der informellen Teilsiedlung (B3) gar keinen Anschluss an das Stromnetz, in den beiden Camps (B1 und B2) bestehen teilweise informelle Anschlüsse. Abgesehen von der infrastrukturellen Erschließung ist in allen Gebieten in Pune wöchentlich mit Stromausfällen zu rechnen, was z.B. für die Aufrechterhaltung von Kühlketten bei Lebensmitteln problematisch ist. Die *housing societies* der gehobenen Mittelschicht verfügen aber in der Regel über einen Generator, um Engpässe zu überbrücken.

*Sanitäranlagen*

Auch die Verfügbarkeit und der Zustand von Sanitäranlagen als wichtiger Determinante der Körperpflege und öffentlichen Hygiene zeigen einen deutlichen sozioökonomischen Gradienten in den Untersuchungsgebieten: In UpperMiddleClass B und C verfügen alle Haushalte über eigene Toiletten, in MiddleClass A nutzen 26% der Haushalte, die in alten *wadas* leben, eine von den Hausbewohnern gemeinschaftlich genutzte private Toilettenanlage im Hof. In den drei Slumgebieten ergibt sich ein anderes Bild: In Slum C verfügen 31% der Haushalte über private Toiletten, v.a. in den neu errichteten Häusern in Teilgebiet C1. Diese Bewohner waren sehr zufrieden mit der sanitären Situation (SL/A/1, SL/A/2). 58% der befragten Haushalte nutzen die öffentlichen Toiletten. Die Haushalte müssen für die Benutzung eine monatliche Gebühr von 20 bis 30 INR zahlen, dafür werden die Toiletten je nach Gebiet einmal wöchentlich bis täglich gereinigt (AnC1). Allerdings funktioniert dies nicht in allen Anlagen, insbesondere in Teilgebieten C2 und C3 beschwerten sich Bewohner:

> „Actually the public toilets are clean but the ladies and other people are used to make it very dirty. Within two days or three days. And we are supposed to shout: please take care of the place. We are supposed to come early in the morning. So the very first thing we do that. So the dirtiness, the insects will come on our skin or something." (SL/C/8)

Aufgrund der mangelnden Hygiene mancher öffentlicher Toiletten sowie finanzieller Gründe gaben 11% der befragten Haushalte in Slum C an, auf nahe gelegenen Freiflächen zu defäkieren. In Slum A ist die Situation ähnlich, allerdings verfügt nur 1% der Haushalte u.a. aufgrund der beengten Platzverhältnisse über eine eigene Toilette. 88% der Haushalte benutzen eine der sieben öffentlichen Toilettenblocks, auch hier bestehen Probleme mit der Hygiene:

> „We don't have our own toilets. Our home is too small to build the toilets. So we have to use the public toilets. Those public toilets are too dirty. Even though people come to clean those toilets even though we give them money, these toilets are never clean. They never clean them properly." (SL/A/5)

Auch würden die Toiletten häufig übel riechen (SL/A/7). Laut einer NGO teilen sich durchschnittlich 52 Personen eine Toilette in dem Slum (Shelter Associates 2004). 11% der Haushalte gaben an, im Freien v.a. entlang des Flusses zu defäkieren, da sie die Gebühr nicht aufbringen können (SL/A/3). Zudem ist es in allen drei Slums üblich, dass Kinder bis etwa zum sechsten Lebensjahr in der Nähe der Hütte bzw. des Slums auf den Weg, in einen Abfluss oder auf sonstige Freiflächen urinieren und defäkieren (AnC4, SL/A/3). Mädchen und Frauen vermeiden v.a. in der Dunkelheit u.a. aus Sicherheitsbedenken den Gang zur öffentlichen Toilette und nutzen, insofern vorhanden, den Abfluss in der Hütte zum Urinieren. In Slum B verfügt nur Teilgebiet B1 über öffentliche Toiletten, die allerdings in so schlechtem Zustand sind, dass auch diese nur von wenigen genutzt werden:

> „We don't really use public toilets much. There are nine of them and only four are in a good condition. There is always such a huge line in the mornings (...). The river runs alongside hence we go there mostly." (SL/B/3)

Somit nutzen nahezu alle Haushalte in Slum B die umliegenden Freiflächen zur Defäkation, vor allem in den frühen Morgenstunden (SL/B/2).

Aus den Tiefeninterviews ergab sich, dass sich die sanitären Bedingungen in den drei MiddleClass-Gebieten kaum verändert haben, jedoch in Slum A und C. Dort gab es vor zehn Jahren weniger öffentliche Toiletten und keiner der befragten Haushalte verfügte über private Toiletten. Durch die höhere Beanspruchung befanden sich die öffentlichen Toiletten in noch schlechterem Zustand und wesentlich mehr Haushalte waren zum Defäkieren im Freien gezwungen:

> „It was even worse. The toilets were not properly built. There were only four toilets and too many people had to share it. So it was a big problem. We had to wait for long in queue." (SL/A/5) (vgl. auch SL/A/7)

Die Verbesserung der sanitären Anlagen in Slums in Pune wurde auch von Shelter Associates, einer NGO in Pune, in einem Survey festgestellt (Times of India

2010g). Bei einem Survey 2001 wurden 201 Slums untersucht und ein Verhältnis von 1 zu 50 bis 1 zu 1000 Personen zu Toiletten festgestellt. Bis 2008 wurden 400 neue Toilettenblocks gebaut, in 100 begutachteten Slums hatten 34 aber nach wie vor eine schlechte Ratio mit weniger als einer Toilette für 50 Personen. Laut PMC (2009) gibt es in Pune 15.000 Toiletten für eine Million Slumbewohner, was bei einer gleichmäßigen Verteilung einer Ratio von 1 zu 67 entspräche. Auch wurde die Instandhaltung bemängelt. Die Bereitstellung von Toiletten sei häufig mit politischen Entscheidungen verknüpft, erklärte ein Arzt:

> „The PMC has a big task to do with the growing number of societies. They try to cope with the infrastructure development. Especially the slums are so crowded. But they are the vote banks, so the councillors are keen on doing something there, to develop infrastructure. But latrines are still very few." (GpC2)

Somit bestehen in allen drei Slumgebieten in unterschiedlichem Ausmaß hygienische Probleme aufgrund der mangelnden Verfügbarkeit öffentlicher bzw. privater Toiletten. Insbesondere das Defäkieren in der Öffentlichkeit begünstigt die Ausbreitung gastrointestinaler Erkrankungen.

Ein ähnliches Bild zeichnet sich bei der Verfügbarkeit von **Waschplätzen** ab. Dies wurde zwar nicht im Survey abgefragt, aber aus Beobachtungen und Tiefeninterviews kann geschlossen werden, dass Haushalte mit eigener Toilette auch über ein eigenes Badezimmer verfügen. In Slum A und C gibt es wenige öffentliche Badestellen, in vielen Haushalten waschen sich die Menschen jedoch in der Hütte, wenn es einen Abflusskanal gibt, oder vor der Hütte. Viele Frauen waschen sich daher vor dem Morgengrauen im Schutz der Dunkelheit, während Kinder und Männer dies in der Öffentlichkeit tun:

> „As there is no space in our home, my mother takes bath in open space or near the tap. But this is possible only if she gets up early. Otherwise she goes to public bathroom nearby which are really bad in condition. These public bathrooms are not built and covered. But only the place for bathing is provided." (SL/A/7)

In Slum B gibt es keine öffentlichen Waschgelegenheiten, die Bewohner müssen sich in der Öffentlichkeit waschen. Manche Haushalte haben sich mithilfe von Plastik und Pappe einen Sichtschutz gezimmert. Weil die Haushalte in Slum B keinen eigenen Wasseranschluss haben, muss das Wasser zum Waschen jeweils herbeigetragen werden (SL/B/8). Aus der unzureichenden Verfügbarkeit von Waschgelegenheiten ergeben sich für viele Haushalte in den drei Slumgebieten Probleme bei der Intimpflege, zumal die Privatsphäre beim Waschen nicht gewährleistet ist, was die Suszeptibilität gegenüber Genitalinfektionen erhöht:

> „Reproductive tract infections are very common among girls. (…) We suspect that a lot of it could be because of poor hygiene also." (Ngo2)

Auch eine Gynäkologin berichtete von einer hohen Prävalenz[14] von Genitalinfektionen, die unbehandelt bei einigen Frauen bis zur Unfruchtbarkeit führen würden (GpB5). Zudem würden aufgrund mangelhafter Hygiene und fehlendem Gesundheitswissen Hautinfektionen wie Krätze in manchen Haushalten immer wieder auftreten (GpB4, GpB7, GpA3). Zwar konnten v.a. in Slum C einige Haushalte ihre eigene sanitäre Infrastruktur errichten, in der Regel weisen die Haushalte in den drei Slumgebieten aufgrund mangelhafter sanitärer Anlagen eine erhöhte Suszeptibilität gegenüber verschiedenen übertragbaren Erkrankungen auf.

Die allgemeine **Zufriedenheit mit der Wohnsituation** sowie deren Einfluss auf die Gesundheit wurde auch in den Tiefeninterviews diskutiert. Dabei wurde ein deutlicher Unterschied zwischen der eigenen Unterkunft und dem weiteren Wohnumfeld deutlich; Letzteres wird unter Umweltaspekten (vgl. 5.2.2) thematisiert. In UpperMiddleClass B und C waren alle Befragten mit der Wohnsituation zufrieden und konnten keine negativen Auswirkungen auf ihre Gesundheit benennen. Es wurden positive Aspekte wie die Wohnatmosphäre oder der eigene Garten herausgestellt:

> „The important thing is the atmosphere; the ambience makes a lot of difference. Ten years back what we need personally I had no problem ten years back with my housing situation and now also." (MC/C/6)

> „Well, I feel that having this house in particular surrounded by trees and it keeps this house very cool, very cool and nice." (MC/B/3)

> „I am very happy with where I am staying, it's got good amenities and good compared to the rest of Pune you can say to some extent." (MC/B/8)

In MiddleClass A wurde die Wohnsituation auch durchweg positiv dargestellt. Gesundheitsfördernde Aspekte wurden vor allem von den Bewohnern der alten *wadas* herausgestellt:

> „I think everything depends upon climate. But in case of housing condition, I think house should not be humid. There should be fresh air and light. In our home all these conditions are satisfied. (…) We are living here since 40 years. Our house has always been the same. The only change in last some years is that of furniture or TV set or other equipment. We are developing with the time. But our house is the same. (…) After the flood of the year 1962, we have built this house. We like this style of living." (MC/A/7)

Auch andere Bewohner betonten das angenehme Mikroklima der alten *wadas* mit natürlichen Ventilationssystemen (MC/A/2, MC/A/6), was in Anbetracht des tropischen Monsunklimas in Pune als sehr positiv bewertet werden kann.

---

14 Die Prävalenz beschreibt den Anteil Erkrankter an der Gesamtpopulation und gilt daher als Zustandsbeschreibung einer Krankheit. Die Inzidenz hingegen beschreibt den Anteil der Neuerkrankungen an einer Gesamtpopulation in einem definierten Zeitraum und wird daher v.a. in der Ursachenforschung herangezogen (Kreienbrock/Pigeot/Ahrens 2012: 17).

In den Slumgebieten stellt sich die Situation aufgrund der unterschiedlichen Konsolidierungsgrade der Hütten komplexer dar: In Slum C zeigten sich die Bewohner von konsolidierten Häusern mit ihrer Wohnsituation sehr zufrieden, insbesondere im Vergleich zur Situation zehn Jahren zuvor:

> „Even though we're situated in the city, it's still nice here, peaceful. We lived in a hut first and then a steel slab house and now this." (SL/C/1)

Heute lebt die Familie der Befragten in einem Steinhaus mit eigener Toilette. Auch die Bewohner von Wellblechhütten stellten ihre Wohnverhältnisse zunächst als zufriedenstellend dar. Im weiteren Interviewverlauf wurden dann jedoch verschiedene negative Aspekte geäußert wie z.B. das schlechte Mikroklima, das Eindringen von Regenwasser während des Monsuns sowie das Fehlen eigener Toiletten und bei entsprechenden Haushalten das Fehlen eines eigenen Wasseranschlusses (SL/C/3). Es wurde von verschiedenen Befragten die Sauberkeit ihrer Hütte hervorgehoben, die im Kontrast stehe zum Slum:

> „The house is clean, but outside it is not clean. And suppose we take the brush and get outside and clean something for the next two days it again gets dirty." (SL/C/8)

In Slum A wurden die Wohnverhältnisse ähnlich bewertet, viele Haushalte konnten in den letzten zehn Jahren ihre Hütte konsolidieren:

> „Ten years back we didn't have anything. There were mud walls of three to four feet and then upside there were jute sheets. Height of home was very little. We didn't even have door for the house. In flood time water came inside the home, those mud walls broke. It was smaller than the present home. We had very small place to cook or eat. All four members of family couldn't even sit in house at a time. While sleeping also it was a great trouble." (SL/A/7)

Die Hütte des Befragten besteht heute aus Steinwänden, sie sei allerdings immer noch zu klein für die vier Haushaltsmitglieder. In den Randgebieten gibt es in Slum A noch immer viele Hütten mit sehr mangelhafter Bausubstanz. In Slum B ist die Situation in den drei Teilgebieten unterschiedlich: In den beiden temporären Camps (B1 und B2) bekommen die Arbeiter die Hütten bereitgestellt. Manche Arbeiter gaben an, zwischen 1.500 bis 2.000 INR Miete pro Monat zu bezahlen, was bis zu 40% des Einkommens ausmacht (SL/B/4). Einige Befragte gaben an, die Wohnverhältnisse seien in Ordnung (SL/B/3, SL/B/5). Andere Befragte beklagten die große Hitze im Sommer aufgrund der Wellblechdächer (SL/B/5), das Eintreten von Regenwasser während des Monsuns sowie Insekten und Ungeziefer in den Hütten (SL/B/4). Auch während der Interviews wurden Ratten und Mäuse in den Hütten beobachtet. Die Bauarbeiter, die sich z.T. mit sieben Männern eine Hütte von etwa 9m² teilen, gaben an, an diese Wohnverhältnisse gewöhnt zu sein:

> „Since I came here leaving my hometown, I'm staying in such areas only. So now I have got used to it." (SL/B/7)

Zudem verglichen sie die Situation mit ihren Heimatdörfern:

> „In Pune, we have close proximity to hospitals and clinics, there are more work opportunities, water is readily available, electricity is also available. All these facilities are not available in the village side." (SL/B/5)

In dem informellen Slum (C3) ist die Wohnsituation noch schlechter, wie eine Befragte beschrieb:

„We work and survive. As we get some money we buy some things for house. The housing conditions have improved a lot. Condition of hut was the same some years back but they used to be destroyed twice or thrice a year. Now they are destroyed once a year. (...) When the huts are destroyed everything is broken and then we have to buy it again e.g. metal sheets or bamboos but the things in house are kept outside so they are not broken. (...) We don't have any other option. We are living here since childhood and we have always been doing the same, so when the huts are destructed, we build them again and stay here only. We don't even know any other area." (SL/A/8)

Aufgrund des informellen Status werden die Hütten in diesem Slum etwa einmal im Jahr von der PMC zerstört, um die Bewohner zu vertreiben (Foto 27). Insgesamt zeigt sich vor allem in Slum B, dass sich viele Bewohner den widrigen Wohnbedingungen kaum bewusst sind, zumal sie kaum Kapazitäten zur Veränderung der bestehenden Verhältnisse haben. Auch durch den Migrantenstatus bestehen hier Barrieren, da sich die Menschen in Pune kaum auskennen.

Somit zeigen sich eklatante Unterschiede zwischen registrierten und unregistrierten Slums, da Letztere über keine Basisinfrastruktur verfügen und die Haushalte aufgrund mangelnder Rechtssicherheit als auch finanzieller Ressourcen nicht in die Konsolidierung ihrer Hütten investieren:

„Amongst the poor also there are further gradations and this is a very important distinction between the authorized and the so called unauthorized slums. (...) So the people who have come here 15 years back, (...) they have gained a foothold and in the sense the city has also recognized that ok, they have to continue here so they have to be given some minimum infrastructure. But on the other hand those who have only recently come here or who are migrating here, they don't have any such foothold. So they even don't get the minimum infrastructure. So even among the poor, they are the worst off." (Ngo1) (vgl. auch Ngo4)

Die Situation in den registrierten Slums in Pune hat sich in den letzten zehn Jahren stark verbessert und ist heute auch im nationalen Vergleich besser als in vielen anderen indischen Städten:

„A lot of the slums at that time [ten years ago, d.V.] were unregistered, we did not have facilities as far as water, sanitation and garbage disposal is concerned. (...) What I have seen that even within the slums that we have, some of the slums have been able to get registered, to get water supply, get legacy, get public toilets. Get corporation facilities that there is rubbish clearance, cleanliness is better, there is a clear trend at decrease in childhood infections in this area. So the transition I can see." (Ngo2) (vgl. auch Ngo4)

Demnach bestehen auch zwischen den registrierten Slums starke Unterschiede im Konsolidierungsgrad und der Infrastrukturausstattung, die u.a. davon abhängen, ob z.B. in Kooperation mit NGOs oder durch die Unterstützung von politischen Parteien Infrastruktur aufgebaut wurde (Ngo2). Die Wohnsituation eines Haushalts auf der Mikroebene ist dabei stark an die finanziellen Ressourcen eines Haushalts geknüpft. Für die sanitären Anlagen und auch die Wasserversorgung gilt dies nur sehr eingeschränkt, da nahezu alle Haushalte auf diese Strukturen angewiesen sind.

*Wasserversorgung*

Der Zugang zu einem eigenen oder öffentlichen **Wasseranschluss** weist ebenfalls einen sozioökonomischen Gradienten in den sechs Untersuchungsgebieten auf. Dabei besteht aufgrund der niedrigen Gebühren von 3 INR pro 1.000 Liter bzw. pauschal 30 INR pro Monat bei Haushalten ohne Wassermeter (Rode 2009) vielmehr eine infrastrukturelle als eine finanzielle Barriere in Pune. In UpperMiddle Class B und C besitzen alle Haushalte eigene Wasseranschlüsse, in MiddleClass A sind es 92% und selbst in Slum C und A sind 84 bzw. 57% der Haushalte mit eigenen Wasseranschlüssen, meist in Form eines eigenen Wasserhahns vor der Hütte, ausgestattet. Die übrigen Haushalte beziehen ihr Wasser von öffentlichen Wasserhähnen. Eine Sonderrolle kommt wiederum Slum B zu: Teilgebiet B1 hat eine Wasserstelle für alle Haushalte, allerdings wird das Wasser über Rohre aus einem angrenzenden Brunnen bezogen und ist qualitativ minderwertig. Daher holen viele Haushalte das Trinkwasser aus einem nahe gelegenen Militärgebiet, wo sie einen öffentlichen Wasserhahn nutzen dürfen. Dorthin gehen ebenfalls die meisten Haushalte aus den Teilgebieten B2 und B3, die über gar keinen Wasseranschluss verfügen:

> „It's bad because we don't have access to good drinking water. We have to fetch it from very far away. I get two pots full of water and my brother gets two cans on the bicycle." (SL/A/5)

Aufgrund des hohen Aufwands müssen diese Haushalte auch mit weniger Wasser auskommen. In beiden Gebieten greifen Haushalte daher gelegentlich auf informelle Wasserbeschaffungsstrategien zurück, indem sie das öffentliche Wassernetz illegal anzapfen (Foto 29). Insgesamt ist die infrastrukturelle Versorgung in Pune in formellen Wohngebieten damit besser als in vielen indischen Städten. Im urbanen Maharashtra lag z.B. der Anteil der Haushalte mit eigenem Leitungsanschluss im Jahr 2003 bei 32,3% (Mishra et al. 2008: 52).

Die zeitliche **Wasserverfügbarkeit** am Tag spielt ebenfalls eine wichtige Rolle, da die Gebiete in Pune zu unterschiedlichen Zeiten und mit variierender Stundenzahl pro Tag versorgt werden (vgl. Rode 2009). Die Erhebung zeigt ein sehr heterogenes Bild, was u.a. dadurch zustande kommt, dass die Bevölkerung verschiedene Strategien der Wasserspeicherung anwendet und dadurch die Zeit der realen Wasserverfügbarkeit von der Zeit der Wasserversorgung durch die PMC abweicht. Als räumliches Muster ist erkennbar, dass das Gebiet A wesentlich besser versorgt ist als die Stadtrandgebiete: Slum A ist am besten versorgt, Slum C am schlechtesten. 53% der Haushalte in Slum C gaben an, Wasser in Gefäßen speichern zu müssen, da Wasser täglich für nur wenige Stunden morgens und abends verfügbar ist (SL/A/3). Auch die Art der Wasserspeicherung variiert in den Untersuchungsgebieten: In UpperMiddleClass B und C wird das Wasser in großen Tanks auf den Dächern gespeichert, manche *housing societies* haben auch Brunnen als weitere Kompensationsstrategie. Zusätzlich werden einige *housing societies* in UpperMiddleClass C mit Wasser von Tanklastwagen versorgt. In Slum C speichern die meisten Haushalte Wasser in großen Fässern, die aber häufig nicht vollständig verschlossen sind (Foto 40). In Slum B speichern die Bewohner das Wasser in verschiedensten, größtenteils offenen Gefäßen (Foto 30). Zu den täglichen Unterbrechungen der Wasserzufuhr kommen saisonale Schwankungen v.a. in den Sommermonaten vor dem Monsun, die alle sozioökonomischen Gruppen betreffen:

> Slum C: „Before two to three months there was too much scarcity of water. We had to fight with everyone for water. (...) We used to take only one or two vessels of water." (SL/C/7)
>
> UpperMiddleClass B: „Yes, water scarcity was there in the month of June, one month. (…) we went to another house for bath, we saved water for shaving, for eating and drinking, we had no water even for preparing food at home, no drinking water. We bought Bisleri [bottled water, d.V.]. (…) I am staying in Pune for the last 30 years, but there was no such a scarcity previously." (MC/B/7) (vgl. auch MC/A/6)

Wasserknappheit stellt somit aufgrund der Bedarfssteigerung durch die wachsende Bevölkerung und klimatischer Schwankungen eine steigende temporäre Gefahr dar, wobei die Mittelschicht auf mehr Strategien zur Risikominimierung zurückgreifen kann. Laut PMC stehen der Slumbevölkerung täglich durchschnittlich 180 Liter Wasser pro Kopf zur Verfügung, für die gesamte Bevölkerung liegt die durchschnittliche Menge etwas höher bei 202 Litern (PMC 2009). Insgesamt stellt die quantitative Versorgung damit primär in informellen und temporären Slums ein Problem dar, vereinzelt auch in registrierten Slums, saisonale Verknappungen werden in Pune aber zunehmend spürbar.

Neben der quantitativen Versorgung hat die **Wasserqualität** entscheidenden Einfluss auf die Gesundheit. Das rohe und gefilterte Wasser wird in Pune täglich in Stichproben an verschiedenen Stellen auf physische, chemische und bakteriologische Spuren getestet. Das unaufbereitete Wasser enthält häufig Ekoli-Bakterien, die jedoch durch die Aufbereitung eliminiert werden (Rode 2009). Im gesamten Stadtgebiet besteht jedoch die Gefahr der Kontamination des Leitungswassers durch Abwasser bei beschädigten Leitungen, z.B. durch illegale Anzapfungen. Das State Public Health Laboratory hat bei einer Analyse des Leitungswassers privater Haushalte von Februar bis April 2010 einen Kontaminierungsgrad von 16% in Pune festgestellt (Times of India 2010e). Des Weiteren erhöht sich in der Monsunzeit häufig der Trübungsgrad des Wassers (Rode 2009), was auch von einigen Befragten angemerkt wurde (z.B. SL/C/6, SL/A/7). In Gebiet C sagte zudem ein Arzt, das von Tanklastern gelieferte Wasser für die *housing societies* der gehobenen Mittelschicht sei nicht ausreichend von der PMC aufbereitet (GpC3). Diese Aussage konnte jedoch nicht verifiziert werden. Somit ist die Gefahr kontaminierten Leitungswassers in Pune etwas geringer als in vielen anderen indischen Städten, kann aber aufgrund struktureller Defizite lokal zu jeder Zeit auftreten.

Zudem kann die Kontamination des Wassers auch zu einem späteren Zeitpunkt stattfinden: In UpperMiddleClass B und C können sich in den *overhead tanks* bei unsachgemäßer Nutzung Bakterien anreichern (GpC1, MC/C/6). In den Slumgebieten besteht ebenfalls die Gefahr der Kontamination bei unsachgemäßer Speicherung des Wassers in unhygienischen und nicht fest verschlossenen Gefäßen:

"Even if you have safe drinking water or if you have a regular supply the practice is usually that how do they store the water. They store it in pitchers and then they don't cover them. Or even if they do, the way they take the water out with their dirty hand, so those things also need to change." (Ngo7)

In Slum B wird ein Teilgebiet (B1) mit qualitativ minderwertigem Brunnenwasser versorgt, das laut Aussage der Bewohner bei Kindern Durchfall und Erbrechen verursachen würde (SL/B/6). Auch nach Angaben der PMC eignet sich Brunnenwasser nicht als Trinkwasser, da es in den meisten Gebieten Punes verschmutzt ist (PMC 2009: 37).

Aufgrund der hohen Kontaminationsgefahr des Leitungswassers schützt die **Wasseraufbereitung** vor gastrointestinalen Erkrankungen. In UpperMiddleClass B und C bereiten 80 bzw. 92% der Haushalte ihr Trinkwasser auf, überwiegend durch sog. *aquaguards* (Wasserfilter), die fest in vielen Haushalten installiert sind. Unter anderen Strategien wurde v.a. das Abkochen von Wasser genannt, aber z.B. auch der Kauf von Mineralwasserflaschen. In den Tiefeninterviews wurde ein starkes Misstrauen in Bezug auf die Wasserqualität deutlich:

"See over here, the water quality is good because I have my own system of purifying my water, but I don't know how safe the government water. I mean you know we don't generally drink that." (MC/B/2)

In MiddleClass A bereiten 40% der Haushalte ihr Wasser auf, überwiegend durch Wasserfilter (31%) und Abkochen (7%). In den Slumgebieten kochen nur sehr wenige Haushalte Wasser ab, v.a. in der Monsunzeit (SL/C/6). Laut Survey bereiten 19% der Haushalte in Slum C, 9% in Slum A und 3% in Slum B ihr Trinkwasser auf. Ein Allgemeinmediziner sagte über Slum C, dass dafür seines Erachtens jedoch auch keine Notwendigkeit bestünde, da das von der PMC bereitgestellte Trinkwasser in der Regel kein Gesundheitsrisiko darstelle, vielmehr sei die Speicherung ein Problem:

"They get corporation water. Corporation water is fine. Most of the people here in fact drink corporation water. Unfiltered. The majority of people. Those people using filters this are these who are using these overhead tanks. (…) Corporation is given clean water, I put it into a tank and mess it up. That is my problem." (GpC1)

Dennoch kann die lokale Kontamination von Trinkwasser mit Abwasser durch infrastrukturelle Defizite als latentes Risiko jederzeit auftreten, die nachträgliche Kontamination durch unsachgemäße Handhabung stellt ebenfalls ein großes Risiko dar. Im Rahmen des Projekts wurden im August 2011 durch das Bharati Vidyapeeth Institute for Environment Education and Research 20 Stichproben von verschiedenen Trinkwasserquellen in den sechs Untersuchungsgebieten entnommen und per MPN-Methode (Feuerpfeil/Botzenhart 2008) auf bakteriologische Kontaminierung getestet (Tab. 5). In den drei Slumgebieten waren von neun Proben von Wasserhähnen sowie drei Proben von gespeichertem Wasser von Haushalten nur eine Probe von einem öffentlichen Wasserhahn in Slum A kontaminiert. Zum Zeitpunkt der Trinkwasseranalyse existierte Teilgebiet B1 nicht mehr, so dass das Brunnenwasser nicht in die Analyse miteinbezogen werden konnte. Es wurde eine Probe von einem öffentlichen Wasserhahn entnommen, den die Bewohner als Quelle angegeben hatten. In MiddleClass A war eine von drei Proben von gespeichertem Wasser kontaminiert. In MiddleClass C wiesen zwei Samples Keime im Wasser auf: Eine Probe stammte direkt von einem privaten Wasserhahn, die andere von einem *aquaguard*. Insgesamt war eines von zehn Samples von öffentlichen Wasserhähnen kontaminiert, zwei von fünf Samples von privaten Wasserhähnen sowie eines von fünf Samples von gespeichertem Wasser. Auch wenn die geringe Samplezahl keine Verallgemeinerungen zulässt, so zeigt die Analyse dennoch die Komplexität der Kontaminationsgefahr, die im Leitungssystem, aber auch auf der Haushaltsebene erfolgen kann. Selbst die Filtersysteme sind bei unsachgemäßer Handhabung wirkungslos.

|  | privater Wasserhahn | öffentlicher Wasserhahn | gespeichertes Wasser | gefiltertes Wasser |
|---|---|---|---|---|
| UpperMiddleClass B | 0/1 | 0/1 | | |
| UpperMiddleClass C | 1/2 | | | 1/1 |
| MiddleClass A | | 0/1 | 1/2 | |
| Slum C (reg.) | 0/1 | 0/3 | 0/1 | |
| Slum A (reg.) | | 1/3 | | |
| Slum B (unreg.) | | 0/1 | 0/2 | |

Tab. 5: Ergebnisse der Trinkwasseranalyse nach der MPN-Methode: Anzahl der kontaminierten Samples an allen untersuchten Samples nach Quelle

Vergleicht man die Situation der Wasserversorgung heute mit der vor zehn Jahren, so hat sich die Situation in den drei MiddleClass-Gebieten nicht gravierend geändert, problematisiert wurde v.a. die Knappheit. In Slum A und C hat sich die Situation hingegen enorm verbessert. In Slum C gibt es in Teilgebiet C1 laut Aussage einer Anganwadi-Mitarbeiterin erst seit 1999 Wasser und Elektrizität (AnC4), ebenso in Teilgebiet C2, das erst 2001 registriert wurde (AnC5):

> „Water facilities weren't available either. We had to fetch water from a great distance in those days; where now new housing areas have come up: Salunke Vihar, Vimanagar. We used to take our pots, we used to go over there and they used to throw our pots. So we didn't have the water also. So our uncles, our grandmothers, my mother they used to suffer over there. (...) After three hours we used to get three pots of water. And you know many leaders and ladies were also there who were not providing the water because of the cast differences (...) you are staying in the slums, you are the dirty people and all." (SL/C/5)

In dem Zitat wird auch eine Diskriminierung aufgrund der Kastenzugehörigkeit sowie des Status als Slum-Bewohner angesprochen (vgl. 5.2.3). In Teilgebiet C3 gab es auch vor zehn Jahren bereits wenige Wasseranschlüsse (AnC6). In Slum A teilten sich mehrere Haushalte die verfügbaren öffentlichen Wasserhähne:

> „I'm staying here since eight years. So before eight years also the water condition was good. Now there is water tap in every household. But before eight years there was common water tap. There was one tap per ten to twelve households." (SL/A/5)

Da die Anschlüsse sehr ungleich im Slum verteilt gewesen wären, hätten viele Haushalte das Wasser über weite Strecken tragen müssen; auch die Qualität sei nicht immer gut gewesen (SL/A/4).

Die quantitative Versorgung mit Wasser ist heute somit in den fünf formellen Untersuchungsgebieten gegeben, wenn auch nur durch Verwendung unterschiedlicher Strategien der Wasserspeicherung. Die Versorgung hat sich in den beiden registrierten Slums innerhalb der letzten zehn Jahre stark verbessert (Abb. 29). Die Wasserqualität wird prinzipiell durch die Aufbereitung seitens der PMC sichergestellt, jedoch kann es an unterschiedlichen Stellen zur Kontaminierung kommen, wodurch alle Bevölkerungsgruppen einem Risiko ausgesetzt sind. Jedoch haben Haushalte den MiddleClass-Gebieten ein höheres Risikobewusstsein und federn die Kontaminationsgefahr durch eigene Mechanismen im Haushalt ab. Problematisch ist die quantitative und qualitative Wasserversorgung in Slum B, der nicht an das Wassernetz angeschlossen ist. Dies gilt für die meisten informellen Gebiete in Pune, so dass deren Bewohner erheblichen gesundheitlichen Risiken ausgesetzt sind.

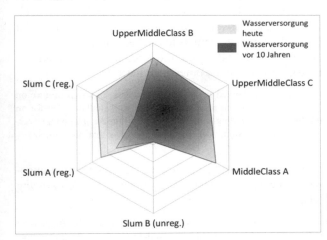

Abb. 29: *Wasserversorgung heute und vor zehn Jahren (Entwurf: M. Kroll)*

*Zugang zu Gesundheitsdiensten*

Der Zugang zu Gesundheitsdiensten im präventiven und kurativen Bereich wird nur kurz thematisiert, da der Fokus der Arbeit auf den Gesundheitsstatus gerichtet ist. Butsch (2011) kommt in seiner Arbeit zu dem Fazit, dass die quantitative Verfügbarkeit und räumliche Erreichbarkeit von Gesundheitsdiensten in den sechs Gebieten keine Barriere darstellt. Vor allem in Stadtteil A sind zahlreiche private und öffentliche Einrichtungen verfügbar, in Stadtteil B und C vor allem private Ärzte. Als die beiden wesentlichen Barrieren identifiziert Butsch (2011: 294) für die drei Slumgebiete die Informiertheit, d.h. das Wissen um adäquate Institutionen zur Behandlung, sowie die Erschwinglichkeit als finanzielle Barriere. In den

Slumgebieten können viele Haushalte aufgrund ihrer Einkommenssituation kaum oder nur eingeschränkt die Kosten für Behandlungen aufbringen:

> „It's very expensive. We can't afford it. But if we fall ill then we have to go. If somebody is in very bad condition then we have to spend Rs. 1000. And minimum Rs. 400 to 500 needs to be spent for general diseases. But I had a miscarriage last time. (…) We went to doctor. He said that if I get operated or don't do abortion quickly then I won't survive. So we had to spend Rs. 20.000 for the operation." (SL/B/8)

Medizinische Notfälle führen zu einer massiven Verschuldung. Die ökonomische Verwundbarkeit durch medizinische Notfälle besteht aber auch in der Mittelschicht bei nicht krankenversicherten Haushalten: In UpperMiddleClass B sind in 66% aller Haushalte alle Personen krankenversichert, in UpperMiddleClass C 54%, in MiddleClass A 31%. In den Slumgebieten besitzen hingegen nur vereinzelte Haushalte eine Krankenversicherung, wodurch sie für alle medizinischen Behandlungen selbst aufkommen müssen. Zwar werden im öffentlichen Gesundheitssektor subventionierte Dienstleistungen angeboten, dieser ist jedoch massiv überlastet und genießt keinen guten Ruf (vgl. Butsch 2011). Ein zusätzliches Problem bei der Armutsbevölkerung ist der nicht-adäquate Zugang durch mangelhafte Informiertheit: Viele ziehen einen privaten Arzt in der Nähe des Slums, der u.U. keine ausreichende Qualifikation hat, dem öffentlichen Gesundheitssektor vor. Dies wurde auch von einer NGO bestätigt, die die Kosten vermeidbarer Erkrankungen in urbanen Armutsgruppen in Pune untersucht hat:

> „And the other weak thing that our data showed us is that there was a high expenditure on basic preventable illnesses and fully go into the private sector and we calculated that for an unrecognised slum, if a child, they were spending something like 300 rupees plus on an average per under three child, in a recognised slum 150, for basic illnesses that are completely preventable." (Ngo4)

Der öffentliche Sektor sei zu stark überlastet, um urbane Armutsgruppen angemessen zu versorgen. Die gehobene Mittelschicht hingegen kann sich den Zugang zu qualifizierteren Ärzten leisten:

> „I get the best treatment because I am paying. Ten years back people had to go to Bombay to get good treatment for specific cases, today, everything is available in Pune. Today, people have no problem of going to Bombay or the U.S. The problems have the common men who cannot afford it, who have to go to the government facility. We would never go to a government facility." (MC/B/1)

Ein weiteres Problem auf der Seite der angebotenen Gesundheitsdienste des öffentlichen und privaten Sektors besteht in der Dominanz biomedizinischer Ansätze, während ganzheitliche, salutogenetische Ansätze kaum eine Rolle spielen. Dadurch werden im Patient-Arzt-Gespräch nur selten die Ursachen einer Erkrankung diskutiert:

> „Majority of physicians that I know, we consider this as a work, at the end of the day finished. We are not too interested in finding the cause behind data, going to the root cause analysis or keeping records. What I think, how I think about the pattern of disease. Do I look at a patient as a carrier of disease or whether I look at a patient as a whole." (GpC7)

## 5. Empirische Analyse gesundheitlicher Disparitäten in Pune

Eine Bewohnerin in Slum A antwortete z.B. auf die Frage, warum sie Magenschmerzen habe:

„But I don't know the reason. I went to doctor. He has given me some medicines. (...) But he doesn't tell me the cause. He just gives me medicines." (SL/A/6)

Durch mangelnde Aufklärung wird somit insbesondere in den niedrigen Statusgruppen eine Krankheitsprävention unterminiert. Bei qualifizierten Ärzten ändert sich hingegen das Arzt-Patient-Verhältnis dahingehend, dass mehr auf die Ursachen eingegangen wird, wie eine Befragte in UpperMiddleClass C beschrieb:

„The health system around is better now. It has improved a lot in the surrounding. There are more qualified doctors. They have even come out to lend their hand to bringing in awareness. Initially there was no explanation, there was only treatment given, now there is an explanation." (MC/C/6)

Zudem ist in der gehobenen Mittelschicht ein Bewusstseinswandel hin zu aktiver Krankheitsprävention beobachtbar, der sich u.a. in der zunehmenden Wahrnehmung von Vorsorgeuntersuchungen bemerkbar macht:

„We go for regular check-ups once in two years or so. So that is fine and we take supplements, we really take supplements because we thought it's better to take supplement prior." (MC/C/7)

Somit tragen die Disparitäten beim Zugang zu Gesundheitsdiensten in Pune zu einer Verschärfung der Disparitäten in Bezug auf den Gesundheitsstatus bei.

Insgesamt betrachtet hat die finanzielle Lage großen Einfluss auf die Wohnsituation, die Infrastrukturausstattung und den Zugang zu Gesundheitsdiensten und reicht in den drei Slumgebieten bis zur Problematik der Nahrungssicherheit. Ein Experte sagte jedoch, dass die finanzielle Lage der Haushalte in den registrierten Slums oft gar nicht so schlecht sei, sie jedoch Mangels angemessenem Wohnraum in ungesunden Wohnverhältnissen leben müssten:

„It is just the area where they live has been spoiled up because you can't get a place in Bombay to stay or in Pune. So the slums really have more problems of infections because of the way they stay rather than because of plain poverty." (Ph10)

Diese ungesunden Lebensbedingungen sind zum einen infrastrukturellen Defiziten geschuldet, wie bereits ausgeführt, aber auch umwelthygienischen Aspekten.

### 5.2.2 Ökologische Faktoren

Klimafaktoren wie etwa Hitze, Nässe und Kälte je nach Jahreszeit des Monsunklimas wurden bereits in Bezug auf das Mikroklima im Wohnbereich beleuchtet (vgl. 5.2.1). Aufgrund der stark anthropogen überprägten Umwelt in Pune werden im Folgenden v.a. Probleme der öffentlichen Hygiene und des rapiden Flächennutzungswandels auf der Mesoebene des Wohnumfelds bzw. der Nachbarschaft erörtert, der mit einer zunehmenden Luftverschmutzung und einer Veränderung des Mikroklimas einhergeht. Da die Bewertung etwa der öffentlichen Hygiene stark subjektiv gefärbt und daher schwer quantitativ zu erfassen ist, wurden Daten primär über Tiefen- und Experteninterviews sowie Beobachtungen in den Gebieten gewonnen.

*Öffentliche Hygiene*

Die öffentliche Hygiene in indischen Städten ist stark an die Abwasser- und Abfallentsorgung geknüpft. So fällt etwa die Organisation der Abfallentsorgung in den Aufgabenbereich des Gesundheitsdepartments, da eine unangemessene Entsorgung von Abfällen nach wie vor ein gesundheitliches Problem darstellt. Ein extremes Beispiel hierfür ist der Ausbruch der Pest in Surat 1994, der durch extrem unhygienische Bedingungen in der Stadt und Hochwasser begünstigt wurde (Köberlein 2003). Denn die Ansammlung von Abfällen über einen Zeitraum von mindestens sieben Tagen stellt eine ideale Brutstätte für Fliegen und Moskitos als Überträger von Krankheiten dar und dient Ratten sowie weiterem Ungeziefer als Nahrungsquelle. Somit ist der Verschmutzungsgrad im öffentlichen Raum eng an die Effizienz des Abfallwirtschaftssystems geknüpft.

In Pune existieren unterschiedliche Systeme der **Abfallentsorgung** (vgl. Kraas/Kroll 2008), weshalb diese auch in den Untersuchungsgebieten variiert. In den MiddleClass-Gebieten wurde das System weitestgehend auf ein Hohlsystem umgestellt, d.h. die Stadtverwaltung sammelt den Abfall der Bungalows und *housing societies* meist täglich ein. Dennoch gibt es in UpperMiddleClass B und C noch öffentliche Abfallcontainer, in die die Bevölkerung ihren Haus- oder Gartenmüll entsorgen kann und die alle paar Tage abgeholt und entleert werden. Diese Praxis führt zu starken lokalen Verunreinigungen von Offenflächen. Hinzu kommen in beiden Gebieten illegale Abfallansammlungen auf Freiflächen, die nur unregelmäßig entsorgt werden (MC/B/3). Die Abfälle ziehen streunende Hunde, Kühe, Esel und Ratten an (Foto 36), die als Vektoren verschiedene Erkrankungen verbreiten können, z.B. Tollwut durch Hundebisse (GpC2). In dem Gebiet Middle Class A ist dagegen aufgrund der hohen Bebauungsdichte der Anteil an Freiflächen sehr gering und Verunreinigungen im öffentlichen Raum treten nur sehr punktuell auf (MC/A/2). In den Slumgebieten C und A müssen die Bewohner ihren Hausmüll zu offenen Containern am Rande der Slums bringen, die regelmäßig von der PMC abgeholt und geleert werden. Da diese Container häufig überfüllt sind und überquellen, kommt es zu lokalen Verunreinigungen. Zudem entsorgen in Slum C in zwei Teilgebieten (C2 und C3) sowie in Slum A viele Haushalte ihren Abfall auf Freiflächen im Slum, wodurch sich Abfälle im öffentlichen Raum akkumulieren (Foto 42). Im Teilgebiet C2 werfen viele Anwohner ihren Müll u.a. in einen Abwasserkanal, wodurch sich Wasser staut. Der *nallah* dient somit als Brutstätte für Moskitos und verbreitet zudem einen fauligen Geruch (AnC5). In Slum A gibt es für den gesamten Slum nur einen Container, weshalb viele Haushalte ihren Abfall vor bzw. hinter der zum Fluss gelegenen Mauer entsorgen (Foto 10):

> „We used to throw the garbage here near the river. Before this wall was constructed the garbage used to flow near our houses. Now as there is wall, the garbage is thrown behind it. But I think after some years the garbage will overflow from the wall." (SL/A/6)

Diese Praxis wird von den Bewohnern mit dem langen Weg zum einzigen Container begründet (SL/A/6). In den engen Gassen der Slumsiedlungen ist es zwar verhältnismäßig sauber, doch der Abfall entlang der Mauer bietet Moskitos, Fliegen und Ratten eine ideale Brutstätte. In Slum B gibt es keine Müllentsorgung. Die Bewohner werfen den Müll in die an den Slum angrenzenden Offenflächen. Wenn auch das Müllvolumen aufgrund der geringen Kaufkraft hier sehr gering ist, führt dies dennoch zu einer starken Verschmutzung des Raums (SL/B/7). Insgesamt hängt die öffentliche Sauberkeit somit nicht nur von dem formellen System ab, sondern auch von den individuellen Verhaltensweisen der Bewohner bzw. deren Kontrollüberzeugungen, was zu starken Unterschieden in Bezug auf die öffentliche Hygiene auch innerhalb eines Gebiets führt:

> „There is no effect of environment on our health. If there are mosquitoes, we can take precautions to overcome such problems. (…) There is no dirt in our area. Sometimes there are some people who make environment dirty. But they a very few." (SL/C/6)

> „I think the biggest problem I have here in this area is the cleanliness. (…) In fact also to the neighbours I told 100 times be clean but they are not going to listen. Because of the uneducatedness of some people, this is the main problem. (…) People are not at all caring about their environment." (SL/C/8)

Schließen sich Haushalte zusammen und kümmern sich um das Wohnumfeld, ist es sehr sauber. Denn aufgrund der hohen Wohndichte werden die Bewohner der Slumsiedlungen wesentlich direkter von dem öffentlichen Raum in ihrem unmittelbaren Wohnumfeld beeinflusst als die Bewohner der MiddleClass-Gebiete.

In allen Untersuchungsgebieten bestehen Probleme mit dem **Abwassersystem** vor allem während des Monsuns, wenn die häufig mit Abfall verstopften Kanäle überlastet sind und es dadurch zu Überschwemmungen von Straßen kommt. Aber auch hier sind die Slumgebiete stärker betroffen, da sie auch mit Überschwemmungen der Wege direkt vor ihren Hütten bzw. z.T. sogar der Hütte selbst zu kämpfen haben. Dabei variiert die Überschwemmungsgefahr jedoch zwischen den Gebieten: In Slum C ist die Kanalisation in einem Teilgebiet (C1) relativ neu und funktionstüchtig (AnC1), in Gebiet C2 und C3 hingegen ist die Abwasserentsorgung nicht überall durch geschlossene Kanäle geregelt, so dass sich die Lebensbedingungen in der Monsunzeit stark verschlechtern:

> „Living conditions during monsoon are very difficult as people even can't walk through the area as it is very dirty; if the situation is very bad, people tend to get cough, fever and diarrhoea." (AnC6)

> „The drainage system is not so good. It gets blocked often. It's especially bad during the monsoon." (SL/C/8)

Aber auch außerhalb der Regenzeit verursacht die Kanalisation in manchen Gebieten Probleme:

„The sewage pipe is open and flows directly through the area. (...) The children throw up due to the constant stench. (...) There's a lot of garbage and stale food that is thrown in the sewage line. Small kids are made to defecate there. This causes a lot of pollution. (...) Mosquitoes breed in the dirty, stagnant water causing diseases." (SL/C/5)

In Slum A ist fast der gesamte Slum mit einem Kanalisationsnetz versehen; allerdings fließt das Brauchwasser überirdisch über die Wege in die Abwasserkanäle ab. In dem nördlichen Randgebiet gibt es keine Kanalisation, auch sind die Wege unbefestigt, so dass sich hier Brauchwasser akkumuliert. In Slum B ist die Situation am problematischsten, da es hier gar kein Abwassersystem gibt und das Brauchwasser vor den Hütten entsorgt wird und sich überall in Pfützen sammelt.

Des Weiteren liegen einige der Slumgebiete in räumlichen **Ungunstlagen**, die mit gesundheitlichen Risiken verbunden sind: In Slum C ist ein Teilgebiet (C3) um einen Schlachthof gewachsen und auch in dem Slum selbst haben sich viele informelle Betriebe zur Verarbeitung tierischer Abfälle wie Häute und Gedärme angesiedelt (Foto 43). Dies führt zu starken hygienischen Problemen und einer starken Geruchsbelastung:

„There is a slaughter house near our house and hence we have to face unbearable stench, plus pieces of animal skin is seen fallen strewn due to which we tend to fall sick often. The surrounding area is not very good." (SL/C/3)

"There weren't many mosquitoes earlier, but now due to the slaughter house, the number has increased. The PMC does come and spray chemicals for the mosquito problem. (…) We use mosquito-repellent." (SL/C/4)

Ein weiteres Teilgebiet (C3) liegt direkt an einem *nallah*, wodurch es ebenfalls zu einer erhöhten Moskitodichte und Geruchsproblemen kommt (SL/C/8). In Slum B liegt ein Teilgebiet (B3) direkt zwischen einem *nallah* und einer Kläranlage. Durch die Kläranlage kommt es zu einer starken Geruchsbelastung, der *nallah* tritt während des Monsuns häufig über die Ufer und überflutet Teile des Slums (SL/B/8). Durch die verschiedenen offenen Wasserkörper gibt es insgesamt in Slum B sehr viele Moskitos (SL/B/4, SL/B/3). Auch der an Gebiet B angrenzende Fluss stellt durch einen hohen Verschmutzungsgrad und stehende Wasserkörper in der Trockenzeit ein Umweltrisiko dar:

„I had to put all the nets in the windows because in May and June, it is really bad, we have so many mosquitoes. Literally they fly into your mouth. And then you have the smell. I can't smell it but when people come and visit me they say it is smelly. The water is so little so when it stagnates it becomes like a lake. So you have mosquito breeding, smell, there is a lot of garbage in the river" (MC/B/1)

Slum A liegt ebenfalls an dem Fluss, der in der Innenstadt jedoch kanalisiert ist, und wurde früher regelmäßig in der Regenzeit überschwemmt. Bei der verheerendsten Flut 1997 waren 379 Hütten mehr als 15 Tage überschwemmt, 150 Häuser wurden vollständig zerstört (Sen/Hobson/Joshi 2003):

„Monsoons were bad because everything used to get soaked and water used to flood our hut. Then we used to go and live in the school there above. It was pretty bad. Everything used to flow away with the water. In the winters it was almost as if we would die. Some people helped us at that school where we stayed and provided us with food." (SL/A/3)

Erst durch den Bau einer Schutzmauer im Jahr 2006 wurde die Überflutungsgefahr gebannt. Die Freifläche entlang des Flusses ist stark mit Abfällen, Abwässern und Fäkalien verschmutzt.

Aber auch weitere Faktoren, die eng an das Handeln der Menschen geknüpft sind, beeinflussen die öffentliche Hygiene: So halten in Slum A und C viele Haushalte Nutztiere, insbesondere Ziegen und Hühner, in Slum A wird aber auch eine Herde Wasserbüffel gehalten (Foto 14). Eine Anganwadi-Mitarbeiterin kommentierte dies:

> „Yes, this has an effect on health, but you can't ban these animals, because the people want to keep these animals. (...) This is a social question, we don't really want to touch this issue directly." (AnC1)

Die Verunreinigung des öffentlichen Raums mit Tierkot durch die zahlreichen Nutz- und Straßentiere erhöht die Gefahr der Verbreitung infektiöser Erkrankungen. So wurden z.B. 2010 zehn Fälle von Leptospirose in Pune registriert und auch Ärzte berichteten von Fällen (GpA2). Die Erkrankung wird durch mit Tierkot kontaminiertes Wasser übertragen und war bisher nur im ländlichen Raum um Pune aufgetreten. Auch Anganwadi-Mitarbeiterinnen sagten, dass die Sauberkeit in Slum A und C sich zwar durch die verbesserte Wasser- und Abwasserversorgung in den letzten zehn Jahren stark verbessert hätten (AnA5, AnA3), nach wie vor aber hygienische Probleme durch das Verhalten mancher Haushalte existieren würden:

> „They get all facilities such as water but still cleanliness is a main problem. It is improving but still people are not bathing their children. Only around 20% of the households are clean. We are trying to make people aware of the importance of cleanliness. But many people don't listen." (AnA6)

Aufgrund der unhygienischen Bedingungen in Teilgebieten des Slums würden manche Kinder an Hautausschlägen und Augeninfektionen leiden (AnA7, AnA3, AnA5, AnA1), wenn sie z.B. entlang des Flusses in Slum A spielen würden (AnA3, AnA1). Während die mangelnde öffentliche Hygiene eher einen indirekten Einfluss auf die Gesundheit der Bewohner der MiddleClass-Gebiete hat, sind die Bewohner in den Slumgebieten aufgrund der beengten Verhältnisse direkt von diesen Problemen betroffen. Neben infrastrukturellen Defiziten ist auch das Verhalten hierbei ein wichtiger Faktor.

*Flächennutzungswandel*

Während die Innenstadt in Pune bereits seit mehreren Jahrzehnten hoch verdichtet ist, hat in den Stadtgebieten B und insbesondere C die Siedlungs- und Verkehrsfläche im Zuge des rapiden Urbanisierungsprozesses stark zugenommen, was in den Tiefen- und Experteninterviews mit einer gestiegenen Luftverschmutzung und Lärmbelästigung sowie einem Rückgang der Grünflächen in Zusammenhang gebracht wurde:

„Development has taken place very fast in this area. New buildings have come up, the road has undergone road widening three times since 1991. You see basically, you have got rid of the forest, whatever plants and open area were there, it is virtually gone. With all that respiratory problems have come up." (GpC1)

Auch Bewohner in Gebiet C kritisierten die gestiegene Staub- und Lärmbelastung sowie den Mangel an Parks:

„There used to be a lot of greenery in this area, but not anymore because of the construction of buildings. (…) Respiratory problems, difficulty in breathing and eye-irritations. Sound pollution is also a big problem that causes hearing disabilities." (SL/C/4)

„See every area we should have at least some free place for walking and park. There is nothing like that sort of. Every little space they are occupying with big, big buildings and all that. Maybe that is the reason people are becoming sick. So much smoke, dust, no rest. (…) Noise pollution is there and no proper disposal (…) in 1977 I came in Pune here, that time it was so good. These buildings are just come up very nice open spaces were there, less pollution, climate was so good. Everything is changing now." (MC/C/4)

Des Weiteren wurde eine gestiegene Moskitodichte aufgrund der stehenden Wasserkörper durch Regen- und Grundwasser auf Baustellen als große Beeinträchtigung angesprochen (MC/C/7). Eine einzelne Befragte nannte explizit die Slums in Gebiet C als Krankheitsherde, die im Zuge der Bautätigkeiten auf kleinen Flächen überall entstanden sind:

„I don't know if you have seen the huts around. In that area you can see the filth around, you know, that is what causes all these kinds, basically the diseases start from there." (MC/C/5)

Allerdings relativierten viele Befragte in UpperMiddleClass C den hygienischen Missstand in ihrer Nachbarschaft, indem sie ihren Stadtteil mit der allgemeinen Situation in Pune verglichen (MC/C/5, MC/C/1). Stadtteil B weist den höchsten Grünflächenanteil und Biodiversitätsgrad in Pune auf. Dies wurde von den Bewohnen auch als gesundheitsfördernder Aspekt hervorgehoben:

„There is a lot more greenery here around than in any other part of Pune or even otherwise in other cities of India. So, nature, considering a city we have a lot of greenery. (...) Fresh air and all these things. You actually feel the difference if you driving around there and when you just come down here you can feel the difference in the air." (MC/B/2)

Dennoch kritisierten alle Befragten, dass sich die Umweltqualität in dem Gebiet durch Baumaßnahmen und einen damit einhergehenden Rückgang von Grünflächen sowie ein wachsendes Verkehrsaufkommen stark verschlechtert habe:

„So this building you see here, after this gate there was nothing, this was all forest, wild forest. Every year I come back and have a look, there is more road, everything the whole forest area has been cut down. (…) in the evening, you can't cross the roads. (…) All is full of dust and the traffic is the same at seven o clock in the morning and seven o clock in the evening." (MC/B/1)

Neben der Luft-, Staub- und Lärmbelastung durch den Verkehr wurde auch die Lärmbelastung durch Baustellen, Restaurants und Shops kritisiert (MC/B/3). Auch im angrenzenden Slum B wurde die ökologische Degradierung in dem Gebiet vereinzelt moniert, allerdings wurde dieser aufgrund der prekären Lebensbedingungen kein hoher Stellenwert eingeräumt (SL/B/5, SL/B/4).

In Stadtgebiet A, das aufgrund der Siedlungspersistenz bereits eine hohe Bebauungsdichte aufweist, sind die strukturellen Veränderungen anderer Art: In MiddleClass A wurde als negativer Aspekt die steigende Bebauungsdichte hervorgehoben, da zunehmend alte *wadas* durch mehrstöckige Apartmentanlagen ersetzt würden (MC/A/1, MC/A/2, MC/A/6). Durch die verminderte Luftzirkulation habe sich das Mikroklima verschlechtert:

„It was good in previous period. (…) earlier people used to go outside just to feel fresh. So now the condition is exactly opposite. We feel fresh, when we come to home. There is decrease in the number of trees and increase in the pollution. This area was actually surrounded by trees, but because of the buildings the trees were destroyed. So we don't get fresh air." (MC/A/6)

Zudem wurde auch die Luftverschmutzung durch wachsendes Verkehrsaufkommen als negativer Gesundheitsaspekt betont, allerdings primär von Anwohnern an Hauptstraßen. Anwohner von Seitenstraßen oder Sackgassen beurteilten das Wohnumfeld als sehr positiv, wie ein Bewohner eines größeren Tempelkomplexes sagte:

„It's positive. The air around is clean and it's quite green here. There are many trees around." (MC/A/3)

Im Slum A wurden aufgrund der bereits länger bestehenden hohen Dichte kaum ökologische Veränderungen in der Umgebung angesprochen. Negativ bewertet wurden der Verlust an Vegetation aufgrund weiterer Verdichtungsprozesse sowie der verdreckte Fluss:

„No any kind of tree here. No greenery. No trees and no natural beauty we can't see here. Here only the cement jungle. (…) We have river nearby but it's dirty only. And if you use this river water then we have many kind of diseases." (SL/A/1) (vgl. auch SL/A/7)

Auch die Luftverschmutzung sei angestiegen:

„The climate here is not so good because our area is in the main part of city. There is a lot of pollution in the evening. In the morning the atmosphere is comparatively better. But because of vehicles the pollution is increasing. Ten years back there were fewer vehicles so even pollution was less." (SL/A/7)

Sekundärdaten belegen die angestiegene **Luftverschmutzung** in Pune. Aufgrund der hohen Emissionsbelastung wurde Pune mit sechs weiteren Städten als Modell-Stadt für Luftqualitätsmanagement ausgesucht und die Air Quality Management Cell innerhalb der PMC gegründet. Während laut PMC die Schwefel- und Stickstoffoxidkonzentrationen in Pune unter der Höchstgrenze liegen, übersteigen die Staubpartikelwerte v.a. in der Trockenzeit regelmäßig die Höchstwerte (PMC 2009). Wichtigste Feinstaubquellen sind unasphaltierte und asphaltierte Straßen, Verkehrsemissionen, Ziegelbrennereien und Baustellen (Gaffney/Benjamin 2004). Damit trägt der Verkehr, der in Pune einen jährlichen Zuwachs von etwa 8% verzeichnet, und die nicht adäquate Verkehrsinfrastruktur in Pune wesentlich zu der Luftverschmutzung bei (Or1). Da es keine verlässlichen aktuellen und histori-

128    5. Empirische Analyse gesundheitlicher Disparitäten in Pune

schen Messdaten zu verschiedenen Stadtteilen in Pune gibt (Or1), ist es kaum möglich, Aussagen zu den einzelnen Untersuchungsgebieten zu treffen. Die Emissionsbelastung kann kleinräumig in Abhängigkeit von Emissionsquellen und der Wetterlage variieren.

Abbildung 30 zeigt eine stark generalisierte Emissionsbelastung in den einzelnen *wards* nach verschiedenen Verschmutzungsquellen in Pune: Demnach ist die Emissionsbelastung durch asphaltierte und unasphaltierte Straßen in dem *ward*, in dem Gebiet C liegt, am höchsten und in Gebiet B am geringsten. Der *ward* mit Gebiet C weist sogar die höchsten Gesamtemissionen aller *wards* auf.

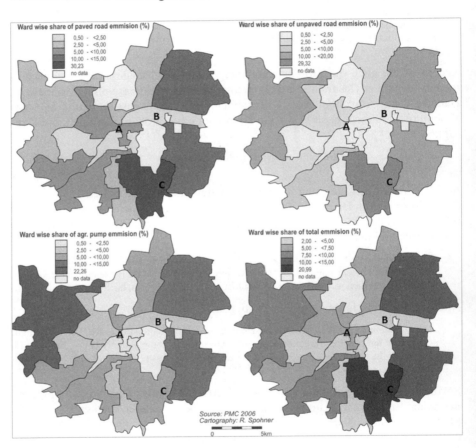

*Abb. 30: Luftverschmutzung in Pune nach Stadtteilen*

Neben der Außenluftverschmutzung wird die Innenluftbelastung zunehmend als Problem erkannt, die laut PMC Environmental Status Report mittlerweile eine mindestens genauso große Gesundheitsgefahr darstellt (PMC 2009).

Des Weiteren wurde von mehreren Befragten das sich wandelnde Klima in den Tiefeninterviews mit einer Zunahme an Starkregen und Hitzeperioden angesprochen:

> „Pune has been a retirements place 20 years back and it has been one of the coolest places. It was known as the hill station of Maharashtra and it was very cool. The temperatures went up till 28 degrees that was the maximum in the month of May and April. But today after 40 years I think it has made a fast difference. From 28 degrees it has become 42 degrees. (...) We have a lot of problems with traffic, pollution, noise, surrounding, so all which used to make this place a heaven has turned up to be a hell." (MC/C/6) (vgl. auch MC/C/4, MC/A/6)

Gerade in den Slums verursachen diese klimatischen Veränderungen eine erhöhte gesundheitliche Belastung aufgrund der defizitären Wohnstrukturen. Bei den Tiefeninterviews zeigten sich jedoch starke Perzeptionsunterschiede zwischen Bewohnern der Slums und der MiddleClass-Gebiete: Die Bewohner der Slumgebiete bezogen Umweltfaktoren überwiegend auf ihr unmittelbares Wohnumfeld und das Slumgebiet, nicht aber auf den Stadtteil, wie dies in den Interviews mit Befragten der MiddleClass-Gebiete der Fall war. Dies ist wohl teilweise damit zu erklären, dass insbesondere Frauen in den Slumgebieten einen eingeschränkteren Aktionsradius haben und die meiste Zeit im Slum verbringen (SL/A/5). Daher wurden ökologische Faktoren v.a. auf das unmittelbare Wohnumfeld bezogen. Gesundheitsfördernde ökologische Faktoren kamen nur vereinzelt zur Sprache, da der Fokus der Befragten v.a. auf materiellen und infrastrukturellen Defiziten lag.

Die zunehmende Umweltdegradation im Zuge der rapiden Urbanisierung belastet somit alle Haushalte in Pune mit negativen Implikationen für die physische und psychische Gesundheit. Es bestehen jedoch kleinräumig variierende Unterschiede in Bezug auf die räumliche Lage z.B. an Hauptverkehrsachsen und Flüssen sowie unterschiedliche Risikominimierungsstrategien und Optionen in Abhängigkeit vom sozioökonomischen Status. Slumbewohner sind Umweltgefahren stärker ausgesetzt und haben weniger materielle Möglichkeiten, diese abzumildern. Somit sind materielle und ökologische Faktoren, die den räumlichen Kontext bestimmen, stark miteinander verknüpft und es ergeben sich klare Unterschiede zwischen den drei MiddleClass- und den Slumgebieten in Bezug auf gesundheitliche Schutz- und Risikofaktoren. Die Haushalte der MiddleClass-Gebiete können ihre gesundheitsrelevanten materiellen Bedürfnisse weitestgehend erfüllen, zudem hat sich ihre Situation in den letzten Jahren zusätzlich leicht verbessert. Kritisiert wurde vor allem die Degradation der Infrastruktur und der Umwelt im Zuge der Urbanisierung. Haushalte in den Slumgebieten thematisierten vor allem Fortschritte ihrer materiellen Situation, allerdings bestehen große Unterschiede in Bezug auf den Grad der materiellen Defizite zwischen registrierten und nicht-registrierten Slums sowie innerhalb der Gebiete.

### 5.2.3 Psychosoziale Faktoren

Unter psychosozialen Aspekten werden im Folgenden zunächst allgemeine sowie berufsbedingte Stressfaktoren behandelt und anschließend soziale Netzwerke in der Familie, Nachbarschaft und unter Freunden als Sozialkapital betrachtet.

*Stressbelastung*

Aus der Betrachtung der materiellen und ökologischen Faktoren lassen sich bereits verschiedene Stressoren wie Lärmbelastung oder hohe Wohndichte ableiten, die auf Menschen wirken und ihre Gesundheit bzw. ihr Wohlergehen auf verschiedene Art und Weise negativ beeinflussen können. Gerade in Städten nehmen psychische Probleme zu, ausgelöst durch vielschichtige Veränderungen der sozialen und physischen urbanen Lebenswelten und einer daraus resultierenden zunehmenden Komplexität des Alltags.

Mentale Gesundheit als zusätzliches Fragemodul wurde in den zweiten Survey durch die Aufnahme des WHO-5-Fragebogens zum Wohlbefinden sowie weiterer Indikatoren, angelehnt an die Rotterdam Symptom Checklist (Haes et al. 1996), mit eingebracht. Die Fragen wurden in einem gesonderten Modul nur an den oder die Befragte gerichtet. Dabei ist es nicht das Ziel, psychische Erkrankungen[15] wie z.B. eine Depression auszumachen. Vielmehr sollen Belastungen durch Stress und eine damit einhergehende Minderung des Wohlbefindens quantitativ erfasst werden, da insbesondere Stress als Risikofaktor für verschiedene chronische Erkrankungen eine wichtige Rolle spielt. Der WHO-5-Fragebogen wird als Screening-Instrument für psychisches Wohlergehen eingesetzt und ermöglicht damit auch Aussagen über das Wohlbefinden einer Person (WHO 1998). Der Index wurde bereits in verschiedensten Studien verwendet und besitzt allgemein eine hohe Akzeptanz (Bonsignore et al. 2001). Er besteht aus fünf Fragen (Tab. 6), die sich auf das Wohlbefinden der befragten Person im Verlauf der letzten zwei Wochen beziehen.

---

15 Bei der selbstberichteten Morbidität betrug die Prävalenz psychischer Erkrankungen in den sechs Untersuchungsgebieten null, was jedoch auf eine Tabuisierung in der indischen Gesellschaft zurückzuführen ist.

## 5. Empirische Analyse gesundheitlicher Disparitäten in Pune

| Over the last two weeks ... | all of the time | most of the time | more than half of the time | less than half of the time | some of the time | at no time |
|---|---|---|---|---|---|---|
| I have felt cheerful and in good spirits | ☐₅ | ☐₄ | ☐₃ | ☐₂ | ☐₁ | ☐₀ |
| I have felt calm and relaxed | ☐₅ | ☐₄ | ☐₃ | ☐₂ | ☐₁ | ☐₀ |
| I have felt active and vigorous | ☐₅ | ☐₄ | ☐₃ | ☐₂ | ☐₁ | ☐₀ |
| I woke up feeling fresh and rested | ☐₅ | ☐₄ | ☐₃ | ☐₂ | ☐₁ | ☐₀ |
| My daily life has been filled with things that interest me | ☐₅ | ☐₄ | ☐₃ | ☐₂ | ☐₁ | ☐₀ |

*Tab. 6: WHO-5-Fragebogen zum Wohlbefinden (nach WHO 1998)*

Die Fragen sind sechsstufig skaliert, wobei fünf das höchste und null das niedrigste Wohlbefinden darstellt. Aus den fünf Fragen ergibt sich ein Gesamtscore von maximal 25 Punkten. Ein Summenscore unter 13 sowie mindestens eine Antwort mit „nie" (null Punkte) deutet auf eine mögliche Depression hin.

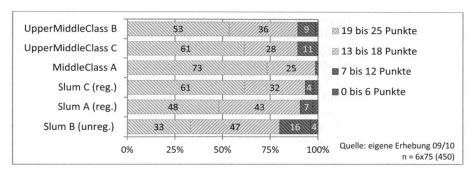

*Abb. 31: Ergebnisse des WHO-5-Index zum Wohlbefinden*

In MiddleClass A ist der Anteil der Befragten mit einem Score unter 13 mit 1% am geringsten und mit einem Score über 18 am höchsten. In UpperMiddleClass B und C sind etwa 11% der Befragten depressionsgefährdet, in Slum C und A sind es 7 bzw. 11%. In Slum B ist der Anteil mit 20% am höchsten und auch die Gruppe mit einem sehr hohen Wohlbefinden am geringsten. Eine Auswertung nach Geschlecht zeigt nur wenig Varianz: 9% der Frauen haben einen Score unter 13 im Vergleich zu 11% der Männer.

Neben dem WHO-Fragebogen wurde in Anlehnung an die Rotterdam Symptom Checklist (Haes et al. 1996) verschiedene Symptome auf einer vierstufigen Skala abgefragt, die auf Stress und Anspannung hinweisen (Abb. 32). Es wurde gefragt, inwiefern der oder die Befragte in den letzten zwei Wochen unter Zukunftsängsten, Besorgnis, Energielosigkeit, Schlafproblemen oder Nervosität gelitten habe.

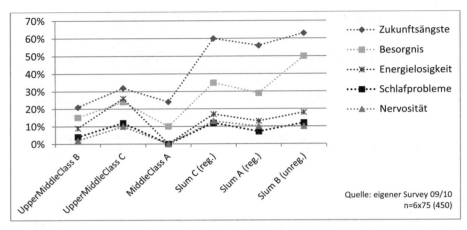

Abb. 32: *Stressbelastung: Anteil der Befragten, die in den letzten zwei Wochen stark oder sehr stark an genannten Symptomen gelitten haben*

Die verschiedenen Symptome, die auf eine Stressbelastung schießen lassen, sind insgesamt in den drei Slumgebieten stärker ausgeprägt sind als in den Middle Class-Gebieten. In den drei Slumgebieten gaben über die Hälfte der Befragten an, starke oder sehr starke Zukunftsängste zu haben. Auch eine starke Besorgnis ist bei 30% der Befragten in Slum A und C sowie bis zu 50% der Befragten in Slum B recht stark ausgeprägt. In den drei MiddleClass-Gebieten gaben ebenso zwischen 21 und 32% der Befragten an, Zukunftsängste zu haben. Besorgnis äußerten 10% in MiddleClass A, 15% in UpperMiddleClass B und 24% in UpperMiddle Class C. Energielosigkeit, Schlafprobleme und Nervosität wurden überwiegend als kein oder nur sehr geringes Problem angegeben. Aber auch hier befindet sich die Prävalenz in UpperMiddleClass C auf höherem Niveau mit Werten zwischen 10 und 18%, bei Energielosigkeit sogar 26%. Somit lässt sich aus dem Survey folgern, dass in den Slumgebieten mehr Bewohner stressvollen Bedingungen ausgesetzt sind. Dies lässt sich den Tiefeninterviews zufolge insbesondere auf eine angespannte ökonomische Lage sowie mehr soziale Konflikte zurückführen. Aber auch in der gehobenen Mittelschicht sind Menschen durch Unsicherheit und Besorgnis psychisch belastet. Stressvolle Bedingungen scheinen dabei in UpperMiddleClass C am stärksten, und in der eher traditionell orientierten MiddleClass A am schwächsten ausgeprägt zu sein.

Dies spiegelt sich auch in der Einschätzung des eigenen Gesundheitsstatus als weiterem Indikator für Wohlergehen wider (Abb. 33): So schätzten beim zweiten Survey in MiddleClass A die meisten Befragten ihre Gesundheit als zufriedenstellend ein (67%); in UpperMiddleClass B und C bewerteten hingegen nur 57 bzw. 51% der Befragten ihren Gesundheitsstatus als positiv, ähnlich wie in den Slums A und C mit 58 und 61%. In Slum B hingegen bewerteten nur 42% der Befragten ihren Gesundheitsstatus positiv, 17% als nicht oder gar nicht zufriedenstellend, im Vergleich zu 1 bis 5% in den anderen Gebieten. Auch wenn Bias aufgrund der subjektiven Einschätzung zu berücksichtigen sind, so zeigt die Beurteilung des eigenen Gesundheitsstatus ähnliche Muster wie die Stressbelastung.

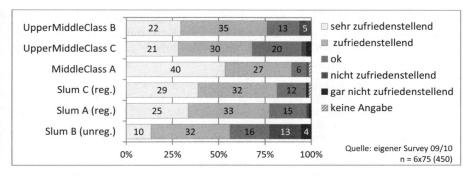

Abb. 33: Bewertung des eigenen Gesundheitsstatus

Die Zunahme psychischer Probleme wurde auch von Allgemeinmedizinern bestätigt. Dabei seien psychische Probleme in allen sozioökonomischen Gruppen stark unterberichtet und unterdiagnostiziert, nur die Ursache variiere je nach Status:

> „Only the cause or underlying cause of the depression may be different. In the slum areas it may be more of means of subsistence, because of larger number of people under one roof, clashes between them. And in upper socioeconomic strata it is more related to job, the lifestyle, lack of sleep, habits." (GpC7)

Ein weiterer Mediziner in Gebiet C führte die hohe Scheidungsrate als Indikator für soziale Veränderungen und Probleme insbesondere in der aufsteigenden Mittelschicht an:

> „Yes, that must be part of the mental health set up. The number of divorces has increased. There must be stress somewhere. I mean I try not to go too deep into the psychiatry, basically because this requires time. And that is one thing I am running short off. If I want to see one patient in three to four minutes, psychiatric patients require minimum half an hour. So that is a difficult field to put my nose into." (GpC1)

Psychische Probleme wären jedoch im Praxisalltag schwer zu adressieren. Er gab ein Beispiel von einer jungen Patientin, die aufgrund familiärer Probleme an gesundheitlichen Problemen litt, deren psychischen Probleme er aber nur zufällig aufdeckte:

> „Multiple things were done but the problems were not solved. (…) But when the problem, when she actually the dam broke, when she come over the problems. It was tremendous problems, it was a family issue. It was huge problem. The girl was cramping up with all inside her and the mother was aware of the whole thing but she was trying to brush it aside. So the symptoms, all the symptoms, you wouldn't believe that one day she led it out, and we did a few sessions after that, we talked and we put her on a small anti depressive, the whole thing changed, her outlook changed, her health improved." (GpC7)

Denn soziale Probleme wie z.B. Gewalt in der Ehe, die sich stark auf die psychische Gesundheit auswirken, werden in der indischen Gesellschaft tabuisiert, so dass Ärzte viele Fragen nicht offen stellen können. Zudem verhindert der hohe Zeitdruck der Ärzte sowie die starke Orientierung an biomedizinischen Ansätzen die Berücksichtigung psychischer Probleme im Praxisalltag (GpC7).

Der Superintendent eines privaten Krankenhauses führte als Beispiel für stressinduzierte Erkrankungen wachsende Fruchtbarkeitsprobleme bei Frauen und Männern in höheren Statusgruppen an. Das Krankenhaus habe daher jüngst ein Zentrum für Invitro-Fertilisation eingerichtet:

> „See, infertility is practically a lifestyle disorder. It depends on both of the partners. It depends on their physical status, it depends upon their mental health, and as of now, the primary factors which are causing this increase, I would say is stress, the kind of dietary habit, then the kind of sleep habits, and also the kind of lifestyle habits as such. Stress work, and people don't really live together for long. The amount of time wife and husband are spending together, that is also reduced." (Ph1)

Des Weiteren wurden Mediziner in den Experteninterviews von der Autorin auf die hohe Prävalenz von Kopfschmerzen angesprochen, die insbesondere in den drei Slumgebieten und dort vor allem von Frauen berichtet wurde[16]. Diese werteten Kopfschmerzen als Symptom für Stress:

> „Headache is a symptom (…), it means dissatisfaction with the home situation, with the husband's habits like alcohol because that causes headache, they call it headache, actually it's really stress. So that could be over reporting there." (Et1)

> „So it has to go with the role that women play in looking after a family. And in general they would take more responsibility for the children and for the family. So that's the reason. This is clearly stress-related." (Et3)

Somit kann die hohe selbstberichtete Prävalenz von Kopfschmerzen bei Frauen in den Slumgebieten als weiterer Indikator für stressvolle Lebensumstände interpretiert werden. Insgesamt zeigen die Daten eine hohe psychische Belastung insbesondere niedriger Statusgruppen, aber auch der gehobenen Mittelschicht, die im Bereich der Öffentlichen Gesundheit bisher kaum berücksichtigt wird (MoHFW 2010).

Als weiterer Stressfaktor wurde abgefragt, inwiefern sich die Befragten in ihrem Wohngebiet sicher fühlen, wenn sie sich nach Einbruch der Dunkelheit alleine in ihrem Wohngebiet bewegen. Das größte Unsicherheitsgefühl haben demnach Frauen in Slum B: Hier gaben 38% an, sich nicht sicher oder nur entfernt sicher zu fühlen (im Vergleich zu 18% der Männer). Dies ist u.a. auf die mangelnde bzw. fehlende Beleuchtung im Slum zurückzuführen; eine Befragte sagte, dass sie sich in der Dunkelheit kaum aus ihren Hütten traue (SL/B/8). Auch in

---

16 Die selbstberichtete Prävalenz von Kopfschmerzen lag bei Frauen in Slum C bei 61‰, in Slum A bei 104‰ und Slum B bei 61‰. In den MiddleClass-Gebieten variiert diese zwischen 5 und 17‰. Bei den Männern variiert die Prävalenz zwischen 3‰ in MiddleClass A und 30‰ in Slum B.

Slum C fühlen sich 23% der Frauen nicht sicher im Vergleich zu 6% der Männer. Im Slum A ist die Zahl mit 8% bei den Frauen und 4% bei den Männern geringer. In den MiddleClass-Gebieten fühlen sich Frauen und Männer in UpperMiddle Class C am unsichersten (22% der Frauen und 10% der Männer), in UpperMiddle Class B fühlen sich etwa 7% der Männer und Frauen nur eingeschränkt sicher, in MiddleClass A 10% der Frauen. Auch im Bereich der gefühlten Sicherheit sind somit v.a. Frauen in Slumgebieten erhöhtem Stress ausgesetzt, wobei auch in den UpperMiddleClass-Gebieten mehrere Frauen Sicherheitsbedenken in ihrer Nachbarschaft äußerten und z.B. ihre Kinder nicht alleine in der Dunkelheit durch die Nachbarschaft gehen lassen würden.

Nicht zuletzt tragen auch Umweltfaktoren (vgl. 5.2.2) zu Stress bei, insbesondere die hohe Lärmbelastung (MC/B/2) sowie das hohe Verkehrsaufkommen, die u.a. auch die Nachtruhe stören:

> „Even traffic does have an impact on your health to a certain extent. The work stress and everything and then I get stuck into this traffic, so mentally it disturbs you." (MC/B/5)

> „I have to use ear plugs because it is so loud at night. The dogs are barking, the rickshaw drivers are talking. But people need their sleep to stay healthy. And during Puja, they do everything full blast." (MC/B/3)

Dies gilt für alle sozioökonomischen Gruppen mit kleinräumigen Variationen in Abhängigkeit von der Wohnlage, wurde aber primär von den Befragten in den MiddleClass-Gebieten thematisiert.

Berufliche Belastung

Aus der quantitativen Erfassung der Berufsgruppen (vgl. 5.1) lässt sich ableiten, dass Personen der UpperMiddleClass B und C v.a. Bürotätigkeiten nachgehen, die eine geringe physische und eine hohe geistige Anstrengung z.T. mit einer hohen Übernahme von Verantwortung erfordern. Daher ist hier zu erwarten, dass gesundheitliche Risiken eher durch Stress entstehen sowie einen Mangel an physischer Bewegung, wenn dieser nicht in der Freizeit ausgeglichen wird. In Middle Class A kann aus dem Berufsprofil gefolgert werden, dass die Berufstätigen durchschnittlich auch wenig physische Bewegung am Arbeitsplatz haben, aber aufgrund der geringeren geistigen Beanspruchung auch weniger Stresssituationen ausgesetzt sind. In den Slums sind die beruflichen Tätigkeiten recht gemischt. Viele Berufe sind mit körperlicher Bewegung verbunden und weniger mit geistigen Tätigkeiten. Einige Berufe wie z.B. der des Wachmannes gehen mit langen Arbeitstagen mit bis zu 16 Stunden am Tag, aber einer sehr geringen Arbeitsintensität einher. Andere Arbeiten z.B. im informellen Recyclingbusiness in Slum A sind mit gesundheitlichen Gefahren verbunden und verursachen auch im Slum selbst Verunreinigungen. Gleiches gilt für die Schlachtabfälle verarbeitenden informellen Betriebe in Slum C. Aufgrund der Diversität der Berufe sollen im Folgenden nur wenige auffällige Muster beschrieben werden, die sich aus der Auswertung der Tiefeninterviews in Bezug auf die psychische und physische Belastung ergaben.

In den Slumgebieten wurde Arbeit in den Tiefeninterviews überwiegend positiv bewertet, da es direkt mit dem Einkommen verknüpft wurde:

> „It's positive because unless one works, one can't earn." (SL/A/4)

Gesundheitliche Risiken oder Probleme wurden nicht reflektiert. In Slum C und A arbeiten in manchen Haushalten nur die Frauen, die somit einer starken physischen und psychischen Doppel- bzw. Dreifachbelastung ausgesetzt sind, da sie Geld verdienen, den Haushalt führen und die Kinder versorgen müssen (AnC5, AnA2). Frauen berichteten von sehr harter körperlicher Arbeit im Haushalt und außerhalb:

> „Well, life has been such that there has been nothing except working to feed the family, all alone." (SL/C/2)

Mittlerweile sind die Kinder der Befragten aus dem Haus und sie arbeitet als Haushaltshilfe, schätzt dies aber als positiv ein. Hier zeigt sich auch die Lebenslaufperspektive mit einer starken Doppel- bzw. Dreifachbelastung von Frauen mit Kindern. Auch andere Frauen, deren Kinder bereits erwachsen sind, sagten sie würden gerne nebenher arbeiten, um zum Haushaltseinkommen beizutragen und Abwechslung außerhalb des Slums zu erfahren:

> „So I prefer to go out to work. It keeps me busy and also lets me earn a small amount of money. It's boring to sit in house for the whole day. Being at home for the whole day and sleeping also makes you suffer from many diseases. If I go out to work then I can meet many people. I find it very important to meet the people outside this slum area. The life outside this slum is different. I work in a big housing society." (SL/C/6)

In Slum B berichteten mehrere Befragte von starken körperlichen Schmerzen aufgrund der harten körperlichen Arbeit auf den Baustellen:

> „For my mother it is hard work. She has lots of pain after work and sometimes also fever." (SL/B/2)

> „We have to carry heavy loads so it's difficult. We have to carry mainly soil or small stones. We also have to work on $11^{th}$ or $12^{th}$ floor so it's dangerous too." (SL/B/8)

> „If we work well, then it's fine but if I get even a bit careless then it may get dangerous. If you aren't careful enough we might even fall. (...) The cement is bad for the respiration but we cover our faces." (SL/B/3)

Die auf den Baustellen arbeitenden Männer und Frauen sind somit starken physischen Belastungen, einer erhöhten Staubbelastung sowie einer hohen Unfallgefahr ausgesetzt. Gerade in den Slumgebieten sind die Bewohner jedoch auf gute Gesundheit zur Einkommensgenerierung angewiesen, da es keine formellen Kompensationsmechanismen bei Arbeitsausfall gibt:

> „And the lower class faces the physical problems. And they can't miss their work, they have to work under physical stress, and they don't take proper care of their health. And most of the people do come at the latest stage when they get any disease or all these things." (Ngo1)

> „My father also doesn't go to hospital as he doesn't have time. He takes some medicines. My mother generally doesn't fall ill." (SL/A/7)

Somit sind Gesundheit und Einkommensgenerierung gerade bei körperlich anstrengenden Jobs eng miteinander verbunden. Mehrere Befragte in Slum B äußerten, dass sie aufgrund der Einkommensunsicherheit stark angespannt seien.

In MiddleClass A wurde die Berufstätigkeit in den Tiefeninterviews überwiegend positiv bewertet, aber auch nicht weiter reflektiert. Auch in UpperMiddle Class B und C wurde die Arbeitssituation als positiv eingeschätzt. Einige Befragte problematisierten berufsbedingten Stress:

> „Lot of competition is there, so you tend to give so much to your job and most of the time you are with your work place, always this is in your mind. So you know lot of stress is there, so it's gone beyond, it's more on the negative side and earlier (...) you were satisfied with whatever you were getting. So lot of – now there is so much in the society, (...) you want to buy everything, you want to have everything. If you want to increase your income you have to put so much for your job. So time, energy!" (MC/B/6)

Das steigende Angebot qualifizierter Berufsmöglichkeiten erhöht somit auch den Wettbewerb, und der Reiz eines höheren Einkommens aufgrund gestiegener Konsumbedürfnisse führt zu einer starken Mehrbelastung. Dennoch bewertet die Befragte ihren Job als positiv, da sie daraus Gratifikation und Einkommen schöpfe. Auch ein anderer Befragter verband mit seinem Job v.a. Eustress:

> „Work environment is okay, I have, I think it's positive. Work environment is clean, healthy, no problem. (...) See stress, basically it depends on person to person, how one takes it. (...) For me it doesn't become, I enjoy my work so basically, like I can't sit idle." (MC/B/5)

Diese sehr positiven Bewertungen stehen jedoch im Kontrast zu Aussagen von Allgemeinmedizinern, wonach berufsbedingter Stress in höheren Einkommensgruppen ein wachsendes Problem darstelle:

> „The stress again is more in the higher income groups because they want to perform and they want to be update and so there is more stress there. So usually more the husband and wife are working, the family is at stress because both are working, so that is again stress to the family." (GpB2)

Insbesondere Beschäftigte im IT-Sektor seien durch eine hohe Arbeitslast und lange Bürozeiten viel Stress ausgesetzt, der zu verschiedenen körperlichen Beschwerden, v.a. Rückenleiden, führen würde (GpC1, GpB1), zumal viele keinen Sport zum Ausgleich machen würden:

> „The people in the IT sector have a lot of stress and lack of exercise. They have lots of wealth, but no time for exercise. So they have overweight and get heart problems or diabetes." (GpA2)

Die IT-Industrie, die sich erst in den letzten zehn Jahren in Pune verstärkt etabliert hat, steht beispielhaft für den Wandel in der Berufswelt der gut ausgebildeten aufstrebenden Mittelschicht. Der Zunahme beruflicher Möglichkeiten und einem gestiegenen Einkommensniveau stehen negative Aspekte gegenüber wie etwa Angst vor dem Verlust des Arbeitsplatzes sowie erhöhter Stress am Arbeitsplatz:

"You see, if you look at India in the 1970es. I mean, basically there were certain standard kinds of opportunities which people had and at the same time there were certain levels of security which also people enjoyed. So it was not a very great situation. (…) So opportunities were less, risks were less, and at the same time therefore stress levels were probably not that much. Now you have apparently lots of opportunities, so people would want to migrate abroad, they would want to get very high levels, high paid jobs, you know, and globalizations impact in Pune itself is for example on the IT sector and islands have been created which offer opportunities. So therefore there is stress, and at the same time uncertainties have increased." (Ngo1)

Auch die globale Wirtschaftskrise habe zu vermehrter Unsicherheit und Angst vor Arbeitslosigkeit in der aufsteigenden Mittelschicht geführt, v.a. vor dem Hintergrund wachsender Lebenserhaltungskosten und Konsumansprüche. Dies betrifft jedoch letztlich alle sozioökonomischen Gruppen:

"I would say that the main cause what I see many people are under stress because so much of tension, everything surviving day-to-day everything so much tension. People are seeing everything has gone, the rates are so high and people are under tension, working day and night." (MC/C/4)

Ein weiterer Indikator für die Zunahme berufsbedingten Stresses ist die hohe Selbstmordrate in Pune aufgrund finanzieller und beruflicher Gründe: 2010 wurden in Pune 646 Selbstmorde registriert, davon 2,8% aus finanziellen Gründen, 2,3% aufgrund von Karriereproblemen, 4,2% aufgrund nicht bestandener Examen, 1,2% aufgrund von Armut und 6% aufgrund von Arbeitslosigkeit (NCRB 2011). Der Umgang mit arbeitsbedingtem Stress, Einkommensverlusten und Existenzängsten wird unter anderem von den sozialen Netzwerken beeinflusst, auf die eine Person zurückgreifen kann.

*Sozialkapital*

Soziale Netzwerke spielen bei der täglichen Stress- und akuten Krisenbewältigung, wie z.B. bei einer akuten Krankheit, eine wichtige Rolle. In Indien besitzen die Familie und nachbarschaftliche Netzwerke traditionell einen hohen Stellenwert (vgl. Pandey 2009), aber auch Freundschaften außerhalb dieses Umfeldes sind relevant. Da diese sozialen Unterstützungssysteme, v.a. die Familie, einen sensiblen Bereich darstellen, wurden diese Aspekte primär in Tiefeninterviews behandelt, wobei dennoch von Verzerrungseffekten aufgrund der Tabuisierung von Konflikten auszugehen ist.

Allgemein wurde **Familie** als positiver Aspekt betrachtet und eher selten problematisiert. In Slum B sind viele der temporären Bauarbeiter ohne Familien in Pune, da sie die ständige Arbeitsmigration sowie die widrige Wohnsituation nicht ihrer Familie zumuten möchten:

"How would it be good staying without family? I don't like it. I often call my family. Sometimes I feel lonely I miss my family very much. But we have to earn money for family." (SL/B/7)

## 5. Empirische Analyse gesundheitlicher Disparitäten in Pune

Gerade junge Paare haben sich aber auch bewusst für die Arbeitsmigration entschieden, um in Pune Geld verdienen und sparen zu können, was im Rahmen der Großfamilie auf dem Land nicht möglich wäre (SL/B/6). Bei den längerfristig bleibenden Haushalten wurde Familie als positiv eingeschätzt und nicht weiter ausdifferenziert (SL/B/1, SL/B/3). Diese Tendenz ist auch in Slums A und C zu beobachten. Als positive Aspekte wurden insbesondere der Zusammenhalt in der Familie betont sowie die Unterstützung z.B. bei Krankheit:

> „I can share my tensions, worries and problems with my family members. There is no difficulty with them." (SL/C/7) (vgl. auch SL/C/3, SL/C/1)

> „Our family is happy together. We are now four people living together. No one in our home has any bad habits. If somebody falls ill then we take him to hospital quickly. If I fall ill then I can't bear it. So family plays an important role. (...) Though we are poor, we are happy together. If somebody commits mistake then we try to understand him. We never quarrel. (...) Our family was same even ten years back. It was only because of financial problems that we faced problems." (SL/A/7)

Allerdings wurde in den Tiefeninterviews und von Anganwadi-Mitarbeiterinnen sehr wohl geäußert, dass es in manchen Familien in der Nachbarschaft insbesondere in Zusammenhang mit Alkoholmissbrauch große Probleme gäbe (vgl. 5.2.4). Weitere Probleme ergeben sich aus dem Übergang von der Großfamilie mit festen Rollenstrukturen zur Kernfamilie, denn insbesondere unter Migranten nimmt auch in den Slumgebieten die Anzahl der Kernfamilien zu. Dies betrifft insbesondere die Betreuung von Kleinkindern, denn häufig müssen beide Eltern aufgrund des niedrigen Lohnniveaus arbeiten:

> „The parents go for work and so they can't pay attention at their children. So the youngsters here are not so good behaved. They abuse each other, they don't respect elderly people. Many children are addicted to some bad habits at very small age. These things affect children quickly." (SL/A/5)

Die Kinder seien somit häufig sich selbst überlassen, was sich auch auf die schulischen Leistungen der Kinder sowie deren Ernährungssituation auswirke (AnA1, AnC4). Aber auch die Großfamilie mit ihren patrilokalen Strukturen, in der die Ehefrau nach der Heirat traditionell in den Haushalt des Ehemanns übersiedelt, birgt die Gefahr, dass Frauen erhöhten psychischen und physischen Belastungen ausgesetzt sind, da sie im neuen Haushalt häufig wenig Unterstützung erfahren bzw. sich der Familie des Ehemanns unterordnen müssen. Dies wurde in den Slums nicht angesprochen, weil diese Strukturen entweder tabuisiert oder nicht hinterfragt werden. Ein NGO-Mitarbeiter führte als Beispiel an, dass Frauen nach einer HIV-Diagnose im Rahmen der pränatalen Untersuchung häufig aus der Familie des Ehemannes ausgestoßen würden, auch wenn sie sich mit großer Wahrscheinlichkeit beim Ehemann angesteckt hätten (Ngo2):

> „She is not supposed to come back to her father's house. There is no way that the father takes her back. It is difficult. Things are changing now, brothers are looking after their sisters, but social norms don't change so easily." (Ngo2)

In MiddleClass A thematisierte eine Frau die Probleme patrilokaler Strukturen:

> „After I got married. I was really troubled by my mother-in-law. There was a lot of stress and tension. That really affected my health. (...) My mother-in-law has troubled me a lot when I was pregnant with my daughter. Even a glass of water was hard for me to get. She didn't support me at all." (MC/A/3)

Sie sprach auch ein Alkoholproblem ihres Ehemannes an:

> „It's my family so it has to be positive. But sometimes when my husband comes drunk and creates a scene it's quite unpleasant. Otherwise it's positive. (...) sometimes positive and sometimes negative." (MC/A/3)

In den anderen Tiefeninterviews in MiddleClass A wurde Familie und v.a. der Verband der Großfamilie als sehr positiv hervorgehoben, auch wenn sich diese in vielen Haushalten auflösen:

> „It's important. Today we see mainly nucleus families. For example, in my family I'm the only one, who has to take care of the whole family, but ten years before my mother and sister were also there. I'm basically from joint family, but after marriage and all some family members got separated." (MC/A/6)

Neben der Unterstützung durch die Familie wurde auch die Wichtigkeit gemeinsamer Mahlzeiten als gesundheitsfördernder Aspekt angesprochen:

> „Family is very important. If you have family, then on demand of family members we bring the variety of food items. If we stay in a family then we get whatever we wish to eat. In case that someone stays alone, he doesn't always feel like cooking variety for him. (...) There are some festivals when we cook some special food. All this is important for good health." (MC/A/7)

Der Übergang zur Nuklearfamilie wurde auch in UpperMiddleClass B und C mit einem hohen Anteil an Kernfamilien und auch Einpersonenhaushalten thematisiert. In einigen Haushalten leben die erwachsenen Kinder im Ausland (MC/B/3), oder die Familie ist alleine nach Pune gezogen. Als positive Aspekte der Großfamilie wurden auch die Ernährung, die soziale Unterstützung sowie die Hilfe bei der Kindererziehung angesprochen, die nun häufig fehle:

> „There was more as joint families, the building of the house, the income, the stress is to be distributed among all the people. So now everybody has to tend for their own families and you know, this is nuclear family, the problem with the children. There is nobody to take care of them, there is no quality life what you can have, being nuclear family. So that is one thing which is negative, though the income has increased but you know, what you call the stress has also increased." (MC/B/6)

Dies wurde auch von einer anderen Befragten angesprochen, die nach ihrer Heirat von einer Groß- in eine Kleinfamilie wechselte und die Vor- und Nachteile gerade für die Erziehung und Persönlichkeitsbildung der Kinder sehr detailliert beschrieb:

> „Nuclear family doesn't give you much of knowledge of how to bring up your own personality as well as your child because your child needs a kind of diet, understanding, atmosphere, ambience to grow up. You know the social status is really important. The nuclear family cannot provide it, especially when both parents are working the child tends to have a vacuum, the child becomes independent, but independence doesn't mean an understanding to grow. So I think a joint family or a larger family with so many people around though they nag you but

the nagging is of great help because this is how the child's development is. You know when I compare me and my child about twenty years back (...), I am the only one who is trying to input the knowledge into my child. Whereas when I was a kid I had so many people putting that influence, there is a lot of difference. They may be faster, they may be more intelligent than me, but they do not have a cohesion which I had with my family. And an understanding to accept, they don't accept." (MC/C/6)

Probleme bei der Kinderbetreuung in Nuklearfamilien sowie der geringere soziale Zusammenhalt wurden auch von Allgemeinmedizinern in Gebiet C angesprochen (GpC8). Kinder, die in jungen Jahren viel Stress zu Hause ausgesetzt sind, laufen in ihrem späteren Leben eher Gefahr, ein allgemein geringeres Wohlbefinden zu entwickeln (vgl. Bartley 2004: 133). Zudem wären Kinder in Kindergärten einem höheren Ansteckungsrisiko für übertragbare Erkrankungen wie z.B. Diarrhö ausgesetzt (GpC3). Tendenziell lässt sich in allen sechs Untersuchungsgebieten festhalten, dass der Familie als sozialem Unterstützungssystem ein hoher Stellenwert beigemessen wird. Die traditionellen Strukturen der Großfamilie mit definierten Rollenzuweisungen lösen sich jedoch zunehmend durch Veränderungen in der Arbeitswelt als auch veränderte Normen und Werte auf. Die Kohäsion sinkt in vielen Familien durch längere Arbeitszeiten und mehr Stress. Während in den Haushalten der UpperMiddleClass diese Mehrfachbelastung durch Personal für die Kinderbetreuung und Haushaltsführung abgemindert werden kann, haben einkommensschwache Gruppen diese Option nicht. In den Slumgebieten kommt es zudem in vielen Haushalten durch Alkoholmissbrauch zu sozialen Verwerfungen.

Neben der Familie spielt in Indien traditionell die direkte **Nachbarschaft** eine wichtige Rolle, da diese u.a. aufgrund des Kastenwesens häufig eine recht homogene Entität ist bzw. war. Gerade urbane Armutsgruppen sind auf reziproke Unterstützung angewiesen, um Krisen wie z.B. einen kurzfristigen Einkommensausfall durch Krankheit in einem Haushalt bewältigen zu können oder sich gegenseitig im Alltag zu unterstützen. In Slum C wurde die Wichtigkeit des nachbarschaftlichen Netzwerkes von den meisten Befragten betont:

„The neighbours are very good to me. We've grown up here and I'm attached to the place and the people. (...) They help one another and are just a call away in case help is needed." (SL/C/2)

„They are good to us and vice-versa. In case of any emergency, when no one's home, they always help. (...) They're always concerned if nobody's home and in case someone's ill, they fetch medicines." (SL/C/3)

Diese Netzwerke sind gerade für Migranten sehr wichtig:

„How can one afford to have bitter relations when one has left the village and come here to stay?" (SL/C/1)

Es wurden allerdings auch negative Aspekte geäußert wie Neid auf besser gestellte Familien (SL/C/7), das Verbreiten von Gerüchten (SL/C/3) sowie Streitereien in der Nachbarschaft in Verbindung mit Alkoholmissbrauch (SL/C/8). Eine Frau berichtete von Problemen mit einem Nachbarn und dass sie sich daher im Slum nicht sicher fühle:

> „A man is there who always used to drink, who always used to shout. Especially when I have my exams. (…) You know the big voice of that radio tape and bad bad wording he used to use for his wife. It is really irritating for me. (…) my mama was really scared to let me go out. She supposed to tell me stay in the house, I will go and I will talk. Then that person said I am shouting on my wife. You should not intervene." (SL/C/8)

Auf die Frage, inwiefern sich die soziale Kohäsion in den letzten zehn Jahren geändert habe, wurden unterschiedliche Meinungen geäußert (SL/C/A, SL/C/6). In Slum A wurden die nachbarschaftlichen Beziehungen in den Tiefeninterviews von den meisten Befragten eher als negativ beschrieben, da es zu viel Konflikte gäbe:

> „Some of them are good, some are bad. Some drink a lot and create scenes or fight and that has a negative effect on health, body and mind." (SL/A/4)

Bei der Nachfrage, ob er sich aufgrund der Konflikte unsicher fühle, sagte ein Befragter:

> „I think if you behave well and don't interfere into anyone's issue then there is no problem. I just have to do with my own family. So I feel safe." (SL/A/5)

Der starke Bezug alleine auf die Familie wurde auch von anderen Befragten geäußert:

> „We don't have much contact with our neighbours. We don't talk much. (…) I never go anywhere. Since when I'm married I don't have any contacts with our neighbours. I'm born in this area only and my mothers' place is here in front of my house." (SL/A/6)

Auch Anganwadi-Mitarbeiterinnen machten nur sehr vage Angaben über die soziale Kohäsion in den Slums; der Zusammenhalt sei allgemein gut, die Bewohner würden sich gegenseitig unterstützen. Auf Nachfrage wurde Alkoholmissbrauch als dominantes Problem genannt, der Konflikte verursache (vgl. 5.2.4). Andere soziale Probleme würden in der Regel verschwiegen werden (AnC1, AnA3). In Slum B wurde Nachbarschaft ebenfalls positiv bewertet, obwohl viele Haushalte nur temporär ansässig sind (SL/B/8). Häufig sind mehrere Personen oder Familien zusammen nach Pune gekommen, so dass hier bereits etablierte Netzwerke bestehen (SL/B/3). In Slum B helfen sich die Frauen zum Beispiel bei Sprachbarrieren und gehen zusammen einkaufen oder zum Arzt (GpB8). Ein Befragter kritisierte jedoch, dass einige Bewohner viel Alkohol trinken und Lärm machen würden (SL/B/2).

In MiddleClass A lassen sich die Aussagen zu nachbarschaftlichen Netzwerken grob in zwei Gruppen teilen. Bewohner der alten *wadas* betonten deren Wichtigkeit zur Stressbewältigung im Alltag:

> „Neighbours play an important role. People stay mentally happy. Neighbours are like mental relaxation after the work. If some people gather together then we eat more. If you are staying alone then you'll eat less. So it is automatically good for health. We don't have any bad thoughts in mind when we are together with some people. We have the same neighbourhood since many years." (MC/A/7)

Der Befragte stellte einen direkten Zusammenhang zwischen der Wohnform der *wadas* und der Art der sozialen Beziehungen her im Vergleich zu den modernen Apartmentgebäuden:

> „Here we have broader place, almost 30 to 40 feet. If there is any program, then we can use this place. Flat system is like one staircase, four flats and four doors. In flat system the space outside our flat doesn't belong to us. Here we can sit outside. (...) We, four brothers live here and other rooms are given on rent." (MC/A/7)

Ein anderer Befragter hob den kosmopolitischen Charakter seiner Nachbarschaft mit vielen kulturellen Angeboten und Tempeln als Begegnungsstätten hervor (MC/A/2). Mit der Zunahme moderner Apartmentgebäude wandeln sich jedoch auch die nachbarschaftlichen Beziehungen; die Kontakte zu Nachbarn wurden dort als weniger intensiv beschrieben:

> „Yes. It has changed a lot. Humanity has become less. In past time there were wadas and people were living like a family. But nowadays it has changed." (MC/A/7) (vgl. auch MC/A/1)

> „Before ten years, at that time people used to stay together, which was actually good, but today one is busy with his life only. For example if the clothes of anyone here fall down, no one will look at it. We have to take care of ourselves. There is a lot of change." (MC/A/5)

Dennoch stehen die Wohnungstüren in den Apartmentgebäuden häufig offen (MC/A/5), was in den beiden gehobenen Mittelschichtgebieten nur selten der Fall ist. In UpperMiddleClass C gaben die meisten Befragten an, kaum oder keinen Kontakt zu ihren Nachbarn zu haben. Einige begründeten dies mit der Heterogenität ihrer Nachbarschaft:

> „Some Saudi boys are there but then if you call like they are quite helpful and not bad. (...) Those boys they go to college and all, hardly we see one another, hello, how are you that's all. (...) Here also see how many people are in our building they are coming, they are working and you don't know what their habits are. Maybe we don't know from which background they are coming." (MC/C/4) (vgl. auch MC/C/7)

Die zunehmende Heterogenität der Nachbarschaft in Bezug auf Herkunft, Alter, Religionszugehörigkeit oder Beruf geht somit mit einer wachsenden Anonymisierung der nachbarschaftlichen Beziehungen sowie Misstrauen einher. Manche Befragten sagten auch, sie würden sich prinzipiell nicht für ihre Nachbarn interessieren, sie seien auf keine nachbarschaftliche Hilfe angewiesen:

> „I don't know how it is in the lower income groups, but most of us in the middle class income group, we do not depend on anybody for anything. There's no social bonding or give or take or anything like that. We mind our own business!" (MC/C/5)

Damit einher steigt auch die Tendenz, sich nur um die eigenen Angelegenheiten zu kümmern und weniger Verantwortung im unmittelbaren Umfeld zu übernehmen:

> „I wouldn't take my garbage and throw it in my neighbours' house. Here it is more like my house is clean and I don't care what happens to my neighbour. They don't care!" (MC/C/1)

Allerdings gibt es durchaus auch aktive nachbarschaftliche Netzwerke in den *housing societies*. Zwei Befragte sagten, dass sie ihre Nachbarn in der *housing society* sehr schätzten und z.B. bei der Kindererziehung um Rat fragen sowie Feiertage zusammen zelebrieren würden:

„But neighbourhood now is a lot of help because now I don't have a support system which I should have with my family. (...) You know they [her children, d.V.] have cough, cold so I get a little upset because my parents are not there with me, (...) I have to rush the child to the doctor. Now I take a suggestion from my neighbourhood, she is an experienced lady and she is about 67 years old, so I ask what I am supposed to do rather than rushing to the doctor for every little thing." (MC/C/6)

„We don't have a club house but we do have this, you know for festivals we get together, for pujas. But very often I am invited to their houses, like we have talent contest and singing contest and dancing contest, so people do get together." (MC/C/1)

Die Einbindung in eine *housing society* hängt somit auch stark von individuellen Faktoren ab; tendenziell ist jedoch eine zunehmende Anonymisierung der nachbarschaftlichen Netzwerke in UpperMiddleClass C zu beobachten. In UpperMiddleClass B wurde die Nachbarschaft generell als positiv bewertet, was u.a. auf die hohe Homogenität der Bevölkerung in Bezug auf den sozialen Status zurückgeführt wurde (MC/B/7, MC/B/5). Allerdings wird die Nachbarschaft auch hier weniger als Supportsystem wahrgenommen denn als sozialer Kontakt. Und auch hier gibt es zwei Tendenzen: Einige Befragte sagten, dass sie kaum Kontakt mit ihren Nachbarn hätten (MC/B/1), andere wiederum sind beispielsweise durch *laughing clubs* (vgl. 5.2.4) oder *mohalla commitees*[17] in ihrer Nachbarschaft stark vernetzt (MC/B/7).

Somit lässt sich verallgemeinern, dass nachbarschaftliche Netzwerke in den Slumgebieten sehr wohl als soziale Sicherungssysteme im Alltag Bedeutung haben, diese jedoch teilweise durch soziale Probleme erodieren. In MiddleClass A sind die nachbarschaftlichen Netzwerke gut etabliert und haben einen hohen Stellenwert, werden aber durch Modernisierungsprozesse aufgeweicht. In den beiden UpperMiddleClass-Gebieten werden nachbarschaftliche Beziehungen nicht als Sicherungssysteme unterhalten, sondern eher selektiv zum sozialen Austausch. Die Homogenität der Nachbarschaft wird zunehmend aufgehoben, eine Einbindung in die Nachbarschaft hängt vom Individuum ab. Viele Menschen bauen sich soziale Kontakte außerhalb des unmittelbaren Wohnumfelds auf, manche Menschen wie z.B. ältere Personen ohne Familienanschluss leiden jedoch auch an der zunehmenden Isolation.

Mit einer wachsenden Individualisierung wird in UpperMiddleClass B und C **Freundschaft** eine größere Bedeutung als der Nachbarschaft zugewiesen. Bei den berufstätigen Befragten wurden abendliche Treffen mit Freunden z.B. als Balance zur Arbeit angeführt:

„Positive factors would be that considering the work pressure, so everybody has a lot of pressure, so that is one way of kind of socialising, so over the day everybody is kind of working and busy with whatever they are doing, so in the evenings in the late night hours are a way of

---

17 *Mohalla committees* sind Nachbarschaftsgruppen, die sich im Rahmen der National Society for Clean Cities in Pune für verschiedene soziale, ökologische und politische Belange einsetzen.

> kind of relaxation or meeting people, so you tend to get a little relaxed when you meet people or with your friends." (MC/B/2)

> „Friends I think matter a lot. (...) because if you are stressed out you can talk to friends and even without any stress you need some changes." (MC/C/7) (vgl. auch MC/B/5)

Freundschaften sind somit wichtige soziale Ressourcen zur Stressbewältigung; im Zuge der sich wandelnden Berufs- und Sozialstrukturen verändert sich auch die Freizeitgestaltung mit Freunden:

> „Live was much simpler in Pune city 10 to 15 years down the line. There were none of these night clubs (...) there is a lot of smoking and drinking, and the drug abuse, and even when you are not smoking, the passive smoking is there because all the places are so smoky. And then the late nights which again affect your health. (...) So we do socialise at night and we know that there are a lot of negative aspects but still it does happen because I guess life has become so stressful that this is the only time you actually get." (MC/B/2)

Die gesteigerte Komplexität des Alltags wird somit durch abendliche Treffen mit Freunden kompensiert, die häufiger mit Alkohol- und Tabakkonsum einhergehen. Andere Befragte stellen soziale Kontakte außerhalb der Familie vollständig hinter der Einkommensgenerierung zurück:

> „Now everybody is after money and working and careers and all. So you know little distant from friends because they have their own lives to fend, some people moved on, some people are here. So friends now, now it's like more work related." (MC/B/6)

Bei den pensionierten Befragten gaben viele an, über Vereine soziale Kontakte zu pflegen (MC/B/3, MC/B/7) sowie über ehrenamtliches Engagement in verschiedenen Organisationen. Genannt wurden beispielsweise eine Telefonhotline für Menschen mit psychischen Problemen (MC/B/4) sowie NGOs, die sich um Belange urbaner Armutsgruppen kümmern (MC/C/3, MC/B/6, MC/C/5, MC/C/6).

In MiddleClass A hingegen wurden Freunde überwiegend mit den Nachbarn gleichgesetzt (MC/A/1, MC/A/2). Ein Befragter betonte die Bedeutung von Freunden für die mentale Gesundheit:

> „They play a role in maintaining our mental health. Everybody earns money but being happy is life. Being alone and working and surviving is a dog's life I suppose. I need many friends and I also have many friends." (MC/A/7)

Auch in den drei Slumgebieten werden Freundschaften vor allem in der Nachbarschaft unterhalten, weshalb in den Tiefeninterviews nachbarschaftliche Beziehungen freundschaftlichen Beziehungen gleich gesetzt werden können. Nur drei Befragte sprachen an, Freunde außerhalb des Slums zu haben, davon zwei junge Mädchen, die auf die High School bzw. die Universität gehen, wo sie Freunde hätten (SL/C/8, SL/C/7). Eine junge Frau sagte jedoch, sie schäme sich zu sehr für ihr Wohnumfeld, als dass sie ihre Freundinnen einladen könne (SL/C/8). Für alle drei Frauen ist die Unterhaltung von Freundschaften außerhalb des Slums wichtig, um andere Eindrücke und Perspektiven sowie Ratschläge zu bekommen. Insgesamt folgen somit auch soziale Netzwerke in den sozioökonomischen Gruppen unterschiedlichen Mustern.

Wurden bisher die Verflechtungen innerhalb sozioökonomisch relativ homogener Gruppen diskutiert, wird im Folgenden aus einer **gesamtgesellschaftlichen Perspektive** auf die Perzeption von Disparitäten und funktionalen Verflechtungen eingegangen. Das zivilgesellschaftliche Engagement einzelner Personen in Upper MiddleClass B und C zeigt, dass es vereinzelt Bestrebungen gibt, die bestehenden Disparitäten in der Gesellschaft zu lindern. Häufiger besteht jedoch die Tendenz, die Armut zu verdrängen. Insbesondere in den *housing societies* versuchen Menschen, sich von der urbanen Realität und Komplexität abzuschotten:

> „There is also a countertendency of the upper middle class globalized sections of the population trying to insulate themselves from the rest of the society. Because not like twenty years back, now we have these gated communities where people just don't like to interact with the vast majority of the population." (Ngo1)

Dies wurde auch von einem Befragten zum Ausdruck gebracht:

> „Because I wouldn't like to have someone from a lower standard or some slum dwellers beside next to me. So at least every day I get to see his view, so that puts you off." (MC/B/5)

Dabei werden funktionale Verflechtungen mit Slumbewohnern zwar aufgrund der billig zur Verfügung stehenden Arbeitskraft in Kauf genommen, aber möglichst negiert:

> „The drivers and the housemates, they of course have to be there, but there is an attempt to try to insulate them which is also socially very damaging." (Ngo1)

Viele Befragte in UpperMiddleClass B und C kennen die Lebensrealität ihrer Angestellten kaum, wie folgendes Zitat zeigt:

> „And you know I was talking to my maid, and she smelled so, so I was asking – and she said I am cooking with wood. And I was asking where do you get the wood, I mean we are in the 21. century, and she says I just go into the wood, I pick up something, a farm tree. I couldn't believe this. There are 20 women working in this particular society and when they go home, they look for sticks they can use as cooking material, because they don't have gas." (MC/B/1)

Slums werden von manchen Personen demnach als eine Gefahr für die Umwelt, als Schandfleck und Krankheitsherd wahrgenommen (MC/C/5). Dazu trägt das nach wie vor bestehende Kastenwesen als kultureller Faktor bei: Der Einfluss der Kaste auf den gesellschaftlichen Status wurde von allen befragten Hindus negiert, sowohl in den Slumgebieten, wo die meisten Hindus der Gruppe der Kastenlosen (Dalits) angehören, als auch in den beiden UpperMiddleClass-Gebieten. Probleme der Diskriminierung wurden nur von Buddhisten und Christen angesprochen:

> „Our watchmen, many of them are so called low cast. So when I was talking with one of them I said that do you find you are badly treated? He said yes. I said give me an example. He said when I want to take a book from somebody, they don't hand it to me, they throw it at me. Because I am lower cast." (MC/C/1)

Diskriminierungen aufgrund der Zugehörigkeit zu einer niedrigen Kaste ist demnach immer noch spürbar, wird aber von fast allen gesellschaftlichen Gruppen tabuisiert. So auch Diskriminierung aufgrund der Religionszugehörigkeit: Von nur wenigen Befragten in Slum A und C wurden Konflikte zwischen Hindus und

Muslimen angesprochen (SL/C/8, SL/A/7). Andere Haushalte hingegen sagten, dass es keine Probleme gäbe und Hindus und Muslime sich beispielsweise gegenseitig zu religiösen Festen einladen würden (SL/A/7). Aufgrund der Komplexität des Themas sind allgemeine Aussagen weder möglich noch zielführend. Dennoch lässt sich folgern, dass die soziokulturelle Heterogenität der urbanen Gesellschaft sowie die unmittelbare räumliche Koexistenz verschiedener „Parallelwelten" zu sozialer Unsicherheit und Stress führt:

> „You talk about stress, I talk about insecurity. The levels of insecurity in the upper middle class have increased because you realize that you are living in a situation where, it is a highly inequitable situation, having inequality is there also for the rich, it is not only bad for the poor. You are always insecure that somebody will steal something or somebody will cheat me or somebody will take advantage of me because I have more resources. So those levels of insecurity have increased even in the upper middle class." (Ngo1)

Denn die Slumbevölkerung sieht im Berufsleben z.B. als Dienstangestellte oder Fahrer, im Alltag oder im Fernsehen die moderne Welt des Konsums, kann aufgrund des niedrigen Lohnniveaus jedoch nicht an dieser partizipieren. Von den Slumbewohnern selbst wurden diese sozioökonomischen Disparitäten in den Tiefeninterviews nicht thematisiert, es wurde aber die Stigmatisierung aufgrund des Status als Slumbewohner angesprochen. Eine Befragte der gehobenen Mittelschicht sprach die ökonomischen Ungleichheiten, die sich mit der Liberalisierung verschärft haben, offen an:

> „I find it really unfair when I can afford to buy a kilo of apples and my maid even cannot afford to buy one apple. So there is basically something wrong." (MC/B/1)

Die wachsenden sozioökonomischen Disparitäten führen somit zu einer gesellschaftlichen Fragmentierung, die bei den hohen Statusgruppen vermehrt Angst um ihren gewonnenen Wohlstand verursacht und bei den niedrigen Statusgruppen materielle Nöte und Frustration. Das daraus resultierende Stress- und Frustrationspotenzial sowie Unsicherheitsgefühl erhöht die Gesundheitsrisiken für alle Bevölkerungsgruppen und wirkt sich auch auf Verhaltensweisen aus.

### 5.2.4 Verhaltensbezogene Faktoren

Die WHO hat Übergewicht, Tabakkonsum und mangelnde physische Bewegung zusammen mit erhöhtem Blutdruck und Blutzuckerwerten als die fünf häufigsten Todesursachen weltweit identifiziert (WHO 2009: 9). Verhaltensbezogene Faktoren wie Ernährung, sportliche Aktivitäten, Alkohol- und Tabakkonsum wurden sowohl im zweiten Haushaltssurvey in standardisierter Form erhoben als auch in Tiefeninterviews in der ersten und zweiten Feldforschungsphase mit einzelnen Haushaltsmitgliedern diskutiert. Das individuelle Verhalten wird durch Stressbelastung, Gesundheitswissen, soziale Netzwerke sowie kulturelle Normen und Werte beeinflusst, gerade im Entwicklungskontext spielt aber auch die finanzielle Situation eines Haushalts eine wichtige Rolle. Kulturelle Aspekte werden nur vereinzelt angesprochen, denn aufgrund der religiösen und ethnischen Heterogenität der indischen Gesellschaft sind allgemeine Aussagen zum Einfluss kultureller Normen und Werte kaum möglich. Abschließend soll jedoch aus einer kulturellen Perspektive die Rolle der Frau beleuchtet werden, da diese für die Frauen- bzw. Müttergesundheit von zentraler Bedeutung ist.

*Ernährungsmuster*

Nahrung hat durch die Aufnahme von Nährstoffen einen protektiven Einfluss auf die Gesundheit und birgt gleichzeitig Gesundheitsrisiken bei einem zu hohen Konsum von Kalorien, gesättigten Fettsäuren und Salzen. Im Folgenden wird der Verzehr von Obst und Gemüse in den einzelnen Untersuchungsgebieten als wichtiger protektiver Faktor betrachtet sowie Über- und Untergewicht und ungesunde Ernährungsweisen als Risikofaktoren.

Eine ausgewogene, vitamin- und mineralstoffreiche Ernährung gilt als wesentliche Voraussetzung für ein gesundes Immunsystem und schützt z.B. vor kardiovaskulären Erkrankungen oder grippalen Infekten (vgl. WHO 2004, Rastogi et al. 2004). Die WHO empfiehlt einen täglichen Mindestverzehr von 400 g Obst und Gemüse bzw. von fünf Portionen à 80 g (Agudo 2005). Die Verzehrmenge ist allgemein schwer zu messen, da sie täglichen Schwankungen unterliegt und die Abschätzung von Portionen stark subjektiv beeinflusst ist. Die Haushalte wurden nach der durchschnittlichen Anzahl der täglich pro Person verzehrten Portionen an Obst und Gemüse gefragt. Zur Reduktion der Komplexität wurde die Frage an den gesamten Haushalt gerichtet mit der Annahme, dass die Mahlzeiten in der Regel zusammen eingenommen werden. Dies ist aber durch eine Veränderung der Berufswelt und eine Individualisierung der Essgewohnheiten insbesondere in der UpperMiddleClass nur noch eingeschränkt gegeben. Diese Friktionen berücksichtigend, vermittelt Abbildung 34 einen Einblick in die Ernährungssituation in den einzelnen Untersuchungsgebieten, die mit Informationen aus Tiefen- und Experteninterviews trianguliert werden.

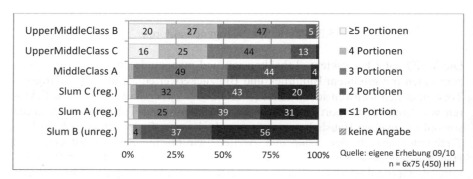

*Abb. 34: Durchschnittliche Anzahl der täglich pro Kopf verzehrten Obst- und Gemüseportionen pro Haushalt*

Gerade einmal 20 bzw. 16% der Haushalte in UpperMiddleClass B und C verzehren die empfohlene Mindestmenge von fünf Portionen am Tag, jeder vierte Haushalt verzehrt etwa vier Portionen, die Hälfte der Haushalte drei Obst- und Gemüseportionen oder weniger am Tag. In den übrigen vier Gebieten erreichen nur vereinzelte Haushalte die empfohlene Mindestmenge, die überwiegende Zahl konsumiert maximal drei bis zwei Portionen Obst und Gemüse. In Slum B essen 56% der Haushalte maximal einmal täglich eine Portion Gemüse. Damit zeigt sich in Bezug auf die Nährstoffversorgung ein eindeutiger sozioökonomischer Gradient[18].

In Bezug auf die kalorische Versorgung existierte im urbanen Maharashtra lange Zeit das Problem der Unterversorgung und besteht auch in urbanen Armutsgruppen immer noch fort: Etwa 39,5% der Bevölkerung im urbanen Maharashtra nehmen weniger als 2.100 Kcal pro Tag zu sich (Pitre et al 2009: 12), gleichzeitig besteht bei etwa 19% der Bevölkerung eine kalorische Überversorgung (Duggal 2008a: 52). Zur Erfassung von Gewichtsproblemen in den Untersuchungsgebieten wurden Größe und Gewicht des jeweils Befragten zur Kalkulation des Body Mass-Index erhoben, der das Körpergewicht eines Menschen in Relation zu seiner Körpergröße misst. Das indische Gesundheitsministerium hat gegenläufig der internationalen Standards Übergewicht ab 23 kg/m² und Adipositas ab 25 kg/m² festgesetzt, um auch Personen mit zentraler Adipositas, die als hoher Risikofaktor für Diabetes in der indischen Bevölkerung gilt (vgl. 5.3.6), zu erfassen (NIN 2010). Auch wenn mit Verzerrungseffekten zu rechnen ist, da einige Befragte ihr Gewicht und ihre Größe nicht genau kannten oder mitteilen wollten, zeigt Abbildung 35 gewisse Trends in Abhängigkeit vom sozioökonomischen Status an.

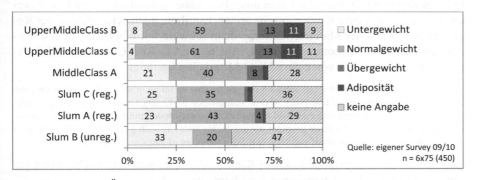

*Abb. 35: Unter- und Übergewicht nach dem Body Mass Index*

---

18 Laut Duggal (2008b: 52) konsumieren 62,7% der Bevölkerung im urbanen Maharashtra nicht ausreichend Obst und Gemüse.

24% der Befragten in UpperMiddleClass B und C sind übergewichtig, 11% davon sogar adipös. In MiddleClass A sind 11% übergewichtig, in Slum C und A 4 und 5%. Hingegen sind zwischen 23 und 33% der Befragten in den drei Slumgebieten untergewichtig. Bis zur Hälfte der Befragten wussten hier allerdings ihr Gewicht und ihre Größe nicht bzw. machten sehr unrealistische Angaben, die als keine Angabe gewertet wurden, so dass hier durchaus Verzerrungseffekte zu erwarten sind. Inwiefern die Daten zu Untergewicht in den MiddleClass-Gebieten als realistisch zu betrachten sind, ist schwer zu beurteilen. Laut dem NFHS 2005/06 sind im urbanen Maharashtra in der Altersgruppe der 15- bis 49-Jährigen 22,3% aller Frauen und 16,9% aller Männer adipös und 26,6% bzw. 27,7% untergewichtig (IIPS 2008: 100). Demnach können die Daten zu Übergewicht als zu niedrig eingeschätzt werden. Im Survey selbst wiesen etwas mehr Frauen als Männer Übergewicht auf. Insgesamt zeigen die Daten einen sozioökonomischen Gradienten: Während in der UpperMiddleClass mehr Probleme mit Übergewicht bestehen, ist Unterernährung in den Slumgebieten immer noch verbreitet. Diese Tendenzen wurden auch in den Experteninterviews mit Allgemeinmedizinern und NGO-Mitarbeitern bestätigt, wobei diese nicht nur auf die kalorische, sondern auch auf die Nährstoffversorgung eingingen.

Allgemeinmediziner und NGO-Experten konstatierten Probleme mit Mangelernährung v.a. bei Kindern in Slumgebieten (GpA3, GpA4). Die Ernährungssituation habe sich jedoch in den letzten zwei Dekaden stark verbessert (GpA3). Laut den Aussagen der Anganwadi-Mitarbeiterinnen, die im Rahmen des Integrated Child Development Services (ICDS)-Programms Mangel- und Unterernährung bei Kindern kontrollieren und Essen ausgeben, gäbe es in Slum A und C nur vereinzelt mangelernährte Kinder in sehr armen Familien, auch seien dies in der Regel milde Formen der Mangelernährung, denn schwere Formen hätten in den letzten Jahren stark abgenommen (AnC4, AnC6, AnA1, AnA3, AnA5, AnA6, AnA8). Dies wurde auch von einem NGO-Mitarbeiter bestätigt:

> „Yes, this is also what we can see with our work. That as far as infants and children are concerned below the age of five years, severe malnutrition in the city would be rare comparatively. Unfortunately moderate and mild malnutrition is much more and that is tending to continue till later in life. The other problem we are facing today is with girls. Girls tend to be very malnourished. Particularly if you look at it from the point of stunting." (Ngo3)

Als Gründe für Mangelernährung bei Kindern führte er gesundheitliche Probleme oder eine starke Einkommensarmut der Eltern an:

> „And more often we found there were underlined reasons. Either they had congenital heart diseases, or they had some other medical problems, or the parents where really socioeconomically badly off. But any family which was even ok, malnutrition was not so much of a problem over there." (Ngo3)

Insbesondere Kinder mit geringem Geburtsgewicht würden später häufiger an Mangelernährung leiden, bei anderen Kindern würde Mangelernährung häufig mit einer Krankheitsepisode beginnen; da Diarrhö und schwere Atemwegsinfektionen jedoch rückläufig wären, würde auch Mangelernährung seltener auftreten (Ngo3).

Des Weiteren wurde von vielen Medizinern und NGO-Experten Anämie als großes Problem insbesondere bei Frauen und Mädchen genannt:

„The most common problem is anaemia. And anaemia is due to – see their daily food, daily diet is dal, rice and chapatti or roti or any vegetable. This is the common diet. But they don't take any fruits, milk, and they don't get much of vitamins, so iron also they don't get." (GpB8) (vgl. auch Ngo3)

Ein NGO-Mitarbeiter schätzte, dass in den Slumgebieten, in denen sie arbeiten, 60 bis 70% der Bevölkerung an Anämie leiden würden (Ngo3). Eine Fachärztin sagte ebenfalls, dass laut einer Studie etwa 65% der Kinder im Vorschulalter an Anämie litten (Et1). Anämie, die u.a. zu einer Schwächung des Immunsystems führt, ist aber auch in höheren Statusgruppen in Maharashtra aufgrund ungenügender Nährstoffversorgung verbreitet[19].

Betrachtet man die Ernährungsmuster in den drei Slumgebieten, so gaben in Slum B 70% der Haushalte an, maximal eine Gemüseportion am Tag zu essen, 30% zwei Portionen. Dies ist vor allem auf die finanzielle Situation der Haushalte zurückzuführen:

„We mainly eat rice, jawar roti, and vegetables. We can't afford any more. But as we are eating it since childhood, it doesn't affect our health. We eat vegetables but mainly our diet contains rice and dal." (SL/B/6)

Manche Haushalte können sich keine drei Mahlzeiten am Tag leisten (SL/B/3). Nur in 12% der Haushalte essen Personen einmal täglich Obst, in 28% ein bis zweimal wöchentlich:

„We sometimes eat fruits, in case somebody falls ill we eat fruits. I find it important to eat fruits but how could the poor ones afford it?" (SL/B/8)

Viele Haushalte berichteten, ihre Ernährungssituation habe sich in den letzten zehn Jahren gebessert, da sie früher keine regelmäßigen Mahlzeiten hätten einnehmen können. Dennoch kann in Slum B von erheblichen Defiziten in der Versorgung mit Nährstoffen und Kalorien ausgegangen werden. Auch in Slum A können sich 3% der Haushalte gar kein Gemüse leisten, 37% nur einmal und 60% zweimal täglich. Zudem können viele Haushalte keine Varietät an Gemüse kaufen, was in Bezug auf die Nährstoffversorgung ebenfalls problematisch ist:

„In rainy season the green leafy vegetables are very expensive. So we can't buy it. That's why it's a problem. We can't by variety of vegetables. Once we buy some vegetable, then we eat it for two days." (SL/A/7)

Zudem essen gerade einmal in 66% der Haushalte Personen maximal eine Obstportion am Tag. Einige Haushalte stellten die Ernährungssituation dennoch als

---

19 Laut NFHS 2005/06 sind 48% der Frauen in Maharashtra anämisch, davon 33% mild, 14% moderat und 2% schwerwiegend (IIPS 2008: 20).

unproblematisch dar (SL/A/3, SL/A/5, SL/A/6), es wurde die Wichtigkeit gesunder Ernährung betont:

> „The food we take has very good effect on our health. We don't cook much but whatever we cook is healthy. I'm educated so I understand the importance of vegetables. So we generally bring leafy vegetables etc." (SL/A/5)

Viele Befragte sagten, dass sie sich vor zehn Jahren manchmal nur eine Mahlzeit am Tag hätten leisten können und auch kaum Gemüse und Obst:

> „It was really very bad. We had nothing. We didn't have enough money. I have three sisters. Their marriage was to be done. We had to put a lot of money for that. If we get food for afternoon then we were not sure whether we'd get food for evening. We couldn't buy the vegetables." (SL/A/7) (vgl. auch SL/A/3, SL/A/5)

In Slum C ist die Situation ähnlich, auch wenn hier etwas mehr Haushalte zwei Portionen Gemüse am Tag essen. In den Tiefeninterviews betonten viele Befragte die Wichtigkeit einer gesunden Ernährung mit viel Gemüse, dafür aber weniger Fett und scharfen Gewürzen, was auf ein gewisses Gesundheitsbewusstsein in Bezug auf die Ernährung schließen lässt:

> „Today we have enough money to eat healthy food. I can afford vegetables which are important to keep me healthy. We can't afford fruits daily. But we do take fruits once or twice a week. (…) We don't eat spicy and outside food basically." (SL/C/6)

Während bei einigen Haushalten die Ernährungssituation ähnlich geblieben sei (SL/C/7), sprachen andere erhebliche Probleme in der Nahrungsversorgung vor zehn Jahren an:

> „Bad. Very bad. We used to go here and there for food and eating and all. (…) My mama used to go to a job like building constructions to pick up the bricks, and then only she will get the money and then we were supposed to eat." (SL/C/8)

Aber auch die aktuell steigenden Gemüsepreise bereiten vielen Haushalte Probleme. Der Obstverzehr ist in Slum C ebenfalls sehr gering; nur 70% der Haushalte essen maximal einmal täglich eine Portion Obst, was unter anderem durch die finanzielle Situation zu erklären ist. Insgesamt erreicht damit kein Haushalt in den Slumgebieten den empfohlenen Mindestverzehr von fünf Portionen am Tag, was zum Großteil auf finanzielle Barrieren zurückzuführen ist: Etwa zwei Drittel der Haushalte geben mehr als 70% ihres Einkommens alleine für Lebensmittel aus[20]. Die Haushalte haben oft nur einen geringen Spielraum:

---

20 Im zweiten Survey wurde der monatliche Geldbetrag abgefragt, der pro Haushalt zum Nahrungserwerb ausgegeben wird und mit dem angegebenen Einkommen der Anteil ausgerechnet, der auf Lebensmittel entfällt. Diese Werte sind als grobe Schätzwerte zu betrachten. Im Vergleich zu den Slumgebieten geben in den beiden gehobenen Mittelschichtgebieten mehr als 70% aller Haushalte weniger als 30% ihres Einkommens für Nahrungsmittel aus.

## 5. Empirische Analyse gesundheitlicher Disparitäten in Pune 153

> „What we are earning we are investing in our diet. Not on clothes and jewelleries and all that. On our food." (SL/C/7)

Auch ein Allgemeinmediziner in Gebiet C sagte, dass viele Haushalte kein Obst und keine Milchprodukte bezahlen könnten (GpC7). Neben der finanziellen Barriere kommen aber auch soziale Faktoren hinzu. Zum Beispiel äßen Frauen und Mädchen häufig weniger als Männer und litten daher öfter an Mangelernährung und Anämie:

> „Anaemia is rampant among girls (…). And the problem is majorly social: the amount of food a girl eats, the amount she is supposed to eat, she is not supposed to eat much. She is supposed to eat after the men have eaten. She is – it is something which we try to emphasize with pregnant girls that you need at least three times a day, if not four times a day. Small meals. What you need to eat. How much you need to eat." (Ngo3)

Ein NGO-Mitarbeiter führte auch regionale Ernährungsgewohnheiten an: Dal (Linsen) als eine Hauptkomponente der traditionellen Ernährung in Maharashtra sei traditionell sehr wässrig und somit als Proteinquelle nicht ausreichend, zudem werde auch in Slums Junkfood konsumiert:

> „Our children also be anaemic because the diets have not significantly changed within one or two generations. And another reason of anaemia we find is consumption of junk food or unhealthy kinds of foods, high fat food, fast food, or certain kinds of vadapao and that kind of stuff which is not very healthy but which is consumed. So (…) cultural factors, lack of knowledge, you know, will be contributing to a poorer health status in some of these groups." (Ngo1)

Dies führt auch zu einer Zunahme von Übergewicht, wie die Surveydaten für Slum A und C zeigen. Mangel an Gesundheitswissen über adäquate Ernährung wurde auch von anderen Experten betont:

> „And nutrition, their general immunity levels are lower because they are not well nourished, they don't know they right kinds of food to eat, so these are the kinds of issues which are really affecting." (Ph5)

Durch Vitaminmangel bestünde eine höhere Suszeptibilität gegenüber oberen Atemwegsinfektionen (GpB8). Gleichzeitig bestünde auch die Tendenz, Geld für andere Dinge wie etwa Tabak auszugeben:

> „Firstly, they lack of the money, second if they have the money, they would have some other habits like smoking, like that inappropriate food, tobaccos and drinks, all this habits at first." (GpC5)

Demnach kommt neben der materiellen der verhaltensbezogenen Dimension auch in den Slumgebieten eine wesentliche Rolle zu und führt zu einer starken Unterversorgung mit Nährstoffen. Ein Arzt kritisierte, dass eine Zunahme finanzieller und materieller Ressourcen nicht zwangsläufig in gesündere Lebensweisen münden würde:

> „A person staying in the slum, his income has increased, so what does he do with that extra income? He puts a fridge in his hut. You must have seen. So he has done that, but his area around him has not increased. (…) The population in that space has increased. He has got a

fridge, he has got a TV, so that way he has come up, and because he got a TV he will sit and watch TV rather than go somewhere." (GpC1)

Auch unter Berücksichtigung methodischer Verzerrungseffekte zeigen die Daten, dass die Versorgung mit Nährstoffen und z.T. auch Kalorien und Fetten in den meisten Haushalten als unzureichend erachtet werden muss, was zu einer erhöhten Suszeptibilität insbesondere gegenüber infektiösen Erkrankungen führt.

In MiddleClass A verzehrt der überwiegende Anteil (87%) der Haushalte zwei Portionen Gemüse täglich, 56% essen eine Portion Obst am Tag. In den Tiefeninterviews wurde der Ernährung ein hoher Stellenwert eingeräumt, eine balancierte Ernährung mit Gemüse und Obst sowie reduziertem Fettgehalt und scharfen Gewürzen wurde in mehreren Tiefeninterviews betont (MC/A/4, MC/A/5). Die Ernährungssituation zehn Jahre zuvor wurde als ähnlich eingestuft, wenn auch etwas weniger Geld damals für Nahrungsmittel ausgegeben worden wäre. Zwei Befragte sagten, Gemüse und Obst seien heute oft chemisch belastet und hätten an Geschmack verloren (MC/A/7, MC/A/1), was auf ein hohes Reflexionsniveau in Bezug auf Ernährung schließen lässt. Eine andere Befragte kritisierte den enormen Preisanstieg von Gemüse in den letzten fünf Jahren (MC/A/7). Insgesamt liegt der Verzehr von Obst und Gemüse bei nahezu allen Haushalten in Middle Class A unter dem empfohlenen Mindestverzehr. In Experteninterviews wurde thematisiert, dass es in der traditionellen Mittelschicht früher häufig Mangelernährung gegeben habe, dies heute jedoch kein Problem mehr darstelle. Hingegen würde Übergewicht in dieser Gruppe langsam zunehmen:

„And even children from the middle class used to have nutritional problems, significant nutritional problems, 30 years back. But today you don't see this. (...) The kind of nutritional deficiency we used to see in the middle class are no longer there (...). But at the same time new problems, childhood obesity has come up we never used to see." (Ngo1)

Für UpperMiddleClass C ergibt die Auswertung der quantitativen und qualitativen Daten eine Trennung der Haushalte in zwei Gruppen mit unterschiedlichen Ernährungsmustern: Erstere ist sehr ernährungsbewusst mit einem hohen Obst- und Gemüsekonsum, einer fettreduzierten Ernährung und festen Essensroutinen:

„I don't eat average Indian diet. I don't eat lot of oil, I don't eat late at night, many Indians eat at 10.30, 11 o'clock at night, I am very particular that I should finish my dinner at eight. Because I know if you eat early, you sleep good. And I do not keep munching through the day." (MC/C/1)

In der zweiten Gruppe stellen weder Einkommen noch Gesundheitswissen eine Barriere dar, dennoch konsumieren Personen wenig Obst und Gemüse, dafür mehr Fastfood und haben unregelmäßige Essensroutinen, wie aus dem folgenden Interviewausschnitt hervorgeht:

„Diet affects a lot. (...) what happens we have books and we have knowledge and the television and all that, we know these things are important and we just follow it as fashion. We do not follow it as an understanding. (...) I have erratic food, I do not know what I am eating actually. (...) I am fasting just because I want to pull down my weight. But I do not know the exact procedures. (...) I can afford to eat. The problem is I am not supposed to eat!" (MC/C/6)

Auch ein Allgemeinmediziner problematisierte den hohen Kalorien- und Salzkonsum der gehobenen Mittelschicht:

> „Then food, nutrition wise, most of them indulge in refined sugars. They don't go for brown chapattis, brown rotis. So fibre of the nutrition is less, activities is less, so they develop obesity, hypertension, and salt consumption is also high. Apart from the spicy food, these substances also contain lots of salt." (GpB1)

Eine Ärztin in UpperMiddleClass C brachte dieses Phänomen mit veränderten Sozialstrukturen und Lebensstilen zusammen:

> „You see, we never had malls before. Malls only came ten years ago. You just walk in with a big pack of money and tell the children buy what you want and the children will pick up all the fast foods. Mothers are working today, they have no time to cook for their children. So because economy has gone up and people who were poor have certainly got more money, buy buy buy anything. And also a lot of foreign goods have come in. Foreign chocolates. People just eat eat eat." (MC/C/1)

Die Beeinflussung durch veränderte Lebensweisen und neue Konsumgewohnheiten, die u.a. durch Supermärkte in Gebiet C als recht jungem Phänomen in indischen Städten weiter forciert werden (Foto 34), zeigen sich auch darin, dass der Obstkonsum in UpperMiddleClass C durch die höhere Verfügbarkeit am höchsten ist, der Gemüsekonsum jedoch sehr gering: 59% der Haushalte gaben an, maximal eine Gemüseportion am Tag zu essen, 32% zwei Portionen und 8% drei Portionen. Hingegen konsumieren 26% eine Portion Obst am Tag, 56% zwei Portionen und 17% drei Portionen. Dabei sind diese beiden Gruppen als Extreme eines Kontinuums anzusehen, wie folgende Aussage einer Befragten verdeutlicht:

> „Lot of vegetables, salads and staple food like rice and wheat because we are wheat eaters so roti and all. But as a new generation like I, I love junk food but I don't eat too much, sometimes." (MC/C/7)

In UpperMiddleClass B sind ebenfalls diese zwei Gruppen zu finden, auch wenn die Gruppe der ernährungsbewussten Haushalte ausgeprägter ist. Hier gaben 76% der Haushalte an, zwei Gemüseportionen am Tag zu essen, beim Obstkonsum ist das Bild etwas heterogener: 54% essen eine Portion täglich, 43% zwei bis drei Portionen. In den Tiefeninterviews zeigte sich ein hohes Ernährungsbewusstsein vieler Befragter:

> „I'm purely vegetarian, purely vegetarian, I'm getting only deficiencies of vitamin B12 because all the vegetarian diet is lacking these vitamins, so I have to take supplementary drugs, B complex, B12 otherwise, I am okay with the diet. Green vegetables, salads, you know, milk, that's the diet." (MC/B/7)

Vor allem jüngere Berufstätige sagten jedoch, sie würden aufgrund ihres Berufs unregelmäßiger und auch öfters Fastfood essen:

> „Diet, you can say little negative because of the lifestyle what you have, because you are working outside, you tend to pick up a burger or you tend to have something for lunch. You skip lunch, so you don't have a proper diet as such. Though mornings you have proper breakfast but late night you are going out or something, you don't tend to do that." (MC/B/6) (vgl. auch MC/B/8)

Die Befragte fügte hinzu, dass sie früher, als sie noch in einer Großfamilie gelebt habe, regelmäßiger und gesünder gegessen hätte, da die meisten Mahlzeiten zusammen mit der Familie eingenommen worden wären und sich daraus feste Routinen ergeben hätten. Abgesehen von der Zunahme von Fastfood wurden Veränderungen in der Ernährungsweise von den Befragten in UpperMiddleClass B und C allerdings sonst kaum thematisiert. Wie in MiddleClass A wurde auch hier die zunehmende chemische Belastung von Nahrungsmitteln kritisiert:

> „You ate an apple and you knew that you would have some good intake, now you are eating an apple but you don't know what good it is doing for you, because everything's seems more red and more rosy and more juicy, but it is not really affecting our health positively." (MC/B/2)

Somit ist in der Mittelschicht das Bewusstsein für eine gesunde Ernährung in der Regel vorhanden (GpB2), auch bestehen keine finanziellen Barrieren. Inwiefern Gesundheitswissen in gesundheitsförderliche Ernährungsweisen umgesetzt wird, hängt somit stark von der individuellen Kontrollüberzeugung ab, welche wiederum stark von Faktoren wie Beruf und Familie beeinflusst wird. Denn insgesamt erreichen auch in UpperMiddleClass B und C nur knapp 20% der Haushalte fünf Obst- und Gemüseportionen pro Tag, in MiddleClass A nur 3%.

Als weiterer Aspekt in Bezug auf nahrungsbezogene Risiken wurden von vielen Befragten in den Tiefeninterviews die hygienischen Bedingungen von Essen außer Haus problematisiert. Mit der zunehmenden Beanspruchung durch das Berufsleben und der Berufstätigkeit von Frauen gewinnt Essen in Restaurants, kleinen Shops und Straßenimbissen immer mehr an Bedeutung. Generell wurde von den Befragten in den Tiefeninterviews in allen sechs Untersuchungsgebieten eine starke Unterscheidung zwischen selbst gekochtem Essen und Essen außer Haus gemacht. Letzteres wurde von fast allen Befragten als unhygienisch und als Risiko für die Gesundheit bewertet (MC/A/3, MC/B/4, MC/C/1), in den Slums wurde zudem der hohe Preis bemängelt:

> „I think it's not hygienic. The water used is bad and who knows, what kind of hands are cooking it? Also the oil used is not good." (SL/C/2)

> „Well, it's not bad but we end up spending too much so it's not good. But also, at times it's not hygienic, because it might be infested with flies etc." (SL/C/3)

Gerade in den temporären Slums, in denen die Bauarbeiter auf lokal angebotene Snacks von informellen Händlern zur Versorgung angewiesen sind, wurde deren Qualität stark moniert:

> „But the food is prepared in the open and it is bad quality. We sometimes get sick from that food." (SL/B/2)

In den Slumgebieten bestehen aber auch durch unhygienische Wohnbedingungen und den Mangel an angemessenen Aufbewahrungsmöglichkeiten Probleme bei der Essenshygiene. Dies wurde in den Tiefeninterviews nur von einem Befragten angesprochen:

„We don't have refrigerator but we keep the food covered. We cook once in the morning and eat twice a day. Sometimes in summer the food gets spoiled. The rotis get hardened. The vegetables get rotten. In winter there is no problem." (SL/A/7)

Die Verunreinigung von Essen stellt demnach ein weiteres gesundheitliches Risiko dar. Zudem wird in Indien Gemüse häufig mit ungeklärtem Brauchwasser bewässert, so dass bei unzureichendem Waschen bzw. Abkochen die Gefahr der Kontamination mit Bakterien oder Wurmeiern gegeben ist.

Ernährung als gesundheitsfördernder Faktor folgt somit einem sozioökonomischen Gradienten, was u.a. an die Erschwinglichkeit von Obst und Gemüse geknüpft ist. In den beiden gehobenen Mittelschichtgebieten, die stark von Modernisierungsprozessen beeinflusst werden, gibt es jedoch zwei gegensätzliche Tendenzen: Einer sehr gesundheitsbewussten Gruppe steht eine Gruppe gegenüber, die sich zwar der Wichtigkeit einer gesunden Ernährung bewusst ist, dies aber aus zeitlichen oder anderen Gründen nicht umsetzt. Auch in den Slumgebieten verändern sich Ernährungsmuster und auch wenn in niedrigen Statusgruppen noch die Gefahr der Unterversorgung aus finanziellen Gründen besteht, beeinflussen verhaltensbezogene Faktoren die Ernährung zunehmend und führen zum vermehrten Verzehr ungesunder Nahrungsmittel.

*Physische Bewegung*

Der Einfluss der sportlichen Betätigung auf die menschliche Gesundheit ist vielschichtig und komplex: Bewegung nimmt u.a. Einfluss auf das Muskelskelett, das Körpergewicht, die Suszeptibilität gegenüber Herz-Kreislauferkrankungen sowie die mentale Gesundheit. Ob und wie viel sich ein Mensch bewegt, hängt von der alltäglichen Arbeits- und Mobilitätsroutine einer Person ab sowie dem Freizeitverhalten. Während Bewegung in Beruf und Alltag teilweise strukturell bedingt ist, hängt das Freizeitverhalten von individuellen Faktoren ab wie dem Gesundheitswissen, sozialen Netzwerken, den Freizeitgestaltungsmöglichkeiten und der eigenen Kontrollüberzeugung. Laut Duggal (2008a: 52) bewegt sich jeder vierte Bewohner im urbanen Maharashtra nicht ausreichend.

Beim Haushaltssurvey wurden die sportlichen Aktivitäten nach Art und Häufigkeit der Bevölkerung ab 15 Jahren in den Untersuchungsgebieten erhoben. In Abbildung 36 ist jeweils nur die Erstnennung aller Personen berücksichtigt. Allerdings wurde insbesondere in UpperMiddleClass C und B beispielsweise Walking und Yoga häufig in Kombination genannt. Die Ausführung sportlicher Aktivitäten folgt einem klaren sozialen Gradienten, wobei natürlich die Intensität physischer Betätigungen im Alltag hier nicht mit berücksichtigt wird.

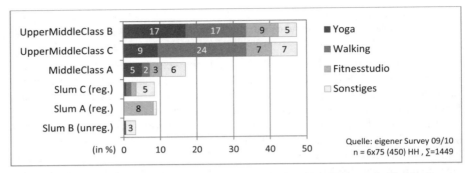

*Abb. 36: Altersstandardisierte Häufigkeit verschiedener sportlicher Aktivitäten (≥ 15 Jahre)*

Es lässt sich eine grobe Trennung zwischen UpperMiddleClass B und C, der MiddleClass A und den drei Slumgebieten vornehmen. In UpperMiddleClass B und C treiben nach eigenen Angaben knapp die Hälfte der erfassten Personen regelmäßig Sport, v.a. Yoga und Walking, aber auch in Fitnessstudios. In den anderen vier Gebieten ist der Anteil der Sporttreibenden mit 16% in MiddleClass A und unter 10% in den drei Slumgebieten recht gering. Neben der Art der Tätigkeit wurde auch die Häufigkeit der sportlichen Aktivität abgefragt: Demnach werden insgesamt 86% der sportlichen Aktivitäten täglich ausgeübt und 14% wöchentlich. Aufgrund der sozialen Erwünschtheit besteht hier jedoch eine starke Bias-Gefahr. Die Auswertung nach verschiedenen Altersgruppen zeigt v.a. in den drei Middle Class-Gebieten eine relativ homogene Verteilung über die verschiedenen Altersklassen ohne stärkere Auffälligkeiten, in den drei Slumgebieten betätigen sich v.a. junge Menschen sportlich bis etwa 34 Jahre. Die sportlichen Aktivitäten wurden auch nach Geschlecht ausgewertet. In UpperMiddleClass B und A liegt der Anteil der Sport treibenden Männer um etwa 10% über dem der Frauen, in UpperMiddle Class C ist der Anteil fast identisch. In Slum C und B treiben Frauen und Männer fast gleichermaßen wenig Sport, in Slum A gehen nur Männer regelmäßig sportlichen Tätigkeiten nach (insgesamt 19%).

Die ungleiche Verteilung sportlicher Aktivitäten in den Untersuchungsgebieten lässt sich zum einen dadurch erklären, dass in UpperMiddleClass B und C die Bevölkerung in der Regel weder im Beruf noch im Alltag auf körperliche Anstrengungen angewiesen ist (vgl. 5.1); auch die Arbeit im Haushalt wird durch Haushaltshilfen und Maschinen erleichtert. Zudem sind tägliche Fußwege durch die starke Motorisierung vor allem in der gehobenen Mittelschicht stark zurückgegangen (Ph4). Da das Bewusstsein für ausreichende Bewegung wächst und auch ästhetische Gesichtspunkte sich langsam in der indischen Mittelschicht etablieren, gewinnen gerade in der jüngeren Bevölkerung Fitnessstudios zunehmend an Popularität, die sich erst in den letzten Jahren in Gebiet B und C niedergelassen haben. In den Tiefeninterviews sagten in beiden Gebieten einige Befragte, dass sie eigentlich Sport zum Ausgleich machen müssten, ihnen berufsbedingt jedoch die Zeit oder die Motivation fehle (MC/C/5, MC/B/8, MC/B/6, MC/B/5). Verwunderlich ist, dass der Anteil der Walker in UpperMiddleClass B geringer ist als in Up-

## 5. Empirische Analyse gesundheitlicher Disparitäten in Pune

perMiddleClass C, da der Grünflächenanteil dort am höchsten ist und es mehrere öffentliche Parkanlagen gibt (Foto 21). In UpperMiddleClass C kritisierten mehrere Befragte, dass es keine geeigneten Areale zum Laufen gäbe, was die Motivation senke:

> „If you even want sometimes to go for a walk, some soothing and nice place, pollution free, you don't know where to go because every area is so crowded. We don't even have any place to go and walk." (MC/C/4)

In der stark verdichteten und verkehrsbelasteten Altstadt gibt es hingegen noch weniger geeignete Flächen zum Laufen:

> „We are walking around this temple, a round of 10 rounds, 15 rounds, 20 rounds according to our health, we'll walk over here because outside area is not that much clean and that is very easy area." (MC/A/2)

In allen drei MiddleClass-Gebieten organisieren sich ältere Menschen in sog. *laughing clubs*. In diesen Clubs treffen sich Menschen aus der Nachbarschaft oder einer *housing society* in Parks, um gemeinsam Yoga und Lachübungen zu machen. Eine Befragte in MiddleClass A geht seit zwölf Jahren in einen *laughing club*, der etwa 60 regelmäßige Mitglieder zählt und in dem sie Gymnastik- und Lachübungen machen, aber auch zusammen Geburtstage feiern und Picknicks veranstalten (MC/A/1). Somit erfüllen diese Clubs auch soziale Funktionen. Eine andere Befragte in UpperMiddleClass B beschrieb ihre morgendliche Routine im *laughing club* ihrer *housing society* folgendermaßen:

> „Yoga in the garden, one hour every morning, and then one hour walk, from 6.30 to 8.30 I am not at home. That improves my health. I'm feeling healthy and fresh for that, that is very necessary. Pranayam, dhyan omkar all these exercises for one hour every morning in the garden place. We have society's garden so we, 25 to 30 ladies and gents, together we work out." (MC/B/7)

Sie habe dadurch acht Kilo in 18 Monaten abgenommen. Andere machen Yogaübungen zu Hause:

> „I do yoga for half an hour, because I think it's like a medical insurance policy. So I give extra time for it. I have started it before two to three years." (MC/A/6)

Verschiedene Befragte in Middle Class A wiederum gaben an, gar keinen Sport zu machen, obwohl sie sich der Wichtigkeit bewusst sind (MC/A/3). Allerdings werden in MiddleClass A im Vergleich zur gehobenen Mittelschicht noch mehr Dinge aufgrund der fußläufigen Erreichbarkeit der Dinge des täglichen Bedarfs zu Fuß erledigt (MC/A/1). Tendenziell nimmt die körperliche Betätigung im Alltag in vielen Haushalten ab, jedoch nur wenige Menschen ergreifen einen Sport zum Ausgleich. Ein Mann in MiddleClass A verglich die Bedeutung von Sport in seiner Kindheit mit seinen eigenen Kindern und stellte den starken Wandel der Lebensumstände heraus:

> „Today the load of school is increased. There are fewer playgrounds. TV has also made the change. (…) In the past there was no other medium for entertainment than sport. Now children don't even know many games. We used to play football, volleyball etc. which made us strong. Now the children don't know the games because of TV. (…) Now there is no physical

movement. We used to jump from anywhere sometimes even from $2^{nd}$ or $3^{rd}$ floor. But it didn't affect us as we were strong enough. Now children can't even jump from sofa. We are so strong that still we don't have any disease, we don't have leg pain. Sport creates hunger, and then we eat much. So in Marathi we say we can even digest stones." (MC/A/7)

Da in der Kindheit für viele verhaltensbezogene Faktoren der Grundstein gelegt wird, ist diese Lebensphase sehr zentral. Auch ein Facharzt berichtete von einer Studie, in der der Zusammenhang von Stadtraumgestaltung (fehlende Spielplätze in Schulen), Bewegung und Adipositas bei Kindern der Mittel- und Oberschicht in Pune bewiesen worden wäre:

„There was a study from our paediatrics department done some time back where they started to visit schools and what they found was that a large number of schools have removed the play grounds. (...) But the conclusions from their studies were, there is an epidemic of obesity among young people, school children and college students and it is contributed by more sedentary lifestyle, more fast foods, (...) and this contributes to younger hypertension, diabetes coming at earlier ages." (Ph12) (vgl. auch Et5)

Verhaltensbezogene Gesundheitsrisiken durch mangelnde Bewegung und falsche Ernährungsweisen stellen somit in der Mittelschicht ein wachsendes Risiko dar, auch wenn es durchaus eine Gruppe mit sehr hohem Gesundheitsbewusstsein gibt.

Auch in den Slums lassen sich keine Verallgemeinerungen herleiten. Hier gibt es starke Variationen zwischen Bewohnern, die eine Arbeit mit sehr hoher physischer Belastung verrichten, wie insbesondere Bauarbeiter, und solchen, bei denen physische Aktivitäten stark abgenommen haben, wie z.B. bei Wachpersonal oder Rikscha-Fahrern. Auch die Arbeit im Haushalt bzw. die Arbeit als Haushaltshilfe, die ausschließlich von Frauen vorgenommen wird, ist mit einer physischen Belastung verbunden, wenn auch die Belastung in vielen Haushalten z.B. durch eigene Wasseranschlüsse abgenommen hat. Gerade in Slum B sagten viele Bauarbeiter, dass sie aufgrund ihrer anstrengenden Arbeit keiner weiteren sportlichen Betätigung mehr nachgehen könnten. Auch Frauen verlangt die Arbeit im Haushalt viel Bewegung ab:

„The only exercise I have is fetching water and walking around for chores." (SL/C/3)

„I think that I do so much household work, that is only physical exercise for me." (SL/C/7)

Dennoch nimmt auch in den Slumgebieten die körperliche Bewegung im Alltag ab, insbesondere mit zunehmendem Alter:

„Sometimes in the evening if I get bored or there is no work at home and children go out for classes then I go for a walk for an hour with some neighbours." (SL/C/6)

Die Befragte kompensiert den geringeren Arbeitsaufwand heute mit Laufen und verbindet dies mit sozialen Kontakten. Auch andere Befragte gaben an, gezielt Sport zu betreiben:

„My younger son does [exercices, d.V.]. He's obese. So I make him exercise. He skips every morning." (SL/C/2)

„Except my father, everyone does. (...) I run and also visit the gym. My mother goes walking due to diabetes. My sister goes walking to get into shape as she is obese. So do I." (SL/C/4)

Diese Zitate verdeutlichen, dass auch in Slum A und C Sport gezielt zur Minimierung gesundheitlicher Probleme betrieben wird. In Slum A wurde aber auch kritisiert, dass es kaum Flächen zum Spielen für die Kinder oder zum Sporttreiben gäbe (SL/A/5, SL/A/7). Dies ist auch ein Grund, warum viele junge Männer ins Fitnessstudio gehen:

> „Sport is very much important to be physically healthy. We play cricket on Sunday. We have no playgrounds nearby so we go to engineering college ground. (…) We also go to gym in the evening. In gym we exercise a lot." (SL/A/7)

Ein NGO-Experte brachte dies auch mit einer veränderten Körperkultur, beeinflusst durch die Filmindustrie, in Verbindung:

> „The only positive change as far as boys is concerned is the changing physical culture in the country now. Either it is because of the movie stars which are physically better build, you know, but physically looking after their bodies, developing better bodies, going to gym is something which is becoming important. That is why their dietary intake is going to improve." (Ngo2)

Insgesamt betrachtet ist der Anteil der Sport treibenden in den beiden gehobenen Mittelschichtgebieten nach Aussage der befragten Haushalte recht hoch, auch in den Tiefeninterviews wurde das Bewusstsein für die Wichtigkeit körperlicher Bewegung thematisiert. Allerdings führen verschiedene Barrieren wie lange Arbeitszeiten, Einbindung in die Familie und mangelnde Kontrollüberzeugung sowie mangelnde Anreize im Wohnumfeld zu einer fehlenden Umsetzung. In Middle Class A ist der Mangel an Sport durchaus problematisch, denn viele Personen kompensieren den Mangel an Bewegung im Alltag nicht. In den Slumgebieten ist der Anteil sich sportlich betätigender Personen sehr gering; allerdings ist hier die körperliche Beanspruchung im Alltag auch am höchsten. Dennoch ist bereits erkennbar, dass in den nächsten Jahren Bewegungsmangel und Übergewicht bei sozioökonomisch etwas besser gestellten Haushalten in den Slumgebieten ebenfalls zu gesundheitlichen Problemen führen werden.

### *Alkohol- und Tabakkonsum*

Übermäßiger Alkoholkonsum kann kurzfristig zu einer Alkohol-Intoxikation führen und langfristig zu verschiedenen Folgeerkrankungen; dazu gehören primär Leberschäden, aber auch Schädigungen der inneren Organe, insbesondere der Pankreas und des Gastrointestinaltrakts, sowie kardiovaskuläre, endokrine und Stoffwechselstörungen. Des Weiteren wirkt sich Alkoholmissbrauch negativ auf den Ernährungsstatus aus und führt somit insgesamt zu einer Schwächung des Immunsystems (Singer/Teyssen 2005). Darüber hinaus hat Alkohol starke Auswirkungen auf Verhalten und Psyche und kann damit gesellschaftlich stark destruktiv wirken.

Betrachtet man den Alkoholkonsum der Bevölkerung ab 20 Jahren in den sechs Untersuchungsgebieten (Abb. 37), so ist zunächst der sehr viel geringere Alkoholkonsum von Frauen auffällig. Denn Alkoholkonsum von Frauen wird in der indischen Gesellschaft stark tabuisiert. In UpperMiddleClass B und C wird dieses Tabu mit der Adaption „moderner Lebensstile" zunehmend aufgeweicht. Dennoch konsumieren Frauen eher selten Alkohol: etwa 10% einmal im Monat, zwischen 1 und 4% einmal wöchentlich, meist in Zusammenhang mit gesellschaftlichen Anlässen wie z.B. Treffen mit Freunden. Die Gefahr der gesundheitlichen Gefährdung durch Alkohol ist daher als gering zu bewerten. In Middle Class A spielt Alkohol bei Frauen keine Rolle; die tiefe Verankerung traditioneller Normen und Werte kann hier als protektiver Faktor gewertet werden.

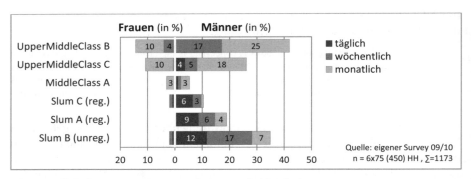

Abb. 37: Alkoholkonsum von Frauen und Männern (≥ 20 Jahre)

Ähnlich ist die Situation in den Slumgebieten. Allerdings gaben in Slum B und C jeweils 1% der Frauen an, täglich zu trinken, jeweils weiterhin 1% wöchentlich. Auch aus den Tiefeninterviews ging hervor, dass Alkoholmissbrauch bei Frauen durchaus vorkommt, aber tabuisiert wird. So wurde in Slum A, in dem der selbstberichtete Konsum gleich Null ist, im Zusammenhang mit einem Todesfall in der Familie gesagt, dass die Frau alkoholabhängig gewesen sei und sich daher gegen eine stationäre Tuberkulosebehandlung gesperrt hätte (SL/A/5). Auch NGO- und Anganwadi-Mitarbeiterinnen berichteten, dass Frauen Alkohol konsumieren würden, wenn auch wesentlich seltener als Männer (Ngo7, AnA2). Alkoholkonsum von Frauen ist daher aufgrund der Tabuisierung als verstecktes Problem gerade in unteren Statusgruppen sehr gefährlich.

Bei der männlichen Bevölkerung ist Alkoholkonsum in UpperMiddleClass B und C mehr verbreitet, doch zumeist mit einer geringen Intensität: 25 und 18% der Männer trinken etwa einmal im Monat Alkohol, 17 bzw. 5% einmal wöchentlich. Wie bei den Frauen wurde Alkoholkonsum in Zusammenhang mit gesellschaftlichen Anlässen genannt:

> „It's like socially taken once in a while" (MC/B/5)

Allerdings trinken 4% der Männer in UpperMiddleClass C täglich. In den Tiefeninterviews wurden hierzu keine Erklärungen gegeben; es ist anzunehmen, dass Männer z.B. zur Kompensation von berufsbedingtem Stress häufiger trinken. In MiddleClass A ist Alkoholkonsum nur in sehr geringem Umfang verbreitet. In den Tiefeninterviews wurde Alkohol weder als Problem in der Familie noch in der

Nachbarschaft gesehen (MC/A/4). Allerdings würde der Alkoholkonsum unter Jugendlichen zunehmen (MC/A/5). Eine Frau sagte, ihr Mann würde aufgrund finanzieller Schwierigkeiten in der Familie manchmal zu viel trinken:

> „Sometimes when my husband comes home drunk and says anything he likes. Like, the problem of BP is due to your parents and your medicines cost too much and I can't afford that. (...) My husband used to drink more earlier. Now the amount of drinking has reduced. He used to drink a lot due to the tensions. Many mouths to feed. His father was also ill." (MC/A/3)

In diesem extremen Fall konsumiert der Mann Alkohol, um finanzielle Sorgen in der Familie zu verdrängen, was wiederum die Krisenanfälligkeit des Haushalts gegenüber Krankheitsfällen aufzeigt.

In den drei Slumgebieten ist Alkoholkonsum insgesamt wesentlich stärker verbreitet als in den MiddleClass-Gebieten: Zwischen 6 und 12% der Männer trinken demnach täglich Alkohol, 3 bis 17% wöchentlich. Der Alkoholmissbrauch ist dabei in Slum B am höchsten und war auch während des Surveys offensichtlich, da mehrere Bauarbeiter schon mittags betrunken waren. Nach den Aussagen in den Tiefeninterviews ist der tatsächliche Missbrauch wesentlich höher einzuschätzen:

> „Every man drinks alcohol here. In this area there is a liquor shop. Some women also drink alcohol but it's rare. When the men return from the work, they drink. They earn every Sunday and then they save some money for alcohol. Their boss gives them some money to buy grocery and vegetables. They use the remaining money of it for buying alcohol. (…) I think they get tired while working so they drink and sleep." (SL/B/6) (vgl. auch SL/B/9)

Auch in den beiden registrierten Slums ist Alkoholkonsum ein offensichtliches Problem, so dass auch hier die Surveydaten als zu niedrig zu betrachten sind. In Slum C nannten zwei von drei Anganwadi-Mitarbeiterinnen Alkohol als das größte soziale Problem in dem entsprechenden Slumgebiet (AnC4, AnC2), eine Mitarbeiterin wollte darüber keine Auskunft geben. In Slum A nannten fünf von sechs Mitarbeiterinnen Alkohol als großes soziales Problem (AnA2/3/4/5/7).

> „Drinking is a problem. This causes quarrels at home, but people tend to hide. In almost every household people are drinking." (AnA4)

Eine Anganwadi-Mitarbeiterin schätzte, dass in 20 bis 40% aller Haushalte mindestens eine Person täglich Alkohol trinken würde (AnA8). In einem anderen Gebiet sagte eine Mitarbeiterin, bis zu drei Viertel der Männer würden Alkohol trinken, zunehmend auch Frauen und junge Männer, weshalb die Regierung dringend etwas unternehmen müsse (AnA2). Auch in den Tiefeninterviews wurde Alkoholkonsum von den Bewohnern selbst problematisiert, da dies die Sicherheit im Slum gefährde:

> „Everyone here drinks. It's very disgusting. It's dangerous for women and girls, we can't leave the house. So we always keep the doors closed." (SL/A/2)

Auch Allgemeinmediziner und NGO-Mitarbeiter bestätigten den hohen Alkoholkonsum in Slumgebieten, vor allem in den temporären Bauarbeiterlagern (GpB6). Ein weiteres Problem besteht darin, dass überwiegend qualitativ minderwertiger, selbstgebrannter Alkohol konsumiert und z.T. direkt in den Slums an illegalen Ständen verkauft wird. Dieser kann bereits in geringeren Mengen organschädigend wirken:

> „The tendency to drink some poor quality alcohol which causes more liver damage and pancreas damage is very common in the lower group." (Gh3)

Als Gründe für steigenden Alkoholkonsum führten NGO-Mitarbeiter die steigende Frustration in den Slums an, deren Bewohner vom ökonomischen Fortschritt nur sehr unverhältnismäßig profitierten:

> „Alcohol and drug abuse is a big challenge. It is because of the frustrations and they go through I feel, day-to-day lives, and I mean the earning capacities are less and then when they see the lifestyles of others. So that leads to a lot of frustration, feeling of worthlessness and then what do they do? Automatically, they take to addiction – and peer pressure." (Ngo7)

In den Tiefeninterviews wurden in Slum B u.a. die hohe körperliche Belastung durch die Arbeit, soziale Konflikte sowie Einsamkeit als Gründe angeführt:

> „Then the women quarrel with men asking why they drink. Then men say they have body pain because of work because of which they can't sleep well. So they drink. Then again they have quarrels." (SL/B/8)

> „As celebration or even if we are sad we drink. When we miss family or girlfriend." (SL/B/7)

In Slum A und C wurde mangelnde Bildung und Perspektivlosigkeit genannt (SL/C/7) sowie schlechter Umgang. Männer würden andere Männer zum Trinken bringen, Söhne würden ihre Väter imitieren (SL/A/5, SL/C/6). Auch hier trinken manche Männer, um die Strapazen des Alltags zu vergessen:

> „But there is a big problem of alcohol in the neighbourhood. There are many people working in the grain shops. They have to lift the big grain sacks. So it's very hard work. So they drink." (SL/A/7)

Alkoholmissbrauch in den Slums ist somit ein komplexes Phänomen, das auf verschiedene materielle und psychosoziale Effekte zurückzuführen ist, die Haushalte in noch stärkere Armut treibt und damit positive Entwicklungen in den Slums unterminieren kann:

> „Actually this is the main problem, and many people are getting poor due to this alcohol only. This is what I am observing. They are getting money actually not so less, but they are spending on that alcohol and that's why they are getting very lazy, means in one family two people are taking this alcohol much and other four people are working. So all their money is spend on these two people. So there are again – due to alcohol they have to go to hospital that expenditure is there." (GpB8) (vgl. auch GpA4)

Zudem würden viele Männer betrunken das Haushaltseinkommen verspielen (AnC1). Dadurch würde Alkohol viele Haushalte in einer Armutsspirale nach unten ziehen und in manchen Haushalten müssten Frauen das Einkommen alleine generieren:

> „In some households only the women are earning. Men sit at home and drink. So girls have to leave school to help at home with the household work." (AnA4) (vgl. auch AnA5, AnA1)

Es entstehen aber auch vielschichtige soziale Konflikte in den Familien mit Folgen für die Frauen und Mädchen. So würden manche Männer betrunken gewalttätig werden:

> „Some men cause trouble at home. They fight with their wife, beat them. Others only sleep." (AnA1) (vgl. auch SL/A/4)

Damit stellt Alkoholkonsum ein gravierendes Problem in vielen Haushalten in registrierten und unregistrierten Slumgebieten dar, das bisher wenig in der Öffentlichen Gesundheit berücksichtigt wird (GpA4, AnA2). Alkohol als gesundheitsdeterminierender Faktor ist in seiner Ursache und Folge äußerst komplex und nimmt vielschichtigen Einfluss auf die Gesundheit. Abbildung 38 gibt einen Überblick über die materiellen, psychosozialen und gesundheitlichen Wechselwirkungen von übermäßigem Alkoholkonsum von Ehemännern in betroffenen Haushalten in den Slumgebieten.

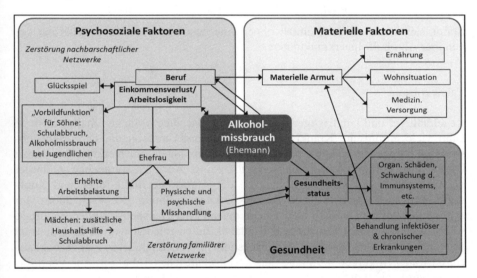

Abb. 38: Auswirkungen und Wechselwirkungen von Alkoholkonsum in betroffenen Haushalten in Slums (Entwurf: M. Kroll)

Allerdings ist Alkoholmissbrauch kein ausschließliches Problem der niedrigen Statusgruppen; auch in der Mittel- und Oberschicht nimmt der Konsum zu, insbesondere in der jungen Generation:

> „People are going for drugs, alcohol and cigarettes. All groups are affected with that, especially the young generation." (GpA2) (vgl. auch GpB1)

Während Alkohol traditionell in der indischen Gesellschaft als Genussmittel bei sozialen Anlässen bzw. allgemein zur Geselligkeit keine Rolle spielt, wird er in allen sozioökonomischen Schichten zunehmend zum Abbau von Stress konsumiert:

"And in India there is no cultural thing to go after alcohol, to invite each other. It is a personal thing whether to drink or not. It is often the way to alleviate their stresses, so they go for alcohol. (…) But alcohol hampers, alcohol serves as a stress buster, therefore people fall prey to alcohol." (GpA4)

Als die häufigste gesundheitliche Konsequenz übermäßigen Alkoholkonsums nannten verschiedene Allgemeinmediziner Lebererkrankungen (GpB8, GpC7). Ein weiteres Problem sei Mangelernährung, die wiederum weitere Krankheiten begünstigen würde; damit könne Alkohol als tiefere Ursache für viele Erkrankungen auftreten (GpB8, Ngo3). Verschiedene Ärzte sprachen jedoch an, dass die gesundheitlichen Folgen in den Slumgebieten höher seien als in der Mittelschicht aufgrund der Qualitätsunterschiede des konsumierten Alkohols:

"The prevalence of alcohol related or alcohol related liver failure might be more common in slum areas because of the quality of alcohol that they have. Because most of them they have the local self-brewed, the cheap stuff, which are very frequently mixed with methyl alcohol and other stuff. So possibly the incidence of liver failure is a little higher." (GpC7)

Somit haben männliche Slumbewohner eine besonders hohe Suszeptibilität gegenüber Alkoholfolgeerkrankungen.

Tabakkonsum

Regelmäßiger und langfristiger Tabakkonsum, der zudem Suchtverhalten auslöst, kann viele chronische Krankheiten wie Kreislauferkrankungen, chronische obstruktive Lungenerkrankungen und Krebserkrankungen (mit)verursachen; hinzu kommt eine körperliche Leistungseinschränkung. Auch Passivrauchen gefährdet die Gesundheit und kann zu Reizungen der Atemwege, Infektionen und Kopfschmerzen sowie ischämischen Herzerkrankungen führen (Reinisch 2006). Im zweiten Survey wurde nach dem Tabakkonsum aller Haushaltsmitglieder gefragt, wobei nicht zwischen Rauch- und Kautabak unterschieden wurde. In Indien ist Kautabak recht weit verbreitet und insbesondere Frauen tendieren zum Tabakkauen, da Rauchen gerade bei Frauen als gesellschaftliches Tabu gilt. Zur Vereinfachung wurde nicht die konsumierte Menge, jedoch die Häufigkeit erfasst.

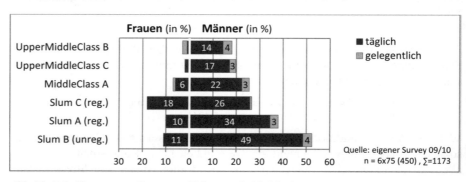

Abb. 39: Tabakkonsum von Frauen und Männern (≥ 20 Jahre)

Der tägliche Tabakkonsum (Abb. 39) steigt bei der männlichen Bevölkerung mit abnehmendem sozioökonomischen Status stark an: von etwa 14% der Männer in UpperMiddleClass B bis zu 49% in Slum B. In allen sechs Gebieten gaben weiterhin 3 bis 4% der Männer an, gelegentlich zu rauchen. Die Frauen im Sample konsumieren wesentlich weniger Tabakprodukte: In den Slumgebieten zwischen 10 und 18% der Frauen täglich, in den MiddleClass-Gebieten zwischen 1 und 6%; gelegentlicher Konsum ist sehr selten. Gerade in der gehobenen Mittelschicht führen ebenfalls wie beim Alkohol veränderte Lebensstile zu Verhaltensänderungen, obgleich der Anteil Tabak konsumierender Frauen sehr gering ist. Es kann jedoch davon ausgegangen werden, dass insbesondere bei den Frauen in allen Untersuchungsgebieten aufgrund des Tabus sowie aufgrund der sozialen Erwünschtheit Verzerrungseffekte auftreten[21].

In der Gesamtheit ist bei allen betrachteten verhaltensbezogenen Faktoren ein klarer sozioökonomischer Gradient zu erkennen, nach dem gesundheitsgefährdendes Verhalten mit sinkendem sozioökonomischen Status zunimmt. Allerdings bedingen veränderte Lebensstile in der gehobenen Mittelschicht auch eine Zunahme gesundheitsgefährdender Verhaltensweisen sowie eine Enttabuisierung z.B. des Alkoholkonsums. Daher scheint die traditionell orientierte MiddleClass A hier am besten aufgestellt zu sein. Bei gesundheitsförderlichen Faktoren wie dem Obst- und Gemüseverzehr ist ebenfalls ein sozialer Gradient erkennbar, wobei im indischen Kontext auch finanzielle Barrieren betrachtet werden müssen, die jedoch in allen sozioökonomischen Gruppen zunehmend durch individuelle Verhaltensweisen überlagert werden.

*Bedeutung kultureller Faktoren: Frauengesundheit*

Durch den kulturellen Kontext geprägte Normen und Werte beeinflussen Handlungsweisen und wirken dadurch auf die Gesundheit. Da kulturelle Faktoren in der indischen Gesellschaft aufgrund der gesellschaftlichen Heterogenität eine hohe Komplexität aufweisen und daher im Rahmen der vorliegenden Arbeit nicht umfassend berücksichtigt werden können, wird im Folgenden nur kurz die Rolle der Frau angesprochen, da sich daraus verschiedene Implikationen für Frauen- und Müttergesundheit ergeben. Ein markanter Indikator für die Ungleichbehandlung von Frauen ist die Geschlechtsratio von Kindern bis einschließlich dem sechsten Lebensjahr in Pune, die beim letzten Zensus 2011 896 Mädchen zu 1000 Jungen betrug[22].

---

21 Laut Duggal (2008a: 52) konsumiert etwa ein Drittel der urbanen Bevölkerung in Maharashtra regelmäßig Tabak.
22 http://www.census2011.co.in/census/city/375-pune.html (Zugriff: 29.2.2011)

In den Slumgebieten wurde in den Tiefeninterviews von den meisten Frauen und Männern geäußert, das Geschlecht spiele keine Rolle. In einigen Interviews wurden dennoch negative Aspekte angesprochen, die jedoch nicht auf den eigenen Haushalt, sondern auf Familien in der Nachbarschaft bezogen wurden. Einige Ehemänner würden ihre Frauen schlagen (SL/C/7), eine junge Frau sprach die Diskriminierung von Mädchen bei der Schuldbildung an: Mädchen würden früher aus der Schule genommen werden, da sie in der Regel vor dem 18. Lebensjahr heiraten müssten. Sie habe sich nur mit der Hilfe ihrer Mutter gegen den starken Druck der Familie durchsetzen können:

> „But other people, my family was it also who used to say you are a girl. People will put a finger on you. You are going to get married after some years. So they used to pray me actually please don't go out and don't tell anything." (SL/C/8)

Andere Frauen sprachen die größere Arbeitsbelastung an, insbesondere wenn die Ehemänner viel Alkohol konsumieren (SL/B/1), sowie die größere Bewegungsfreiheit von Männern (SL/B/2). Am häufigsten wurde jedoch die bevorzugte Behandlung von Jungen in Bezug auf Ernährung, Fürsorge und medizinische Versorgung angesprochen:

> „Yes, obviously. When people get son, they are happy. They look after sons more, take care of his food."(SL/C/6)

> „Still we come across discrimination in our area. If a daughter is ill then she is rarely taken to the hospital. But if a son gets a small wound then its' a big issue for some parents. If son gets hurt while playing then husband blames his wife, sometimes he beats too." (SL/A/7)

Eine Frau begründete dies mit den patrilokalen Strukturen und dem Usus der Mitgift:

> „But if I get a son then it's good for my health. He can earn and give me some money. If I get a daughter then I have to spend money for her marriage. Where will we get the money from? We give the same sort of treatment to both son and daughter. But if it's girl then she has to adjust in many things." (SL/B/8)

Viele Befragte sagten jedoch, diese Praxis würde sich ändern, sie selbst würden keinen Unterschied zwischen Sohn und Tochter machen. Eine Frau brachte dies v.a. mit dem Bildungsgrad in Verbindung:

> „The educated people don't discriminate. So there is no difference between sons and daughters of newly married, educated couples. Ten years back the condition was worse. The daughter was not at all given importance. If a woman gives birth to a daughter then she was cursed. (…) The daughters were also not sent to school. They were forced to marry at the age of eleven to twelve." (SL/A/7)

Auch NGO-Experten thematisierten den schlechteren Ernährungsstatus vieler Mädchen und Frauen sowie die gesundheitlichen Folgen einer früheren Heirat und Mutterschaft:

> „Up to 2% of the entire population are girls below the age of 18 who are married and have children which is a huge number. And this is a population that we have identified as being of particular interest to us because this population is psychologically undeveloped, they have to adjust to new family, a new household, a lot of these girls come from villages themselves,

they have to adjust to a city. She doesn't have a social network to ask about where to go what to do. Language is very often a barrier. Ethnicity and cultural practices is a barrier also over here. She is alone, her husband is working full time, she doesn't have anyone to support her over there, she has no way to go, and she is scared." (Ngo2)

Ein Mediziner führte Bildung als wichtigsten Lösungsansatz dieser Probleme an:

„Education is the main thing. If these people remain uneducated, these things will go on. Their education has to rise for these people, the entire lot. Then only they will realise because I have seen mothers who are educated, they don't marry their daughters so early. They see that the daughter is well educated, she is earning ... she is well settled, and she is stable emotionally, then only she will think of her marriage. (...) but the situation – sorry – I can't see any improvement because many young mothers I see every day. 17, 18. They tell you their age is 19 but you can see that she is only 17." (GpB4)

NGO-Experten sagten auch, dass Frauen in Slums aufgrund der schwächeren Position im Haushalt eine höhere Suszeptibilität z.B. gegenüber sexuell übertragbaren Erkrankungen hätten. Frauen wären nicht in der Position, ihren Mann dazu aufzufordern, ein Kondom zu benutzen:

„We helped the girls to have condom negotiations, and they said that if I tell my husband to wear a condom when he has sex with me he is likely to get suspicious that I might have had gone somewhere I might be infected and I don't want to pass the infection to him. So even if the wife tries to get him to do this for her own protection, he is going to be suspicious with her. It is not going to be the other way around." (Ngo2)

Auch bei Pilzinfektionen des Genitaltrakts seien Männer häufig nicht gewillt, sich mitbehandeln zu lassen, wodurch sich die Frauen nach einer Behandlung immer wieder anstecken würden (Ngo2).

Diese externe Perspektive durch NGOs ist bei den MiddleClass-Gebieten nicht gegeben. In MiddleClass A wurde angesprochen, dass die Diskriminierung von Mädchen bzw. Frauen vor zehn Jahren noch ein Problem gewesen sei, sich dies aber ändere:

„At that time the girls had to adjust. The boys used to get everything more than the girls. They were not allowed to go out, but boys were free to do whatever they want. The girls were not allowed to take good education. They used to learn only household work. They could not speak in front of the other people. Even if she was right, she was proved wrong." (MC/A/5)

Frauen haben heute einen besseren Zugang zu Bildung (vgl. 5.1), sind häufiger berufstätig und dadurch unabhängiger als früher:

„For me it's really important. If I work, there will be increase in income. I'll be independent and self-reliant. In early period the knowledge of cooking etc. was sufficient for the girls to marry, but now they demand the employed brides. (...) The girls didn't work. Their world is limited to school and home. If any one of them was scholar, then only she was allowed to go to college. Since two to three years the girls are doing job." (MC/A/5)

Dennoch müssen sich Frauen mehr im Haushalt unterordnen (MC/A/3). In Upper MiddleClass B und C sagten befragte Frauen, dass Frauen in der indischen Gesellschaft aufgrund der soziokulturellen Normen prinzipiell einen schwereren Standpunkt hätten, sie sich selbst jedoch aufgrund ihres sozioökonomischen Status als gleichberechtigt betrachten würden:

„No, in fact being a female I'm very much positive. I think it's a woman's world now, ... because earlier it was like the husband has to work, the wife has to sit and you know, family and all that. (...) You don't have to earn but you have to go out and explore your (...) dreams and possibility, whatever you want to do (...). But I think upper class, educated people are there, so everybody is like you know, giving each other space, freedom you know, which is very positive. Because that makes your confidence level (...) very positive." (MC/B/6)

Für die Befragte bedeutet Berufstätigkeit in erster Linie nicht finanzielle Unabhängigkeit, sondern Selbstverwirklichung. Eine andere Befragte sagte jedoch, dass auch in der gehobenen Mittelschicht mit der zunehmenden Berufstätigkeit nicht nur die Freiheit, sondern auch die Arbeitsbelastung gestiegen sei und dass Männer immer noch mehr Entscheidungsmacht im Haushalt hätten (MC/C/2). Es hänge auch stark von individuellen Faktoren ab, inwiefern eine Frau sich im Haushalt durchsetze (MC/C/6). In sozioökonomisch besser gestellten Gruppen überlagert somit der Status den Gender-Faktor zunehmend. Der Wertewandel in den beiden gehobenen Mittelschichtgebieten ist auch im Zusammenhang mit den zunehmenden transnationalen Verflechtungen ins Ausland, z.B. durch ein Studium im Ausland oder im Ausland lebende Familie, und den damit einhergehenden soziokulturellen Einflüssen zu erklären, wie mit dem Konzept der Transnationalisierung (vgl. Pries 2010) erfasst. Dennoch sind die soziokulturell verankerten Gender-Rollen nicht aufgelöst. Dies zeigt sich z.B. darin, dass die Geschlechtsratio in den höheren Statusgruppen häufig wesentlich ungünstiger als in den Slumgebieten ist. In einer Studie in Nagpur betrug z.B. die Ratio von Mädchen zu Jungen in der Altersgruppe der unter Siebenjährigen in dem Slumgebiet 964 zu 1000, in einem angrenzenden Mittelschichtgebiet hingegen 904 zu 1000 (Nagargoje et al. 2011). Die Autoren erklären dies mit einem vermehrten Einsatz pränataler Geschlechtserkennung und Abtreibung in der Mittelschicht, wobei die Ratio bei Frauen mit einem hohen Bildungsabschluss wiederum günstiger verlaufe. Dies spiegelt sich auch in den Untersuchungsgebieten in Pune wider: In der Altersgruppe der unter Fünfjährigen wurden in Slum A und C mehr Mädchen als Jungen geboren, in UpperMiddleClass B und C ist das Verhältnis in etwa ausgewogen, MiddleClass A weist mit Abstand die ungünstigste Ratio auf. Dennoch scheinen Frauen in den niedrigen Statusgruppen u.a. aufgrund materieller Defizite und sozialer Strukturen tendenziell höheren physischen und psychischen Gesundheitsrisiken im Alltag ausgesetzt zu sein.

Insgesamt lässt sich festhalten, dass die Bevölkerung der sechs Untersuchungsgebiete sich nicht nur in ihrem sozioökonomischen Status unterscheidet, sondern auch in Bezug auf die vier beschriebenen Dimensionen, woraus sich unterschiedliche Suszeptibilitäten ergeben. Die Bewohner der Slumgebiete scheinen dabei insgemein höheren gesundheitlichen Risiken ausgesetzt zu sein als die Bewohner der MiddleClass-Gebiete.

## 5.3 PRÄVALENZ DER INDIKATORERKRANKUNGEN IN DEN UNTERSUCHUNGSGEBIETEN

Die Bewertung der Krankheitslast in den sechs Untersuchungsgebieten erfolgt anhand von sechs Indikatorerkrankungen (vgl. 3.3). In den jeweiligen Teilkapiteln wird zunächst für das Kontextverständnis auf die Bedeutung der Indikatorkrankheiten auf nationaler bzw. regionaler Ebene eingegangen und jeweils kurz in Anlehnung an das epidemiologische Dreieck Entstehung und Verlauf der Erkrankungen charakterisiert. Danach werden die Prävalenzraten nach Untersuchungsgebieten vorgestellt: Die Erhebung der Krankheitslast erfolgte in Form eines Haushaltssurveys als selbstberichtete Prävalenz von akuten und chronischen Krankheitsepisoden aller Haushaltsmitglieder in den letzten zwölf Monaten (vgl. 4.2). Unter akuten Erkrankungen wurden dabei alle Krankheitsepisoden erfasst, die länger als drei Tage aber nicht länger als drei Monate andauerten, unter chronischen Erkrankungen all jene Episoden mit einer Dauer von mehr als drei Monaten. Zur Sicherstellung der Datenqualität wurde ebenfalls gefragt, ob in der jeweiligen Krankheitsepisode ein Arzt besucht und die Erkrankung entsprechend diagnostiziert wurde. Die aus den Daten errechneten altersstandardisierten Prävalenzraten werden zum einen – insofern verfügbar – mit Sekundärdaten, zum anderen mit Aussagen von Allgemeinmedizinern, Fachärzten und NGO-Mitarbeitern aus den Experteninterviews trianguliert. Des Weiteren werden bestehende Risiko- und Schutzfaktoren in den einzelnen Untersuchungsgebieten in Bezug auf die jeweilige Indikatorerkrankung in einer ätiologischen Matrix (vgl. 3.3) analysiert, um Suszeptibilitäten der verschiedenen sozioökonomischen Bevölkerungsgruppen herauszustellen.

### 5.3.1 Malaria, Denguefieber und Chikungunya

Unter den vektorbürtigen Erkrankungen stellt Malaria historisch und aktuell in Indien das größte Gesundheitsproblem dar. Sie ist v.a. in den nordöstlichen Bundesstaaten sowie in Maharashtra endemisch. Denguefieber tritt hingegen erst seit den 1990er Jahren verstärkt und wie Chikungunya überwiegend punktuell und episodisch auf (D 2004, Mourya/Yadav/Mishra 2004).

*Malaria*

In den 1950er Jahren konnte Malaria in Indien durch massive Vektorbekämpfung stark zurückgedrängt werden: Von geschätzten 330 Millionen Malaria-Fällen 1947 sank die Zahl auf 100.000 Fälle 1964 (Kumar et al. 2007: 69). Seit den 1970er Jahren hat sich der Trend jedoch wieder umgekehrt: Etwa zwei Millionen Erkrankte und 1.000 Tote werden jährlich in Indien registriert, wobei die tatsächlichen Zahlen aufgrund mangelnder Laborinfrastruktur zur Diagnose sowie schwacher Erfassungssysteme noch wesentlich höher liegen dürften (Dash et al.

2008, Park 2007: 210). In Maharashtra ist die Inzidenz leicht ansteigend: 2007 wurden laut dem National Vector Borne Disease Control Programme 67.850 Erkrankungen und 182 Todesfälle registriert, 2010 waren es rund 70.000 Fälle mit 200 Todesfällen[23]. Während Malaria früher v.a. ein rurales Problem war, wird die Krankheit nun in urbanen Gebieten zu einer wachsenden Herausforderung (Wadhwa/Akhtar/Dutt 2010). Auch Pune wurde u.a. aufgrund der Lage im Industrie- und Landwirtschaftsgürtel vom Direktorat des National Vector Borne Disease Control Programme als Stadt mit hohem Risiko eingestuft[24].

Malaria wird durch vier verschiedene Malariaparasiten verursacht: Plasmodium (p.) vivax, p. falciparum, p. malariae und p. ovale. Die Protozoen verbreiten sich durch zwei verschiedene Zirkel: Der menschliche Zirkel beginnt mit dem Stich eines Menschen von einer weiblichen infizierten Anophelesmücke, bei dem Moskito-Zirkel nimmt die Anophelesmücke beim Stich eines infizierten Menschen Gametophyten auf. Der Mensch ist daher wichtigstes Erregerreservoir. Von den 45 in Indien aktiven Anopheles-Arten übertragen nur wenige Plasmodien, Anopheles stephensi ist z.B. für urbane Räume am bedeutendsten (Akhtar/ Dutt/Wadhwa 2010). Die Verbreitung des Malariaparasiten ist abhängig von verschiedenen Vektor-Eigenschaften: Dies sind u.a. die Vektordensität (kritische Dichte zur Gewährleistung der Übertragung), die Lebensspanne (ein Moskito wird zehn bis zwölf Tage nach einem infizierten Blutmahl selbst infizierend), das Ruheverhalten vor und nach dem Blutsaugen (endophil/im Haus oder exophil/im Freien), die Brutgewohnheiten (z.B. Anopheles stephensi in Brunnen oder Wassertanks), das Stechverhalten (Anophelesmücken stechen nachts zwischen Sonnenunter- und Sonnenaufgang) und die Resistenz gegen bestimmte Insektizide. Aus diesen Faktoren leitet sich die vektorielle Kapazität zur Verbreitung der Plasmodien ab (Park 2007: 214). Diese ist wiederum an verschiedene Umweltfaktoren gekoppelt: Die wichtigsten begünstigenden Faktoren für die Ausbreitung von Malaria sind Temperatur, Luftfeuchtigkeit und Niederschlag. Die optimale Temperatur für den Lebenszyklus des Malariaparasiten beträgt 20 bis 30°C; unter 16°C stoppt der Parasit seinen Entwicklungsprozess im Vektor, Temperaturen über 30°C töten den Parasiten. Je höher die Luftfeuchte, desto größer ist die Aktivität und der Nahrungsbedarf der Moskitos. Dauer und Art von Niederschlägen beeinflussen die Verfügbarkeit von Brutstätten für Moskitos, Starkregen kann z.B. Larven davon spülen; auch künstliche Wasserbecken dienen als Brutstätten (Park 2007: 210). Damit sind die Umweltbedingungen in Pune ganzjährig, v.a. aber zur Monsunzeit, für Moskitos sehr günstig; in den Wintermonaten kann der Entwicklungsprozess der Plasmodien durch zu geringe Temperaturen gestört werden.

Die Inkubationszeit nach einem Stich beträgt in der Regel nicht weniger als zehn Tage, bei p. vivax bis zu neun Monate. Malaria kann entweder durch einen

---

23 http://nvbdcp.gov.in/Doc/Malaria-situation-Nov11.pdf (Zugriff: 10.1.2012)
24 http://nvbdcp.gov.in/UMS.html (Zugriff: 10.1.2012)

Bluttest oder über die Symptome diagnostiziert werden. Symptomatisch äußert sich eine Malariainfektion v.a. durch verschiedene, periodisch wiederkehrende Fieberphasen, begleitet von Kopfschmerzen, Übelkeit und Erbrechen. Es können bei einer Erkrankung verschiedene Komplikationen auftreten wie etwa akutes Nierenversagen, Leberschäden und Dehydration. Dies ist v.a. bei einer Infektion mit p. falciparum, auch als Malaria tropica bezeichnet, der Fall, die die höchste Mortalität aufweist und einen Anteil von 25 bis 30% aller Erkrankungen in Indien aufweist. P. vivax, die einen milderen Krankheitsverlauf mit wenigen Komplikationen verursacht, ist in Indien geographisch am weitesten verbreitet und trägt zu 70% aller berichteten Infektionen bei (Park 2007: 211).

In den sechs Untersuchungsgebieten variiert die selbstberichtete altersstandardisierte Malaria-Prävalenz von null Fällen in Slum A bis zu 37‰ in Slum B (Abb. 40). In dem angrenzenden Gebiet UpperMiddleClass B beträgt die Prävalenz hingegen nur 0,9‰, in MiddleClass A 3,0‰. In UpperMiddleClass C ist die Prävalenz am zweit höchsten mit 7,7‰, in den angrenzenden Slumgebieten (Slum C) liegt sie bei 1,9‰. Die Daten zeigen damit ein sehr heterogenes Bild; es ist jedoch von relativ wenigen Verzerrungseffekten auszugehen, da zum einen Malaria als akute Erkrankung von einem Arzt diagnostiziert und behandelt werden sollte, wie bei allen angegebenen Episoden der Fall. Zum anderen können sich Haushaltsmitglieder aufgrund der Schwere der Erkrankung tendenziell eher an alle Episoden erinnern, weshalb der Recall-Bias geringer ausfallen dürfte als z.B. bei Gastroenteritis.

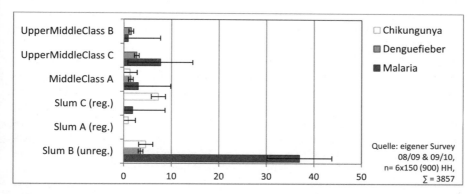

Abb. 40: *Selbstberichtete altersstandardisierte Prävalenz von Malaria, Denguefieber und Chikungunya²⁵ (in ‰)*

---

25 Für alle Prävalenzraten wurde jeweils der Standardfehler aus dem Mittelwert der sechs Untersuchungsgebiete berechnet (vgl. Diagramme), der die theoretische Streubreite der Stichprobenmittelwerte angibt (Koschack 2008). Der Standardfehler soll hier zudem verdeutlichen, dass es durch zu niedrige und seltener auch durch zu hohe Berichterstattung zu Verzerrungseffekten in den Untersuchungsgebieten gekommen sein könnte.

Vergleicht man die Prävalenz der sechs Untersuchungsgebiete mit Sekundärdaten der PMC, kalkuliert als rohe Morbiditätsrate der Gesamtbevölkerung (Zensusdaten 2001), so zeigen sich erhebliche Diskrepanzen: Denn die Prävalenz für das gesamte Stadtgebiet bewegt sich im Zeitraum von 2003 bis 2009 zwischen 1,4 und 0,71‰ mit einem leichten Abwärtstrend. Dies lässt sich dadurch erklären, dass die PMC nur bestätigte Fälle aus öffentlichen Laboren registriert, wodurch der Großteil der Patienten, die sich im privaten Sektor behandeln lassen, entfällt. Aufgrund der geringen Fallzahlen lassen sich auch aus der Auswertung nach Stadtgebieten keine räumlichen Verteilungsmuster ableiten. Damit sind die Daten der PMC für Pune als nicht repräsentativ zu betrachten und wurden auch von Medizinern als solche angesprochen:

> „And this is a blame that the PMC is saying that they have notified only 60 patients throughout the year. But when I can see 50 to 60 patients you can just imagine the load of malaria in the whole city." (GpA2)

Weitere Prävalenzraten konnten für Pune nicht ausfindig gemacht werden. Als weiterer räumlicher Referenzrahmen kann nur der National Family Health Survey für das urbane Maharashtra herangezogen werden, bei dem eine Malaria-Prävalenz von 18,4‰ für das Jahr 1992 ermittelt wurde (IIPS 1994). Aufgrund der regionalen Unterschiede in der Prävalenz ist diese Zahl für Pune jedoch wenig repräsentativ.

In den Experteninterviews berichteten Allgemeinmediziner, die in der Nähe des Untersuchungsgebiets Slum B ihre Praxis führen und die von den Bewohnern als Erstkontakt angegeben wurden, ebenfalls von einer hohen Malaria-Prävalenz in Slum B (GpB5, GpB6, GpB7, GpB8). Ein Allgemeinmediziner gab an, in den letzten Monaten 20 bis 25 Malaria-Fälle in seiner Praxis gehabt zu haben (GpB7). Mögliche Erklärungsansätze für die sehr hohe Prävalenz sind zum einen in der Umwelt, zum anderen beim Menschen als Zwischenwirt zu finden: In den umliegenden Baustellen gibt es viele Wasserstellen durch Regen- und Grundwasser in Baugruben, die als Brutstätten dienen können. Zudem gibt es in dem Gebiet verschiedene Brunnen und auch im nahe gelegenen Fluss können sich in der Trockenzeit durch den verminderten Abfluss zwischen Felsen stagnierende Wasserkörper bilden (GpB6, GpB5) (Foto 22). Des Weiteren ist es wahrscheinlich, dass einige Bauarbeiter, von denen viele aus endemischen Malaria-Gebieten wie Bihar stammen, als Zwischenwirte fungieren. Bei einem Stich können Moskitos Plasmodien aufnehmen und nach wenigen Tagen weitere Menschen infizieren. Daher sind die hohen Zahlen als realistisch zu betrachten. Auch beim Survey selbst berichteten in Slum B mehrere Befragte von vielen Malaria-Erkrankungen in dem Slum. Verwunderlich sind hingegen die niedrigen Fallzahlen im anschließenden Gebiet UpperMiddleClass B. Auch hier gibt es in der Umwelt (in Gärten und am Fluss) ausreichend Moskitobrutstätten und dementsprechend wurde von Bewohnern ein hohes Vektoraufkommen berichtet. Eine Erklärungsmöglichkeit für die geringe Fallzahl ist ein geringerer Infektionsgrad der Vektoren mit Plasmodien. Über die maximale Flugdistanz der Anophelesmücke, die von einer Vielzahl an Faktoren abhängt, gibt es in der Literatur unterschiedliche Angaben (vgl. Schiefer/Ward/Eldrige 1977). Vor allem sind protektive Maßnahmen der Bewohner, wie etwa mit Moskitonetzen versehene Fenster und Türen, weiter verbreitet. Bei einem Experteninterview zur Datentriangulation gab eine Allgemeinmedizinerin, die ihre Praxis in dem Gebiet hat, zu bedenken, dass die Zahl von Malariafällen in UpperMiddleClass B entlang des Flusses höher sein müsste (Et2). In Gebiet C ist die geringere Fallzahl in Slum C im Vergleich zu UpperMiddleClass C fragwürdig. Verschiedene Allgemeinmediziner sagten, dass vektorbürtige Erkrankungen im Zuge der starken Bautätigkeit in Gebiet C allgemein zugenommen hätten:

> „This area is a developing area, so most of all the construction activities are taken place, there is water logging, and in the breeding ground for the malaria parasites. (…) Now, what I found is that Malaria has increased. (…) I got here more than 60 to 70 positive cases of malaria in this year. It started in the month of May and it is still going on." (GpC3) (vgl. auch Et4)

Ein anderer Arzt stellte fest, dass sich durch die ganzjährig vorhandenen Brutmöglichkeiten auch die Saisonalität von Malariafällen verändert habe:

> „Malaria is commonly only seen in the rainy season. This year I also found it in the summer season, the reason is because of the collection of the water. (…) As soon as the rainy season started the number of cases went very high." (GpC3)

Andere Mediziner in Gebiet C hingegen sagten, die Prävalenz habe in den letzten Jahren leicht abgenommen, vektorbürtige Erkrankungen würden aber immer noch ein Problem darstellen (GpC7, GpC2, GpC1). Dennoch kann angenommen werden, dass die Prävalenz in Slum C etwas zu niedrig ist.

In Gebiet A, in dem die berichtete Prävalenz in Slum A und MiddleClass A gering ausfällt, wurde Malaria von den Allgemeinmedizinern als geringes Problem eingestuft (GpA1). Eine Anganwadi-Mitarbeiterin in Slum A berichtete jedoch von Malaria-Fällen in dem Slum, so dass die Prävalenz von null definitiv als zu gering zu betrachten ist (AnA4). Ein Erklärungsansatz für die geringere Prävalenz in Gebiet A könnte die geringere Verfügbarkeit von Brutstätten aufgrund der hohen Bebauungsdichte sein, die zu einer geringeren Vektordichte führt. Zudem führt die PMC in der Innenstadt im Vergleich zu den peripheren, weniger dicht bebauten Gebieten häufiger gezielte Maßnahmen zur Vektorbekämpfung durch. Die mangelnde Moskitokontrolle durch die PMC wurde von verschiedenen Medizinern v.a. in Gebiet C moniert. Ein Arzt in Gebiet C sagte, er habe die PMC über die Häufung von Malaria-Fällen in seiner Praxis freiwillig informiert, dies sei aber ohne Konsequenzen geblieben:

> „I have informed the ward officer who is supposed to take care. (..) I even gave them the area where I am getting them. And the number of patients I am getting. But the PMC didn't take any action. When I got daily five cases I have informed the ward officer that he should inform the medical officer." (GpC3)

Auch der Arzt eines öffentlichen Krankenhauses sprach massive Probleme bei der Vektorkontrolle aufgrund personeller Missstände an:

> „Previously we had the malaria eradication programme, but still it is not eradicated. The programme has been changed now to vector born control programme. Our target has changed

now from eradication to control. The factors are irresponsible people, irresponsible politics, (...). In Pune city in the last three years we have seen more cases of malaria." (Gh1)

Ein Arzt führte als weitere Faktoren für eine steigende Malaria-Inzidenz die zunehmende Pestizid-Resistenz der Moskitos, eine steigende Medikamenten-Resistenz der Plasmodien mit einer wachsenden Anzahl chronischer Erkrankungen sowie das Einschleppen von Plasmodien durch Migranten aus endemischen Gebieten auf:

„We found that the malaria can't be eradicated because of various factors. The first is that it becomes resistant to pesticides. The second is that they become resistant to anti malaria [drugs, d.V.]. And thirdly there are chronic patients and those labourers who come they are the carriers of malaria. And these people are the reason for getting more cases of malaria every year. Because the labourers come mainly from the endemic area of malaria, Bihar, Vihar and UP. So this endemic area – this labour population is always in the state to get Malaria any time of the year. So this is why malaria is becoming endemic in this area." (GpC3)

Dieses Zusammenspiel von ökologischen und sozialen Faktoren im Zuge der Urbanisierung führt insgesamt zu einem erhöhten Malaria-Risiko:

„And mosquitoes are breeding like anything despite urbanization. That is just poor sanitation and improper – the overhead water tanks which are all open, they will breed the mosquitoes there – it really becomes a big hazard. I think those are the killers actually now especially in the young and the healthy population, this vector borne and viral diseases." (Et2)

Prinzipiell sind dabei alle sozioökonomischen Gruppen einem ähnlichen Erkrankungsrisiko ausgesetzt:

„And malaria is not restricted to any strata of the society. And what I have seen I have seen from the top societies and from the slum areas." (GpA2)

Die Surveydaten belegen, dass Malaria aktuell ein gesundheitliches Problem in Pune darstellt. Denn die Umweltveränderungen im Zuge der Urbanisierung führen in verschiedenen Stadtteilen zu einer gesteigerten Vektordichte. Allein dies stellt jedoch keine hinreichende Ursache dar, da die Vektoren mit Plasmodien infiziert sein müssen. Dies ist auch eine Erklärungsmöglichkeit für die unterschiedliche räumliche Verteilung mit einer extrem hohen Prävalenz in Slum B sowie einer erhöhten Prävalenz in Gebiet C.

*Denguefieber*

In Indien war Denguefieber bis zu Beginn der 1990er Jahre kaum verbreitet, in Pune kam es in den 1970er und 1980er Jahren immer wieder zu sporadischen Ausbrüchen. Ab den späten 1990er Jahren gab es nahezu jährlich in verschiedenen Stadtteilen Ausbrüche von Denguefieber und vereinzelte Fälle von Dengue mit hämorrhagischem Fieber; 1998 wurden bei einem größeren Ausbruch 71 Fälle in Pune registriert (D 2004: 290 f). Heute ist Denguefieber in Maharashtra endemisch (D 2004: 284 f.); 2006 wurden 736 Erkrankungen und 25 Todesfälle registriert, 2008 waren es 743 Erkrankte und 22 Todesfälle (MoHFW 2010: 22). Dengue gilt in Indien als zunehmendes Gesundheitsproblem, denn die zyklischen Epidemien nehmen auch mit einer wachsenden geographischen Ausbreitung zu.

Denguefieber wird durch das Dengue-Virus verursacht, das v.a. von den Weibchen der Moskitoarten Aedes aegypti und albopictus übertragen wird. Es gibt vier verschiedene Serotypen, die alle in Indien prävalent sind (D 2004). Der Mensch ist das einzige größere bekannte Reservoir des Virus, d.h. Moskitos infizieren sich primär über das Stechen einer bereits infizierten Person. Nach einer Inkubationszeit von acht bis zehn Tagen kann der Moskito den Virus lebenslänglich übertragen. Moskitos der Gattung Aedes brüten vor allem in sauberen und stehenden Gewässern und sind daher überwiegend in urbanen Gebieten verbreitet. Im Gegensatz zur Anophelesmücke sind Aedesmücken v.a. nach der Morgendämmerung und spät nachmittags vor Sonnenuntergang aktiv. Insbesondere nach der Regenzeit können Dengue-Epidemien explosionsartig auftreten. Die Infektion kann asymptomatisch verlaufen (v.a. bei Kindern) oder nach einer Inkubationszeit von vier bis sieben Tagen ein breites Spektrum an Symptomen hervorrufen, die grob in klassisches Denguefieber und hämorrhagisches Denguefieber klassifiziert werden können. Das klassische Denguefieber äußert sich in mehrphasigem Fieber sowie Kopf-, Gelenk- und Muskelschmerzen und heilt ohne Komplikationen aus. Bei einer zweiten Infektion mit einem anderen Serotypen kann es zu einer immunologischen Überreaktion kommen, die hämorrhagisches Denguefieber auslöst; bei Letzterem ist die Letalität sehr hoch. Denguefieber kann labortechnisch nachgewiesen werden, es gibt jedoch keine eigene Therapie, so dass nur die Symptome behandelt werden können (Park 2007: 206 f.).

Der Haushaltssurvey in den sechs Untersuchungsgebieten ergab eine selbstberichtete altersstandardisierte Dengue-Prävalenz von 1,5‰ in MiddleClass A und UpperMiddleClass B, 2,7‰ in UpperMiddleClass C und 3,6‰ in Slum B (Abb. 40). In Slum A und C wurden keine Fälle berichtet. Die Anzahl der berichteten Dengue-Fälle ist damit wesentlich geringer als bei Malaria. Bei Dengue besteht allerdings die Gefahr, dass bei unsachgemäßer Diagnose diese als Malaria interpretiert wird, was die Prävalenz von null in Slum C erklären könnte. Auffällig sind insbesondere wieder die hohen Prävalenzen in Slum B sowie in UpperMiddleClass C.

Eine Auswertung der Sekundärdaten der PMC für die Jahre 2003 bis 2009 zeigt eine wesentlich niedrigere rohe Morbiditätsrate als die Untersuchungsgebiete mit 0,01‰ für das Jahr 2003, die einen diskontinuierlichen Anstieg auf 0,02‰ für 2009 aufweisen. Aufgrund der mangelhaften und äußerst lückenhaften Registrierungspraxis – 2006 und 2007 wurde kein bzw. ein Fall registriert – dürften die Daten erhebliche Verzerrungseffekte aufweisen (Et2). Auch nach Angabe des State Health Department wurden in Pune 2009 125 Fälle registriert und damit rund 70 Fälle mehr als von der PMC (Times of India 2009a). Die Allgemeinmediziner in den Untersuchungsgebieten berichteten beinahe alle von einer gestiegenen Dengue-Inzidenz in den letzten Jahren:

> „Yes, it is there! It is there in this area. Because I think two month ago, two month before only I have seen at least eight to ten cases of dengue. (…) in a particular period we are only get-

ting these dengue cases. If the summer starts there will be no any dengue because it is too dry." (GpB8) (vgl. auch GpA2, GpA5, GpB7, GpC5, GPpC7)

Dengue trete v.a. in der Regenzeit auf. Ein Arzt in Gebiet C sagte, er habe ebenfalls in einem Teilgebiet von Slum C Dengue-Fälle diagnostiziert, so dass die Prävalenz von null definitiv zu gering ist (GpC5). Auch in den anderen Experteninterviews wurde allgemein von Denguefieber als zunehmendem Gesundheitsrisiko in Pune berichtet:

„Dengue all spreads in Pune. (...) It is a typical urban disease and in Pune in almost every year we have been having greater or lesser extents of dengue outbreaks. " (Ngo1)

„Now dengue is on such a rise, terrible. Dengue is one more thing which is just come up in recent years."(Et5)

In den Krankenhäusern wurde Denguefieber als Gesundheitsproblem ebenfalls adressiert:

„I tell you in the hospital at any point of time there will be five cases of proven dengue. In our own hospital. (...) it is a big health care problem – dengue!" (Et2)

Wie bei Malaria wurde betont, dass Denguefieber alle sozioökonomischen Gruppen betreffe:

„And dengue is not a disease of the low socioeconomic status. You are getting like people, affluent people who are getting dengue, malaria; so many patients at this point of time with dengue and malaria." (Et2)

Insgesamt ist Denguefieber zwar deutlich weniger in Pune verbreitet als Malaria, stellt aber laut Aussagen der Mediziner ein wachsendes Problem dar. Ähnlich zeigt sich die Situation bei Chikungunya-Fieber.

*Chikungunya-Fieber*

Chikungunya wurde in Indien zum ersten Mal 1963 in Kalkutta diagnostiziert; seitdem ist es immer wieder zu sporadischen Ausbrüchen gekommen, weshalb Chikungunya als Risiko für die Öffentliche Gesundheit eingestuft wird (Mourya/ Yadav/Mishra 2006: 36). Über 1,25 Millionen Fälle wurden in Indien registriert, die Mehrheit davon in Karnataka und Maharashtra (Park 2007: 241). In Maharashtra registrierte das Office of the Joint Director of State Health Service 2008 238 und 2009 352 Fälle (Times of India 2010c).

Chikungunya-Fieber ist eine dem Denguefieber ähnliche arbovirale Infektionskrankheit, die ebenfalls primär durch die Moskitoart Aedes aegypti übertragen wird; auch hier ist der Mensch das Hauptreservoir des Erregers. Die Inkubationszeit beträgt vier bis sieben Tage, danach kommt es zu einem plötzlichen Ausbruch von hohem Fieber und starken Gliederschmerzen; als weitere Symptome können u.a. Kopfschmerzen, Übelkeit, Erbrechen, Schüttelfrost, Appetitlosigkeit und Gelenkerkrankungen auftreten, wobei v.a. Letztere für Chikungunya sehr charakteristisch sind. Die Erkrankung kann serologisch nachgewiesen werden, dennoch wird Chikungunya häufig als Denguefieber diagnostiziert (Mourya/Yadav/Mishra 2006: 265). Chikungunya-Fieber, das sehr schwer bis mild verlaufen kann und in der Regel nicht letal ist, kann nur symptomatisch behandelt werden (Park 2007).

In den Untersuchungsgebieten wurde die höchste Prävalenz in Slum C mit 7,3‰ erhoben, gefolgt von Slum B mit 4,6‰ und Slum A mit 1,0‰. In den MiddleClass-Gebieten wurden nur in MiddleClass A Fälle berichtet mit einer Prävalenz von 1,3‰ (Abb. 40). Eine Anganwadi-Mitarbeiterin in Teilgebiet C2 berichtete, dass 2008 mehrere Fälle von Chikungunya im Slum aufgetreten seien (AnA3).

Für Chikungunya konnten keine Sekundärdaten in Pune zur Triangulation herangezogen werden. In Stadtteil C berichteten Allgemeinmediziner von einer Zunahme von Fällen in den letzten Jahren, die alle labortechnisch als Chikungunya bestätigt wurden:

> „The severity of vector-borne diseases, the number of cases of chikungunya in the last three years where it really shot through. Till 2006 or 2007, I hardly have seen one or two patients or three patients of chikungunya in the entire season. And that entire scenario changed 8, 9, 10. (...) So the scenario definitively has changed." (GpC7)

Auch in der Ober- und Mittelschicht seien Erkrankungen aufgetreten, was u.a. auf die räumliche Nähe der *housing societies* zu den Slums zurückzuführen sei:

> „These last two years I have seen chikungunya in the upper socioeconomic strata also. That is possibly because of the very close proximity of these slums to the proper areas." (GpC7)

Auch andere Ärzte sprachen von einer steigenden Inzidenz (GpA5, Et4), gerade auch in den temporären Slums wie Slum B (GpB8). Allerdings bestehe auch hier wie bei Malaria und Denguefieber das Problem der Fehldiagnose, da aufgrund ökonomischer Zwänge bei Malaria nur ein einfacher Blutausstrich genommen und bei Denguefieber und Chikungunya oft nur nach Symptomen ohne labortechnische Untersuchung gegangen werde (GpB4, GpC7). So würde gerade Chikungunya häufig bei postviraler Arthrose fehldiagnostiziert werden:

> „Yes, we have seen a few chikungunya but many many more where it was actually post viral arthritis and not chikungunya. (...) And now it has become a fear in people's mind, anybody who gets a joint pain after a viral fever thinks it may be chikungunya." (Et4)

Dadurch können erhebliche Verzerrungseffekte auftreten. Dies ist auch eine Erklärungsmöglichkeit für die höhere Berichterstattung von Denguefieber in den MiddleClass-Gebieten und Chikungunya in den Slumgebieten, obwohl bei allen berichteten Episoden ein Arzt aufgesucht wurde.

Abschließend lässt sich zu den hier diskutierten vektorbürtigen Erkrankungen festhalten, dass diese einen hohen Teil der Krankheitslast ausmachen und alle sozioökonomischen Gruppen betreffen. Besonders anfällig sind jedoch die temporären Slums (Slum B). Auch wenn sich die Prävalenzraten aufgrund fehlender Sekundärdaten nicht verifizieren lassen, so geben sie gewisse Trends an, die von den Allgemeinmedizinern bestätigt wurden.

## Ätiologie

Die Prävalenz durch Moskitos übertragener Erkrankungen wird primär durch sich verändernde Umweltfaktoren, strukturelle Bedingungen des Wohnumfelds sowie verhaltensbezogene Faktoren in Bezug auf individuelle Präventionsmaßnahmen bestimmt, wie am Beispiel der Malaria in Abbildung 41 dargestellt. Im Zuge der Urbanisierung verändert sich die urbane Umwelt und begünstigt die Vermehrung der Vektoren durch vermehrte, ganzjährig existierende Brutstätten auch außerhalb der Monsunzeit. Zum einen bieten Baustellen ideale Brutbedingungen; dies ist insbesondere in Stadtgebiet C und B ersichtlich, die in bestimmten Gebieten eine hohe Bautätigkeit aufweisen (Foto 37). Zum anderen sind die Bewohner von Slum C und B aufgrund der unstetigen Wasserversorgung auf die Speicherung von Wasser angewiesen; in den Gefäßen können ebenfalls Moskitos brüten.

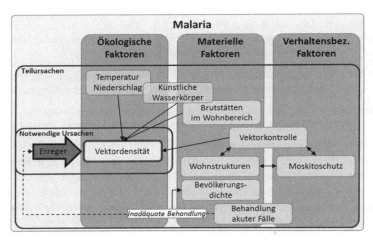

Abb. 41: Ätiologische Matrix: Malaria (Entwurf: M. Kroll)

Auf struktureller Ebene ist nicht nur die unmittelbare Umwelt des Wohnumfelds, wie z.B. Nähe zu Brunnen, Flüssen etc., entscheidend für die Vektorhäufigkeit. Auch eine mangelhafte Wohnqualität erhöht das Risiko, da z.B. schlecht ventilierte und belichtete Wohnräume den Moskitos als Rückzugsräume dienen und Malaria häufig in Wohnungen übertragen wird. Die Art der Hauskonstruktion beeinflusst mögliche Kontrollmaßnahmen (z.B. Anbringen von Moskitonetzen, Wasserkörper als Brutstätten). Zudem wird durch eine hohe Wohndichte das Übertragungsrisiko gesteigert. Insbesondere in Slum B ist anzunehmen, dass viele Bewohner als menschliches Reservoir für den Erreger fungieren bzw. von infizierten Migranten Plasmodien eingeschleppt werden, und sich daher Malaria, Dengue und Chikungunya weiter ausbreiten können. Wird eine erkrankte Person nicht adäquat behandelt, können sich an ihr Moskitos infizieren. Somit weisen alle drei Slumgebiete eine erhöhte, Slum B eine sehr hohe Suszeptibilität auf. Auch finden Maßnahmen zur Vektorkontrolle von der Stadtverwaltung wie das Versprühen von Insektiziden nicht gleichermaßen in den Gebieten statt.

Auf der verhaltensbezogenen Ebene betonten mehrere Haushalte in den MiddleClass-Gebieten, dass sie verschiedene präventive Maßnahmen ergreifen wie das Versehen von Fenstern und Türen mit Moskitonetzen und die Verwendung von Moskitoabwehrmitteln, um das Risiko einer Infektion zu minimieren. Dies ist in den Slumgebieten aufgrund der baulichen Strukturen, aber auch aufgrund der Kosten für Netze, Moskitoabwehrmittel etc., nicht bzw. nur eingeschränkt möglich, zudem verbringen die Menschen aufgrund der Enge der Wohnverhältnisse und häufig auch im Zuge ihrer Erwerbstätigkeit mehr Zeit im Freien. Ein weiterer Faktor auf der individuellen Ebene ist der allgemeine Gesundheitsstatus, da dieser neben der Parasitenart die Schwere der Erkrankung beeinflusst. Somit erhöht z.B. ein schlechter Ernährungsstatus die Anfälligkeit. Die Kombination aus vektorbegünstigenden Umweltfaktoren, dem Vorkommen des Parasiten (Menschen als Reservoir) sowie strukturellen Bedingungen und individuellen Präventionsmaßnahmen im Wohnumfeld führen zu unterschiedlichen räumlichen Verteilungsmustern, wobei peripherere Gebiete eine höhere Risikoexposition aufweisen als die hoch verdichtete Innenstadt. Insgesamt zeigen die Slumgebiete und allen voran Slum B eine erhöhte Suszeptibilität in Bezug auf die verschiedenen beitragenden Faktoren. Dennoch führt die extreme räumliche Fragmentierung auch zu einer erhöhten Anfälligkeit von hohen Statusgruppen. Zudem wurde in der vorliegenden Studie nur der Wohnort untersucht, Menschen verbringen aber auch viel Zeit am Arbeitsplatz sowie im öffentlichen Raum. Somit erhöht das Fortbestehen und die Ausbreitung lokaler Spots die Gesamtanfälligkeit der urbanen Gesellschaft.

### 5.3.2 Gastrointestinale Erkrankungen

Infektiöse Darmerkrankungen gehören zusammen mit infektiösen Atemwegserkrankungen zu den weltweit am weitesten verbreiteten Erkrankungen und sind aufgrund hygienischer und infrastruktureller Defizite häufigste Ursache für Kindersterblichkeit in Indien (Park 2007). Beispielsweise wurde beim National Family Health Survey 2005/06 eine Prävalenz von Diarrhö bei Kindern unter fünf Jahren von 61‰ in Mumbai und 83‰ in Nagpur für einen Zeitraum von zwei Wochen vor der Befragung erhoben (IIPS 2008: 83). Allgemein ist die Datenlage zu gastrointestinalen Erkrankungen in Indien jedoch sehr dürftig.

Agenzien gastrointestinaler Erkrankungen können verschiedene Viren (v.a. Rota- und Noro-Viren), Bakterien (Salmonellen, Escherichia coli, Vibrio cholerae etc.) oder Protozoen (z.B. Amöben, Giardien) sein, die die Schleimhaut des Magen-Darm-Trakts in unterschiedlichem Ausmaß angreifen und somit Diarrhö und Übelkeit erzeugen. Bakterien können zudem Toxine produzieren, die in verdorbenen Nahrungsmitteln angereichert bei Konsum eine Lebensmittelvergiftung hervorrufen. Erregerreservoir ist bei den meisten Agenzien der Mensch: Die Übertragung erfolgt in der Regel durch fäkalorale Schmierinfektionen in Form kontaminierter Nahrung, Wasser oder durch den direkten Kontakt mit Dreck oder schmutzigen Händen, z.B. bei Kleinkindern, und ist daher stark an hygienische Bedingungen geknüpft. Auch ein schwaches Immunsystem erhöht die Suszeptibilität gegenüber Diarrhö; gerade Mangelernährung und gastrointestinale Erkrankungen können daher bei Armutsgruppen in einen Teufelskreis münden (Park 2007: 183). Anhaltender Flüssigkeits- und Mineralienverlust hat zudem Austrocknung mit Kreislaufproblemen, Nierenversagen oder Krampfanfällen zufolge. Die Behandlung beschränkt sich dabei in der Regel auf symptomatische Maßnahmen, v.a. die orale Rehydratations-Therapie (WHO), sowie bei wenigen Erregern auf die Behandlung mit Antibiotika. Da außer bei meldepflichtigen Erkrankungen wie Cholera der Nachweis des genauen Erregers für die Therapie nicht zielführend und labortechnisch auch nicht immer möglich ist, wird auf eine Stuhlanalyse aus ökonomischen Gründen häufig verzichtet (Park 2007). Daher wird im Folgenden allgemein auf Gastroenteritis bzw. Diarrhö eingegangen und nicht weiter spezifiziert, denn zum einen wird der Begriff Gastroenteritis auch zur Bezeichnung akuter Diarrhö[26] herangezogen, zum anderen wird Diarrhö auch häufig als Sammelbezeichnung verschiedener gastrointestinaler Erkrankungen mit Diarrhö als dominantem Symptom gesehen denn als epidemiologische Einheit. Gerade bei selbstberichteter Morbidität ist somit eine weitere Spezifizierung nicht zielführend.

Die selbstberichtete Prävalenz gastrointestinaler Erkrankungen (Abb. 42) zeigt beim Haushaltssurvey ein sehr heterogenes Bild mit den höchsten Prävalenzraten in Slum B und UpperMiddleClass B mit 22 und 18‰. In MiddleClass A liegt die Prävalenz bei 11‰, in den beiden registrierten Slums A und C bei 7 und 9‰ und in UpperMiddleClass C bei 6‰.

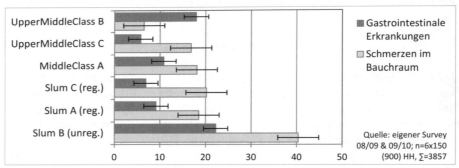

*Abb. 42: Selbstberichtete altersstandardisierte Prävalenz von gastrointestinalen Erkrankungen und Schmerzen im Bauchraum (in ‰)*

---

26 Von Diarrhö spricht man normalerweise bei flüssigem Stuhl mit mehr als drei Stuhlgängen am Tag. Die Unterscheidung zwischen akuter und chronischer Diarrhö ist willkürlich; akute Diarrhö setzt plötzlich ein und dauert ca. drei bis sieben Tage an, chronische Diarrhö länger als drei Wochen. Befindet sich Blut im Stuhl, wird dies als Dysenterie bezeichnet (Park 2007: 183).

Für Kleinkinder unter fünf Jahren, die eine besonders hohe Suszeptibilität aufweisen, wurden höhere Prävalenzen berichtet mit 57‰ in Slum B, 44‰ in Slum A, 12‰ in Slum C und 33‰ in MiddleClass A. In UpperMiddleClass B und C wurden keine Fälle berichtet. Alle Personen mit gastrointestinalen Symptomen besuchten einen Arzt bis auf eine Person in UpperMiddleClass B aufgrund der geringen Schwere der Erkrankung und eine Person in Slum B aufgrund der finanziellen Lage.

Als weitere Kategorie wurden Schmerzen im Bauchraum erhoben, die als Symptom sowohl auf akute Erkrankungen, wie z.B. eine Blinddarmentzündung, als auch auf infektiöse gastrointestinale Erkrankungen hinweisen können. Hier ist die Prävalenz in UpperMiddleClass B am geringsten (6,5 ‰) und Slum B am höchsten (40,4 ‰). Die allgemein etwas niedrigere Prävalenz in den MiddleClass-Gebieten lässt darauf schließen, dass bei Symptomen zeitnah ein Arzt zur Diagnose und Behandlung aufgesucht wird, in den Slumgebieten eher in Abhängigkeit von der finanziellen Lage. In UpperMiddleClass C suchten fünf, in UpperMiddleClass B eine und in Slum A zwei Personen keinen Arzt auf, da die Symptome nur leicht gewesen seien. Daran lässt sich auch ein unterschiedliches Berichtverhalten ableiten, wonach von sozioökonomisch besser gestellten Haushalten auch Erkrankungen bzw. Symptome mit geringer Intensität berichtet wurden, was eventuell auch die hohe Prävalenz von Gastroenteritis in UpperMiddleClass B erklären könnte. Aufgrund des unklaren Bilds gastrointestinaler Erkrankungen, das sich bereits beim ersten Survey andeutete, wurde im zweiten Survey ein weiteres Modul eingeschoben, in dem u.a. gefragt wurde, ob einzelne Haushaltsmitglieder häufig an Durchfallerkrankungen leiden würden. Hier ist die selbstberichtete Prävalenz in UpperMiddleClass C am höchsten mit 29 ‰, gefolgt von Slum B mit 18 ‰. In den weiteren Gebieten lagen die Prävalenzen bei 9‰ in UpperMiddleClass B, 3‰ in MiddleClass A, 15‰ in Slum C und 9‰ in Slum A. Insgesamt zeigt die Auswertung der Daten eindeutig eine hohe Suszeptibilität in Slum B gegenüber gastrointestinalen Erkrankungen. Für die anderen Gebiete ist es alleine auf Grundlage der Prävalenzraten schwierig, allgemeine Trends herzuleiten, da subjektive Unterschiede in der Beurteilung der Schwere einer Erkrankung in Abhängigkeit von der sozioökonomischen Lage zu Verzerrungseffekten führen.

In den Experteninterviews machten Ärzte vor allem relationale Aussagen: Insgesamt geht aus der Auswertung der Interviews hervor, dass die Krankheitslast gastrointestinaler Erkrankungen tendenziell in den letzten Jahren abgenommen hat (GpA1). Zur Prävalenz in unterschiedlichen sozioökonomischen Gruppen wurden jedoch unterschiedliche Aussagen gemacht, insbesondere in Bezug auf urbane Armutsgruppen bzw. Slumbewohner. In einem Regierungskrankenhaus sagte ein Arzt, gastrointestinale Erkrankungen seien nach wie ein großes Problem:

> „Infectious diseases are still a challenge, we are not able to eradicate it, simple cholera, gastroenteritis. These diseases will prevail as long as everybody gets dirty water to drink. This could solve problems. Still we are not able to get rid of these diseases." (Gh1)

Auch Allgemeinmediziner bestätigten, dass gastrointestinale Erkrankungen zusammen mit oberen Atemwegserkrankungen die Hauptlast bildeten:

> „Gastroenteritis and this upper respiratory tract problem. These two are very common." (GpB8)

Allgemeinmediziner in allen drei Stadtgebieten berichteten von häufigen Durchfallerkrankungen v.a. bei Kindern in Slumgebieten (GpA1, GpA3, GpB4, GpB5, GpB8, GpC1, GpC3) und der unteren Mittelschicht (GpA1). Als Ursache wurden mangelnde Hygiene, mangelhafte bzw. unzureichende sanitäre Anlagen und verunreinigtes Trinkwasser genannt, v.a. in den temporären Slums:

> „The hygiene is very poor and they don't take much care about this all day cleanliness and all. That is why gastroenteritis is the most common problem." (GpB8)

Zudem würden manche Mütter aufgrund fehlenden Krankheitswissens erkrankte Kinder zu spät zu einem Arzt bringen:

> „No, it is very bad. The worst problem is that they bring the children to us – I mean despite whatever those national plans, those TV programs, despite everything, they do everything that is wrong, everything they think they should do and only bring the child to us when the child is pretty pretty badly dehydrated. It is very common. It is very common. And still they go by hear and say, they go by what they are supposed to do, what their neighbour, their grandmother, the people tell them to do." (GpC7)

Die hohe Prävalenz von akuten Schmerzen im Bauchraum in Slum B wurde von einer Fachärztin u.a. auf unbehandelten chronischen Amöbenbefall aufgrund mangelnder Hygiene und den Verzehr von ungewaschenem Gemüse zurückgeführt (Et2). NGO-Experten bestätigten die Beobachtung, dass in temporären und unregistrierten Slums noch starke Probleme bestehen, sagten jedoch, dass gastrointestinale Erkrankungen aufgrund der verbesserten hygienischen Bedingungen in den registrierten Slums stark abgenommen hätten:

> „Diarrhoea is much less of a problem today than it used to be. (...) Even water supply has improved comparatively, and I think this is the main reason why diarrhoea is not so much of a problem today. But construction camps I am still very doubtful about that because they have nothing, even the unregistered slums." (Ngo3)

Denn nach wie vor bestünden große Unterschiede im Konsolidierungsstatus zwischen verschiedenen Slums, so dass Verallgemeinerungen nicht möglich seien:

> „One slum which has improved rapidly, another slum which has not improved so rapidly, a third slum which still doesn't have these facilities where the workers, the people in that slum themselves say that we have a lot of flies over here, it is an unclean slum so we have diarrhoea. They can see it but they haven't been able to look after themselves." (Ngo2)

Auch die Mehrheit der befragten Anganwadi-Mitarbeiterinnen in Slum A und C sagten, dass Diarrhö bei Kindern nur noch ein geringes bzw. kein Problem darstelle (AnC6, AnC3, AnC4, AnC3, AnA6, AnA5). Es gäbe zwar noch Fälle, allerdings keine schweren Formen von Erkrankungen (AnA8, AnA3, AnA1). Da in Slum A viele Eltern im informellen Müllsektor beschäftigt seien, könnten die Kinder sich leicht infizieren; allerdings hätten die Kinder auch eine sehr hohe Resistenz, da sie seit der Geburt im Slum lebten (AnA8). Weitere Mitarbeiterinnen sagten, dass Diarrhö bei Kindern auftrete, wenn die Mütter nicht auf die Sauberkeit des Trinkwassers und auch auf Hygiene bei der Nahrungszubereitung achten würden (AnC3, AnA1, AnA7).

Laut Aussage von Medizinern sind gastrointestinale Erkrankungen in höheren Statusgruppen etwas weniger häufig, aber durchaus auch verbreitet (Et1, GpC7). Allerdings würden bei Kindern aufgrund sozialer Veränderungsprozesse vermehrt gastrointestinale Erkrankungen auftreten, da sie durch eine zunehmende Betreuung in Kindergärten einem erhöhten Ansteckungsrisiko ausgesetzt seien:

> „Day care centres have increased, crashes have increased, and that is because of the social change. And that may have resulted in the rising incidence of certain communicable diseases as it has in western world. Upper respiratory infections or types of gastroenteritis." (Et5) (vgl. auch GpC3)

Des Weiteren sprachen viele Ärzte an, dass die Prävalenz gastrointestinaler Erkrankungen sich zwar noch auf einem ähnlichen Niveau bewege, die Schwere des Krankheitsverlaufs in den letzten zehn Jahren jedoch abgenommen habe:

> „So the faecal-oral diseases, gastroenteritis, is still abounding, but the hospitalization for gastroenteritis has become far less. Mortality has gone down. Unusual almost from gastroenteritis. The incidence of dysentery and viral gastroenteritis has almost remained the same, they keep coming in epidemics, but the severity, hospitalization rates and mortality has gone down quite a bit." (Et5)

Der Mediziner begründete die gesunkene Mortalität und Hospitalisierungsrate mit einem besseren Ernährungsstatus, wodurch die Genesung wesentlich schneller erfolge (Et5) (vgl. auch GpB5).

Führt man die Aussagen der Experteninterviews mit den Prävalenzen in den sechs Untersuchungsgebieten zusammen, so ist die Prävalenz von Gastroenteritis in UpperMiddleClass B ungewöhnlich hoch, in den Slumgebieten eher etwa zu niedrig (Et1). Die geringen Raten in niedrigen Statusgruppen können auch durch eine höhere Akzeptanz von Symptomen erklärt werden:

> „What they may think as normal may actually be diarrhoea, so they are just ignoring." (Et3)

Auch wenn die Bewohner der Slumgebiete eine höhere Suszeptibilität aufweisen, treten gastrointestinale Erkrankungen in höheren Statusgruppen ebenso auf. Dies belegt auch die Prävalenz von Typhusfieber[27], das in Indien zwar nicht wie in Deutschland meldepflichtig ist, aber aufgrund der Schwere der Erkrankung und der eindeutigen Diagnose weniger Verzerrungseffekten unterliegt als Gastroenteritis. Der Survey ergab eine Prävalenz von 3 bzw. 5‰ in UpperMiddleClass B

---

27 Typhusfieber wird durch das Bakterium Salmonella Typhi verursacht, die Infektion erfolgt über mit Fäkalien verunreinigtes Wasser oder Nahrungsmittel und äußert sich in stufenförmigem Fieberanstieg für drei bis vier Wochen, einhergehend u.a. mit Herzlangsamkeit, Kopfschmerzen, Halsschmerzen und Bauchschmerzen; in etwa 30% aller Fälle treten Komplikationen auf, die tödlich verlaufen können (Park 2007: 196).

und C sowie 8‰ in Slum B und 2‰ in Slum C. In MiddleClass A und Slum A wurden keine Fälle berichtet. Von einer Ärztin wurden bei der Datentriangulation die Prävalenzen als realistisch betrachtet, auch wenn die Raten für die beiden gehobenen Mittelschichtgebiete ungewöhnlich hoch seien (Et1). Da gerade im Bereich gastrointestinaler Erkrankungen verschiedene Verzerrungseffekte bestehen, soll nun die Suszeptibilität in den Untersuchungsgebieten untersucht werden, um zu weiterem Aufschluss über die Krankheitslast zu gelangen.

*Ätiologie*

Die Übertragung des Agens auf den Menschen ist primär von ökologischen, materiellen und verhaltensbezogenen Faktoren abhängig (Abb. 43). Die materiellen Faktoren sind stark im Kontext der Untersuchungsgebiete verankert: Während die Wasserverfügbarkeit abgesehen von saisonalen Schwankungen in der Trockenzeit primär in Slum B ein Problem darstellt, besteht die Gefahr der kurz- oder langfristigen Wasserkontamination durch Brauchwasserintrusionen für alle sechs Untersuchungsgebiete und stellt ein wichtiges Erregerreservoir dar (Ngo3) (vgl. 5.2.1). Zudem besteht die Kontaminationsgefahr bei unsachgemäßer Wasserspeicherung in allen sozioökonomischen Gruppen, vermehrt jedoch in den Slumgebieten, wo auch das Risiko durch unsachgemäße Handhabung durch geringeres Gesundheitswissen höher ist. Des Weiteren sind gastrointestinale Erkrankungen saisonalen Schwankungen unterworfen, denn v.a. während des Monsuns sowie den heißen Sommermonaten steigt die Gefahr der bakteriellen Kontaminierung des Wassers (GpC7, GPB4, Et2). Virale Infektionen können ganzjährig auftreten, mit einem Maximum in den kalten, trockenen Monaten.

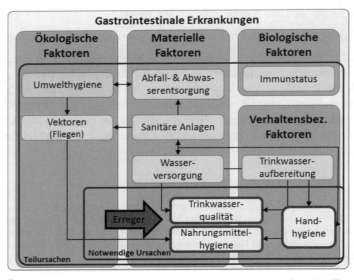

*Abb. 43: Ätiologische Matrix: Gastrointestinale Erkrankungen (Entwurf: M. Kroll)*

Darüber hinaus weisen die beiden registrierten Slumgebiete in unterschiedlichem Maße Probleme in der Verfügbarkeit und Sauberkeit sanitärer Einrichtungen sowie der Abfall- und Abwasserentsorgung auf (vgl. 5.2.2). Hinzu kommen verhaltensbedingte lokale Verschmutzungen sowie das Halten von Nutztieren im Wohnbereich, wodurch es v.a. in den Slumgebieten viele Fliegen gibt, die Erreger von Fäkalien auf Speisen übertragen können. Die hohe Prävalenz gastrointestinaler Erkrankungen in Slum B ist v.a. auf strukturelle Defizite zurückzuführen, was zu einem Multiplikator-Effekt führt: Nehmen Menschen Erreger mit dem Wasser oder der Nahrung auf, werden diese von den Menschen aufgrund der gänzlich fehlenden Basisinfrastruktur auf Freiflächen ausgeschieden und die Erreger verbreiten sich weiter im Slum (GpB4). In Slum A und C hat sich die Infrastruktur hingegen stark verbessert (Ngo3), auch wenn hier nach wie vor Defizite in Bezug auf die sanitären Anlagen, die Abfall- und Abwasserentsorgung bestehen. Demnach kommen verhaltensbezogenen Faktoren genau wie in den MiddleClass-Gebieten eine wachsende Bedeutung zu.

Bei den verhaltensbezogenen Faktoren wurden für die Slumgebiete v.a. mangelnde Hygiene bei der Wasserspeicherung, eine häufig fehlende Trinkwasseraufbereitung z.B. durch Abkochen des Wassers und mangelnde Hygiene bei der Zubereitung von Nahrungsmitteln sowie mangelnde körperliche Hygiene, z.B. beim Händewaschen, angesprochen (GpB6). Zudem wurde von Allgemeinmedizinern als auch von Bewohnern gekauftes Essen bei Straßenhändlern oder Restaurants als Risikofaktor genannt, da das Essen häufig unter unhygienischen Bedingungen zubereitet sei. Dies betrifft auch teurere Restaurants, die von der gehobenen Mittelschicht aufgesucht werden (Et3, Et1):

> „In a lot of hotels [restaurants, d.V.] the sterility is not maintained, there will be a lot of hotels in this area and who can afford? It is only the upper middle class who will actually go out and eat, so this could be maybe realistic."(Et1)

Eine Befragte in UpperMiddleClass C führte z.B. eine Gastroenteritis auf einen Restaurantbesuch zurück:

> „My son was here and he took me out for lunch and I think that I was eating salad, which normally I never do. I make the salad myself and I do not eat salad from outside. But that day I did it. I was very sick, I treated myself and I was cured." (MC/B/1)

Eine weitere Befragte aus UpperMiddleClass C sagte, ihr Mann leide häufig an gastrointestinalen Erkrankungen, da er berufsbedingt viel außer Haus esse:

> „My husband has a problem. He is a self-employed guy. And he has been working and he has been travelling a lot. So he is not being very keen in having good food, in hotels probably, and also he has been eating out in these restaurants whatever possible, and he thinks it's ok, I mean as far as hygiene is concerned. So what happens he is not very keen on very purified water." (MC/C/6)

Im Umkehrschluss wurde die geringe Prävalenz in MiddleClass A damit erklärt, dass dies eine sehr konservative Schicht sei, die selten außerhalb esse:

"This is a very conservative class of society. They don't eat out – very restricted on spending, so you know, you eat at home and you have good water supply, so this also correlates." (Et2)

Dies sagte auch ein Befragter in MiddleClass A, der Essen von außerhalb generell einen negativen Einfluss auf die Gesundheit zusprach (MC/A/4). Veränderte Verhaltensweisen stellen somit gerade für die obere Mittelschicht sowie ebenfalls niedrige Statusgruppen einen Risikofaktor dar. Des Weiteren wurden Kindertagesstätten als Infektionsherd angesprochen, die im Zuge der wachsenden Berufstätigkeit von Frauen in der gehobenen Mittelschicht ein relativ junges Phänomen darstellen (GpC3). Neben umwelt- und verhaltensbezogenen Faktoren ist die Anfälligkeit auch vom Gesundheitsstatus bzw. dem Status des Immunsystems abhängig. Mit dem Rückgang von Mangelernährung bei Kleinkindern in den sozioökonomisch besser gestellten Haushalten sowie in den Slums geht auch die Schwere gastrointestinaler Erkrankungen zurück. In Slum B stellt jedoch Mangelernährung bei Kindern und Erwachsenen ein Problem dar, so dass sie auch in dieser Dimension einer erhöhten Suszeptibilität ausgesetzt sind. Ein Befragter in Slum B sagte beispielsweise, er leide an Magenschmerzen und Diarrhö, was ein Arzt auf sein schwaches Immunsystem und unregelmäßige Mahlzeiten zurückführe (SL/B/1). Auf der anderen Seite wurde von Ärzten aber auch die Vermutung angestellt, dass die Slumbevölkerung aufgrund der konstanteren Exposition zu Erregern eine höhere Immunität aufweise (Et1, Et2).

Letztlich können aufgrund der komplexen Ätiologie gastrointestinaler Erkrankungen verschiedene Teilursachen ausgemacht werden, von denen einige in ihrer Ausprägung vom sozioökonomischen Status beeinflusst werden (GpA3). Tendenziell besteht in den registrierten Slumgebieten eine höhere und in den unregistrierten Slums eine sehr hohe Suszeptibilität aufgrund materieller Defizite, einer schlechteren Umwelthygiene und verhaltensbezogener Faktoren. Dies schlägt sich nur eingeschränkt in der selbstberichteten Prävalenz für gastrointestinale Erkrankungen nieder, so dass auch für besser gestellte sozioökonomische Gruppen eine leicht erhöhte Suszeptibilität geschlussfolgert werden kann. Die Ursachen hierfür sind wiederum sehr komplex und können auf veränderte Muster der Nahrungsaufnahme und infrastrukturelle Defizite zurückgeführt werden.

### 5.3.3 Tuberkulose

Etwa zwei Fünftel der indischen Bevölkerung sind asymptomatisch mit dem Mycobakterium tuberculosis infiziert; nach Schätzungen entwickeln davon etwa 10% im Laufe ihres Lebens eine aktive Tuberkulose (MoHFW 2008b). Da Tuberkulose in Indien keine meldepflichtige Erkrankung ist, gibt es keine soliden Daten zur Prävalenz und Inzidenz (Chakraborty 2004). Geschätzte 1,8 Millionen Menschen infizieren sich jährlich mit Tuberkulose in Indien (MoHFW 2008b).

Der wichtigste Infektionsherd sind mit Tuberkulose infizierte Menschen, deren Sputum TB positiv ist und die nicht oder nur unvollständig behandelt wurden; durchschnittlich infiziert eine nicht behandelte Person pro Jahr zehn bis 15 weitere Personen (MoHFW 2008b). Die Übertragung erfolgt durch Tröpfcheninfektion, z.B. beim Husten. Je nach Bakterienart vermehren sich diese unterschiedlich schnell und können auch als „schlafende" Bazillen über Jahre im Wirt bleiben und zu einem späteren Zeitpunkt ausbrechen. Die Bakterien befallen meist die Lunge, können aber auch Darm, Hirnhaut, Knochen, Gelenke, Haut und andere Organe angreifen. Die Suszeptibilität des Wirts wird dabei von verschiedenen Faktoren beeinflusst. Die Mortalität ist in der Altersgruppe der 30- bis 59-Jährigen am höchsten (Jenkins 2005: 113), da die Gefahr einer Infektion mit zunehmendem Alter steigt. Zudem ist Tuberkulose prävalenter in Männern als in Frauen. Entscheidender als demographische sind jedoch sozioökonomische und Umweltfaktoren wie schlechte Wohnbedingungen und Überbevölkerung (WHO 2002). Daher wird Tuberkulose auch als Barometer sozialer Wohlfahrt (Park 2007) bzw. Armutskrankheit (MoHFW 2008b) bezeichnet. Nach einer Infektion beträgt die Inkubationszeit drei bis sechs Wochen, kann aber auch in Abhängigkeit vom Parasiten-Wirt-Verhältnis Monate oder Jahre dauern. Folgende Symptome weisen auf eine Infektion hin: persistenter Husten über drei bis vier Wochen, kontinuierliches Fieber, Brustschmerzen und Bluthusten. In Indien wird die von der WHO 1993 entwickelte DOTS-Therapie (*directly oberserved therapy*) zur Behandlung angewandt, bei der pulmonale Fälle durch Speichel-Mikroskopie aufgedeckt und danach standardisiert behandelt werden (WHO 2002: 54).

Aus dem Haushaltssurvey in Pune ergibt sich in der Altersgruppe der 15- bis 59-Jährigen eine recht ungleiche Verteilung: In Slum C ist die Prävalenz mit 3,4‰ am höchsten, gefolgt von UpperMiddleClass C mit 2,4‰ und Slum A mit 2,3‰. In den übrigen drei Gebieten wurden keine Krankheitsepisoden berichtet. Aufgrund der Tabuisierung von Tuberkulose ist jedoch insgesamt von einer zu niedrigen Berichterstattung auszugehen. Vergleicht man die Daten mit denen des NFHS 2005/06 für das urbane Maharashtra, so liegt die durchschnittliche Prävalenz von 1,4‰ wesentlich niedriger als die beim NFHS ermittelte Prävalenz von 4,4‰ in der gleichen Altersgruppe. Für die Städte Nagpur und Mumbai wurde beim NFHS 2005/06 auch die Prävalenz nach Slum- und sonstigen Wohngebieten unterschieden: Die Prävalenz in Mumbai ist in Slums mit 6,9‰ höher als in Nicht-Slum-Gebieten mit 4,6‰, in Nagpur ist das Verhältnis 4,5 zu 2,3‰ (IIPS 2008: 110). Demnach sind die Daten für die Untersuchungsgebiete aufgrund der geringen Samplegröße sowie durch verschiedene Bias als zu gering zu betrachten, insbesondere die Prävalenz von 0‰ in Slum B. Es ist davon auszugehen, dass in den Slumgebieten eine höhere Prävalenz herrscht, Tuberkulose jedoch auch in besser gestellten sozioökonomischen Gruppen prävalent ist.

In den Experteninterviews wurde allgemein konstatiert, dass Tuberkulose nach wie vor ein gesundheitliches Problem in Pune darstellt, insbesondere in den Slumgebieten (GpA3, Gh2, Ph2); dies bestätigte auch eine NGO, die u.a. in Slum C arbeitet (Ngo 6). Allein im Jahr 2009 hat die NGO in Untersuchungsgebiet Slum C sowie einem weiteren Slum in Stadtgebiet C 39 neue TB-Fälle registriert. Daher kann von einer deutlich höheren Prävalenz in Slum C ausgegangen werden. Ein Allgemeinmediziner, der seine Praxis in einem Teilgebiet von Slum C hat (C3), sagte, dass Tuberkulose im Zuge einer steigenden HIV-Inzidenz im Slum zunehme (GpC5); dadurch erhöht sich ebenso das Infektionsrisiko insgesamt. Auch ein Allgemeinmediziner, der viele Patienten aus Slum B behandelt, vermutet alleine in den beiden Teilgebieten B1 und B2 zehn bis 20 TB-Fälle (GpB7). Demnach ist Tuberkulose in der Armutsbevölkerung noch weit verbreitet, wie auch von einem Facharzt in einem Regierungskrankenhaus bestätigt wurde:

> „Those patients who have been neglected, poor housing, poor education, illiterate classes, among those people the diseases is advanced and statistically figures are high." (Gh2)

Darüber hinaus berichteten alle befragten Fachärzte in den Krankenhäusern, dass Tuberkulose nicht nur in der Slumbevölkerung, sondern auch in höheren Statusgruppen vorkomme und generell nach wie vor eine hohe Prävalenz aufweise:

> „We are seeing in fact a lot of tuberculosis in affluent people working in software industry, and those who are indoors all the time. We see a lot of tuberculosis in them nowadays. So it is not particularly a class segregation." (Ph7) (vgl. auch Ph11)

> "So in my practice I see around at least two new cases of tuberculosis every day. And this is around 60 cases in a month. And this is quite a large number that we see. Of course me being a tertiary care centre I do come across little more difficult to diagnose cases or I also come across higher socioeconomic background patients (…). So if you really see in the Indian set up – me as a tertiary care person perceives it is that tuberculosis is still there. It has not disappeared. The prevalence is pretty high." (Ph2) (vgl. auch Gh2)

Dies wurde auch von einem Allgemeinmediziner in Stadtgebiet C angesprochen, der unterschiedliche sozioökonomische Gruppen behandelt (GpC7). Insgesamt kann gefolgert werden, dass die Tuberkulose-Prävalenz in den Slumgebieten zwar höher ist, aber auch sozioökonomisch besser gestellte Gruppen eine steigende Suszeptibilität besitzen (vgl. auch Kelkar-Khambete et al. 2008), so dass Tuberkulose nicht als reine Armutserkrankung bezeichnet werden kann.

Zudem zeigt die Auswertung der Experteninterviews große Unterschiede im Krankheitsverlauf in Abhängigkeit vom sozioökonomischen Status: Ein großes Problem im Zusammenhang mit der Tuberkulose-Bekämpfung besteht in der strikten Einhaltung der Behandlungspläne und -dauer (Compliance). Wird die Behandlung unterbrochen oder nicht konsequent zu Ende geführt, kann es zu einer Reaktivierung und zu bakteriellen Resistenzen gegen die Antituberkulotika kommen. Folge ist der Übergang in eine multiresistente Tuberkulose (MDR-TB), bei der die Stämme gegen mindestens ein Medikament resistent sind, oder eine extrem resistente Tuberkulose (XDR-TB) mit Resistenzen gegen nahezu alle Medikamente (WHO 2002, Paramasivan/Venkataraman 2004). Die Medikamentenresistenz verteuert nicht nur die Behandlung und mündet häufiger in eine Hospitalisierung, sondern vermindert auch die Heilungschancen und stellt daher ein erhebliches öffentliches Gesundheitsproblem dar:

> „It is not coming down and the major threat to the community is the multi-drug resistant tuberculosis or XDR-TB, extensive drug resistant tuberculosis. That has been on the rise. (…) We see lots of MDR-TB cases in our daily practice." (Ph11)

> „We have seen these cases [M/XDR-TB, d.V.] right from four years back. The only thing is that they have not been documented." (Ph2)

In einem privaten Krankenhaus schätzte ein Facharzt die Heilungsquote bei MDR-TB-Patienten auf 70% bei strikter Einhaltung der Medikation, im Vergleich zu einer Erfolgsquote von 95% bei normaler Tuberkulose (Ph2). Zahlen zur Prävalenz von M/XDR-TB existieren jedoch nicht für Pune. Ein Facharzt schätzte den Anteil von MDR-TB auf etwa 3% (Gh2), ein weiterer Facharzt sagte, dass bei einer Studie in ihrem Krankenhaus der Anteil multiresistenter und extrem resistenter Tuberkuloseerkrankungen bei 13 und 9% gelegen habe (Ph2). Allerdings sind diese Zahlen nicht repräsentativ, da in dem tertiären Zentrum überproportional viele komplizierte Fälle behandelt werden. Dennoch belegen sie zunehmende Probleme mit Medikamentenresistenzen. Diese seien besonders häufig in niedrigen Statusgruppen, da viele Patienten aufgrund mangelnden Krankheitswissens und finanzieller Probleme bei ersten Anzeichen der Besserung die Therapie abbrechen würden:

> „So there are various reasons as I told, one is poor socioeconomic status, they are not affording this treatment, or the patients are not aware, once they feel better they stop the treatment on their own. And that's the reason why this infection gets resistant to these drugs. Thirdly inadequate chemotherapy has been prescribed in some parts (...). These are the main three things which are responsible for this MDR-TB which has gone up."(Ph11) (vgl. auch Ph2)

Ein Allgemeinmediziner, der viele Patienten aus Slum B behandelt, sagte, dass er TB-Patienten an das DOTS-Zentrum verweise, aber viele würden nach einmaliger Behandlung oder nach einem Monat die Behandlung stoppen (GpB7). Auch ein NGO-Experte, der u.a. in Slum C arbeitet, berichtete von schlechter Compliance (Ngo6). Ein Allgemeinmediziner führte dafür als weitere Gründe Fehlinformationen durch die Medien und inadäquate Behandlung durch unqualifizierte Ärzte an:

> „Many of them if they feel better they drop out. That is why they are misinformed by the media. They have got the estimation that (...) I should not take so much medicine. This is toxic to the body. And there are other practitioners of medicine which are non-allopathic. There are many babas [quacks, d.V.] who have false knowledge and people are gullible. They charge and say they will cure everything, also HIV, TB." (GpC8)

Weitere Risikogruppen sind Menschen mit Alkohol- oder Drogenproblemen sowie Personen mit hoher berufsbedingter Mobilität wie z.B. Lkw-Fahrer:

> „Compliance with the poor educational background and those people who are drug addicts and alcoholics, their compliance is always poor. And those are the patients who are getting multidrug resistant tuberculosis. And we are getting MDR-TB among those patients only." (Gh2)

> „(...) for example a truck driver, who is on the run all the time. And I diagnose him and put him on therapy I tell him compliance is very important but there is no guarantee that he will come back to me at the end of two months. And in a private practice scenario we are not able to do what is called directly observed therapy. And plus a person like him who is completely mobile it is impossible to do that." (Ph2)

Der Facharzt sagte, er allein betreue 40 MDR-TB-Fälle. Daher schätze er deren Zahl in Pune als sehr hoch ein:

> „As you move a little away from a tertiary care hospital like this, in a primary or secondary care centre this thing must be happening like day in and day out. Otherwise I have no busi-

ness having 40 MDR diseases on my list here. I mean a single person having 40 patients is a large – so imaging there are 700 consultants like me, at least 200 are MD chest specialists, so multiply by that, you will see possible number of MDR tuberculosis." (Ph2)

In höheren Statusgruppen gäbe es hingegen kaum Fälle schlechter Compliance und daher auch nur selten MDR-TB. Auch die Mortalität sei extrem gering:

„Otherwise well-educated class and middle income class we don't get so many cases of poor compliance and MDR-TB cases. We don't have." (Gh2)

„But the awareness of the diseases is much better and improving. In the higher socioeconomic strata the pickup is early most of the times. And the treatment is efficient, the success rate is good. From a good socioeconomic back ground I remember I have lost one patient in the last four or five years because of the disease. (…) But otherwise most of them do well despite all the difficulties they go through." (Ph2)

Demnach bestehen in Bezug auf den Behandlungserfolg und Verlauf der Erkrankung erhebliche Unterschiede in Abhängigkeit vom sozioökonomischen Status.

*Ätiologie*

Die Verbreitung der Tuberkulose ist v.a. an materielle, biologische und verhaltensbezogene Faktoren geknüpft (Abb. 44). Wichtigste notwendige Ursache ist ein mit akuter Tuberkulose infizierter Mensch als Erregerreservoir.

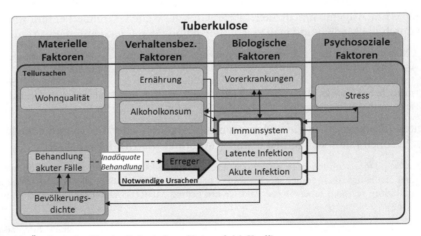

*Abb. 44: Ätiologische Matrix: Tuberkulose (Entwurf: M. Kroll)*

Beitragende Faktoren sind auf materieller Ebene schlechte Wohnbedingungen mit einer geringen Ventilation und hoher Belegungs- sowie Bevölkerungsdichte im Wohnumfeld. Diese Faktoren treffen in Slum B uneingeschränkt zu sowie auch in Slum A und C in weiten Bereichen. Denn auch wenn die Bausubstanz bei einigen Haushalten konsolidiert werden konnte, so stellt die zur Verfügung stehende geringe Wohnfläche bei einer hohen Belegungsdichte einen Risikofaktor dar. Auch in MiddleClass A ist die Bevölkerungsdichte sehr hoch. In den beiden gehobenen Mittelschichtgebieten besteht dieser Risikofaktor zumindest im Wohnbereich nicht, wobei natürlich für alle Untersuchungsgebiete auch die Bewegungsmuster im öffentlichen Raum berücksichtigt werden müssten, die jedoch stark von individuellen Faktoren abhängen. Die Suszeptibilität einer Person wird darüber hinaus stark von ihrem Immunsystem beeinflusst, das durch Ernährungsweisen, Stress, Vorerkrankungen und Alkoholkonsum beeinträchtigt sein kann. In Abhängigkeit vom Immunsystem tritt die Infektion bei Kontakt mit dem Erreger latent oder akut ein, wobei eine latente Infektion bei einer Schwächung des Immunsystems jederzeit akut werden kann. In niedrigen Statusgruppen kann das Immunsystem z.B. durch Mangelernährung oder nicht adäquat kontrollierte chronische Erkrankungen geschwächt sein. Da Alkoholmissbrauch in allen drei Slumgebieten ein gravierendes Problem darstellt (vgl. 5.2.4), besteht hierdurch ebenfalls eine erhöhte Suszeptibilität. Höheren Statusgruppen wird aufgrund des besseren Ernährungsstatus, der Lebensumwelt und der besseren Krankheitsprävention tendenziell ein stärkeres Immunsystem zugeschrieben (Ph2). Aber auch in dieser Gruppe kann es, bedingt durch Stress oder chronische Vorerkrankungen, zu einer erhöhten Suszeptibilität kommen, da die Exposition zu Mycobakterien in Pune nahezu überall sehr hoch ist (GpC7). Gerade junge Menschen der gehobenen Mittelschicht seien mit Eintritt ins Berufsleben durch eine erhöhte Exposition zu Mycobakterien besonders gefährdet:

> „So what happens is they are protected as children, at school there is no tuberculosis, they have good quality environment, they are not mixing up with the lower socioeconomic strata at all. And when they start working at that time they come across – sorry to use that word – with fourth class or lower socioeconomic strata because they are the ones who are either their drivers or their servants, you know in some way, and then the contact gets build up. So once they go out in the society, when they start working, at that time they are on the fire list of contacting tuberculosis first time." (Ph2)

Zusätzlich haben viele Berufstätige der höheren Statusgruppen bedingt durch eine hohe Arbeitsbelastung und Stress ein geschwächtes Immunsystem, so dass sich ihre Suszeptibilität gegenüber Tuberkulose erhöht:

> „See, initially we were used to see only those who are in low socioeconomic status. But in nowadays, even the upper groups, because there is a lot of pressure on them, lot of stress, mental stress, they are also falling sick with this disease. Especially young generation who are in IT, these young information technology professionals, these people are also coming with tuberculosis and other things." (Ph11)

Der hohe Fragmentierungsgrad der indischen Gesellschaft mit zahlreichen funktionalen Verflechtungen stellt somit einen Risikofaktor für höhere Statusgruppen in Bezug auf Transmissionswege infektiöser Erkrankungen dar, da akute und nicht adäquat kontrollierte Tuberkuloseinfektionen in niedrigen Statusgruppen häufiger vorkommen. Denn die aufstrebende Mittelschicht greift in vielerlei Bereichen auf kostengünstige Arbeitskräfte aus den Slumgebieten zurück. Zudem besteht bei einer chronischen Erkrankung wie z.B. Diabetes die Gefahr der Aktivierung einer versteckten Tuberkulose:

> „The other issue is these people have been exposed to tuberculosis, the elder generation of it, say people who are above 40, a person like me, I am 44. So people like me we have been exposed as a child to the standard amount of tuberculosis in my childhood. And if I develop diabetes or cancer, I develop some other disease with the age, I have a chance of activation tuberculosis again." (Ph2)

Diabetes-Patienten haben ein dreifach höheres Risiko, an Tuberkulose zu erkranken (WHO 2002). In einer Studie wurde kalkuliert, dass etwa 15% aller Tuberkuloseinfektionen in Indien indirekt auf eine Diabetes-Erkrankung zurückgehen (Stevenson et al. 2007). Auch Patienten mit Nierenschäden haben z.B. eine erhöhte Suszeptibilität, da Dialysepatienten ebenfalls ein geschwächtes Immunsystem aufweisen:

> „If I look at my dialysis population of 70 patients here, I think even out of 70 five to eight will be suffering from TB. And if I go for country wise studies which are available, then the prevalence of TB is 10 to 15% in dialysis patients which is very high, because in the general population it must be 1% or less. (...) The kidney disease itself makes the immune system weak and if somebody goes to a kidney transplant then he is taking immunosuppressant medicines, so his immune system is further weakened. So the prevalence of TB in this subgroup of patients is very high." (Ph12)

Problematisch ist insbesondere die sehr hohe Infektionsrate bei Menschen mit HIV/AIDS: Tuberkulose ist heute die häufigste Todesursache von HIV-Positiven (MoHFW 2008b), weshalb auf HIV im Folgenden etwas ausführlicher eingegangen wird. HIV/AIDS schwächt das Immunsystem und erhöht damit das Risiko einer TB-Infektion als opportunistischer Erkrankung enorm. Dabei kann eine latente oder alte Infektion reaktiviert werden, oder eine Neuinfektion auftreten. HIV/AIDS hat sich seit den 1980er Jahren zu einer globalen Pandemie entwickelt. Mit einer Prävalenz von 0,62% in der Altersgruppe der 15- bis 49-Jährigen gilt Maharashtra als hochprävalenter Staat in Indien (IIPS 2008: 23). Das National AIDS Research Institute (NARI 2004) schätzt die Prävalenz für den Pune Distrikt im Jahr 2000 auf 1,28% in der Altersgruppe der 15- bis 44-Jährigen. Beim Haushaltssurvey wurde in der Altersgruppe der 15- bis 49-Jährigen eine Prävalenz von 5,2‰ in Slum B und 1,9‰ in Slum C erhoben. Diese Angaben sind aufgrund der Tabuisierung der Krankheit in der indischen Gesellschaft (vgl. Kielmann 2005) und aufgrund der geringen Samplezahl als viel zu gering zu erachten. Die hohe Prävalenz bei den temporären Siedlungen ist jedoch als durchaus realistisch einzuschätzen, mit einer Tendenz zur Unterberichterstattung aus Scham oder Unwissen. Auch die Maharashtra State AIDS Control Society (MSACAS) betont die besonders hohe Vulnerabilität von Migranten mit geringem Bildungsstand, die v.a. im Bausektor arbeiten, da sie ein geringes Wissen über HIV/AIDS besitzen (Times 2010f). Ein Mitarbeiter der NGO Pathway, die in 13 Slums in Pune etwa 3000 HIV-Positive versorgt, sagte, dass das Krankheitswissen zwar gestiegen sei, ungeschützter Sex aber nach wie vor die Praxis wäre. Auch würden sich manche Frauen in den Slums aufgrund ihrer Armut prostituieren (Ngo7). Dabei wird die Infektion über sexuellen Kontakt in Indien auf etwa 85% geschätzt (Park 2007: 287). Eine große Gefahr für die Ausbreitung von HIV/AIDS besteht daher in sich wandelnden sozialen Normen, wonach Geschlechtsverkehr mit wechselnden Partnern vor oder auch während der Ehe in Städten durchaus üblich ist (Ngo2). Problematisch ist auch, dass sich viele Menschen die dauerhafte medikamentöse Behandlung nicht leisten können. In Slum B gab eine Person an, aufgrund finanzieller Barrieren nicht in Behandlung zu sein. Laut einem Artikel der Times of India (2009c) warten alleine im Regierungskrankenhaus in Pune 20.000 Menschen auf eine kostenfreie antiretrovirale Therapie (ART), 21.381 Menschen sind in Behandlung. Mit einer steigenden HIV-Inzidenz ist somit auch mit einer Zunahme von Tuberkulose-Erkrankungen zu rechnen. Im Regierungskrankenhaus steigt dadurch bereits wieder die Zahl der hospitalisierten TB-Patienten, da bei einer Co-Infektion mit HIV Patienten in der Regel stationär aufgenommen werden (Gh2).

Ein weiterer wichtiger Faktor für den Krankheitsverlauf ist das Krankheitswissen, das stark an den Bildungsstatus geknüpft ist. Im Zusammenspiel mit kulturellen Faktoren, durch die Tuberkulose wie auch andere chronische Infektionskrankheiten wie etwa HIV/AIDS und Lepra in der indischen Gesellschaft stark tabuisiert werden, führen diese gerade in niedrigen Statusgruppen zu einer ungünstigeren Fallaufdeckungsrate, da Anzeichen einer Erkrankung trotz Aufklärungskampagnen nicht gedeutet oder verschwiegen werden (Gh2, Et1). Ein Facharzt beschrieb dies anhand eines Beispiels:

> „Though all the media, the education, a lot of people saying that this is not that bad this disease. It is treatable, we encourage them in various ways to take treatment, but still there is a lot of social taboo against tuberculosis. If a young girl gets it and has to marry, she wouldn't want to inform the spouse that she had the diseases. So she tries to hide. So in that sense even if she wants to disclose this information her parents wouldn't allow her to do that. Well, I mean that is a very complex scenario in our society." (Ph2)

Auch Anganwadi-Mitarbeiterinnen in Slum A und C sagten, dass Menschen aus Angst vor Stigmatisierung ihre Erkrankung geheim halten und dafür sogar auf Behandlung verzichten würden:

> „People are very reluctant to get treated. Once I called a doctor from a government hospital because one man was suffering from TB. He didn't want to get treated. He said I want fruits and proper food, no treatment. The same man went later on to several hospitals when the disease was even more severe, but none wanted to treat him. (...) Because of the attitude people don't want to get treated, they don't want to tell others about their disease." (AnA2) (vgl. auch AnC5, AnA4)

Auf die Nachfrage, warum Erkrankte keine kostenfreie Behandlung im Regierungskrankenhaus in Anspruch nähmen, sagte sie, dass viele Menschen dem Regierungskrankenhaus misstrauen würden:

> „People here are afraid of Sassoon Hospital. They say they get injections there and then they die. So this man is not under treatment. He is at home. And at the very last stage he would go to the Sassoon and there he would die because it is too late. And then people say again he dies because he went to Sassoon." (AnA2)

Dieses Misstrauen gegenüber der Regierung trägt in Pune zu einer geringeren Fallaufdeckungs- und Heilungsrate bei als im Rahmen des Revised National Tuberculosis Control Program angestrebt:

„So we should be able to detect at least 70% of these patients. And our statistics in Pune, it goes around 65 to 69 case detections. Again, the cure rate, which should be 85%, we have cured up to 80%. Sometimes at maximum, we have 84%. Not recently 85 in India. It is not possible, some factors are there." (Gh2)

In den Tiefeninterviews äußerten sich Befragte aufgrund des Tabus fast gar nicht über Tuberkulose-Erkrankungen in der Familie, in Slum A berichteten zwei Befragte von an Tuberkulose verstorbenen Familienmitgliedern. In einem Fall starb der Schwiegervater an Tuberkulose, da er aufgrund von Alkoholmissbrauch die Behandlung unterbrochen habe:

„We went to a government hospital. But it didn't work. Doctor used to tell him not to drink alcohol but he never listened to him. So it's not doctor's fault. Once somebody starts drinking it's very hard to give up that habit. He took medicines when he was in hospital and also didn't drink so his condition used to be good. But when he used to return he neither took medicines nor gave up drinking." (SL/A/6)

Auch in einem weiteren Fall verlief die Behandlung u.a. durch Alkoholmissbrauch erfolglos. Eine Frau berichtete über den Tod ihrer Schwiegermutter:

„Then again she was taken to hospital. Then they said it's TB. They asked us to give her medicines. There is no point in keeping her in hospital. She used to drink. She also didn't give up drinking. She had liver problem. She also had AIDS. So she died. Both the diseases were detected at last stage. (…) We didn't tell anyone about AIDS." (SL/A/5)

Mangelndes Krankheitswissen und Alkoholmissbrauch unterminieren somit den Behandlungserfolg von Tuberkulose in niedrigeren Statusgruppen und erschweren die Krankheitskontrolle.

Da die Bevölkerungsdichte im Zuge der Urbanisierung in Pune weiterhin zunehmen und die Suszeptibilität der Bevölkerung durch Stress, chronische Erkrankungen und weitere Faktoren eher steigen wird, ist die frühe Fallerkennung und erfolgreiche Behandlung im öffentlichen und privaten Gesundheitssektor eine wesentliche Herausforderung bei der TB-Bekämpfung, um die Streuung der Mycobakterien zu minimieren. Denn eine effektive antimikrobielle Behandlung reduziert die Infektionsgefahr innerhalb von 48 Stunden um 90% (WHO 2002). Trotz der relativ hohen räumlichen Segregation besteht aufgrund der engen funktionellen Verflechtungen zwischen verschiedenen sozioökonomischen Bevölkerungsgruppen für die gesamte urbane Gesellschaft ein erhöhtes Infektionsrisiko. Dies gilt nicht nur für Tuberkulose, sondern auch alle anderen Infektionskrankheiten.

### 5.3.4 Chronische Atemwegserkrankungen

Durch die starke Luftverschmutzung in indischen Städten nimmt die Morbidität chronischer Atemwegserkrankungen zu. Die WHO schätzt die Asthma-Prävalenz in den Städten Indiens auf 19‰ in der Altersgruppe der 15- bis 59-Jährigen, räumt jedoch generelle Probleme mit der Datenverfügbarkeit ein (WHO SEARO 2011: 18).

Zu den häufigsten unteren chronischen Atemwegserkrankungen zählen die chronische obstruktive Lungenerkrankung[28] (COPD) und Asthma (Guerra/Martinez 2009: 23). Verschiedene Definitionsansätze sowie klinische Kriterien bedingen unterschiedliche Auffassungen zur Abgrenzung chronischer Atemwegserkrankungen, die häufig in unterschiedliche Diagnosen und therapeutische Maßnahmen münden[29]. Die COPD ist eine progressiv verlaufende chronische Erkrankung durch eine entzündliche Reaktion der Atemwege, verursacht durch inhalative Schadstoffe. Die Atemwegsobstruktion ist bei der COPD im Gegensatz zu Asthma selbst bei medizinischer Behandlung nicht reversibel (Pforte 2002: 3). Die funktionelle Lungenbeeinträchtigung zeigt sich in einer Kombination aus chronischem Husten, gesteigerter Sputumproduktion, Atemnot, Atemwegsobstruktion und eingeschränktem Gasaustausch (Schauerte/Geiger 2006: 15). Eine chronische Bronchitis, die häufig mit zu den COPD gezählt wird, ist gekennzeichnet durch eine übermäßige Schleimproduktion im Bronchialsystem. Sie wird „klinisch charakterisiert durch andauernden bzw. rezidivierenden Husten mit oder ohne Auswurf, an der Mehrzahl der Tage während mindestens drei aufeinanderfolgenden Monaten in zwei aufeinanderfolgenden Jahren" (WHO, zitiert nach Pforte 2002: 1). Bleibt die chronische Bronchitis unbehandelt, kann sie in eine COPD übergehen. Asthma bronchiale hingegen ist eine entzündliche Atemwegserkrankung unterschiedlicher Ätiologie, bei der die Atemwege zunehmend, meist irreversibel, verengen (Kroegel 2002: 2). Die Hyperreaktivität der Atemwege führt zu Kurzatmigkeit, Engegefühl im Brustkorb und Husten (Buist 2009: 3). Die Erkrankung kann in variierenden Schweregraden vorliegen, ist aber bei medizinischer Behandlung (partiell) reversibel und variabel (Buist 2009: 7). Es wird unterschieden zwischen allergischem/extrinsischem und nichtallergischem/intrinsischem Asthma. Das allergische Asthma wird bei genetisch vererbter Überempfindlichkeit gegenüber bestimmten Stoffen in der Umwelt ausgelöst (z.B. Pollen, Tierhaare) und setzt häufig bereits in der Kindheit ein. Das nichtallergische Asthma wird durch verschiedene Umweltnoxen verursacht. Die klinische Diagnose chronischer Atemwegserkrankungen wird zusätzlich dadurch erschwert, dass häufig Komorbiditäten[30] zwischen ihnen bestehen (Guerra/Martinez 2009: 23). Beim Survey wurde daher nur die Unterscheidung zwischen COPD und Asthma getroffen.

---

28 Eine obstruktive Lungenerkrankung geht mit einer Verengung der Lunge einher (vgl. Pforte 2002).
29 Die American Thoratic Society fasst den Begriff der COPD z.B. sehr weit auf und weist auf Überschneidungen mit den Symptomkomplexen von Asthma, chronischer Bronchitis und Lungenemphysem hin (Pforte 2002: 2).
30 Als Komorbidität werden diagnostisch zur Grunderkrankung abgrenzbare Krankheitsbilder oder Symptome bezeichnet, die mit der Grunderkrankung zusammen hängen können, die Zuordnung ist jedoch nicht immer eindeutig.

Die selbstberichtete altersstandardisierte Asthma-Prävalenz in den Untersuchungsgebieten weist ein recht heterogenes Bild auf mit einem leichten Gradienten von den höheren zu den niedrigeren Statusgruppen (Abb. 45). Die höchste Prävalenz weisen UpperMiddleClass C und Slum C mit 14 und 13‰ auf, in UpperMiddleClass B beträgt diese 9‰, in MiddleClass A 6‰ und Slum A 4‰. In Slum B wurden keine Fälle berichtet, was auf mangelndes Krankheitswissen zurückzuführen sein dürfte.

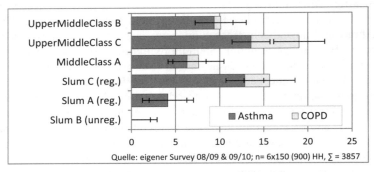

Abb. 45: Selbstberichtete altersstandardisierte Prävalenz von COPD und Asthma (in ‰)

Betrachtet man die Asthma-Prävalenz unterschiedlicher Altersgruppen (Tab. 7), so weist bereits die Altersgruppe der 20- bis 34-Jährigen in UpperMiddleClass B und C recht hohe Prävalenzraten mit 8,5 bzw. 14,5‰. Die höchsten Prävalenzraten sind mit Ausnahme von UpperMiddleClass C in der Altersgruppe der über 50-Jährigen zu finden; hier ist die Prävalenz in Slum C mit 29,3‰ am höchsten. In UpperMiddleClass C lässt die Verteilung auf eine hohe Inzidenzrate schließen.

|  | UpperMiddleClass B | UpperMiddleClass C | MiddleClass A | Slum C | Slum A |
|---|---|---|---|---|---|
| **14–19 Jahre** | 0 | 0 | 0 | 0 | 0 |
| **20–34 Jahre** | 8,5 | 14,5 | 0 | 5,4 | 0 |
| **35–49 Jahre** | 10 | 12,4 | 0 | 23,3 | 6,8 |
| **> 50 Jahre** | 26,9 | 6,0 | 24 | 29,3 | 15,5 |

Tab. 7: Selbstberichtete Asthma-Prävalenz nach Altersgruppen (in ‰) (Quelle: eigener Survey 08/09 & 09/10, n=6x150 (900) HH, ∑= 3011)

Vergleicht man die Surveydaten mit Sekundärdaten des NFHS 2005/06, so ist die Asthma-Prävalenz in den Untersuchungsgebieten vergleichsweise niedrig. Beim NFHS wurde für das urbane Maharashtra eine selbstberichtete Asthma-Prävalenz von 15‰ bei Frauen und 19‰ bei Männern ermittelt (IIPS 2008: 112). Für Mumbai ist die Prävalenz mit 19 und 18‰ in den Slums höher als in den Nicht-Slum-Gebieten mit 13‰ und 11‰. Auch wenn die Asthma-Prävalenz zwischen verschiedenen Städten schwankt, so ist dennoch anzunehmen, dass die ermittelte

Prävalenz durch Unterberichterstattung in den Untersuchungsgebieten zu niedrig ist, insbesondere in den Slumgebieten.

Bei den COPD weist ebenfalls UpperMiddleClass C die höchste Prävalenz mit 5‰ auf, gefolgt von Slum C mit 3‰. In MiddleClass A und B liegt die Prävalenz etwa bei 1‰. Für COPD liegen kaum Sekundärdaten vor, die für eine Datentriangulation herangezogen werden könnten. In einer Studie in verschiedenen Slumgebieten Punes wurde eine COPD-Prävalenz von 67‰ ermittelt, die Asthma-Prävalenz lag bei 89‰ (Brashier et al. 2005). In einem Experteninterview wurden diese Daten jedoch von einer Fachärztin stark angezweifelt; eine Prävalenz von 6,7‰ sei realistischer (Et2). Aufgrund fehlender Sekundärdaten, dem graduellen Verlauf der Erkrankung und Diagnoseschwierigkeiten ist es sehr schwer, die Primärdaten zu verifizieren. Daher wurde im zweiten Survey die Frage ergänzt, ob Haushaltsmitglieder häufig an Husten leiden würden. Die höchsten Prävalenzraten weisen wiederum UpperMiddleClass C mit 157‰ auf sowie Slum B mit 156‰, gefolgt von Slum C mit 93‰, UpperMiddleClass B mit 65‰, MiddleClass A und Slum A mit 44 und 49‰. Daraus lässt sich schließen, dass die Prävalenz chronischer Atemwegserkrankungen mit großer Wahrscheinlichkeit in allen Gebieten unterdiagnostiziert bzw. zu niedrig berichtet wurde, insbesondere in Slum B. Ein Experte stufte die COPD-Prävalenz von 5,4‰ in UpperMiddleClass C, das die höchste Prävalenz aufweist, auch immer noch als zu gering ein (Et1).

Die Auswertung der Experteninterviews zeigt, dass chronische Atemwegserkrankungen, v.a. COPD und Asthma, einen wachsenden Anteil an der Krankheitslast in Pune einnehmen (Ph1, Ph10, Ph11, Gh2, Or1, Or2, GpA1, GpA3, GpB2, Et4). Insbesondere im tertiären Versorgungsbereich nimmt der Anteil an COPD-Patienten zu: Ein Facharzt in einem Privatkrankenhaus schätzte, dass 35 bis 40% aller Patienten in seinem Department für Tuberkulose und Lungenerkrankungen aufgrund einer COPD in Behandlung seien (Ph10). Asthma und Bronchitis würden v.a. bei Kindern einen hohen Anteil an der Krankheitslast einnehmen:

> „Yes, allergies, asthma and bronchitis. 70% of the children coming to me come only for this problem, which is very very bad." (GpB2)

> „We see so many new cases of children with various skin allergies, allergic rhinitis, and allergic asthma." (Et4)

In Bezug auf die Krankheitslast unterschiedlicher sozioökonomischer Gruppen konnten nur wenige Ärzte klare Aussagen treffen. Allgemein seien alle Gruppen von Asthma betroffen:

> „I think the prevalence of asthma has changed. It is increasing in all the three strata. So whether it is the slum population or the elite population, I think asthma is just growing in all the three categories." (Or2) (vgl. auch Et4, GpC1)

Allerdings seien chronische Atemwegserkrankungen gerade in niedrigeren Statusgruppen häufig unterdiagnostiziert, da viele Erkrankte aufgrund mangelnden Gesundheitswissens die Symptome unterschätzen und keinen Arzt aufsuchen würden. Aber auch falsche Diagnosen und dementsprechend falsche Behandlungen stellten ein Problem dar:

„So in addition in what the doctors are saying in the practice, maybe an unequal number of people still suffer, but they don't visit a doctor. So they remain undetected, undiagnosed. Some of them are wrongly diagnosed, wrongly treated." (Or2)

Ein NGO-Experte führte auch Perzeptionsunterschiede beim Leidensdruck in Abhängigkeit vom Bildungsgrad als Bias an:

„I think it is a question of perception. They think it is normal they are used to it through all their life. You have always seen that, you have never seen anything else. So it is ok. It is like the bus driver who inhales a lot of smoke on the streets, they have a certain amount of cough, they have a certain amount of throat irritation. That's ok. You don't think that there can be something else. That's the way how live is." (Ngo3)

Umso erstaunlicher sind die wesentlich höheren selbstberichteten Asthma-Prävalenzraten der Slum-Bevölkerung im Vergleich zur sonstigen Bevölkerung beim NFHS. Denn mangelndes Gesundheitswissen führe gerade bei chronischen Atemwegserkrankungen dazu, dass niedrige Statusgruppen bei der Selbstberichterstattung ihre Erkrankung häufig nicht richtig benennen könnten:

„It's very difficult to detect. So anything even if they cough, they say that it is asthma. So it's very difficult and it might be allergic, it might be hypersensitive. It could be anything. But people claim it to be something else. And that has been a real problem with us to define." (Or1)

Aufgrund der Vielzahl möglicher Verzerrungseffekte ist es sehr schwierig, Aussagen zur Prävalenz chronischer Atemwegserkrankungen in verschieden sozioökonomischen Gruppen zu treffen. Deutlich wurde jedoch, dass aufgrund einer späteren oder fehlenden Diagnose bei niedrigeren Statusgruppen sowie finanziellen Barrieren bei der Behandlung der Behandlungserfolg wesentlich schlechter verläuft als in höheren Statusgruppen:

„COPD, as far as the clinicians are concerned, we have seen a lot of these cases here in hospital setting. And these people, unfortunately, because of poor socioeconomic reasons are exposed to this, they are not affording the treatment and that is the reason why they are running the progressive downhill course and finally they die because of this disease. So this is a point which recently has come, picked up and this COPD has gained that much importance in today." (Ph11)

Die Hospitalisierungsrate und Mortalität aufgrund chronischer Atemwegserkrankungen ist daher in sozioökonomisch schlechter gestellten Bevölkerungsgruppen in Pune wesentlich höher.

*Ätiologie*

Die Ursachenanalyse nichtübertragbarer Erkrankungen ist insofern komplexer als die übertragbarer Erkrankungen, als dass es keine notwendige Ursache wie z.B. die Infektion mit einem Virus gibt. Vielmehr können verschiedene beitragende Faktoren ausgemacht werden, die kumulativ oder interaktiv eine chronische Erkrankung auslösen können, wobei die Erkrankung nicht akut einsetzt, sondern graduell verläuft. Asthma und COPD haben gemeinsame Risikofaktoren, die insbesondere an die Verbreitung verschiedener Umweltnoxen sowie bestimmte Eigenschaften des Wirts gekoppelt sind, aber auch an materielle, psychosoziale und verhaltensbezogene Faktoren (Abb. 46).

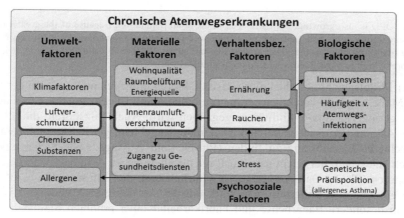

Abb. 46: Ätiologische Matrix: Chronische Atemwegserkrankungen (Entwurf: M. Kroll)

Die wichtigsten Ursachen für chronische Atemwegserkrankungen sind das Inhalieren von Umweltnoxen (Jenkins 2005: 227). Da sich viele Menschen wesentlich mehr in Innenräumen als im Freien aufhalten, ist die Innenraumluft ein zentraler gesundheitlicher Faktor (Or1). Ein Experte der Chest Research Foundation berichtete von Ergebnissen einer Studie zu Lungengesundheit in verschiedenen Slums in Pune mit über 12.000 Teilnehmern, bei der die Innenraumluftverschmutzung als Hauptrisiko für COPD identifiziert wurde:

> „The prevalence of asthma was high, the prevalence of COPD was high, as compared to those reported in earlier epidemiological studies in India. What is most interesting about COPD is that 55% of the COPD were non-smokers. This is unlike what happens in the western population where more than 80% of COPD is due to cigarette smoking. (…) And we believe that the 55% COPD that we saw in the slum population is probably because of indoor air pollution by the burning of biomass fuel. So the burning of kerosene, or wood or other sources." (Or2)

Während in westlichen Gesellschaften Rauchen als verhaltensbezogener Faktor als Hauptrisikofaktor für COPD gilt, spielt demnach im Entwicklungskontext die materielle Dimension, v.a. Wohnverhältnisse und -lage, eine große Rolle. Auch wenn die Innen- und Außenluftverschmutzung in der Studie nicht gemessen wurde, so identifizierten auch andere Mediziner diese als die wichtigsten beitragenden Faktoren für chronische Atemwegserkrankungen noch vor Rauchen (GpA3, GpB1, GpC1). Die Innenraumluftverschmutzung stellt insbesondere in Slums einen hohen Risikofaktor dar, da viele Hütten nur aus einem Raum bestehen, der auch als Küche genutzt wird und schlecht ventiliert ist (vgl. 5.2.1). Gerade Frauen seien daher verstärkt der Innenraumluftverschmutzung z.B. beim Kochen mit Gas oder organischen Materialien ausgesetzte und daher besonders anfällig für COPD

(Ph11). Zudem wird in Slum A und B Feuerholz zum Erwärmen von Badewasser und in Slum B von manchen Haushalten auch zum Kochen verwendet (vgl. 5.2.1) (Foto 13&28), weshalb die Bewohner eine besonders hohe Suszeptibilität aufweisen:

> „COPD is also growing, but more seen in the slum population. Because of the greater exposure to indoor air pollution, overcrowding, poor ventilation in the homes. So COPD is for me a bigger problem in the lower socioeconomic strata. But having said that, I think it is still pretty high in the affluent socioeconomic strata as well." (Or2)

In der Mittelschicht bestehen diese Risikofaktoren hingegen nicht oder in geringerem Maße, weshalb von einer geringeren Innenraumluftverschmutzung und damit einer geringeren Suszeptibilität ausgegangen wird. Auch Pilzsporen, die allergisches Asthma verursachen können, sind in der Regel häufiger in Slumgebieten mit schlechterer Bausubstanz zu finden (Ph11). Laut Aussage eines Facharztes sei jedoch Hausstaub der wichtigste Auslöser für allergisches Asthma vor Pollen und Pilzsporen (Ph11). Darüber hinaus ist natürlich auch die Luftqualität am Arbeitsplatz ein zentrales Kriterium, was stark mit der Art des Berufs verknüpft ist. So sind insbesondere Bauarbeiter und Fabrikarbeiter einer erhöhten Staubbelastung ausgesetzt sowie z.B. Riksha-Fahrer, die viel Zeit im Straßenverkehr verbringen. Die Außenluftverschmutzung in Pune stellt ein massives Problem dar (vgl. 5.2.2) und führt zu einem Anstieg mit Luftverschmutzung assoziierter Erkrankungen. Ein Mitarbeiter der Chest Research Foundation sagte, dass sie in verschiedenen Tests bei Personen, die viele Stunden am Tag an oder auf Straßen verbringen wie etwa Verkehrspolizisten oder Busfahrer, einen signifikant höheren oxidativen Lungenstress im Vergleich zur Kontrollgruppe festgestellt hätten (Or2). Daraus lässt sich ableiten, dass Haushalte, deren Wohnorte direkt an der Straße gelegen sind, ebenfalls einer starken Belastung ausgesetzt sind, und zwar in Abhängigkeit von der Frequentierung der Straße. Generell stellt somit die Luftverschmutzung ein großes Risiko dar, wie ein Facharzt in einem privaten Krankenhaus anmerkte:

> „So the increasing of pollution is the major factor we are facing right now and we are coming across a lot of pollution related diseases like chronic obstructive lung diseases (...). Apart from smoking cigarettes and other things, pollution is the major reason why people from India as well as from Pune are affected with these diseases." (Ph11)

Dabei setzt sich die PM10-Belastung in Pune zu einem wesentlichen Teil aus Staub zusammen, der z.B. auf nicht oder nur partiell asphaltierten Straßen aufgewirbelt wird. Eine zusätzliche Luftbelastung entsteht auch während der zahlreichen religiösen Feiertage wie insbesondere Diwali durch das Abfeuern von Feuerwerken:

> „And some sort of cultural habit of the people from Pune and other cities any time they burst a cracker on any occasion, especially on Diwali festival, continuously ten to 15 days bursting of crackers is there and this is contributing a lot to COPD cases. Any celebration, any wedding ceremony, any festival." (Gh2)

Generell ist es schwierig, Aussagen über Luftbelastungen in unterschiedlichen Stadtteilen Punes zu treffen, da diese stark von der geographischen Lage, den

Windverhältnissen, der Exposition zu stark befahrenen bzw. nicht asphaltierten Straßen sowie weiteren z.T. temporären Emissionsquellen abhängen. Nach Aussage eines Mitarbeiters der Air Quality Management Cell lässt sich verallgemeinern, dass die Luftverschmutzung am höchsten in der Innenstadt ist, da hier die Bevölkerungsdichte sehr hoch ist und viele Menschen aus den angrenzenden Stadtgebieten zum Arbeiten oder sich Versorgen in die Innenstadt fahren; dabei würden jedoch temporäre Emissionsquellen wie z.B. Baustellen nicht berücksichtigt werden (Or1). Die Daten der PMC (Abb. 30) zeigen jedoch die höchste Emissionsbelastung für den *ward* Bibwewadi, in den Gebiet C fällt. Dieses Gebiet weist auch die höchste Prävalenz chronischer Atemwegserkrankungen auf. Bei der Triangulation der Daten mit Ärzten wurde die Prävalenz in Gebiet C mit der erhöhten Staubbelastung durch Bautätigkeiten (Et1, Et2) sowie mit der geographischen Lage (Et1) in Verbindung gebracht. Auch Ärzte hielten eine erhöhte PM10-Konzentration in Gebiet C für eine mögliche Erklärungsvariable:

> „Pollution levels are higher and compared to Koregaon Park [area B, d.V.], compared to Somwar Peth [area A, d.V.] and the other peth areas where they are congested but they are planned. Here it is completely lack of planning and these areas of Kondhwa [area C, d.V.] are like, overcrowding is the major major major factor in the areas." (Et4)

Der Experte der Air Quality Management Cell sagte allerdings, dies sei schwierig zu verifizieren, da die hohe Staubbelastung in Gebiet C eine temporäre quellenspezifische Belastung sei, verursacht u.a. durch Bautätigkeiten, die nicht in die Trendberechnung mit einfließe (Or1).

Als weiterer Umweltfaktor wurde von Ärzten das allergene Wetter in Pune angesprochen, v.a. in der Monsunzeit und in den Wintermonaten (Et2, Ph11, GpC1). Dadurch könnten vor allem Migranten aus anderen Gebieten Indiens, die nicht an diese Umwelt gewöhnt seien, eher allergische Reaktionen bzw. Beschwerden entwickeln:

> „Broadly in this area [UpperMiddleCLass C, d.V.], the residents which are staying here are migrated (...). They have come from different parts of India. Some are from Bombay, some are from the South, some are from Delhi. So they are alien to this environment. And allergic disorder can be more like asthma. That is my opinion." (GpC8)

> „People who come from Delhi and people who come from Bombay, the people who come inside and stay they feel that they get the cough immediately they step into the city." (Et1)

Da gerade in Stadtgebiet C viele Migranten leben, könnte eine höhere Sensibilität bzw. ein höherer Leidensdruck zu einer größeren Anzahl diagnostizierter chronischer Atemwegserkrankungen führen.

Neben Umweltnoxen ist Rauchen ein zentraler Risikofaktor für chronische Atemwegserkrankungen. Wie in Kapitel 5.2.4 ausgeführt, folgt das Rauchverhalten in den sechs Untersuchungsgebieten einem Gradienten mit höheren Prävalenzen in den Slumgebieten, insbesondere bei Männern. In einer Studie wurde für westliche Gesellschaften bei 24% der untersuchten männlichen Raucher chronischer Husten festgestellt, bei 14,3% eine Lungenobstruktion im Vergleich zu 4,7% und 3,3% bei Nichtrauchern[31] (Schauerte/Geiger 2006: 17). Die Autoren der Studie merkten an, dass die Zahl der diagnostizierten COPD-Fälle deutlich unter den Werten der Studie läge, da Menschen in der Regel nur bei erhöhtem Schweregrad einen Arzt aufsuchen. In Pune äußerten ebenfalls Mediziner die Beobachtung, dass insbesondere starke Raucher von chronischer Bronchitis und COPD betroffen seien (GpB5, GpB8). Gerade bei Rauchern aus Slums sei chronische Bronchitis als Vorstufe der COPD relativ häufig (GpB5).

Eine weitere Gruppe von Risikofaktoren ist an biologische Faktoren geknüpft: Insbesondere die Erkrankung an allergischem Asthma wird durch eine genetisch vererbte bronchiale Hyperreaktivität begünstigt. Auch mit fortschreitendem Alter steigt die Gefahr einer COPD-Erkrankung (Pforte 2002: 8). Diese Faktoren können hier jedoch nicht weiter vertieft werden. Ein schlechtes Immunsystem, verursacht z.B. durch geringes Geburtsgewicht und schlechten Ernährungsstatus, erhöht ebenfalls die Suszeptibilität. Diesem Risiko ist tendenziell mehr die Slumbevölkerung durch eine höhere Prävalenz an Unterernährung und einem geringeren Obst- und Gemüseverzehr (vgl. 5.2.4) ausgesetzt. Gerade Letzteres unterstützt nicht nur die Immunabwehr, sondern dient auch als protektiver Faktor, da durch die Aufnahme von Antioxidantien mit dem Obstkonsum die Lunge vor negativen Effekten der Luftverschmutzung geschützt wird. Dies konnte die Chest Research Foundation in einer Studie mit Busfahrern in Pune bestätigen:

> „So by giving them antioxidant supplements either through tablets or through the diet can improve the defence mechanisms. And the best way to do that is through fresh fruits, vegetables, because they have very high levels of antioxidants. That can to a certain extent protect you from the harmful air pollutants." (Or2)

Ein weiterer Risikofaktor sind häufige Atemwegsinfektionen wie z.B. grippale Infekte, akute Bronchitis oder Pneumonie, die die Selbstreinigungsfunktion der Lunge vermindern und somit in chronische Erkrankungen münden können. Daten zur selbstberichteten Morbidität aus dem Haushaltssurvey zeigen eine sehr hohe durchschnittliche selbstberichtete Prävalenz grippaler Infekte von 165‰ in den sechs Untersuchungsgebieten sowie 29‰ bei schwerem Husten. Beide Prävalenzraten fallen in den MiddleClass-Gebieten leicht höher aus als in den Slumgebieten, was wahrscheinlich mit einer höheren Berichterstattung auch leichterer Erkältungen in Zusammenhang steht (Et1). Auffällig ist jedoch wiederum die maximale Prävalenz von schwerem Husten in UpperMiddleClass C (39‰) und Slum C (34‰). Auch Anganwadi-Mitarbeiterinnen nannten bei der Frage nach der Krank-

---

31 Für Frauen lagen die Häufigkeiten in derselben Studie bei 20,6% und 5% bei chronischem Husten und 13,6% und 3,1% für Lungenobstruktionen.

heitslast der Kinder v.a. Husten und Erkältung als vorherrschende Erkrankungen (AnC1/3/4/6, AnA1/2/4/5/6/7). Allgemeinmediziner in Gebiet B berichteten insbesondere von einer hohen Prävalenz in den temporären Bauarbeitersiedlungen (GpB8). Auch würden in den Slumgebieten infektiöse Atemwegserkrankungen häufiger verschleppt werden und in eine chronische Bronchitis oder Lungenentzündung münden:

> „Yes, these are infections actually, due to coughing and cold, sneezing, that's why bronchitis and all these problems are there. Sometimes if they don't bother then it goes to pneumonia also, this are the main common problems. And this is due to lack of vitamins." (GpB8) (vgl. auch Et5, Gh2)

Dies spiegelt sich auch in den Survey-Daten wieder: Slum B und A weisen die höchste Prävalenz von Lungenentzündung auf mit 7 und 5‰, in den anderen Gebieten variiert die Prävalenz zwischen 1‰ in UpperMiddleClass B und 3‰ in UpperMiddleClass C. Gerade Kinder sozioökonomisch schlechter gestellter Eltern würden häufiger an akuter Bronchitis oder Lungenentzündung mangels frühzeitiger Behandlung erkranken (GpB5, Et5, Gh2). Hierzu lässt sich aus den Daten aufgrund der geringen Fallzahl jedoch kein Muster erkennen. Insgesamt wird jedoch deutlich, dass häufige infektiöse Atemwegserkrankungen in allen sozioökonomischen Gruppen (GpC8) die Suszeptibilität gegenüber chronischen Atemwegserkrankungen erhöhen, in den niedrigen Statusgruppen jedoch ein höheres Risiko für eine Verschleppung der Erkrankung besteht.

Die Krankheitsätiologie chronischer Atemwegserkrankungen ist sehr komplex und kann nicht auf einzelne Ursachen reduziert werden (Et4). Aus den bisher aufgeführten Risikofaktoren zeigt sich, dass nur wenige Faktoren auf der individuellen Ebene veränderbar sind, wie etwa der Tabakkonsum in Abhängigkeit von der eigenen Kontrollüberzeugung. Andere Faktoren wie mangelhafte Wohnraumbelüftung oder Exposition zu Luftverschmutzung sind aufgrund finanzieller und struktureller Barrieren jedoch nicht auf individueller Ebene veränderbar:

> „So it is a situation where many are aware of the health problems, but the solution is not easy. Because if you tell the bus drive don't drive, you cannot reduce the number of motor vehicles on the road." (Or2)

Daher könne auch ein erhöhtes Risikobewusstsein nicht zwangsläufig in ein verändertes Handeln münden. Gerade in Slumgebieten sei zudem das Risikobewusstsein bzw. die Kontrollüberzeugung zur Herbeiführung von Veränderungen eher gering ausgebildet:

> „Some of them are aware, some of them try to bring up small changes but the majority of them they believe that this is the normal way to go. This is how they have been doing it for the last 20 to 30 years. The issue here is even if you try to educate them, the solutions are not going easy. (...) But if you make them aware that you should not go on wood because it is causing air pollution, how will they heat the water to have a bath?" (Or2)

Auch die Regierung habe aufgrund der rapiden Urbanisierung nicht ausreichend Kapazitäten zur Behebung der strukturellen Defizite insbesondere in den Slumgebieten (Or2). Dennoch bedürfen diese Probleme einer langfristigen Veränderung bestehender Strukturen im Sinne einer nachhaltigen Stadtplanung mit einem Ausbau der öffentlichen Verkehrsinfrastruktur und Behebung der infrastrukturellen Defizite. Des Weiteren kommt neben der Reduktion von Umweltnoxen sowie dem Risikobewusstsein zur Krankheitsvermeidung dem Krankheitswissen eine wichtige Bedeutung zu, um den Krankheitsverlauf positiv zu beeinflussen. Denn gerade für niedrige Statusgruppen besteht die Gefahr, dass sie keine adäquate Diagnose und Medikation erhalten, so dass die Krankheit nicht langfristig kontrolliert werden kann und in eine frühzeitige Mortalität münden kann (Ph11).

### 5.3.5 Kardiovaskuläre Erkrankungen

Kardiovaskuläre Erkrankungen sind die häufigste Todesursache in Indien (WHO SEARO 2011). Dennoch werden sie bisher kaum in öffentlichen Gesundheitsprogrammen adressiert (vgl. 5.6.1), obwohl sie durch verhaltensbezogene Präventionsmaßnahmen wirksam bekämpft werden könnten. Aufgrund des Risikoprofils wurden bzw. werden kardiovaskuläre Erkrankungen in vielen Ländern zunächst als Krankheit der Oberschicht betrachtet, die zeitverzögert auch in ärmere Bevölkerungsschichten vordringen. Da sozioökonomisch besser gestellte Bevölkerungsgruppen meist schneller gesündere Verhaltensweisen adaptieren, ist die Prävalenz in westlichen Gesellschaften heute in sozioökonomisch schlechter gestellten Gruppen höher (Jenkins 2005: 195, Kale 2010: 37). In Indien hingegen werden kardiovaskuläre Erkrankungen ebenso wie Diabetes überwiegend mit der Oberschicht bzw. der urbanen Bevölkerung assoziiert. Abgesehen von einzelnen Studien existieren kaum Daten zur Prävalenz kardiovaskulärer Erkrankungen; diese werden auch nicht im NFHS berücksichtigt (NIMS/ICMR 2009).

Die Gruppe der kardiovaskulären Erkrankungen umfasst eine Vielzahl von Erkrankungen des Herzens und des Gefäßsystems, die unterschiedlich voneinander abgegrenzt werden. Die häufigsten kardiovaskulären Erkrankungen sind hypertensive, rheumatische, ischämische und zerebrovaskuläre Herzerkrankungen (WHO SEARO 2011). Hypertension zeichnet sich durch einen chronisch erhöhten Bluthochdruck des arteriellen Gefäßsystems aus. Mit steigendem Blutdruck nimmt die schädigende Wirkung auf die Gefäße zu, wodurch das Risiko weiterer Herz- und Gefäßerkrankungen steigt. Ischämische (oder koronare) Herzerkrankungen werden meist durch eine Verkalkung der Arterien verursacht, die zu Durchblutungsstörungen und damit zu einer Sauerstoffunterversorgung des Herzens führt. Folgen sind u.a. Herzrhythmusstörungen sowie akuter Herzinfarkt und plötzlicher Herztod. Zerebrovaskuläre Erkrankungen umfassen verschiedene Funktionsstörungen des Gehirns, die u.a. Schlaganfälle verursachen. Eine Sonderstellung nehmen rheumatische Herzerkrankungen ein, die durch eine unbehandelte Streptokokken-Infektion ausgelöst werden (Jenkins 2005).

Beim Haushaltssurvey wurden zum einen Hypertension, zum anderen weitere kardiovaskuläre Erkrankungen als chronische Herzerkrankungen zusammengefasst erhoben, da aufgrund der Selbstberichterstattung zu große Verzerrungseffekte bei einer genaueren Aufschlüsselung der Diagnose zu erwarten gewesen wären.

Die altersstandardisierte selbstberichtete Prävalenz von Hypertension in der Bevölkerung ab 20 Jahren zeigt einen sozioökonomischen Gradienten von den höheren zu den niedrigeren Statusgruppen (Abb. 47): Die Prävalenzrate in UpperMiddleClass B und C beträgt 80 und 89‰, in MiddleClass A 74‰. In den beiden registrierten Slumgebieten variieren die Prävalenzraten zwischen 52‰ in Slum C und 69‰ in Slum A. Slum B weist die niedrigste Prävalenz mit 30‰ auf.

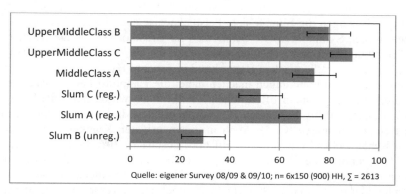

*Abb. 47: Selbstberichtete altersstandardisierte Prävalenz von Hypertension (≥ 20 Jahre) (in ‰)*

Für Pune existieren keine Sekundärdaten zur Prävalenz von Hypertension. 2007/08 hat die indische Regierung zum ersten Mal einen Survey zu nichtübertragbaren Erkrankungen im Rahmen des Integrated Diseases Surveillance Projects in sieben Bundesstaaten durchgeführt. Für das urbane Maharashtra wurde eine selbstberichtete Prävalenz ärztlich diagnostizierter Hypertension von 72‰ ermittelt, im Vergleich zu 28‰ im ländlichen Raum (NIMS/ICMR 2009: 29). Diese Daten stützen das Ergebnis des Haushaltssurveys. Bei einer Studie in Chennai wurden 1998 Daten zu Hypertension nach sozioökonomischem Status erhoben: Die selbstberichtete Prävalenz betrug 79‰ in der Mittelschicht und 29‰ in der Slumbevölkerung, nach Messungen in derselben Population wurden altersstandardisierte Prävalenzen von 149 und 84‰ erhoben (Mohan et al. 2001: 284). Diese Studie zeigt zum einen eine starke Unterberichterstattung sowohl in der Mittelschicht als auch in der Slumbevölkerung, zum anderen ebenfalls einen sozioökonomischen Gradienten.

Fachärzte schätzten die Prävalenzraten des Surveys bei der Datentriangulation als durchaus realistisch ein, zumal sie mit der Diabetes-Prävalenz (vgl. 5.3.6) korrelieren (Et1, Et2, Et3). Allerdings könne in den Slumgebieten von einer leichten Untererfassung ausgegangen werden, so dass der Gradient etwas geringer ausfallen müsste (Et2). Die befragten Allgemeinmediziner äußerten alle, dass Hypertension eine häufig diagnostizierte Erkrankung in ihrem Praxisalltag sei und dass die Prävalenz in den letzten Jahren stark zugenommen habe. Dies gilt sowohl für Mediziner, die eher niedrige sozioökonomische Bevölkerungsgruppen behandeln (siehe z.B. GpA1, GpA3, GpB4) als auch für diejenigen mit überwiegend Patienten aus der Mittel- und Oberschicht (GpB3).

Die Prävalenz chronischer Herzerkrankungen zeigt eine relativ homogene Verteilung zwischen 10 und 12‰ für alle Gebiete mit Ausnahme von Slum B mit einer Prävalenz von 2‰. Da die Kategorie chronische Herzerkrankungen jedoch sehr unspezifisch ist und verschiedene kardiovaskuläre Erkrankungen umfassen kann, können aus dem Survey keine weiteren Rückschlüsse gezogen werden. Zudem wurde in den Interviews zur Datentriangulation vermutet, dass die Prävalenzraten untererfasst seien, zumal die Prävalenz für Hypertension wesentlich höher sei (Et1). So zeigen die Slumgebiete beispielsweise auch höhere Prävalenzen bei unspezifischen Symptomen wie Schmerzen im Brustkorb (Et2). Der Facharzt eines Privatkrankenhauses schätzte, dass etwa 40 bis 50% aller Patienten eine Kombination aus ischämischen Herzerkrankungen und Hypertension hätten (Ph8). Ischämische Herzerkrankungen machen dabei die Hauptlast kardiovaskulärer Erkrankungen aus: In einem öffentlichen Krankenhaus wurde der Anteil auf etwa 70% geschätzt, 10 bis 15% seien Herzklappenfehler, davon vor allem rheumatische Herzerkrankungen (Gh4). Auch in einem privaten Krankenhaus wurde der Anteil ischämischer Erkrankungen auf 60% geschätzt, 30% fielen auf rheumatische Herzerkrankungen bzw. Herzklappenfehler (Ph8). In Bezug auf den sozioökonomischen Status bemerkten Fachärzte, dass die Prävalenz kardiovaskulärer Erkrankungen früher in der Oberschicht am höchsten gewesen sei, nun aber in der Mittel- und Unterschicht stark zunehme:

> „It was more common in the upper socioeconomic class, but now there is no such distinction. I guess it is with a lot of education and all, that class of people are doing more preventive measures like weight loss and diet control whereas the stress factors and smoking and all that, so ischemic heart is coming in all classes of people. All classes. The incidence is much higher, in the middle class as well." (Ph7)

Ein weiterer Facharzt vermutete, dass im Verlauf der nächsten Jahre die Inzidenz in der Oberschicht aufgrund eines wachsenden Gesundheitsbewusstseins sinke, während sie in der Mittel- und Unterschicht weiter steige:

> „Even when we talk about the upper classes, the incidence is more, but over a period of time, because of the awareness that is created in the future it will be reduced. But the middle class is just exposed to all these things. That's why the middle class is at more risk, especially the IT." (Ph4)

Auch ein Arzt, der für eine NGO arbeitet, bestätigte die Zunahme kardiovaskulärer Erkrankungen in urbanen Armutsgruppen, die er in Zusammenhang mit einer erhöhten Lebenserwartung stellte:

> „But one thing that I can vouch for is that we do see a lot of older people who have problems with heart problems, hypertension people do talk with us about, and degenerative diseases also. This we assume is probably due to the increased life span." (Ngo2)

Des Weiteren sind rheumatische Herzerkrankungen, die durch unhygienische Lebensbedingungen, schlechte medizinische Versorgung und schlechten Gesundheitsstatus begünstigt werden, in urbanen Armutsgruppen noch stark prävalent, die Inzidenz sinke nur langsam:

„That is seen in the socioeconomically lower groups. Mostly. Due to streptococcal infection because of unhygienic conditions, crowded conditions, that's why these diseases are seen." (Ph4) (vgl. auch Ph8, Gh4)

Grund sei die fehlende oder inadäquate Behandlung von Streptokokken-Infektionen in Armutsgruppen:

„Basically it is the infection just starts with a sore throat and many times villagers and people don't really treat throats, they just kind of wait and till it goes away on its own. That kind of attitude they have, or they go to some local doctors." (Gh4)

Aufgrund mangelnden Krankheitswissens und finanzieller Barrieren sei die Compliance bei der Behandlung zudem geringer:

„And even if it was picked up, they often don't have the money for that monthly penicillin injections. I mean they do it every month for a maximum of say about six months and then they just drop out. But a little later the problems come later. So compliance is a problem, generally information, the understanding, the necessity for this long term medication and financial constraints also." (Ph8)

In der Mittelschicht gäbe es nur vereinzelte Fälle rheumatischer Herzerkrankungen bei älteren Menschen, die sich in ihrer Kindheit mit Streptokokken infiziert und nicht ausreichend behandelt worden wären (Gh4, Ph4). Ein weiteres Problem seien nicht diagnostizierte bzw. ausreichend behandelte kongenitale (angeborene) Herzerkrankungen in Armutsgruppen:

„In spite of being in a city, I have a lot of children who have congenital heart disorders, out of a total of 1.000 children I have nine children who have congenital heart disease. Trying to get them treated is a major problem. We have tried to create that availability of free services, but there is such a lot of documentation required for getting these free services because you are poor, you have to prove that you are poor, you have to get these papers together." (Ngo2) (vgl. auch Gh4)

Auch hier verhindert der inadäquate Zugang zu Gesundheitsdiensten eine frühzeitige Diagnose und Behandlung. Demnach weisen sozioökonomisch besser gestellte Bevölkerungsgruppen zwar insgesamt eine leicht höhere Prävalenz kardiovaskulärer Erkrankungen auf, der Krankheitsverlauf ist jedoch bei sozioökonomisch schwächer gestellten Gruppen in der Regel wesentlich ungünstiger und von mehr Komplikationen begleitet. Denn höhere Statusgruppen profitierten stärker von der verbesserten medizinischen Versorgung, was sich auch in einer gesunkenen Mortalität zeigt (Ph8). Als besonders alarmierender Trend hingegen wurde für alle sozioökonomischen Gruppen das sinkende Alter bei der Diagnose kardiovaskulärer Erkrankungen genannt:

„What is more alarming is that the age group of ischemic heart is getting younger and younger. The age group for hypertension. Before that we never saw a case beyond the age of 45, 50 where we thought of ischemic heart disease, now they are coming as young as 28 and 26. We had a patient with a heart attack at the age of 26. Non-smoker, no apparent risk factors, a lean gentleman. So you know, that's very alarming. So it is a lot of stress I guess mostly, I guess stress is the major factor that does play a role." (Ph8) (vgl. auch Gh4, Ph1, Ph4, Ph12)

Die Mediziner führten insbesondere eine Zunahme an Stress sowie veränderte Ernährungsmuster und Mangel an Bewegung als hohe Risikofaktoren an. Aber auch Alter, genetische Prädisposition sowie Vorerkrankungen u.a. mit Diabetes und Hypertension (Cwikel 2006: 339, Kale 2010: 37) sind Risikofaktoren: Ischämische Erkrankungen werden in Indien beispielsweise zu etwa 40% durch Diabetes und Bluthochdruck ausgelöst (Park 2007: 305). Weitere Risikofaktoren sind Adipositas, eine unausgewogene Ernährung mit hohem Konsum von Salz (über 5 g/d), gesättigten Fettsäuren und Cholesterol sowie ein geringer Konsum von ungesättigten Fettsäuren und Ballaststoffen, ein Mangel an körperlicher Bewegung sowie Alkohol- und Tabakkonsum (Park 2007: 303, Jenkins 2005: 186). Da es bei den Risikofaktoren für kardiovaskuläre Erkrankungen und Diabetes viele Überschneidungen gibt, wird an dieser Stelle keine eigene Analyse vorgenommen, sondern auf die ätiologische Matrix für Diabetes (vgl. 5.3.6) verwiesen.

### 5.3.6 Diabetes mellitus Typ 2

In den letzten Jahren wurden mehrere Studien zu Diabetes in verschiedenen Regionen Indiens veröffentlicht, die alle einen massiven Anstieg der Inzidenz belegen (vgl. z.B. Mohan et al. 2001, Sadikot et al. 2004, Ramachandran/Snehalatha 2008). Die erste Studie zu Diabetes wurde zwischen 1972 und 1975 von dem Indian Council of Medical Research durchgeführt und ergab bei den über 14-Jährigen eine Prävalenz von 21‰ in Städten und 15‰ im ländlichen Raum (Mohan et al. 2007). Im Jahr 2000 wurde der National Urban Diabetes Survey (NUDS) in sechs Städten durchgeführt, bei dem bereits eine wesentlich höhere altersstandardisierte Gesamt-Prävalenz von 121‰ bei den über 20-Jährigen ermittelt wurde (Ramachandran 2001). Südindische Städte wiesen dabei eine höhere Prävalenz auf (z.B. 166‰ in Hyderabad) als Delhi (116‰) oder Mumbai (93‰) (Mohan 2007). In einer weiteren nationalen Studie zu nichtübertragbaren Erkrankungen wurden zwischen 2003 und 2005 in sechs indischen Regionen in der Altersgruppe der 16- bis 64-Jährigen eine selbstberichtete Diabetes-Prävalenz von 73‰ in Städten erhoben, im Vergleich zu 31‰ in ruralen Gebieten. Die südlichen Städte zeigten wiederum eine höhere Prävalenz als die westlichen und östlichen Städte (Mohan et al. 2008). In einer weiteren Querschnittstudie wurden Industriearbeiter und deren Familien im Alter von 20 bis 69 Jahren auf Diabetes getestet: Die Gesamt-Prävalenz ist mit 101‰ niedriger als beim NUDS. Dabei variierte die Prävalenz wiederum erheblich zwischen den verschiedenen Städten und Regionen: Die höchste Prävalenz wurde in den südindischen Städten Trivandrum (166‰) und Hyderabad (141‰) gemessen, eine der niedrigsten in Nagpur in Maharashtra (42‰) (Ajay et al. 2008). Eine Vielzahl weiterer lokaler Studien belegen sowohl regionale Unterschiede mit einer großen Varianz als auch ganz unterschiedliche Prävalenzraten für einzelne Städte (Gupta/Misra 2007, Ajay et al. 2008), was auf unterschiedliche Studiendesigns in Bezug auf die Altersgruppe, Diagnosekriterien und Sample-Auswahl zurückzuführen ist. Daher sind diese Studien nur sehr eingeschränkt miteinander vergleichbar (Ramachandran/Snehalatha

2009: 19). Dennoch belegen sie, dass die steigende Diabetes-Inzidenz im starken Zusammenhang mit der Urbanisierung steht, wobei regionale Faktoren ebenfalls eine Rolle spielen. Diese regionalen Unterschiede sind auf die Diversität der indischen Städte in Bezug auf ihre Lage, Größe und ethnische Zusammensetzung und eine daraus resultierende unterschiedliche Verteilung von Risikofaktoren zurückzuführen, wie z.B. soziokulturell bedingte Verhaltens- und Ernährungsmuster und Bildungs- und Einkommensniveaus.

Diabetes mellitus ist eine durch chronische Hyperglykämie (Überzuckerung) gekennzeichnete Stoffwechselkrankheit. Ursache ist eine gestörte Insulinproduktion durch eine Fehlreaktion des körpereigenen Immunsystems, die zu einem absoluten (Typ 1) oder partiellen (Typ 2) Insulinmangel führt. Während Typ 1 überwiegend genetisch bedingt ist und häufig bereits im Kindesalter auftritt, kann Typ 2 durch verschiedene biologische, verhaltensbezogene und psychosoziale Faktoren verursacht werden und in allen Lebensphasen auftreten, wobei die Wahrscheinlichkeit mit steigendem Alter zunimmt. Da weit über 90% der Diabetes-Fälle in Indien dem Typ 2 zuzurechnen sind (Mohan et al. 2007), wird im Folgenden der Fokus auf diesen Typ gelegt. Diabetes Typ 2 weist einen graduellen Krankheitsverlauf auf, begleitet von Symptomen wie Gewichtsverlust, häufigem Harndrang, starkem Durst- und/oder Hungergefühl, ständiger Müdigkeit, wiederkehrenden Infektionen und nicht-heilenden Wunden (Cwikel 2006: 360). Die Erkrankung kann durch einen Blutzuckertest nachgewiesen werden.

Die Daten des Haushaltssurvey zeigen einen sozioökonomischen Gradienten für Diabetes Typ 2 in der Bevölkerung ab 20 Jahren von 73 und 78‰ in UpperMiddleClass B und C über 54‰ in MiddleClass A, 44‰ in Slum A und C sowie 18‰ in Slum B.

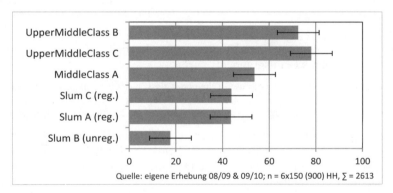

*Abb. 48: Selbstberichtete altersstandardisierte Prävalenz von Diabetes Typ 2 (≥20 Jahre) (in ‰)*

In Pune werden keine Daten zu Diabetes zentral erfasst, so dass Prävalenzraten nur geschätzt werden können. Eine Diabetologin schätzte in Anlehnung an den National Urban Diabetes Survey, dass die Prävalenz in Pune von 140‰ 2002 auf 190‰ 2008 gestiegen sei (Ph11). Der NFHS 2005/06 in Maharashtra ergab für den urbanen Raum hingegen eine selbstberichtete Prävalenz von 5,7‰ bei Frauen und 13,2‰ bei Männern; diese Daten sind im Vergleich mit anderen Studien jedoch sehr niedrig. Auch die Daten zu Mumbai sind mit 12 und 14‰ für Frauen und Männer wesentlich niedriger als die beim NUDS ermittelte Prävalenz von 93‰ (Mohan et al. 2007). Bei einer Studie von Industriearbeitern und deren Familien, bei denen u.a. Blutwerte gemessen und sozioökonomische Variablen erhoben wurden, betrug die Prävalenz in Pune 84‰ (Ajay et al. 2008). Daher erscheint die mittels Glukosetest ermittelte Prävalenz von 84‰ als Richtwert für Pune am realistischsten. Basierend darauf kann in allen sechs Gebieten von einer leichten Unterberichterstattung ausgegangen werden bzw. in Slum B von einer hohen Untererfassung. Weiterhin gibt es nur sehr wenige Studien, die intraurbane Differenzen berücksichtigen. In Chennai wurde in einer Studie in zwei Kolonien die Diabetes-Prävalenz 1998 und 2008 untersucht: In der Mittelschicht stieg die Prävalenz der Bevölkerung über 20 Jahren von 124 auf 180‰, in der Slumbevölkerung von 65 auf 153‰ (Mohan 2009; Mohan et al. 2001: 284). Lässt man die generell etwas höhere Prävalenz in südindischen Städten außen vor, so ergibt sich auch hier ein Gradient mit einer höheren Prävalenz in der Mittelschicht, aber einer höheren Inzidenz in dem Slumgebiet. Dies ist durchaus auch ein realistisches Szenario für Pune.

Allgemeinmediziner in den Untersuchungsgebieten, Fachärzte und weitere Experten berichteten von einer hohen Prävalenz in niedrigen Statusgruppen bzw. der Slumbevölkerung, die jedoch noch unter der höherer Statusgruppen liege:

> „See, there was a time when diabetes, hypertension, spondylosis was – I mean you really had to look for it in the slum areas. It has increased, but not as much as it has increased in the upper class." (GpC1)

> „Diabetes, blood pressure – both are very high in the slum population, as almost as high as in the higher socioeconomic strata." (GpC7) (vgl. auch Ph3, Ph11, GpA1, GpA4, GpB1, GpC7, Ngo2, Ngo3)

Auch ein Diabetologe in einem Regierungskrankenhaus bestätigte die hohe Prävalenz in niedrigeren Statusgruppen:

> „We also thought that it is a disease of the upper class, but it is no more so. Any class can get affected, most of the patients we see are lower or lower middle class, so it is no more a disease of the upper class. Upper class they don't come to us. That is the only difference." (Gh3)

Während sich die Prävalenz in der Ober- und Mittelschicht auf ähnlichem Niveau bewege (Ph11, GpB3), schätzte eine Diabetologin sie bei Slumbewohnern um rund 10% niedriger ein (Ph11). Für eine Datentriangulation wurden die Prävalenzraten aus dem Haushaltssurvey Fachärzten vorgelegt: Diese wurden v.a. für die MiddleClass-Gebiete als durchaus realistisch eingeschätzt, in den Slumgebieten sei hingegen von einer etwas zu niedrigen Berichterstattung auszugehen, insbesondere in Slum B:

> „I think this looks realistic actually. I completely go with your diabetes picture. Then hypertension is pretty similar and even the prevalence is pretty similar, a little bit higher, yes. I think these two I completely agree with what you have found." (Et2) (vgl. auch Et1, Et3, Et4)

Demnach müssten die selbstberichteten Prävalenzraten für Diabetes in den sechs Untersuchungsgebieten etwas höher ausfallen und der Gradient etwas geringer. Darüber hinaus bilden sie jedoch eine realistische Verteilung von Diabeteserkrankungen in unterschiedlichen sozioökonomischen Gruppen ab und belegen, dass Diabetes auch in niedrigen Statusgruppen ein wachsende Problem darstellt. In den Experteninterviews wurde zudem neben einer steigenden Inzidenz ebenso wie bei kardiovaskulären Erkrankungen das sinkende Alter der mit Diabetes diagnostizierten Patienten angesprochen:

> „The thing is that in the 80s when we were medical students or after that we were used to see the patients' diabetes which was coming up after 60 or 70, today we see the patient even in the early 20s or 30s with diabetes. And this is really absolutely a new thing were we also get surprised. So the average age has dropped down." (Ph3) (vgl. auch Ph4, Ph5, Ph11, Et2, Gh3)

Eine Auswertung der Diabetes-Prävalenz in den sechs Untersuchungsgebieten nach Alter (Tab. 8) zeigt für UpperMiddleClass C bereits in der Altersgruppe der 20- bis 34-Jährigen eine Prävalenz von 14‰, für Slum C von 5‰. In der Gruppe der 35- bis 49-Jährigen weisen Slum A und C sowie MiddleClass A höhere Prävalenzraten als UpperMiddleClass B und C auf. In der Altersgruppe der über 50-Jährigen ist die Prävalenz wiederum dort am höchsten mit über 230‰.

|  | UpperMiddle Class B | UpperMiddle Class C | Middle Class A | Slum C | Slum A | Slum B |
|---|---|---|---|---|---|---|
| 14–19 Jahre | 0 | 0 | 0 | 0 | 0 | 0 |
| 20–34 Jahre | 0 | 14 | 0 | 5 | 0 | 0 |
| 35–49 Jahre | 36 | 30 | 46 | 47 | 41 | 0 |
| > 50 Jahre | 232 | 237 | 152 | 106 | 119 | 66 |

*Tab. 8: Selbstberichtete Diabetes-Prävalenz nach Altersgruppen (in ‰) (Quelle: eigener Survey 08/09 & 09/10, n=6x150 (900) HH, ∑= 3011)*

Auch wenn das zunehmende Krankheitswissen durch die Medienberichterstattung und Aufklärungskampagnen zu einer früheren Diagnose insbesondere in der UpperMiddleClass beiträgt, zeigen die Daten und Interviews einen eindeutigen Trend mit einer steigenden Diabetes-Inzidenz und einem sinkenden Durchschnittsalter.

Mit einem früheren Krankheitsausbruch steigt auch die Gefahr von Komorbiditäten, da der Glukosewert dauerhaft kontrolliert werden muss. Wird die Diabeteserkrankung nicht rechtzeitig erkannt oder nicht angemessen behandelt, können u.a. ischämische und zerebrovaskuläre Herzerkrankungen sowie Leber- und Nierenerkrankungen auftreten, die zu einer verminderten Lebensqualität und häufig zu frühzeitigem Tod führen. Diabetes gilt heute als einer der fünf wesentlichen Risikofaktoren für kardiovaskuläre Erkrankungen in Asien (Park 2007: 329). Die Auswertung der Experteninterviews mit Diabetologen ergab verschiedene Muster von Komorbiditäten in Abhängigkeit vom sozioökonomischen Status: Niedrige Statusgruppen, die sich aus finanziellen Gründen häufig im Regierungskrankenhaus behandeln lassen, kommen oft mit Komplikationen wie z.B. entzündeten nicht heilenden Fuß-Wunden (diabetischer Fuß), einem Herzinfarkt oder einer Stoffwechselentgleisung (diabetisches Koma) ins Krankenhaus (Gh3). Bei diesen Patienten sei Diabetes in der Regel bislang nicht diagnostiziert oder nicht behandelt worden:

> „Our patients come with the complications most of the times. See diabetes diagnosis is either incidental or when they have some complications. So the incidental part is around 50, say 60%, but 40% is when they actually have complications. (…) And if they come with the complications itself means that the diabetes is poorly controlled and possibly long standing. (…) And then it is a little late to – most of the diabetes damages like to the kidney or the eyes or to the heart are more or less permanent. They are not reversible. (…). So the only thing then is to control and prevent any further damage." (Gh3)

Da organische Schädigungen dann bereits zu sehr fortgeschritten seien, könnten der Diabetes und die Begleiterkrankung nur noch kontrolliert werden. Insgesamt seien ischämische und hypertensive Herzerkrankungen in Folge einer Diabeteserkrankung am häufigsten und würden bei etwa 40% seiner Patienten auftreten:

> „The commonest association with diabetes is cardiac problems. Most of them have ischemic heart diseases and hypertension. These are the two common problems. (…) Hypertension, ischemic heart diseases and diabetes, this is a trial." (Gh3)

Auch in den höheren Statusgruppen geht eine Diabeteserkrankung in vielen Fällen mit kardiovaskulären Erkrankungen einher, allerdings seien diese aufgrund einer früheren und kontinuierlichen Behandlung meist medikamentös kontrolliert:

> „Diabetes and hypertension, (…) it is there but at least controlled. So more awareness – so more control." (Et2) (vgl. auch Ph4, Ph6, Gh3)

> „The most important complication that we see is cardiovascular, followed by renal, kidney. We also see a lot of foot problems, but they come from a slightly different class. (…) But usually we don't see this in the affluent class at all. So all of them belong to the lower socioeconomic status. So mostly we see renal failure and cardiovascular diseases." (Ph7)

Neben kardiovaskulären Erkrankungen wurden auch Nierenerkrankungen als Folge von Diabetes genannt, wie von einem Nephrologen bestätigt wurde: Etwa 30% seiner Patienten hätten eine Nierenerkrankung aufgrund des Diabetes entwickelt; Nierenerkrankungen würden wiederum das Risiko für kardiovaskuläre Erkrankungen erhöhen (Ph12). Dies zeigt, wie eng die Risikofaktoren chronischer Erkrankungen miteinander verwoben sind. Werden bei einer chronischen Erkrankung Organe geschädigt, erhöht dies aber auch die Suszeptibilität gegenüber infektiösen Erkrankungen wie etwa der Tuberkulose:

> „It is associated certainly, we do see a lot of tuberculosis in nowadays. No question of it. (…) Diabetes per se has no effect on the immune status. So if it is a chronically uncontrolled diabetic, definitively his immune status is going to be altered which makes him prone to diseases like tuberculosis. This is certainly one reason. People are more exposed and they are more at risk because their basic immunity is down because of the chronic disease." (Ph7) (vgl. auch Ph6)

Das Risiko einer akuten TB-Infektion steigt bei Diabetikern etwa um das Dreifache (WHO 2002). Diese komplexe Ätiologie zeigt bereits, dass chronische Erkrankungen nicht auf eine oder wenige Ursachen zurückgeführt werden können.

*Ätiologie*

Das Risiko einer Erkrankung an Diabetes Typ 2 steigt in Abhängigkeit von bestimmten biologischen Charakteristika des Menschen sowie verhaltensbezogenen und psychosozialen Faktoren, die auch an materielle und ökologische Faktoren gekoppelt sind (Abb. 49).

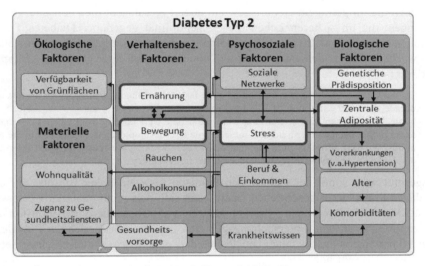

Abb. 49: Ätiologische Matrix: Diabetes Typ 2 (Entwurf: M. Kroll)

Neben einer erhöhten Suszeptibilität mit ansteigendem Alter kommt der genetischen Prädisposition bei den biologischen Faktoren eine hohe Bedeutung zu: In verschiedenen Studien wurde der indischen Bevölkerung eine stärkere genetische Prädisposition für Diabetes, aber auch für hypertensive und ischämische Herzerkrankungen, nachgewiesen (Ramachandran/Snehalatha 2009: 21 f.). Auch in den Tiefeninterviews sagten viele Befragte, dass in der Familie eine erbliche Veranlagung zu Diabetes bestünde:

> "See, if you talk about Diabetes, it comes under genetics. Our family is already having a history of this problem. The next generation is more prone towards that. I mean we need to take more precaution in order to be isolated from it. Otherwise the doctor said like more than 80 to 90 % chances are there. So this does have an impact." (MC/B/5) (vgl. auch MC/A/1, MC/A/2, MC/B/6, MC/B/7, MC/B/5, SL/A/2)

Des Weiteren wurde in der indischen Bevölkerung eine Veranlagung zu abdominaler bzw. zentraler Adipositas nachgewiesen (Yajnik/Ganpule-Rao 2010), die als eine Schlüsselkomponente für das metabolische Syndrom gilt:

> „Obesity, but it is mainly central obesity, (…) typical thin-fat Indians, more than 5%, and more fat in the abdomen. And the fourth peculiarity more overall fat mass, compared to the muscle mass." (Ph11)

Ebenfalls im Zusammenhang mit Ernährung und genetischer Prädisposition steht die *thrifty phentotype-* oder Barker-Hypothese. Nach der *thrifty gene*-Theorie waren Menschen in Indien lange Zeit genetisch auf Mangelepisoden eingestellt, was in Zeiten der heutigen permanenten Nahrungsverfügbarkeit schädliche Auswirkungen auf den Metabolismus hat. Eine Mangelernährung des Fötus im Uterus, was sich u.a. in geringem Geburtsgewicht äußert, verursacht metabolische Veränderungen, die im späteren Leben die Suszeptibilität gegenüber Diabetes Typ 2 erhöhen (Yajnik et al. 2003). Eine erhöhte genetische Suszeptibilität könnte auch die wachsenden Inzidenzraten in sozioökonomisch schlechter gestellten Gruppen erklären:

> „In the lower classes it is also coming up quite fast and our theory, that is put for the last one decade, is that the nutrition, if it is low, in the entire life, in early ages, when the baby is borne, because there was no nutrition when the people were coming from villages especially or from poor economical strata, and these people also develop diabetes, especially in the age of 30s. We have seen this quite common. I have been working previously for KEM [hospital, d.V.], and this theory was very well documented from that department." (Ph3)

Insgesamt wird somit der genetischen Prädisposition ein hoher Einfluss auf die Diabetes-Prävalenz zugeschrieben, auch wenn sich dies nicht quantitativ erfassen lässt. Des Weiteren erhöhen Vorerkrankungen wie insbesondere Hypertension die Suszeptibilität. In den Untersuchungsgebieten lag die selbstberichtete Prävalenz von Hypertension insbesondere in den beiden gehobenen Mittelschichtgebieten mit über 80‰ sehr hoch.

Neben den biologischen Faktoren kommt verhaltensbezogenen Faktoren eine große Bedeutung zu, weshalb Diabetes Typ 2 häufig als Lebensstilkrankheit tituliert wird, die mit dem Urbanisierungs- und Modernisierungsprozess in den indischen Städten in Zusammenhang gebracht wird. Durch veränderte Ernährungsgewohnheiten nehmen viele Bevölkerungsgruppen mehr Kalorien, gesättigte Fettsäuren und Salz auf, die als Risikofaktoren für Diabetes gelten. Ungesättigte Fettsäuren und Ballaststoffe reduzieren hingegen den Insulinspiegel von Menschen mit Typ 2 (Park 2007). Die Daten des Surveys zeigen, dass in den wenigsten Haushalten die erforderlichen Mengen an Obst und Gemüse verzehrt werden (vgl. 5.2.4) und insbesondere im Zuge der Veränderung familiärer und beruflicher Strukturen sich Ernährungsmuster zum Negativen ändern:

> „The eating habits are changing, they are eating now all this processed food, biscuits, candies, all these things which earlier in our Indian system this is not our parlour of eating at all. So people would eat chapatti, rice and dal which would be a much healthier way of eating." (Ph5) (vgl. auch GpB1)

## 5. Empirische Analyse gesundheitlicher Disparitäten in Pune 217

Auch in Bevölkerungsgruppen, die bis vor wenigen Jahren noch unter Mangelernährung gelitten hätten, würde Diabetes aufgrund der sich verändernden Essgewohnheiten stark zunehmen:

> „The research has proved that those who are undernourished in the first two years are at higher risk to develop diabetes type 2, especially who have financially improved. The body is programmed to another nutrition. So it is also in lower strata on the rise." (GpA4)

Die mit veränderten Ernährungsweisen einhergehende Zunahme von Adipositas (vgl. 5.2.4) steigert das Diabetesrisiko, da die Insulinsensibilität ab einem Body Mass Index von 23 kg/m² abnimmt: Demnach hat jeder Vierte in UpperMiddle Class B und C eine erhöhte Suszeptibilität, in den anderen Gebieten schwankte die Zahl zwischen 11% in MiddleClass A und 4% in Slum A und C. Der Body Mass Index eignet sich nur eingeschränkt zur Erfassung der zentralen Adipositas, die häufig über den Hüftumfang erhoben wird, so dass die Zahlen durchaus noch höher liegen könnten. Aber sie zeigen alarmierende Trends an und auch Mediziner bestätigten die starke Zunahme zentraler Adipositas, v.a. bei Frauen (Ph11, GpB1). Auch die Anzahl adipöser Kinder wächst (GpC3); diese haben ein stark erhöhtes Risiko, als Erwachsene ebenfalls übergewichtig zu sein. Dies steht neben den veränderten Ernährungsgewohnheiten in direktem Zusammenhang mit mangelnder Bewegung, die ebenfalls Insulinträgheit begünstigt:

> „The diet habits, and exercise are the main factors which have been changing. Because of the cars, the numbers of automobiles and vehicles has increased so much. Working has you know – people are earning more, even the normal exercise, which is going outside and exercising, but normal walking distance and everything has reduced. Whereas the food intake has reduced in fat, the calories and those have increased. So the incidence of diabetes and hyperlipidemia, everything has increased." (Ph4) (vgl. auch GpB1)

Dies gilt allerdings nicht für alle Berufsgruppen, da z.B. Bauarbeiter, Handwerker oder Haushaltshilfen durchaus im Beruf einer hohen physischen Belastung ausgesetzt sind. Aber auch in den Slums arbeiten Menschen z.B. als Wachmänner oder Rikscha-Fahrer, was mit einer geringeren körperlichen Beanspruchung verbunden ist, auch wenn im Alltag niedrigere Statusgruppen tendenziell mehr Strecken zu Fuß oder mit dem Fahrrad zurücklegen.

Ein weiterer Risikofaktor ist Tabakkonsum, da Nikotin die Insulinresistenz fördert und zudem zu Durchblutungsstörungen führt und damit Hypertension als weiteren Risikofaktor stark begünstigt (WHO 2010: 81). Auch übermäßiger Alkoholkonsum erhöht das Diabetesrisiko durch die Schädigung der Pankreas und der Leber:

> „Like if you talk about consumption of alcohol, liqueur, which causes damage to the liver and pancreas that could be one of the reasons, because the tendency to drink some poor quality alcohol which causes more over liver damage and pancreas damage is very common in the lower group. So that could be one of the reasons which mainly contribute to diabetes. Once your pancreas is damaged, you get diabetes. These are the main organs. So not eating habits per se, but drinking habits definitively." (Gh3)

In den Untersuchungsgebieten weisen v.a. Männer in den Slumgebieten einen hohen Alkohol- und Tabakkonsum und daher eine erhöhte Suszeptibilität auf, aber auch in der UpperMiddleClass nimmt der Konsum zu (vgl. 5.2.4, sowie GpB1, Ph8). Mäßiger Alkoholkonsum in der UpperMiddleClass wurde häufig mit Stress im Alltag begründet; Stress ist ein weiterer wichtiger Risikofaktor für Diabetes und kardiovaskuläre Erkrankungen. Die Ergebnisse des Survey belegen, dass die Stressbelastung in allen sozioökonomischen Gruppen in den letzten zehn Jahren zugenommen hat und mit veränderten Berufsanforderungen, aber auch mit einer wachsenden Komplexität des Alltags und Unsicherheit verbunden ist (vgl. 5.2.3). Stress wurde auch von Fachärzten als wichtiger Risikofaktor adressiert:

„I guess stress is the major factor that does play a role. (…) generally those occupations with a lot of stress involved do definitively have a higher incidence." (Ph8)

„All these IT computer engineers, generally speaking (...) where you have less of activity, more of stress, working hours, indulging on junk food, (...) fast money, fast lives." (Ph4)

Während berufsbedingter Stress v.a. in Bezug auf höhere Statusgruppen genannt wurde, betreffen familiäre Probleme alle Bevölkerungsgruppen; eine Kardiologin nannte ischämische Herzerkrankungen bei jungen Frauen mit niedrigem sozioökonomischem Status als ein mögliches Beispiel für stressbedingte Erkrankungen (Gh4). Allgemein scheinen die Stressbelastungen in allen sozioökonomischen Gruppen ähnlich hoch, wenn sie z.T. auch auf unterschiedliche Ursachen zurück zuführen sind:

„And the day to day stress, whether it is upper class or lower class, is the same. To some extent it is stress related also." (Gh3)

Dies geht auch aus den Tiefeninterviews hervor, bei denen u.a. nach Ursachen für eine Diabetes- oder kardiovaskuläre Erkrankung gefragt wurde, auch wenn dies nur Einschätzungen von medizinischen Laien sind. Gerade in den Slums brachten Befragte diese Erkrankungen stark mit Stress und Anspannung im Alltag aufgrund problematischer Lebensbedingungen in Verbindung:

„It's mostly tension. I'm not able to work then. There's no proper toilet in this area, no electricity most of the time, so it's a problem. This causes my BP [high blood pressure, d.V.] to rise." (SL/C/1)

Auch finanzielle Sorgen wurden als Gründe für Bluthochdruck genannt (SL/A/2, SL/C/1) (vgl. 5.2.3). Eine Frau in Slum C sagte während des Surveys, dass sie aufgrund ihrer Diabeteserkrankung sehr angespannt sei, da sie Angst vor einer Verschlechterung ihres Gesundheitsstatus habe; d.h. auch die chronische Erkrankung selbst erhöht die Stressbelastung aufgrund des limitierten Handlungsspielraums. In der gehobenen Mittelschicht wurden hingegen mehr berufsbedingte Stressoren thematisiert:

„Like my father is highly diabetic, so I think it is all stress related. We told him to stop drinking, he has a very very hectic schedule, he made a lot of money, he is a journalist from Times of India, and he got a lots of money, but lost his health and today the condition is such that we have been telling him don't have this, don't have that. What can you do? You can only tell him stop drinking, stop smoking. He had four heart attacks, he had a renal dysfunction, and he has got BP and he has got so many things." (MC/C/6)

Bei einigen Befragten zeigte sich auch ein sorgenfreier Umgang mit der Erkrankung aufgrund der gesicherten medizinischen Versorgung:

> „My health status? By gods great mercy, I think I am in wonderful health for my age. (...) Yes, ten years ago I did not have lens implants, I didn't take blood pressure pills. And I feel that I am getting little slow. But nothing more." (MC/B/1)

Die genannten dominanten Risikofaktoren wurden von vielen Ärzten allgemein mit veränderten Lebensstilen in der Mittel- und Oberschicht in den letzten zehn bis 15 Jahren zusammengefasst:

> „The reasons, of course they are multifactorial, the first thing would be the change in the lifestyle. People they don't have any time to take adequate exercise while certainly there is because of the economic boom, people have got money to enjoy, so they are not following the traditional diet as in the earlier days. These are the most important reasons I would say. They are going for fast food or junk food, and lack of exercises, this is one very important point." (Ph3) (vgl. auch Ph4, Gh4)

Dies führe zu einem sehr schnellen epidemiologischen Wandel in Pune (Gh4). In den Slumgebieten hingegen ist der Lebensstil-Begriff unangemessen, da die materielle Situation eine freie Wahl zwischen verschiedenen Handlungsoptionen meist verbietet. Dennoch nehmen auch hier in abgeschwächter Form diese Risikofaktoren zu. Für MiddleClass A hingegen wurde angeführt, dass eine starke Orientierung an alten Traditionen eine gewisse Schutzfunktion biete:

> „Middle class peth, they are basically a healthy community, you know. So maybe – and that's it because they're more stricter and they're more conservative and they stay so healthy." (Et2)

> „And they don't have extreme habits, the middle classes don't have extreme habits (...). The upper middle class and the higher middle class would have, alcohol, this, that, eating out a lot." (Et1)

Insgesamt zeigt sich, wie vielschichtig Risikofaktoren wie falsche Ernährung, Übergewicht, Mangel an Bewegung und Stress miteinander verwoben sind und mit veränderten Sozialstrukturen einhergehen.

Neben der Exposition zu Risikofaktoren geht aus den Experteninterviews hervor, dass dem Gesundheitswissen und daraus resultierend der Umsetzung in Krankheitsverhalten eine hohe Bedeutung zukommt. Gerade bei chronischen Erkrankungen wie Diabetes oder Hypertension muss der Patient eine abgestimmte Diät einhalten und je nach Schwere der Erkrankung antidiabetische Medikamente einnehmen oder Insulin spritzen. Dies setzt eine hohe Eigenverantwortung voraus sowie einen hohen Grad an Krankheitswissen, so dass insbesondere bei Menschen mit geringem Bildungsgrad die kontinuierliche Kontrolle des Glukosespiegels nicht immer gewährleistet ist. Als Gründe für das häufige Auftreten von Komplikationen wurden v.a. mangelnde Bildung und mangelndes Gesundheitswissen genannt:

> „Our patients are mostly illiterate, so unless we tell them, they won't know. And what happened, diabetes is a silent disease. So many often they come to us when the complications have already occurred." (Gh3)

Insbesondere in der Slumbevölkerung herrschen noch viele gesundheitsbezogene Misskonzeptionen. Ein Befragter in Slum A machte z.B. die Missgunst seines Kastengottes für seinen Schlaganfall verantwortlich, in zweiter Linie dann aber auch seinen hohen Tabakkonsum (SL/A/3). Auch würden viele Patienten zunächst zu einem lokalen Allgemeinmediziner gehen, so dass nicht immer eine adäquate Behandlung gewährleistet sei:

> „Plus they don't come necessarily to a specialist immediately. So they would go around to some local physician who may not necessarily be trained to manage their problems." (Gh3)

Beim Survey sagte eine Frau in Slum C beispielsweise, dass ein ayurvedischer Arzt ihre Diabeteserkrankung geheilt habe und sie daher keine Medikamente mehr einnehme. Und auch die Mitarbeiterin eines NGO-betriebenen Anganwadis in Slum A sagte, dass die NGO Glukosetests in der Bevölkerung durchgeführt habe, kaum einer der positiv Getesteten sich jedoch um eine Behandlung bemüht habe (AnA8). Denn ohne Aufklärung können viele Slumbewohner die Konsequenzen einer Erkrankung kaum abschätzen:

> „Before they actually come to us not many of them know anything beyond the fact that diabetes means increased blood sugar. So when we sit with them and we talk to them and our councillors and social workers then they know the exact problem they are facing. So the awareness, yes, increased blood sugar diabetes. This awareness is here. But otherwise a detail of the disease and the problems is less I must admit to it. Because people who are from higher socioeconomic groups they have access to the net, and they have access to knowledge from books." (Gh3)

Die Befolgung der Medikation sei daher bei 20% der Diabetespatienten im Regierungskrankenhaus sehr ungenügend, v.a. bei Patienten, die sich Insulin injizieren müssten, zumal Insulin teurer sei als Tabletten (Gh3). Auch die Umstellung von Verhaltensweisen sei aufgrund finanzieller Zwänge sowie eigener Kontrollüberzeugungen sehr schwierig:

> „In diabetes what is more important is the correct advice. Advice about the correct preventive measures. Like for somebody to exercise a half an hour in the morning or go for a walk doesn't cost any money. So we are emphasizing on that exercise is very crucial. Then diet. Somebody who is taking any sugar even for a month, it is good enough an advice for him as far as diabetes – so we are more concentrating on that. See, it is very easy to say for you don't take this, don't take this, but I mean they are poor people. Their habit is to eat what they get. Not that they have a lot of choice of food." (Gh3)

Zudem würden sie den Patienten raten, alle 15 Tage zur Kontrolle zu kommen, um mögliche Komplikationen möglichst früh zu erkennen (Gh3). Allerdings bestehen auch hier wiederum Unterschiede in der Slumbevölkerung in Bezug auf Handlungsoptionen; und auch das Wissen über Diabetes nimmt zu. Eine Befragte in Slum A ließ ihren Blutzuckerspiegel untersuchen, da sie aufgrund häufigen Urindrangs eine Diabeteserkrankung vermutete:

> „Well, I used to urinate very frequently and that's how I knew I might have diabetes." (SL/A/3)

Und auch Verhaltensweisen werden nach einer Diagnose angepasst:

„I eat a lot of vegetables now. But earlier, I used to eat a lot of sweet foods, since childhood." (SL/C/1)

In UpperMiddleClass B und C stellt fehlendes Gesundheitswissen seltener eine Barriere dar und Krankheiten werden durch Vorsorgeuntersuchungen häufig frühzeitig erkannt:

„I just had gone for my check-up as I told you we are following the (...) Central Government Health Scheme. So when I went for checking that time they told that you've got a sugar level little borderline like, you know, not high so I am keeping for that and taking medicine." (MC/C/4)

Auch ein Facharzt sagte, dass die gehobene Mittelschicht direkt nach der Diagnose um eine bestmögliche Kontrolle der Erkrankung bemüht sei:

„I think there has been a difference over a period of time. Maybe few years ago I used to see patients after a large gap between the diagnosis and (...) when they came to me. There was a large gap. Now, with awareness, at least those who are educated would probably seek expert opinion earlier. So I do get a lot of freshly diagnosed patients also which I would not have a few years ago." (Ph7)

Der unterschiedliche Zugang zu Gesundheitswissen und präventiven Gesundheitsdiensten führt zu wesentlich mehr Komorbiditäten in den niedrigen Statusgruppen, wie bereits weiter oben ausgeführt. Auch finanzielle Barrieren spielen eine Rolle bei der Medikation:

„I have so many people from different strata from the rickshaw walla to a made, she is on insulin. (...) I have a bunch of patients where treating them for diabetes, I mean this is called a rich man's disease. Treating them is difficult because they don't have the money to afford. I mean there are patients on insulin where I have to seek for aid from the government and procure for them at a subsidized rate." (GpC7)

Das Regierungskrankenhaus ist jedoch stark überlastet, so dass auch hier eine langfristige und adäquate Versorgung nicht gewährleistet ist. Etwa 500 Patienten würden jeden Tag für eine Behandlung in der Diabetes-Sprechstunde anstehen und etwa 150 Patienten pro Woche wegen einer Diabeteserkrankung mit Komplikationen eingeliefert werden (Gh3). Beim Survey sagten jeweils eine Person in Slum B und C, dass sie keine medizinische Behandlung dauerhaft finanzieren könnten. Und während ein Glukosetest vergleichsweise günstig ist, können sich viele sozioökonomisch schlechter gestellten Patienten bei kardiovaskulären Erkrankungen nicht einmal eine umfassende Untersuchung zur Feststellung einer genauen Diagnose leisten (Gh4).

Insgesamt stellt sich die Ätiologie chronischer Erkrankungen sehr komplex dar und es ist unmöglich, Risikofaktoren für einzelne sozioökonomische Gruppen auszumachen:

„So there are multiple factors but you can't pinpoint that is the reason for getting diabetes on that class difference." (Gh3)

In der Studie von Ajay et al. (2008) wurden Hypertension, abdominale Adipositas und eine positive Familiengeschichte als größte Risikofaktoren identifiziert, gefolgt von Dyslipidämie (veränderte Blutfettwerte), Bewegungsmangel und hohem

Body Mass Index. Allerdings sagen die Autoren auch, dass Risikofaktoren in ihrer Ausprägung zwischen Regionen mit niedrigen und hohen Prävalenzen sowie zwischen verschiedenen sozioökonomischen Gruppen variieren, so dass Verallgemeinerungen kaum zielführend sind. Neben einer unterschiedlichen Verteilung von Risikofaktoren zeigt sich jedoch, dass sich wesentliche gesundheitliche Disparitäten zwischen verschiedenen sozioökonomischen Gruppen auch aus dem Krankheitsverlauf mit auftretenden Komorbiditäten ergeben.

## 5.4 EPIDEMIOLOGISCHER WANDEL IN PUNE

Während gesundheitliche Disparitäten querschnittsartig Unterschiede in der Morbidität beschreiben, basieren Modelle zum epidemiologischen Wandel (vgl. 2.1.2) auf Längsschnittstudien und visualisieren Trends in der zeitlichen Veränderung der Krankheitslast. Die unzureichende Verfügbarkeit historischer und aktueller Sekundärdaten zur Morbidität in Pune (vgl. 4.4.2) lassen kaum Aussagen zur Veränderung der Krankheitslast in Pune zu, v.a. nicht in Bezug auf unterschiedliche sozioökonomische Gruppen. Um dennoch Mechanismen des epidemiologischen Wandels für die gesamte Bevölkerung sowie unterschiedliche Statusgruppen in Pune herzuleiten, wird im Folgenden dreistufig mit einer Kombination qualitativer und quantitativer Methoden vorgegangen: Zunächst wird die Analyse der Mortalitätsstatistiken des Medical Certification of Causes of Death Scheme (MCCDS) für zwei verschiedene Zeitabschnitte (1991/1992; 2000 bis 2006) vorgestellt. Mortalitätsstatistiken zeigen Veränderungen der führenden Todesursachen innerhalb einer Bevölkerung an und sind daher ein wichtiger Schlüssel zum Gesundheitsverständnis. Da die Daten des MCCDS in Indien jedoch keine sozioökonomischen Variablen enthalten, werden diese mit den sozialgruppenspezifischen Mortalitätsdaten aus dem eigenen Survey verglichen. Drittens werden die Ergebnisse aus den Interviews mit medizinischen Experten zum epidemiologischen Wandel insgesamt sowie innerhalb verschiedener Statusgruppen dargestellt. Basierend auf diesen Ergebnissen erfolgt in einer Synthese in Teilkapitel 5.4.3 eine Charakterisierung des epidemiologischen Wandels in Pune.

### 5.4.1 Veränderungen in der Mortalität

Das MCCDS bildet einen wichtigen Grundstein für die Planung präventiver und kurativer Maßnahmen in Indien, da ein umfassendes Gesundheitsmonitoring fehlt. Das Programm wurde bereits 1951 in Pune eingeführt, später im Rahmen des Registration of Births and Deaths Act 1969 auf Indien ausgeweitet und seitdem durch verschiedene Gesetze und institutionelle Reformen verändert. Ende der 1990er Jahre erfolgte die Umstellung des Systems auf die Erfassung der Todesursachen gemäß der International Classification of Diseases (ICD) (DHS&SBHIVS o.J.). Die Todeszertifikate werden in Maharashtra von allen Krankenhäusern und privaten Medizinern auf lokaler Ebene bezogen und vom State Bureau of Health

Intelligence and Vital Statistics (SBHIVS) in Pune ausgewertet. Allerdings ist die Erfassung und Zertifizierung von Todesfällen in manchen Regionen und v.a. im ländlichen Raum sehr lückenhaft. In Pune stieg die Rate aller zertifizierten Todesfälle, gemessen an der Zahl der registrierten Todesfälle, von etwa 65% 1991 und 1992 (DHS 1995a, DHS 1995b) auf 73% im Jahr 2002, betrug 2003 jedoch nur 41,5% (DHS&SBHIVS o.J.). Dies zeigt, dass das MCCDS noch erhebliche Lücken aufweist.

Im Rahmen der Feldarbeit in Pune konnten die Mortalitätsstatistiken für die Jahre 1991, 1992 sowie 2001 bis 2004 in Form von Berichten als aggregierte Daten (DHS 1995a, DHS 1995b, DHS&SBHIVS o.J., DHS o.J.) sowie für die Jahre 2001, 2005 und 2006 als disaggregierte Daten vom Vital Statistics Bureau in Pune zugänglich gemacht werden. Die Berichte erlauben Aufschluss über die Veränderung der Krankheitslast im zeitlichen Verlauf für die Gesamtbevölkerung (Abb. 50). Die Mortalitätsdaten für 1991 und 1992, die nicht nach der ICD erfasst sind, wurden für eine bessere Vergleichbarkeit nach den Kapiteln der ICD 10 kategorisiert.

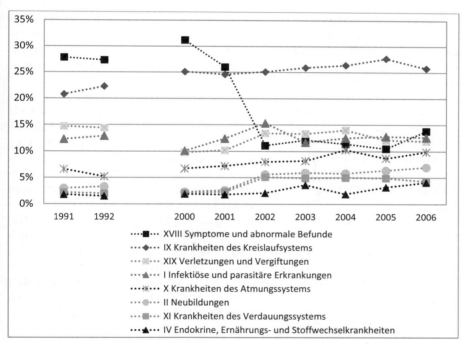

Abb. 50: *Führende Todesursachen in Pune 1991/92 und 2000 bis 2006 nach Kapiteln der ICD 10 (Entwurf: M. Kroll; Daten: MCCDS, Vital Statistics Office, Pune)*

Auffällig ist zunächst, dass Symptome und abnormale Befunde 1991 und 1992 mit 27% die größte Gruppe stellen und ab 2002 auf etwa 12% zurück gehen; dies lässt sich dadurch erklären, dass bei vielen Todesfällen die Ursache nicht vollständig geklärt und nur Symptome oder unpräzise Befunde erfasst wurden. Die zweithäufigste Gruppe stellen Krankheiten des Kreislaufsystems dar, die in den letzten 15 Jahren stetig von 20,8% 1991 auf 25,8% 2006 zugenommen haben. Auch andere Kapitel nichtübertragbarer Erkrankungen zeigen steigende Prävalenzen: Todesfälle infolge von Neubildungen steigen von 3% 1991 auf 7% 2006 an, Krankheiten des Verdauungssystems von 2,2% auf 4,3% und Ernährungs- und Stoffwechselerkrankungen von 1,8% auf 4,1%. Bei Verletzungen und Vergiftungen ist ein leichter Rückgang erkennbar; die Prävalenzraten bewegen sich über den Zeitraum von 15 Jahren zwischen 14,7 und 9,8%. Infektiöse und parasitäre Erkrankungen liegen auf gleichbleibendem Niveau bei ca. 12%, mit einem Ausreißer von 15,3% 2002. Atemwegserkrankungen, die sowohl infektiöse als auch chronische Erkrankungen umfassen, steigen von 6,6% 1991 auf 9,9% 2006. Insgesamt ist damit im Zeitraum von 1991 bis 2006 ein Anstieg nichtübertragbarer Erkrankungen bei einem gleichbleibenden Anteil infektiöser und parasitärer Erkrankungen feststellbar. Der Bias durch eine Abnahme der zertifizierten Todesfälle in Kapitel XVIII als „Restekategorie" muss dabei allerdings berücksichtigt werden.

Weiteren Aufschluss gibt eine Betrachtung der einzelnen Krankheitsgruppen in den jeweiligen Kapiteln für die Jahre 1991 und 2006 in Pune, für die disaggregierte Daten des Vital Statistics Bureau in Pune vorliegen: Insbesondere bei den infektiösen und parasitären Erkrankungen (Kapitel I) haben sich die Todesursachen in ihrem prozentualen Anteil zwischen 1991 und 2006 stark verändert: 1991 wurden 66% aller Todesfälle in Kapitel I auf Diarrhö und Gastroenteritis zurückgeführt, gefolgt von Tuberkulose mit 29% sowie Tetanus und Tollwut mit jeweils etwa 2%, Masern (0,9%) und Lepra (0,2%). Im Jahr 2006 werden als die häufigsten Todesursachen in Kategorie I aufgeführt: Tuberkulose (40%), Streptokokken-Infektionen (30%) und HIV (19%). Gastrointestinale Erkrankungen sind mit einem Anteil von 2,2% sehr zurück gegangen. Unter 1% ist die Mortalität durch Tetanus (0,3%), Masern (< 0,1%), Tollwut und Lepra (0%) gesunken. Neu treten hingegen neben Streptokokken- Malariainfektionen mit 1,3% sowie Denguefieber mit 0,6% auf. Bei den Atemwegserkrankungen (Kapitel X) ist der Anteil infektiöser Erkrankungen (v.a. Pneumonie) von 87% 1991 auf 79% 2006 kontinuierlich gesunken. Während chronische Atemwegsinfektionen 1991 einen Anteil von 13% in Kapitel X ausmachten, wurden 2006 21% der Todesursachen auf Asthma zurückgeführt und 0,3% auf chronische Bronchitis. Betrachtet man die zehn dominanten einzelnen Todesursachen nach ihrem prozentualen Anteil an allen zertifizierten Todesursachen 1991 und 2006 im Vergleich, so zeigen sich auch hier erhebliche Veränderungen:

| | 1991 | (in%) | 2006 | (in%) |
|---|---|---|---|---|
| 1 | Herzerkrankungen & Herzinfarkt[32] | 19,3 ΔΔ | Akuter myokardialer Infarkt | 7,1 |
| 2 | Diarrhö und Gastroenteritis | 8,1 ∇Δ | Tuberkulose | 5,1 |
| 3 | Pneumonie | 5,8 ∇Δ | Zerebrovaskuläre Erkrankungen | 4,2 |
| 4 | Tuberkulose | 3,5 ΔΔ | Diabetes mellitus | 4,0 |
| 5 | Anämie | 2,2 ∇Δ | Chronische Lebererkrankung | 3,5 |
| 6 | Chronische Lebererkrankung | 2,1 ΔΔ | Ischämische Herzerkrankungen | 3,5 |
| 7 | Diabetes mellitus | 1,8 Δ∇ | Pneumonie | 2,9 |
| 8 | Meningitis | 1,7 Δ | Hypertensive Herzerkrankungen | 2,8 |
| 9 | Zerebrovaskuläre Erkrankungen | 1,5 ΔΔ | HIV/AIDS | 2,4 |
| 10 | Chronische Bronchitis | 0,9 | Asthma | 0,8 |

*Tab. 9: Führende einzelne Todesursachen in Pune 1991 und 2006 im Vergleich (Entwurf: M. Kroll; Daten: MCCDS, Vital Statistics Office, Pune)*

Insgesamt sind Todesfälle durch infektiöse Erkrankungen wie Gastroenteritis, Pneumonie und Meningitis rückläufig, kardiovaskuläre Erkrankungen und Diabetes mellitus nehmen zu: Betrachtet man alle kardiovaskulären Erkrankungen zusammen, so steigen diese von 19,3% auf 25,8% an. Auch die Tuberkulose-Prävalenz nimmt von 1991 auf 2006 um 1,6% zu, was u.a. auf eine gestiegene Fallaufdeckungsrate im Rahmen des Revised National Tuberculosis Control Program zurückzuführen sein könnte (Gh2). Hinzu kommt HIV/AIDS als neue Infektionskrankheit in 2,4% aller Todesfälle 2006. Des Weiteren stellen tödliche Unfälle im Straßenverkehr in Pune im Zuge der rapiden Urbanisierung ein wachsendes Risiko dar. Im Jahr 2010 hatte Pune indienweit die höchste Rate letaler Unfälle mit 101,8 Toten pro 100.000 Personen (NCRB 2011); statistisch stirbt jeden Tag in Pune ein Mensch bei einem Verkehrsunfall. Insgesamt ereigneten sich 2010 7,4% aller Todesfälle durch Unfälle (NCRB 2011).

Die Mortalitätsstatistiken belegen, dass Pune sich insgesamt betrachtet in einem epidemiologischen Übergang mit einer zunehmenden Mortalität durch nichtübertragbare Erkrankungen befindet. Bei den infektiösen Erkrankungen lässt sich dabei eine Verschiebung erkennen: Während wasserbürtige und impfpräventable Erkrankungen abnehmen, steigt die Mortalität durch Tuberkulose, Streptokokken-Infektionen und HIV/AIDS. Diese Trends spiegeln sich auch in der sich verändernden Mortalität der sechs Indikatorerkrankungen wider (Tab. 10).

---

[32] Für das Jahr 1991 wurden kardiovaskulären Erkrankungen nur nach zwei Gruppen getrennt erhoben. Daher ist die Vergleichbarkeit mit den Daten von 2006 nur eingeschränkt möglich.

| Mortalität (in %) | 1991 | 1992 | 2000 | 2005 | 2006 |
|---|---|---|---|---|---|
| **Gastrointestinale Erkrankungen** | 8,1 | 7,2 | 0,2 | 0,6 | 0,3 |
| **Tuberkulose** | 3,5 | 5 | 3,4 | 5,1 | 5,1 |
| **HIV/AIDS** | 0 | 0 | 0 | 1,8 | 2,4 |
| **Malaria** | 0 | 0 | 0 | 0,1 | 0,2 |
| **Denguefieber** | 0 | 0 | 0 | 0 | 0,1 |
| **Infektiöse Atemwegserkrankungen** | 5,8 | 4,5 | 3,5 | 3,7 | 3,1 |
| **Chronische Atemwegserkrankungen** | 0,9 | 0,7 | 0,5 | 0,8 | 0,8 |
| Asthma | 0 | 0 | 0,5 | 0,7 | 0,8 |
| Chronische Bronchitis | 0,9 | 0,7 | 0 | 0,1 | 0 |
| **Kardiovaskuläre Erkrankungen** | 20,8 | 22,3 | 25,1 | 26,4 | 27,7 |
| Akuter Myokardialer Infarkt | – | – | 3,9 | 7,3 | 7,1 |
| Chronische rheumatische Herzerkrankung | – | – | 0,1 | 0,6 | 0,8 |
| Hypertensive Herzerkrankung | – | – | 3,5 | 2,8 | 2,8 |
| Andere ischämische Herzerkrankung | – | – | 0,9 | 6,3 | 3,5 |
| Zerebrovaskuläre Erkrankung | 1,5 | 1,3 | 2,5 | 4,1 | 4,2 |
| **Diabetes mellitus** | 1,8 | 1,5 | 1,8 | 3,0 | 4,0 |

*Tab. 10: Mortalität durch Indikatorerkrankungen 1991, 1992, 2000, 2005 und 2006 (Entwurf: M. Kroll; Daten: MCCDS, Vital Statistics Office, Pune)*

Da sich die diagnostischen Möglichkeiten v.a. für nichtübertragbare Erkrankungen im privaten und öffentlichen Gesundheitssektor innerhalb der letzten 20 Jahre stark verbessert haben, ist bei der Interpretation der Daten jedoch eine gewisse Vorsicht geboten:

„What has happened in the last ten years (…) there have been a lot of new (…) diagnostic instrumentation, now that has led to more early diagnosis, you know for example digital x-rays, you have a cardiac centre, an new surgery centre, so the fact that as the medical profession is now expanding very rapidly, improving very rapidly, so more things have been diagnosed. But I don't think that all these have led to a change in the illnesses which are coming. They are diagnosed now." (Ph10) (vgl. auch GpA4)

Dieser Bias gilt ebenso für die Einschätzungen der medizinischen Experten zur Veränderung der Morbidität innerhalb der letzten zehn Jahre in Pune, die nach der Betrachtung der Mortalität in den Untersuchungsgebieten zusammenfassend dargestellt wird (vgl. 5.4.2).

*Mortalität in den Untersuchungsgebieten*

Beim zweiten Survey wurden Daten zur Mortalität in den Haushalten erhoben, um die Sekundärdaten zur Mortalität in Pune durch eine sozialgruppenspezifische Perspektive zu ergänzen: Zur Erhöhung der Samplezahl wurden für alle zwischen 1999 und 2009 verstorbenen Haushaltsmitglieder Alter, Geschlecht, Todesjahr sowie die Todesursache als offene Frage erhoben. Da die Todesursache von medizinischen Laien angegeben wurde, die z.T. keine Angaben machen oder nur Symptome und vermeintliche Ursachen wie etwa „old age" oder „natural death" nennen konnten, wurde auf eine Zuordnung der Todesursachen nach den Kapiteln der ICD 10 verzichtet. Die häufigsten Nennungen sind in ihrer prozentualen Verteilung in Tabelle 11 dargestellt.

| Mortalität (in %) | UpperMiddle Class B | UpperMiddle Class C | Middle Class A | Slum C | Slum A | Slum B |
|---|---|---|---|---|---|---|
| Herz-Kreislauf-Versagen | 26 | 36 | 35 | 25 | 13 | 4 |
| Diabetes mellitus | 11 | 7 | 5 | 4 | 0 | 0 |
| Krebs | 4 | 0 | 8 | 8 | 7 | 4 |
| Unfall | 11 | 21 | 8 | 0 | 13 | 17 |
| Tuberkulose | 0 | 0 | 0 | 4 | 13 | 9 |
| Leberversagen | 0 | 0 | 3 | 8 | 7 | 4 |
| Alkoholmissbrauch | 0 | 0 | 0 | 4 | 3 | 9 |
| Hohes Alter | 37 | 14 | 25 | 17 | 10 | 26 |
| Anderer Grund | 11 | 21 | 18 | 29 | 34 | 26 |

Tab. 11: Todesfälle nach selbstberichteten Ursachen in den Untersuchungsgebieten (Quelle: eigener Survey 09/10; n= 6x75 (450) HH, $\sum$=158)

Auffällig ist der hohe Anteil von Herz-Kreislauf-Problemen als Todesursache in den drei MiddleClass-Gebieten. Vergleicht man diese Daten mit den Daten des MCCDS für gesamt Pune im Jahr 2006, so liegen die Werte über dem des MCCDS mit 25,8%. In Slum A und C ist der Wert hingegen deutlich geringer, was jedoch auch auf das mangelnde Wissen der Hinterbliebenen über die Todesursache zurückgeführt werden könnte. Auch Diabetes als Todesursache wurde in den drei MiddleClass-Gebieten häufiger als Grund angegeben als beim MCCDS mit durchschnittlich 4,0% für Pune 2006. Krebs als Todesursache ist in Middle Class A, Slum A und Slum C in etwa so häufig wie in Pune mit 7,0% 2006 vertreten, in UpperMiddleClass B und C hingegen niedriger. Unfälle sind in Letzteren jedoch mit 11 und 21% sehr hoch, ebenfalls in Slum A und B mit 13 und 9%. Zum Vergleich: 2006 wurden in Pune 12% aller zertifizierten Todesfälle auf Unfälle zurückgeführt. Tuberkulose als Todesursache wurde nur in den Slumgebieten mit 4 bis 13% aller Fälle angegeben; damit liegen die Zahlen deutlich über den Daten für gesamt Pune mit 2,4% aller zertifizierten Todesfälle. Auch Leberversagen als Todesursache sowie Alkoholmissbrauch, was ebenfalls zu letalen Leberschäden führen kann, sind in den Slumgebieten mit jeweils 3 bis 9% sehr hoch und liegen über dem Wert für Pune von 3,5% für 2006. In UpperMiddleClass B und C wurden hingegen keine Fälle durch Leberversagen berichtet. Des Weiteren wurden in den Slumgebieten häufiger unspezifische Symptome wie Erbrechen und Fieber genannt, die auf eine infektiöse Erkrankung mutmaßen lassen.

Zudem bestehen deutliche Unterschiede in Bezug auf das Alter der Verstorbenen (Tab. 12): In Slum A verstarben 10% und in Slum B 4% der Haushaltsmitglieder vor Erreichung des fünften Lebensjahrs. Insgesamt ereigneten sich 17% der Todesfälle in Slum B, 20% der Todesfälle in Slum A und 4% in Slum C vor dem 20. Lebensjahr. Während in den drei MiddleClass-Gebieten über 20% der Verstorbenen mindestens das 80. Lebensjahr erreicht haben, sind dies 12% in Slum C, 0% in Slum A und 4% in Slum B. Auch der Mittelwert des Alters der Verstorbenen zeigt einen deutlichen Gradienten von 73 Jahren in UpperMiddle Class B zu 49 Jahren in Slum B. Die Daten indizieren somit eine Abhängigkeit der Lebenserwartung vom sozioökonomischen Status.

| Mortalität (in %) | < 5 | 5–14 | 15–39 | 40–69 | 70–79 | 80–89 | > 90 | Mittelwert |
|---|---|---|---|---|---|---|---|---|
| UpperMiddleClass B | 0 | 0 | 7 | 37 | 30 | 19 | 7 | 73 |
| UpperMiddleClass C | 0 | 0 | 7 | 57 | 14 | 7 | 14 | 66 |
| MiddleClass A | 0 | 0 | 5 | 47 | 28 | 15 | 5 | 66 |
| Slum C | 0 | 4 | 21 | 42 | 21 | 4 | 8 | 50 |
| Slum A | 10 | 7 | 23 | 53 | 7 | 0 | 0 | 40 |
| Slum B | 4 | 9 | 17 | 39 | 26 | 0 | 4 | 49 |

*Tab. 12: Todesfälle nach Altersgruppen in den Untersuchungsgebieten (Quelle: eigener Survey 09/10; n= 6x75 (450) HH, $\sum=158$)*

Die Altersstruktur in den Untersuchungsgebieten (Abb. 27) legt dies ebenfalls nahe: Während in den MiddleClass-Gebieten zwischen 7% der Bewohner in UpperMiddleClass C und 12% in UpperMiddleClass B über 65 Jahre alt sind, beträgt deren Anteil in den Slumgebieten nur 1 bis 4%. Ein Allgemeinmediziner bestätigte die Unterschiede in der Lebenserwartung: Seiner Erfahrung nach würden die meisten Personen der gehobenen Mittelschicht mindestens das 70. Lebensjahr erreichen, während die Lebenserwartung in den Slums etwa 55 bis 58 Jahre betrage (GpC7). Ein anderer Allgemeinmediziner führte die höhere Lebenserwartung der Bevölkerung in UpperMiddleClass B u.a. auf die bessere medizinische Versorgung im Alter zurück:

> „(...) yes, much higher, definitively, because elderly are better taken care off. Here, you see most of the households they have elder people, their children are abroad, they are quite well of, so they can employ one maid, one nurse to look after at the day and one nurse to look for them at the night time, they are given the best quality food, the best quality nursing care, so their life expectancy is definitively better." (GpB1)

Zudem traten in den Tiefeninterviews deutliche Muster bei der Bewertung des eigenen Alters hervor. Während in den Slums ein höheres Alter stark negativ gewertet wurde, sprachen Befragte in der UpperMiddleClass dem Alter per se keine allzu große Bedeutung zu bzw. verknüpften es auch mit positiven Aspekten wie Lebenserfahrung:

> *Befragte, 50 Jahre, Slum A:* „Yes, it has definitely affected me. I've become weaker and fall sick often as compared to when I was younger. My body was stronger then." (SL/A/1)

5. Empirische Analyse gesundheitlicher Disparitäten in Pune                    229

*Befragte, 66 Jahre, UpperMiddleClass B:* „Age – I must say that I really don't think that I am aged, I have a lot of energy!" (MC/B/1) (vgl. auch MC/B/3, MC/B/4)

Wenn auch gewisse Verzerrungseffekte bei der Mortalität durch die geringe Samplezahl und die Selbstberichterstattung zu berücksichtigen sind, ergeben sich dennoch aus der Todesursache und dem Alter der Verstorbenen eklatante Unterschiede in Abhängigkeit von ihrem sozioökonomischen Status. Diese Daten belegen, dass sich die Mortalität unterschiedlicher sozioökonomischer Gruppen, wie sie für gesamt Pune zwischen 1991 und 2006 dargestellt wurde, ungleiche Verlaufsformen mit einer höheren Mortalität durch nichtübertragbare Erkrankungen in höheren Statusgruppen aufweist.

### 5.4.2 Veränderungen in der Morbidität

Die Auswertung der Experteninterviews zu epidemiologischen Veränderungen der Morbidität innerhalb der letzten zehn Jahre in Pune lässt ähnliche Muster erkennen wie die Daten des MCCDS zur Mortalität. Im Folgenden werden die zentralen Ergebnisse zu den Indikatorerkrankungen sowie weiteren Erkrankungen, die von den Experten adressiert wurden, zusammenfassend dargestellt.

Im Bereich der übertragbaren Erkrankungen hoben Allgemeinmediziner die Zunahme der Impfraten und damit verbunden den starken Rückgang impfpräventabler Infektionskrankheiten wie Diphterie, Polio und Masern hervor:

„Because vaccination and the preventive measures have really gone to the roots and they are really helping. That is what we are saying less children especially in Pune suffering from gastroenteritis, measles, chicken pocks, hepatitis, diphtheria, polio. That per cent has reduced in the last ten years considerably." (GpB2) (vgl. auch GpA1, GpB2, Ph10, Et5, Ngo1)

Insbesondere in der Mittel- und Oberschicht seien das Gesundheitswissen und damit die Impfbereitschaft in den letzten zehn Jahren stark gestiegen (Et5). Dennoch kritisierten NGO-Mitarbeiter, dass in den Slums nicht alle Kinder geimpft seien, obwohl die nötige Gesundheitsinfrastruktur vor Ort vorhanden sei im Gegensatz zum ländlichen Raum (Ngo3). Daher gäbe es gerade in Armutsgruppen immer noch gelegentlich Polio-Fälle, obwohl die Krankheit durch massive Impfkampagnen weitestgehend eliminiert worden sei (Gh1). Gastrointestinale Erkrankungen wie Diarrhö, Cholera und Typhus haben in ihrer Häufigkeit und Schwere abgenommen (Ph5, GpA1; vgl. auch Patwardhan 2003), was sich auch in der gesunkenen Mortalität von 8,1% 1991 auf 0,3% 2006 zeigt (Tab. 10). Dennoch sind sie nach wie vor aufgrund infrastruktureller und Hygienedefizite in Pune prävalent mit einer tendenziell höheren Suszeptibilität in niedrigeren Statusgruppen.

Die meisten befragten Allgemeinmediziner beobachten eine Zunahme von Malaria und Denguefieber und z.T. auch Chikungunya in ihrem Praxisalltag (Ph1, GpC4, GpC7, GpA2, GpB5). Auch Patwardhan (2003) hat in einer Studie Daten zu Malaria-Patienten in ausgesuchten Krankenhäusern in Pune erhoben und dabei eine zunehmende Inzidenz festgestellt. Zudem berichten die Medien, basierend auf Daten des State Health Department in Pune, von einer steigenden Inzidenz von Chikungunya und Denguefieber (Times of India 2009a/2009b/2010b/2010c). Die Mortalität durch Malaria und Denguefieber (Tab. 10) scheint hingegen unterberichtet (vgl. Times of India 2010d). Zwar weisen niedrige Statusgruppen tendenziell eine etwas höhere Suszeptibilität gegenüber vektorbürtigen Erkrankungen auf, Mediziner berichteten jedoch von Malaria und Denguefieber in allen Statusgruppen (Ph1, GpC4).

Die Mortalität durch Tuberkulose stieg zwischen 1991 und 2006 in Pune von 3,5% auf 5,1% (Tab. 10). Auch die Morbiditätsdaten des NFHS zeigen für das urbane Maharashtra mit 4,4‰ 2005/06 eine höhere Prävalenz als 1992/93 mit 2,5‰ (IIPS 1994, IIPS 2008). Wie bei der Beurteilung der Mortalität besteht auch bei der Morbidität ein Bias durch die gestiegene Fallaufdeckungsrate. Denn Fachärzte berichteten, dass die Mortalität durch Tuberkulose innerhalb der letzten 20 Jahre in Pune durch eine frühere Fallerkennung und die Verfügbarkeit besserer Medikamente in Pune gesenkt werden konnte (Gh2). Tuberkulose-Erkrankungen werden im Rahmen des NRTCB-Programms in Pune registriert, jedoch werden in den Berichten nur die absoluten Zahlen der registrierten Fälle auf Distrikt-Ebene angegeben sowie die Fallerkennungsraten, die basierend auf einer geschätzten Inzidenzrate kalkuliert werden. Der Facharzt eines Regierungskrankenhauses, das im Rahmen des nationalen Tuberkuloseprogramms als Therapiezentrum fungiert, sagte, die Inzidenz sinke zwar relativ betrachtet, absolut blieben die Fallzahlen aufgrund der wachsenden Bevölkerung jedoch konstant (Gh2). Dies wurde auch von anderen Ärzte geäußert:

„TB is reducing but not at the rate which we expect with the NRTCB program in place. (...) We have a population explosion because of urban migration, new slums are coming up with insanitary conditions." (GpA4) (vgl. auch Ph2)

Daher stelle Tuberkulose immer noch ein Problem für die Öffentliche Gesundheit dar (GpA4, GpB3, GpC1, Ph11, Gh1, Ngo1), zumal die Erfolge in der Tuberkulose-Bekämpfung durch die steigende HIV-Inzidenz in Pune (vgl. 5.3.3) sowie Medikamentenresistenzen gefährdet werden (Gh1, Gh2).

Lepra als alte Infektionskrankheit ist ebenfalls weiterhin in Pune prävalent, wenn auch mit wesentlich geringeren Fallzahlen als Tuberkulose. Obwohl Lepra 2005 von der indischen Zentralregierung für eliminiert erklärt wurde (Park 2007), berichtete das State Leprosy Office 2011 von 553 neuen Erkrankungen im Pune Distrikt, davon 72% multibakterielle Fälle (Times of India 2011). Eine NGO, die u.a. in Untersuchungsgebiet Slum C arbeitet, registrierte dort 2009 sechs neue Fälle. Insgesamt arbeitet die NGO in 93 Slums mit etwa 450.000 Bewohnern in Pune zu Lepra und hat im Jahr 2009 41 neue Fälle sowie 110 alte Fälle in diesen Gebieten festgestellt. Einer der Mitarbeiter bezeichnete Lepra daher nach wie vor als Problem in Pune:

„There are some differences about the statement by the government people and actual findings. Nowadays, according to the government policies the leprosy rate is below one case per 10.000 people. So we can call it eradicated. But the actual scenario is different. (...) The government has declared elimination so if there are current cases it is spreading further. At present if we survey our areas so many cases are there." (Ngo5)

Auch wenn die Infektiosität von Lepra gering ist, wächst das Infektionsrisiko mit einer hohen Bevölkerungsdichte, der Zunahme multibakterieller Fälle und Medikamentenresistenzen. Verschiedene Faktoren wie die lange Latenzzeit, die Anzahl unentdeckter oder nicht ausreichend behandelter Fälle, durch die der Erreger weiter verbreitet werden kann, die soziale Tabuisierung und sozioökonomische Faktoren verhindern somit eine Eliminierung von Lepra in Pune.

Hinzu kommt die Gefahr durch neue Viruserkrankungen, wie der Ausbruch der Schweinegrippe-Pandemie 2009 in Pune zeigte. Zwar war die Mortalität durch den Virus insgesamt gering, dennoch wirkte sich die Epidemie unmittelbar auf das Gesundheitssystem aus und war auch sonst mit hohen ökonomischen und sozialen Kosten verbunden:

> „And the entire swine flu scare that took place last year, it has been a set back with the program from what you can hear from the TB people because in all their OPDs everyone was pulled out to examine people, screen them for swine flu. As a result to which they couldn't give medicine in time. There were several problems with the TB department in those two, three month over there." (Ngo3)

Ein Arzt berichtete, viele Patienten hätten aufgrund der Angst vor H1N1 seine Praxis nicht mehr besucht (GpC7). Zudem wurde die mangelnde Kommunikation und Transparenz seitens der PMC über die Zahl der erkrankten Personen und Sterbefälle bemängelt:

> „What was this infection? We all who were working in the slums were really scared of. We said the day it enters one slum we are finished. People are going like flies over here. We were really scared. But as time passed we realized that the PMC was not willing to share data with us." (Ngo3)

Auch Bürger v.a. in der UpperMiddleClass äußerten sich besorgt über die Zunahme von Epidemien:

> „Now, there are new things which are happening, like the H1N1 is there, then there are other problems, (…) SARS was there. And so many other health problems are coming, you never know what will hit where, you know, because there is lot of pollution, there is lot of stress to people. (…) All these things are factors, have trickled down on a person. That mean we can get all these new kind of diseases and other things." (MC/B/6)

Die subjektive und objektive Zunahme von Gesundheitsrisiken führt somit zu einem erhöhten Unsicherheitsgefühl in der Bevölkerung. Gerade megaurbane Gesellschaften sind aufgrund der Bevölkerungskonzentration, der nationalen und globalen Migrationsprozesse und dem hohen Komplexitätsgrad urbaner Systeme gegenüber Infektionskrankheiten auf verschiedenen Ebenen verwundbar.

Die steigende Inzidenz nichtübertragbarer Krankheiten ist statistisch durch die Mortalitätsdaten des MCCDS belegt: Die Mortalität durch Diabetes stieg zwischen 1991 und 2006 in Pune von 1,8% auf 4%, die kardiovaskulärer Erkrankungen von 20,8 auf 27,7%. Nationale Studien belegen zudem eine steigende Morbidität von Diabetes Typ 2 in indischen Städten (vgl. 5.3.6) und auch Allgemeinmediziner und Diabetologen in Pune beobachten eine steigende Inzidenz für Diabetes und kardiovaskuläre Erkrankungen, die eine häufige Komorbidität aufweisen, innerhalb der letzten zehn Jahre (Ph4, Ph5, Ph7, Ph10, GpB2, GpA1):

„There is almost an explosion of diabetes in our society, (...) especially in the last ten years." (Ph3)

„Earlier we would see the top most killers were diarrhoeal diseases and vector borne diseases. And now the transition is more moving into lifestyle disorders, people getting ischemic heart diseases." (Ph1)

Wie bereits in Kapitel 5.3.5 und 5.3.6 erörtert, ist ein sozioökonomischer Trend bei einigen kardiovaskulären Erkrankungen sowie bei Diabetes Typ 2 erkennbar mit einer größeren Prävalenz in höheren Statusgruppen:

„Mainly the upper two groups, and to some extent even the lower socioeconomic strata because finally some kind of environment develops, some kind of social culture develops, people start using different kinds of food, so you know, but to a major extent it is the upper strata and the middle class who are falling prey to these diseases." (Ph5)

Dabei besteht auch hier der Bias, dass chronische Erkrankungen bei niedrigen Statusgruppen tendenziell häufiger undiagnostiziert bleiben. Es ist zu vermuten, dass die Inzidenz in den niedrigeren Statusgruppen in den nächsten zehn Jahren schneller zunehmen wird als in den höheren Statusgruppen, so dass der Gradient wie in westlichen Ländern langsam invers werden könnte (vgl. auch Ajay et al. 2008, Kap. 5.3.6). Auch chronische Atemwegserkrankungen, v.a. COPD und Asthma, haben laut Aussagen der befragten medizinischen Experten in allen sozioökonomischen Statusgruppen in Pune in den letzten zehn Jahren stark zugenommen (vgl. 5.3.4):

„And epidemiological diseases which are more of environmental like the pollution, the allergies, the bronchitis, they have increased. So there is definitively a shift in the last ten to twenty years from infectious diseases to more the environmental diseases." (GpB2)

Dies wird vor allem auf die steigende Umweltverschmutzung in Pune zurückgeführt (Ph10). Auch die Inzidenz von Allergien bzw. allergischem Asthma sei insbesondere bei Kindern zunehmend (Gh2), jedoch noch lange nicht so stark ausgeprägt wie in vielen westlichen Ländern (Et4, Et5). Allerdings besteht auch hier wiederum der Bias, dass das Wissen über chronische Atemwegserkrankungen und die Möglichkeiten im Bereich der Diagnostik und Behandlung stark zugenommen haben, weshalb sie heute auch häufiger diagnostiziert werden (vgl. auch Jenkins 2005):

„Previously everything was a cold. (...) anything respiratory you just gave antibiotics. That used to be the approach. So now we know that there is allergic rhinitis, there is bronchial asthma, in vary relations between the two. So now, people are more aware of diagnosing and treating also. Treating it as allergic rhinitis and nothing else. And not as common cold (...), so we really have an increase in the incidence." (Et5)

Ein anderer Facharzt sagte ebenfalls, dass seiner Einschätzung nach die Asthma-Inzidenz u.a. aufgrund der verbesserten Diagnostik angestiegen sei, aber mittlerweile ein Plateau erreicht habe (Ph11). Ein weiterer Wandel, der mit der verbesserten Diagnostik und Medikationsmöglichkeiten einhergeht, ist die stark gesunkene Mortalität gerade bei Asthma (Ph11).

Somit zeigt sich, dass bei der Interpretation von Sekundärdaten zur Analyse des epidemiologischen Wandels auch der medizinische Fortschritt im öffentlichen und privaten Gesundheitssektor berücksichtigt werden muss. Der verbesserte Zugang zu Gesundheitsdiensten hat aber auch zu einer Reduktion übertragbarer Krankheiten und einem milderen Krankheitsverlauf beigetragen, was sich z.B. in einer geringeren Hospitalisierungsrate für übertragbare Erkrankungen bemerkbar macht:

> „The availability of doctors has increased, the accessibility towards the doctors has increased, so there is a definite shift in diseases. What we have seen 20 years ago is different than what we see today (…) because of the liberalization of economy almost people have started affording the health care facilities. (…) That is one good thing which has caused a change and has stopped some of the infectious diseases. Whereas the bad side is that, because of the money they are getting (…) more other lifestyle problems." (GpB2)

Der Zugang zu verbesserten medizinischen Gesundheitsdiensten ist jedoch stark an die individuelle Erschwinglichkeit geknüpft, weshalb dies v.a. für höhere Statusgruppen zutrifft. Aber auch in den niedrigen Statusgruppen hat sich der Zugang etwas verbessert (GpA3). Dadurch werden auch Komplikationen vermieden: Zwar habe z.B. die Prävalenz infektiöser Atemwegserkrankungen nicht abgenommen, aber die Prävalenz chronischer Bronchitis als Folge einer unbehandelten Infektion sei gesunken (GpB8). Auch die Mortalität nichtübertragbarer Erkrankungen konnte durch verbesserte Möglichkeiten in der Diagnostik und Behandlung gesenkt werden:

> „A person ten years ago with a heart attack, a myocardial infarction, there were only limited things that you could do. And he would die. Now the fact is that you could do an angiography, an angioplasty, a bypass operation. We are a super speciality hospital. So whatever is available in the town of Pune, or anywhere in the world, we would have it. (…) But that is not because of a changing pattern of disease rather than facilities available." (Ph10)

Und dennoch wäre es völlig falsch, von einem Zeitalter des medizinischen Fortschritts nach Caldwell (vgl. 2.1.2) zu sprechen, da zum einen die finanziellen Barrieren zu kurativen Gesundheitsdiensten für den Großteil der Bevölkerung Punes viel zu hoch sind, und zum anderen Gesundheit wesentlich mehr ausmacht als die Summe aller Krankheiten. Die Veränderungen der physischen und sozialen Umwelt im Prozess der Megaurbanisierung beeinflussen das Wohlergehen der Bevölkerung und verändern ihre Suszeptibilität gegenüber übertragbaren und nichtübertragbaren Erkrankungen.

### 5.4.3 Epidemiologische Diversifizierung in Pune

Aufgrund der eingeschränkten Datenverfügbarkeit können nur Mechanismen des epidemiologischen Wandels in Pune charakterisiert werden. Demnach zeigt die Veränderung der Mortalität und Morbidität in Pune in den letzten zwei Dekaden keinen linearen Verlauf, sondern unterschiedliche Trends, die lineare, periodische oder wiederkehrende Elemente aufweisen (Abb. 51): Die Zunahme bestimmter

234   5. Empirische Analyse gesundheitlicher Disparitäten in Pune

chronischer Erkrankungen wie Diabetes und kardiovaskuläre Erkrankungen folgt einem linearen Muster mit zunehmender Prävalenz und Inzidenz; einige infektiöse Erkrankungen, insbesondere impfpräventable Infektionskrankheiten, folgen ebenfalls einem linearen Trend mit rückläufiger Prävalenz. Andere nicht-impfpräventable Infektionskrankheiten wie gastrointestinale und vektorbürtige Erkrankungen, die eng an die soziale und physische urbane Umwelt geknüpft sind und die nur durch eine Bekämpfung des Erregers bzw. des Vektors sowie eine Verbesserung der sozioökonomischen Lebensbedingungen eliminiert werden können, weisen immer noch eine hohe Morbidität bei tendenziell sinkender Mortalität auf. Die Prävalenz einiger „alter" Infektionskrankheiten wie Tuberkulose oder Malaria steigt im Zuge der Urbanisierung wieder an. Hinzu kommen neue Infektionskrankheiten wie HIV/AIDS und H1N1 oder SARS. Während HIV/AIDS bisher eine linear zunehmende Prävalenz verzeichnete, können Pandemien mit mutierten Virenstämmen plötzlich auftreten und die urbane Gesundheit gefährden. Des Weiteren gehen epidemiologische Veränderungen über die rein quantitative Veränderung der Krankheitslast hinaus und äußern sich auch in dem veränderten Krankheitsverlauf einzelner Erkrankungen selbst: Zu nennen sind hier im Bereich chronischer Erkrankungen das sinkende Alter bei kardiovaskulären Erkrankungen und Diabetes, wodurch sich das Risiko von Komorbiditäten weiter erhöht, zum anderen das Auftreten von Medikamentenresistenzen bei HIV/AIDS, Tuberkulose, Lepra und Malaria sowie Insektizidresistenzen bei Vektoren. Zudem bestehen Interdependenzen zwischen den einzelnen Krankheitsgruppen: Ein prominentes Beispiel ist die Komorbidität von HIV/AIDS als neuer und Tuberkulose als alter opportunistischer Infektionskrankheit, sowie die Komorbidität von Tuberkulose und Diabetes. Mit der zunehmenden Prävalenz von Diabetes und HIV/AIDS in der urbanen Bevölkerung wird eine steigende Tuberkulose-Inzidenz wahrscheinlich (vgl. 5.3.3 und 5.3.6).

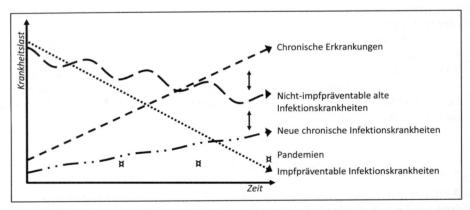

*Abb. 51: Schematische Darstellung des epidemiologischen Wandels in Pune (Entwurf: M. Kroll)*

Betrachtet man den epidemiologischen Wandel in Abhängigkeit vom sozioökonomischen Status, so scheint der Terminus der epidemiologischen Polarisierung nach Castillo-Salgado (vgl. 2.1.2) grundsätzlich geeignet, die Mechanismen der Veränderungen in der Morbidität und Mortalität in Pune zu beschreiben. Allerdings ist hier kritisch anzumerken, dass der Terminus der Polarisierung auf zwei gegensätzliche Pole hinweist, während die Analyse der Morbidität und Mortalität in Pune vielmehr auf ein Nebeneinander sehr verschiedenartiger epidemiologischer Profile schließen lässt, die auch nicht isoliert stehen, sondern sich auf verschiedenen Ebenen interdependent beeinflussen. Daher scheint der Begriff der epidemiologischen Diversifizierung geeigneter zu sein. Zwar ist davon auszugehen, dass gesundheitliche Disparitäten zwischen verschiedenen Statusgruppen bzw. früher auch noch stärker zwischen verschiedenen Kasten immer in Pune sowie in anderen indischen Städten bestanden haben, aber erst mit der wirtschaftlichen Liberalisierung und dem damit einhergehenden verstärkten Einfluss globaler Prozesse geht eine hohe gesellschaftliche Diversifizierung mit wachsenden sozioökonomischen Disparitäten einher, wie sie heute zu beobachten ist:

„So what we are seeing is a situation where (…) certain sections of Indian economy have gotten integrated with the global economy (…). For example the IT sector or the BPO sector (…). They are getting much higher returns, and actually where are the returns coming from? Their returns are coming from cheap labour or cheap products which have been manufactured or supplied by cheaper workers (…). So the wealth of these few is based on the poverty of the poor. These are not two unconnected things." (Ngo1)

Demnach ist die epidemiologische Diversifizierung eng an strukturelle gesellschaftliche Prozesse sowie politische und wirtschaftliche Rahmenbedingungen gekoppelt. Die Charakterisierung des epidemiologischen Wandels in einzelnen sozioökonomischen Gruppen ist nur auf sehr abstrakter Ebene möglich (vgl. 5.5.2), da strukturelle Faktoren durch verschiedene weitere Faktoren auf individueller Ebene überlagert werden, wie z.B. biologische Faktoren (v.a. die genetische Prädisposition) und individuelle Risikoexpositionen.

## 5.5 SYNTHESE: GESUNDHEITLICHE DISPARITÄTEN IN PUNE

Die Quer- und Längsschnittstudie belegen eine unterschiedliche Exposition verschiedener sozioökonomischer Bevölkerungsgruppen in Pune zu Gesundheitsdeterminanten und damit einhergehend variierende Morbiditätsmuster. Da Veränderungen in der Krankheitslast sich wandelnden gesundheitlichen Risiko- und Schutzfaktoren zeitlich nachgelagert sind, können gesundheitliche Disparitäten nicht losgelöst von zeitlichen Veränderungen betrachtet werden. Darüber hinaus belegt die Analyse der Indikatorerkrankungen (vgl. 5.3), dass ebenfalls Disparitäten in Bezug auf den Krankheitsverlauf bestehen, die sowohl auf Differenzen im Gesundheitswissen und Krankheitshandeln als auch ungleichen Zugangsmöglichkeiten zu Gesundheitsdiensten als Bereich der materiellen Dimension basieren. Diese vier Aspekte – Gesundheitsdeterminanten, Morbidität, Krankheitsverlauf und Gesundheitswissen bzw. Krankheitshandeln – führen zu unterschiedlichen epidemiologischen Profilen und werden im Folgenden kurz in ihrer Ausprägung zusammenfassend dargestellt, bevor abschließend eine konzeptionelle Betrachtung gesundheitlicher Disparitäten erfolgt. Dabei wird die Ebene der Untersuchungsgebiete verlassen und vier sozioökonomische Gruppen herangezogen. Basierend auf den Surveydaten und den Experten- und Tiefeninterviews sowie in Anlehnung an Shukla (2007) werden vier sozioökonomische Hauptgruppen unterschieden:

- Die Gruppe der *affluent* besteht überwiegend aus Personen mit sehr guter Ausbildung, die v.a. qualifizierten Beschäftigungen nachgehen und über ein überdurchschnittlich hohes Einkommen sowie Kapitalbesitz zur Befriedigung der Grundbedürfnisse und alltäglicher und gehobener Konsumbedürfnisse verfügen; dieser Gruppe kann die Mehrheit der Haushalte in UpperMiddle Class B und C zugerechnet werden.
- In der Gruppe der *intermediates* verfügen Personen über ein geringeres Bildungsniveau, sind aber ebenfalls im formellen Sektor beschäftigt und genießen daher eine gewisse Arbeitsplatz- und Einkommenssicherheit. Viele Haushalte konnten ihre finanzielle Situation in den letzten zehn Jahren soweit verbessern, dass sie heute zumindest im Alltag, jedoch nicht unbedingt in Krisensituationen, ihre Grundbedürfnisse und alltäglichen Konsumbedürfnisse weitestgehend befriedigen können; dieser Gruppe sind v.a. Haushalte des Untersuchungsgebiets MiddleClass A zuzurechnen.
- Die Gruppe der *strugglers* umfasst v.a. Haushalte mit niedrigem Einkommensniveau oberhalb der Armutsgrenze, die zwar ihre Grundbedürfnisse befriedigen können, aber äußerst verwundbar gegenüber Krisen mit Einkommensausfällen sind und deren Erwerb von Konsumgütern (z.B. Tabak) zulasten der Grundbedürfnisbefriedigung geht. Personen sind häufig im informellen Sektor, aber auch im formellen Niedriglohnsektor, beschäftigt; das Bildungsniveau ist gering mit einer gewissen Aufwärtsmobilität in der jungen Generation. Die *strugglers* leben vor allem in registrierten Slums und *resettlement colonies*; dieser Gruppe gehören v.a. Haushalte der Gebiete Slum A und Slum C an.
- Haushalte, die der vierten Gruppe der *deprived* zuzurechnen sind, leben unterhalb der urbanen Armutsgrenze. Diese Bevölkerungsgruppe verfügt über einen sehr niedrigen Bildungsgrad oder gar keine formale Bildung und ist im informellen Sektor oder z.B. temporär auf Baustellen beschäftigt. Die *deprived* leben insbesondere in unregistrierten Slums (in der vorliegenden Studie Slum B). Aber auch Haushalte in registrierten Slums, die unterhalb der Armutsgrenze leben, gehören der Gruppe an. Zudem ist die Gruppe der *pavement dwellers* als ärmste urbane Bevölkerungsgruppe ebenfalls den *deprived* zuzuordnen.

Diese vier Kategorien stellen nur eine grobe Klassifizierung dar, da die Übergänge fließend und Statusinkonsistenzen möglich sind; so kann z.B. eine Person ohne hohen Bildungsabschluss im informellen Sektor durchaus ein mittleres Einkommensniveau erreichen. Aus diesem Grund werden hier keine festen Schwellenwerte zur Abgrenzung der Gruppen etabliert, da es sich um relative Größen handelt.

### 5.5.1 Gesundheitsdeterminanten: Risikotransition

Viele Krankheiten und gesundheitliche Probleme sind der Exposition zu gesundheitlichen Risiko- und Schutzfaktoren zeitlich nachgelagert. Daher sind auch zeitliche Veränderungen bzw. Trends in Bezug auf gesundheitsdeterminierende Faktoren relevant, um aktuelle Morbiditätsmuster sowie epidemiologische Veränderungen in ihrer Ausprägung zu verstehen. Im Folgenden werden basierend auf der Analyse gesundheitsdeterminierender Faktoren in den sechs Untersuchungsgebieten (vgl. 5.2) die wesentlichen Gesundheitsdeterminanten und ihre Veränderungen innerhalb der letzten Jahre für die vier sozioökonomischen Gruppen kurz zusammengefasst (Tab. 13).

Ein zentraler Aspekt dabei ist, dass viele Haushalte in Pune ihre Einkommenssituation als kausal anderen Determinanten vorgelagerter Aspekt in den letzten zehn Jahren verbessern konnten, wenn dies auch insgesamt eher zu einer Verschärfung der sozioökonomischen Disparitäten mit einer Vergrößerung der Einkommensunterschiede beigetragen zu haben scheint.

| | *affluent* | *intermediates* | *strugglers* | *deprived* | |
|---|---|---|---|---|---|
| **Sozioökonomischer Status** | | | | | |
| Einkommen | + + | + | + | + | |
| Bildung | + | + | + | + | |
| **Materielle Faktoren** | | | | | |
| Wohnen | + | + | + + | +* | •** |
| Wasserversorgung | • | + | + + | ++* | •** |
| Medizinische Versorgung | ++ | + | + | + | |
| **Ökologische Faktoren** | | | | | |
| Öffentliche Hygiene | – | + | + | – | |
| Innenluftverschmutzung | | | | | |
| **Psychosoziale Faktoren** | | | | | |
| Berufliche Stressbelastung | – – | – | – | – | |
| Stressbelastung im Alltag | – | – | – | – | |
| **Verhaltensbezogene Faktoren** | | | | | |
| Ernährung (Obst und Gemüse) | • | + | + | + | |
| Alkoholkonsum (Subgruppen) | – | | | | |
| Tabakkonsum | – | • | • | ○ | |
| Physische Bewegung | – | – | – | • | |

| | | 1 | 2 | 3 | 4 | 5 |
|---|---|---|---|---|---|---|
| Situation heute (sehr positiv bis sehr negativ) | | | | | | |
| Veränderung in den letzten zehn Jahren | | ++ | + | • | – | – – |

*registrierte Slums / **unregistrierte Slums

Tab. 13: *Exposition zu gesundheitlichen Risiko- und Schutzfaktoren in unterschiedlichen sozioökonomischen Gruppen (Entwurf: M. Kroll)*

Während die Verbesserung der finanziellen Situation bei den *affluent* kaum zu einer Veränderung in Bezug auf die Grundbedürfnisbefriedigung geführt hat, hat sie bei den *intermediates* und *strugglers* abgestuft zu einer wesentlich besseren Befriedigung der Grundbedürfnisse in den Bereichen Ernährungssicherheit, Wohnen, Infrastrukturausstattung und Zugang zu Gesundheitsdiensten beigetragen. Allerdings werden diese Verbesserungen bei den *strugglers* durch die kontextuellen Lebensbedingungen z.T. konterkariert, da in vielen registrierten Slums trotz infrastruktureller Verbesserungen immer noch Probleme mit der öffentlichen Hygiene und sanitären Einrichtungen bestehen. Zudem sind durch die hohe Bevölkerungsdichte in vielen Slums diesen Verbesserungen auch enge Grenzen gesetzt, z.B. ist es selbst für etwas besser gestellte Haushalte in Slum A aufgrund der hohen Wohndichte nicht möglich, private sanitäre Anlagen zu errichten. Zudem sind die *strugglers* äußerst vulnerabel gegenüber Krisen wie z.B. krankheitsbedingten Einkommensausfällen oder einem Anstieg der Lebensmittelpreise. Im Gegensatz zu den *deprived* streben viele Haushalte der *strugglers* sowie *intermediates* eine Verbesserung der Bildungssituation und damit eine weitere Verbesserung des sozioökonomischen Status mit der nächsten Generation an. Die Haushalte in der Gruppe der *deprived* konnten zwar ihr Einkommen über die letzten zehn Jahre leicht verbessern, dennoch leiden sie immer noch massiv an Defiziten in Bezug auf die Wohnsituation, die Nahrungssicherung und den Zugang zu Gesundheitsdiensten sowie je nach Wohnort der Ausstattung mit Basisinfrastruktur. Da die unregistrierten Slums in der Regel in Ungunsträumen liegen, sind sie auch gegenüber ökologischen Risikofaktoren wie z.B. Überschwemmungen am höchsten exponiert. Während sich die öffentliche Hygiene bei den *intermediates* und *strugglers* durch den Ausbau der Infrastruktur tendenziell verbessert hat, monierten wohlhabende Haushalte die Umweltdegradierung im Zuge der Nachverdichtung in ihren Wohngebieten.

Die verhaltensbezogenen und psychosozialen Faktoren sind aufgrund der stärkeren Abhängigkeit vom Individuum wesentlich schwieriger für die vier Gruppen zu verallgemeinern und daher in Tabelle 13 auch nur als Tendenzen zu betrachten: Insgesamt betrachtet scheint die berufsbedingte Stressbelastung in der Gruppe der *affluent* mit den gestiegenen Anforderungen und einer wachsenden Arbeitsbelastung am meisten zugenommen zu haben, wobei lange Arbeitszeiten und eine hohe physische Beanspruchung gerade bei den *deprived* ebenfalls häufig vorkommen. Die Stressbelastung im Alltag scheint hingegen in allen vier Gruppen durch die zunehmende Komplexität der Lebensbedingungen und Unsicherheit gestiegen zu sein. In der Gruppe der *strugglers* und *deprived* sind finanzielle Sorgen und Zukunftsängste aufgrund des geringen finanziellen Spielraums am ausgeprägtesten. Auch langwierige Erkrankungen eines Familienmitglieds belasten den Haushalt stark finanziell durch die Behandlungskosten und den Arbeitskräfteausfall. Aber auch Haushalte, die erst in den letzten Jahren in die Gruppe der *affluent* aufgestiegen sind bzw. um den Aufstieg kämpfen, sind erhöhten Stressbelastungen ausgesetzt, um ihren Status zu halten bzw. zu verbessern. Diese Stressbelastung trifft sicherlich auch auf Haushalte der *intermediates* zu; die Befragten in MiddleClass A zeigten jedoch das höchste Wohlbefinden und die geringste Stressbelastung unter den sechs Untersuchungsgebieten. Dies könnte auf die höhere Persistenz sozialer Strukturen zurückzuführen sein, die in Form von Sozialkapital einen wichtigen Beitrag zur Abfederung von Stressoren leisten können. Denn auch soziale Strukturen befinden sich in einem Transformationsprozess, indem sich die Großfamilie als vorherrschende Sozialstruktur langsam auflöst: In der Gruppe der *affluent* ist der Übergang von der Groß- zur Kernfamilie bereits weit fortgeschritten, da die berufsbedingte Mobilität stark zunimmt. Damit geht eine stärkere Individualisierung einher, bei der der Kernfamilie allerdings weiterhin ein hoher Stellenwert beigemessen wird. Dieser Prozess ist auch von einer Anonymisierung der Nachbarschaft mit einer Abnahme nachbarschaftlicher Kontakte begleitet, die nicht zur reziproken Unterstützung, sondern wenn überhaupt, zur gemeinsamen Freizeitgestaltung unterhalten werden, wie z.B. die *laughing clubs* in manchen *housing societies*. Hingegen gewinnen soziale Beziehungen außerhalb der Familie und Nachbarschaft je nach Lebensabschnittsphase z.B. mit Kommilitonen oder Kollegen an Bedeutung. In der Gruppe der *intermediates* sind Großfamilien noch häufiger zu finden und nachbarschaftlichen Netzwerken wird eine höhere Bedeutung beigemessen, auch wenn sich traditionelle Sozialstrukturen durch die wachsende Berufstätigkeit von Frauen ebenfalls aufzulösen scheinen. Unter den *strugglers* und *deprived* befinden sich ebenfalls viele Haushalte mit Migrationshintergrund, die ohne den Verband der Großfamilie leben; sie sind auf die nachbarschaftlichen Netzwerke in den Slums zur reziproken Unterstützung angewiesen, zumal auch hier aufgrund des geringen Einkommensniveaus in vielen Haushalten Männer und Frauen arbeiten müssen, wodurch insbesondere Probleme bei der Kinderbetreuung entstehen.

Die veränderte sozioökonomische Situation wirkt sich auch auf verhaltensbezogene Faktoren aus: Während die verbesserte Ernährungssituation bei den *intermediates*, *strugglers* und *deprived* abgestuft einerseits als protektiver Faktor wirkt, breiten sich ungesunde Ernährungsweisen in allen vier Gruppen langsam aus, die langfristig u.a. in Übergewicht münden können. Dieser Übergang von „traditionellen" Risiken wie etwa Mangel- und Unterernährung zu „modernen" Risiken wie z.B. Übergewicht wird mit dem Begriff der Risikotransition umschrieben (WHO 2009: 3), die in den vier Gebieten deutlich abgestuft zu beobachten ist. Allerdings müssen für die vier Gruppen jeweils Subgruppen unterschieden werden, da sowohl bei den *affluent* als auch den *strugglers* viele Haushalte im Rahmen ihrer Möglichkeiten in den Erhalt ihrer Gesundheit investieren: Dieses Kontinuum von aktivem bis passivem Gesundheitshandeln – jeweils im Rahmen der eigenen Möglichkeiten – ist somit für alle vier Gruppen gegeben, wobei den *affluent* mehr Optionen für ein aktives Gesundheitshandeln zur Verfügung stehen. Auffällig in Bezug auf verhaltensbedingte Risikofaktoren ist der sehr hohe Alkohol- und Tabakkonsum der männlichen Bevölkerung in der Gruppe der *deprived* und *strugglers*, der ebenfalls negative Auswirkungen auf bestehende Sozialstrukturen hat. Während in der Gruppe der *intermediates*, soweit aus dem Survey zu beurteilen, Alkohol- und Tabakkonsum aufgrund kultureller Normen und sozialer Kontrolle gering ausgeprägt ist, nimmt der Konsum unter den *affluent* als „Abfederungsmechanismus" aufgrund der steigenden Stressbelastung zu. Während Tabak- und Alkoholkonsum von Frauen bei den *deprived*, *strugglers* und *intermediates* tendenziell tabuisiert wird, gerade bei den beiden Erstgenannten jedoch durchaus ein verstecktes Problem darstellt, werden diese Verhaltensweisen bei Frauen in der Gruppe der *affluent* mit einem Wertewandel langsam enttabuisiert.

Die Risikotransition führt somit vor allem in der Gruppe der *deprived* zu einer doppelten Belastung mit „traditionellen" Risiken wie ungenügender Trinkwasserversorgung, defizitären sanitären Anlagen und Unterernährung auf der einen, und „modernen" Risiken wie Alkoholmissbrauch auf der anderen Seite. Auch in der Gruppe der *strugglers*, in der einige der traditionellen Risiken in den letzten zehn Jahren an Gewicht verloren haben, nehmen moderne Risiken zu: Hier ist ebenso wie bei den *deprived* problematisch, dass die Ausgaben für Konsumbedürfnisse wie Tabak oder Fastfood zulasten der Grundbedürfnisbefriedigung gehen. Geht die physische Bewegung im Alltag bei den *strugglers* im Laufe der nächsten Jahre weiter zurück, können Probleme wie Übergewicht auch durchaus in dieser Gruppe vermehrt auftreten. In der Gruppe der *intermediates* scheint momentan eine Balance zwischen „traditionellen" und „modernen" Risiken zu bestehen, die sich voraussichtlich jedoch im Laufe der nächsten Jahre mehr zu „modernen" Risiken hin verlagern wird. Auch die *affluent* sind vor „traditionellen" Risiken wie etwa kontaminiertem Leitungswasser oder Essen in Restaurants nicht gefeit, auch wenn sie über mehr Ressourcen zur Abfederung infrastruktureller Defizite verfügen. Zudem betreffen die physischen und psychischen Risiken, die mit einer zunehmenden Degradierung der urbanen Umwelt einhergehen, in gewisser Weise alle Haushalte, abgestuft jedoch durch die jeweilige Wohnlage. Dabei ist der Grad der Umweltdegradierung der jeweiligen Wohnlagen in einer so rapide wachsenden Stadt wie Pune nur eingeschränkt an den sozioökonomischen Status gekoppelt; ein Beispiel hierfür ist die hohe Staubbelastung in den neu entstandenen *housing societies* für die Gruppe der *affluent* und *intermediates* am Stadtrand aufgrund von Bautätigkeiten und schlechten Straßenverhältnissen, die die Suszeptibilität gegenüber chronischen Atemwegserkrankungen erhöht.

Insgesamt betrachtet verändern sich manche Gesundheitsdeterminanten linear, aber zeitverzögert in Abhängigkeit vom sozioökonomischen Status (z.B. Bildung, Erschwinglichkeit von Nahrungsmitteln oder Medikamenten). Andere Determinanten, insbesondere an die physische Umwelt gekoppelte Gesundheitsrisiken, nehmen unabhängig vom sozioökonomischen Status parallel mit dem Urbanisierungsprozess für alle Gruppen zu (z.B. Lärmbelastung, Stressbelastung im Alltag), wobei höheren Statusgruppen mehr Handlungsoptionen zur Risikominimierung zur Verfügung stehen.

### 5.5.2 Morbidität und epidemiologischer Wandel

Die Risikotransition wirkt sich auch auf die epidemiologischen Profile der vier Gruppen aus. Die Gruppe der **affluent** durchläuft am ehesten den klassischen epidemiologischen Wandel, verstanden als Abnahme infektiöser und Zunahme chronischer Erkrankungen:

> „The upper class, the business class, the class which is undergoing the classical epidemiological transition. So high blood pressure, diabetes, cardiac problems etc., all the gyms that you see in Pune city. So this is of course a sizeable part of the population. So this is one part of the population which is basically moving in the same direction as the west for example, in terms of epidemiological profile." (Ngo1)

Neben Diabetes und kardiovaskulären Erkrankungen nehmen auch umweltbedingte Erkrankungen wie chronische Atemwegserkrankungen, Allergien oder Denguefieber zu, wobei diese alle sozioökonomischen Gruppen gleichermaßen treffen. Berufsbedingte Erkrankungen wie Spondylose (degenerative Veränderung der Wirbelsäule) weisen mit den veränderten Berufsstrukturen gerade im IT-Bereich ebenfalls eine steigende Inzidenz auf. Wenn auch impfpräventable Erkrankungen in dieser Gruppe in den letzten zehn Jahren weitestgehend eliminiert wurden, so besteht dennoch eine Suszeptibilität gegenüber nicht-impfpräventablen und neuen Infektionskrankheiten wie z.B. saisonale luftübertragene oder wasserbürtige Erkrankungen fort. Die Suszeptibilität ist dabei stark vom individuellen Immunstatus des Individuums abhängig, der z.B. durch chronische Erkrankungen oder eine hohe Stressbelastung geschwächt sein kann. Auch infrastrukturelle Defizite können trotz vermehrt angewendeter Risikominimierungsstrategien übertragbare Erkrankungen verursachen, wie eine bakteriell belastete Trinkwasserprobe aus einem *aquaguard* in UpperMiddleClass C zeigte (vgl. 5.2.1). Zudem besteht durch die regelmäßige Interaktion mit niedrigen Statusgruppen (*deprived* oder *strugglers*), die als billige Arbeitskräfte von Haushalten oder Unternehmen angestellt werden, durchaus auch die Exposition zu weiteren infektiösen Agenzien wie etwa Tuberkulosebakterien. Daher unterscheidet sich der epidemiologische Wandel durchaus von dem westlicher Industriestaaten. Aufgrund der heute verfügbaren medizinischen Versorgung in Pune kann sich diese Gruppe jedoch eine optimale Behandlung leisten, weshalb z.B. eine Malaria- oder Tuberkulose-Erkrankung in der Regel günstiger mit schnellerer Heilung verläuft als in anderen Statusgruppen.

In der zweiten Gruppe der *intermediates* sind viele gesundheitliche Probleme wie Mangelernährung und damit auch infektiöse Erkrankungen innerhalb einer Generation stark zurückgegangen:

> „And you may have thought of an intrinsic situation so where the most severe types of malnutrition and infectious diseases may be less, but still there are infectious diseases. Life expectancy is a bit lower. And on the other side some of the newer problems like HIV/Aids, like you know, certain kinds of occupational exposures, like accidents." (Ngo1)

Ältere Personen hatten jedoch noch eine andere Risikoexposition in der Kindheit; so kann z.B. eine Person mit dem Alter noch eine rheumatische Herzerkrankung aufgrund einer nicht behandelten Streptokokken-Infektion in der Kindheit entwickeln. Auch kulturell bedingte verhaltensbezogene Faktoren können in dieser Gruppe Verbesserungen im Gesundheitsstatus mittelfristig verhindern:

> „The middle section is (...) having an intermediate situation, but at the same time cultural and knowledge factors are playing an important role in preventing them from actually having a good health status as they could have, potentially, even due to their economic status. (...) So diets have not become very much superior (...). So we may paradoxically have women with lot of anaemia in that group." (Ngo1)

Gerade die Gesundheit von Frauen scheint sich aufgrund kulturell verankerter Normen nur langsam zu verbessern. Auch wenn bestimmte protektive Faktoren noch nicht wie bei den *affluent* greifen, sind andererseits verhaltensbezogene Risikofaktoren wie etwa der Tabak- und Alkoholkonsum durch kulturelle Normen und eine stärkere soziale Kontrolle sowie eine berufsbedingte Stressbelastung tendenziell geringer ausgeprägt, weshalb die Inzidenz lebensstilbezogener chronischer Erkrankungen geringer ist als bei den *affluent*:

> „And middle income group is a balance of both actually although they are not very burdened with the infectious diseases, communicable diseases as such, but they have both. (...) So the lifestyle disorders have now started streaming into the middle class as well. So generally this would be the disease profile." (Ph1)

Die Gruppe der *intermediates* als die größte Bevölkerungsgruppe in Pune hat somit eine moderate Lebensqualität (Ph1) und ist in Bezug auf den epidemiologischen Wandel einige Stufen hinter der Gruppe der *affluent*.

In der Gruppe der **strugglers** dürften zumindest in den registrierten Slums, in denen die entsprechende Infrastruktur in den letzten Jahren bereitgestellt wurde, die Verbesserungen der gesundheitlichen Situation relativ betrachtet am größten sein:

> „They [slum dweller, d.V.] have been provided with the basic amenities such as drinking water, waste disposal and health programs. So their health status is improving. This has a great impact."(GpA3)

Durch die materiellen Verbesserungen sowie den Rückgang von Fällen schwerer Mangelernährung hat die Suszeptibilität der Bewohner gegenüber infektiösen Erkrankungen relativ betrachtet am stärksten abgenommen, besteht jedoch aufgrund schlechterer Wohnbedingungen sowie den hygienischen Verhältnissen im Wohnumfeld immer noch fort. Ein Allgemeinmediziner in Gebiet C verglich den Gesundheitsstatus seiner Patienten aus der Gruppe der *strugglers* (Slum C) mit dem der *affluent* (UpperMiddleClass C):

> „The conditions are quite okay. I won't say that there is a vast difference in the health status between that category and the others. The only difference would be possibly, you have the middle and upper classes you will have more diabetics and hypertensions, and heart diseases. More, which is a relative term. You get these amongst the slum areas also. You have diabetics, you have hypertension, here the problems are more respiratory, the stomach, more respiratory problems, more gastroenteritis problems." (GpC1)

Auch in der Gruppe der *strugglers* steigt die Inzidenz chronischer Erkrankungen, was in Anbetracht des geringen finanziellen Handlungsspielraums äußerst problematisch für die Krankheitskontrolle ist: Gerade bei chronischen oder langwierigen infektiösen Erkrankungen haben die *strugglers* kaum finanzielle Kapazitäten, eine medizinische Behandlung langfristig zu finanzieren bzw. müssen sich dafür stark verschulden und laufen damit Gefahr, wieder unter die Armutsgrenze zu fallen.

Die Gruppe der **deprived** ist den meisten gesundheitlichen Risiken ausgesetzt und hat dabei die wenigsten Kapazitäten, die eigene Gesundheit zu erhalten. Aufgrund äußerst prekärer Lebensbedingungen, die sich in den letzten Jahren nur marginal verbessert haben, ist die Suszeptibilität gegenüber infektiösen Erkrankungen und Unfällen extrem hoch:

> „For example among the waste pickers, we have done a small study among them, that malnutrition is a serious problem, their overall diets are very inadequate and unhealthy, anaemia is a serious problem, they have lots of occupational problems which is usually not recognized specifically but backache, work related injuries, and they would have infectious diseases, the typical classical infectious diseases, high infant mortality, and they also start to experience some of the newer problems. Like HIV/Aids and accidents and so on." (Ngo1)

Neben Mangelernährung und Anämie wurden von anderen Ärzten zudem gastrointestinale Erkrankungen, Wurmerkrankungen, Atemwegsinfektionen und parasitäre Hautkrankheiten als häufige gesundheitliche Probleme in dieser Gruppe genannt (GpA4, GpB1, GpB5, GpB8, GpC4, GpC5, Ph10). Dadurch leiden die *deprived* auch häufiger an einem geschwächten Immunsystem und sind anfälliger für andere infektiöse Erkrankungen wie z.B. Tuberkulose. Bei Frauen sind prä- und postnatale Komplikationen wesentlich häufiger sowie ein zu geringes Geburtsgewicht von Neugeborenen (Ph1); erst in zweiter Linie bestehen Probleme mit chronischen Erkrankungen, v.a. chronische Atemwegserkrankungen (Bronchitis, Asthma etc.), Hypertension, ischämische Herzerkrankungen und Diabetes (GpA4, GpC1, Ph1, Gh1). Aufgrund des schlechteren Zugangs zu Gesundheitsdiensten bleiben chronische Erkrankungen jedoch häufig undiagnostiziert und unbehandelt, was weitere gesundheitliche Probleme mit sich bringt. Hinzu kommen psychische Probleme u.a. aufgrund der schwierigen Lebensbedingungen, die im indischen Kontext zwar bisher stark tabuisiert sind, im Survey jedoch gerade in der Gruppe der *deprived* deutlich zu Tage traten. Daher kann durchaus von einer Dreifachbelastung durch übertragbare, nichtübertragbare und psychische Probleme gesprochen werden. Zudem sind Unfälle in dieser Gruppe ebenfalls am häufigsten, da viele Menschen Beschäftigungen mit hohem Verletzungsrisiko nachgehen.

Aufgrund der hohen funktionalen Verflechtungen zwischen verschiedenen sozioökonomischen Gruppen in megaurbanen Gesellschaften stehen diese skizzierten epidemiologischen Profile nicht isoliert dar, sondern beeinflussen sich wechselseitig auf verschiedenen Ebenen. Die Varianz der epidemiologischen Profile und deren Interdependenzen, die im Kontext der Megaurbanisierung besonders stark ausgeprägt sind, verhindern einen „klassischen" unilinearen epidemiologischen Wandel:

> „So it is not a black and white situation, there are not just two poles, there is a spectrum but they are linked to each other." (Ngo1)

Faktoren wie die hohe Bevölkerungsdichte, Umweltveränderungen und die starke gesellschaftliche Fragmentierung gefährden die Fortschritte in der Krankheitsbekämpfung insgesamt und bedingen eine epidemiologische Diversifizierung (vgl. 5.4.3). Die unterschiedlichen Lebensbedingungen wirken sich zudem kumulativ auf die Lebenserwartung aus, die mit sinkendem sozioökonomischen Status abnimmt (vgl. 5.4.1).

*Krankheitsverlauf*

Neben den Unterschieden in der Krankheitslast zeigt die Auswertung der Experteninterviews zu den Indikatorkrankheiten Differenzen im Krankheitsverlauf zwischen verschiedenen Statusgruppen: Bei chronischen Erkrankungen wie Diabetes, kardiovaskulären Erkrankungen oder COPD treten diese sehr deutlich zu Tage und äußern sich in einem ungünstigeren Krankheitsverlauf in niedrigeren Statusgruppen. Dieser äußert sich in einem häufigeren Auftreten von Komplikationen bzw. Komorbiditäten und einer höheren Mortalität, verursacht durch eine spätere Diagnose und schlechtere Krankheitskontrolle bzw. inadäquate Medikation. Auch die Art der Komorbiditäten variiert bei manchen Erkrankungen: Z.B. treten bei Diabetespatienten nicht-heilende Wunden, die oft eine Amputation der betroffenen Gliedmaße zur Folge haben, in niedrigen Statusgruppen wesentlich häufiger auf. Dies steht zum einen mit dem sozioökonomisch determinierten Krankheitsverhalten (vgl. 3.2.2) im Zusammenhang, zum anderen mit den Zugangsmöglichkeiten zu Gesundheitsdiensten. Dabei ist Letzterer stark abhängig von der finanziellen Situation eines Haushalts: Zwar stehen niedrigen Statusgruppen eine subventionierte Behandlung in öffentlichen Gesundheitseinrichtungen zu, der öffentliche Gesundheitssektor genießt aber aufgrund langer Wartezeiten und schlechter Ausstattung kein großes Vertrauen in der Bevölkerung. Daher suchen Armutsgruppen lieber kostengünstige Ärzte im Privatsektor auf, die allerdings u.U. nicht ausreichend qualifiziert sind:

> „People have a strange notion that in the government centres or government hospitals they won't be looked after properly. They prefer local general practitioners who are not allopath at all. What it results in is that they don't come to qualified paediatricians so early. And therefore we don't get to see them when they suffer from a disease, they usually land up in the hospitals, if the condition is severe and requires hospitalization." (Et5)

Der öffentliche Gesundheitssektor ist auch durch die zusätzliche Belastung durch chronische Erkrankungen, auf die er nicht eingestellt ist, überlastet, weshalb Behandlungsstandards ebenfalls häufig nicht eingehalten werden. Aber auch bei einer richtigen Diagnose im öffentlichen oder privaten Sektor haben die *deprived* und *strugglers* bei langwierigen Erkrankungen kaum die finanziellen Mittel, regelmäßig Medikamente zu kaufen und die notwendigen Kontrolluntersuchungen zu bezahlen. Diese Faktoren bedingen einen ungünstigeren Krankheitsverlauf mit Komorbiditäten sowie eine erhöhte Mortalität, wie ein Nephrologe bestätigte:

> „A large majority of our patients die of infections because of the areas they live in, because of the inability to take the dialysis which will keep them in optimal condition." (Ph12)

Somit haben die *deprived* und die *strugglers* nicht nur eine höhere Mortalität durch chronische Erkrankungen als höhere Statusgruppen, sondern auch ein höheres Risiko, in Folge einer chronischen Erkrankung an einer Infektionskrankheit zu sterben. Bei infektiösen Erkrankungen zeigen sich ebenfalls Disparitäten im Krankheitsverlauf. Bei einfachen infektiösen Erkrankungen wie Gastroenteritis oder viralen Infekten suchen höhere Statusgruppen früher einen Arzt auf:

„But the severity of infections (...). People from these classes they don't spare 24 hours to go to a doctor. They just come immediately. First sign of illness and they come" (Et5)

Dadurch kann einer Verschleppung z.B. von Atemwegsinfektionen, die auch auf die unteren Atemwege übergehen können, frühzeitig verhindert werden. Bei chronischen infektiösen Erkrankungen wie Tuberkulose oder HIV kommt es in niedrigeren Statusgruppen häufiger zu Medikamentenresistenzen aufgrund einer frühzeitig abgebrochenen Behandlung, wodurch die Heilungschancen stark sinken und die Mortalität steigt. Auch hier ist der Krankheitsverlauf eng an das Gesundheitswissen bzw. das daraus abgeleitete Krankheitshandeln geknüpft, weshalb diese im Folgenden intensiver beleuchtet werden sollen.

*Gesundheitswissen und Krankheitshandeln*

Das Gesundheitswissen wird zu einem bestimmten Grad vom Bildungsstand beeinflusst: Bildung beeinflusst die Lese- und Schreibfähigkeit und erleichtert die Erschließung von Gesundheitswissen durch die Fähigkeit, verschiedene Informationsquellen wie Zeitung, Internet und Bücher nutzen und komplexe Zusammenhänge verstehen zu können. Zusammen mit der individuellen Kontrollüberzeugung, die u.a. von sozioökonomischen und psychosozialen Faktoren abhängt, hat das Gesundheitswissen zentralen Einfluss auf das Gesundheitshandeln, zum Beispiel im präventiven Bereich durch die Vermeidung von Gesundheitsrisiken, die Wahrnehmung von Vorsorgeuntersuchungen, die Deutung von Symptomen und das rechtzeitige Aufsuchen eines Arztes sowie das Befolgen ärztlicher Anweisungen. Aufgrund der starken Verankerung auf der individuellen Ebene lassen sich nur bedingt allgemeine Aussagen treffen; dennoch sind gewisse Muster erkennbar.

In der Gruppe der **deprived** brachten viele Befragte ein sehr geringes Gesundheitswissen und eine sehr geringe Kontrollüberzeugung zum Ausdruck. Eine junge Frau berichtete, dass ihre ganze Familie regelmäßig krank sei und z.B. an Husten, Fieber oder Lungenentzündung leide, sie aber aufgrund ihrer Armut sich nicht in der Lage sähen, an ihrer Situation etwas verbessern zu können (SL/B/2). Der Alltag wird stark durch die materiellen Probleme überlagert, was zu einer sehr geringen Kontrollüberzeugung beiträgt. Ein NGO-Experte bewertete daher die Bemühungen einiger Bewohner in Slum B, sauberes Trinkwasser außerhalb des Slums zu besorgen anstatt das kontaminierte Brunnenwasser im Slum zu nutzen (vgl. 5.2.1), als sehr positive Entwicklung:

„You know that is a move in a positive direction that they know the difference between safe and unsafe drinking water and they are willing to put in an effort to get hold of safe drinking water. (...) The reason why I'm saying this is because Indians, particularly Hindus are a very fatalistic community." (Ngo3)

Problematisch ist zudem, dass viele Ärzte v.a. mit geringerer Qualifikation ihre Patienten nicht über die Ursachen einer Erkrankung aufklären. Eine Befragte antwortete z.B. auf die Frage, warum sie an Bauchschmerzen gelitten habe, sie wisse es nicht, der Arzt habe ihr nur Medikamente verschrieben (SL/A/6). Ohne das nötige Gesundheitswissen haben Armutsgruppen nicht die Möglichkeit, im Rahmen ihres Handlungsspielraums präventiv tätig zu werden, z.B. durch Abkochen von Trinkwasser. Das Gesundheitswissen und -handeln der *deprived* ist damit als sehr mangelhaft zu bewerten:

> „People have to be really above the poverty line to become aware of health problems. If you are living on a hand to mouth existence (…) health awareness and doing something about it could be a luxury." (Ph10)

Zudem verhindern finanzielle Barrieren ein aktives Krankheitshandeln auch in geringem Umfang. Symptome werden daher eher verdrängt, insbesondere wenn sie auf eine tabuisierte Erkrankung wie Tuberkulose hinweisen (Ngo6).

In der Gruppe der ***strugglers*** hat das Gesundheitswissen und Krankheitshandeln mit der Verbesserung des sozioökonomischen Status innerhalb der letzten zehn Jahre zugenommen, wenn es auch stark von individuellen Faktoren abhängt. Eine Frau erklärte den Einfluss von Bildung auf Gesundheit folgendermaßen:

> „While buying any medicine I check the expiry date on it. I also understand which vegetables are good for my health. (…) Education lets you understand many things what to do and what not to do." (SL/A/5)

Ihr Bildungsstatus erlaubt ihr, gesundheitsrelevante Informationen zu verstehen und umzusetzen. Eine andere Befragte führte als Beispiel an, dass ihre Familie mit ayurvedischer Medizin viralen Infektionen in der Regenzeit und im Winter vorzubeugen versuche, da sie allgemein präventive Maßnahmen einer Behandlung vorziehe (SL/A/5). Andere Befragte der Gruppe der *strugglers* brachten jedoch eine geringe Kontrollüberzeugung zum Ausdruck:

> „Well, I don't really think about it [disease, d.V.]. Whatever the reason, it happened. The way a vehicle needs repair when it gets old, so do we. (...) We visit a doctor when we're ill and that's when the doctor tells us to follow certain measures. (...) We've always been this poor and I'm not so educated as to understand why something is caused." (SL/C/1)

Viele der befragten Allgemeinmediziner bezeichneten das Gesundheitswissen der Slumbewohner als immer noch ungenügend, das Zugangsverhalten der Slumbevölkerung zu Gesundheitsdiensten als ein Aspekt des Krankheitshandelns habe sich jedoch verbessert:

> „I only can say that people have become more aware on their health needs. Initially when a child used to fall sick, they would take the child or the sick person to a black magician, (…) but now the first thing they know whenever a child falls ill, or when a person falls ill, he has to be taken to a dispensary." (GpB4)

Auch das Gesundheitswissen in Bezug auf die richtige Ernährung und die Versorgung von Kleinkindern habe sich verbessert (Et5).

Für die Gruppe der *intermediates* und *affluent* fehlt die Außenperspektive durch NGOs und Anganwadis; Allgemeinmediziner attestierten der MiddleClass und UpperMiddleClass allgemein ein gutes Gesundheitswissen und informiertes Krankheitshandeln. In der Gruppe der ***intermediates*** nimmt das Gesundheitsbewusstsein mit steigender Bildung erst in den letzten Jahren zu, die Bedeutung von

Krankheitsprävention verankert sich langsam in dieser Gruppe und führt zu einem ausgewogenerem Verhalten, wie eine Befragte in MiddleClass A zum Ausdruck brachte:

> „A lot of importance was not given to it. The awareness that with the help of education we can change the bad habits, or the thinking process can be changed, was not there. Today the educated people like us attend the health programs or the yoga classes, but in earlier period such concepts were not there." (MC/A/6)

Der eigene Gesundheitsstatus wird zunehmend reflektiert und präventive Vorsorgeuntersuchungen wahrgenommen (MC/A/7).

In der Gruppe der *affluent* ist ein gutes Gesundheitswissen weit verbreitet, mündet jedoch nicht unbedingt in gesundheitsförderndes Handeln. Durch die Tiefen- und Experteninterviews lassen sich zwei extreme Positionen identifizieren: Die eine Gruppe weiß um die Wichtigkeit gesunder Lebensstile, es fehlt jedoch die Kontrollüberzeugung im Alltag, diese umzusetzen:

> „The lifestyle illnesses, because the lifestyle is not healthy, because they eat wrong foods, because they don't exercise, because they waste a lot of time on TV and entertainment. And it is a fashion to earn and spend the money in hotels and restaurants and go out. They are losing all healthy habits and creating more stress, physically and mentally, and causing more problems to themselves." (GpB2)

Da Personen dieser Gruppe jedoch mehr Einkommen zur Verfügung haben und häufiger krankenversichert sind (vgl. 5.2.1), stellt der Zugang zu Gesundheitsdiensten keine Barriere dar. Zudem bieten viele Privatkrankenhäuser in Pune kostenpflichtige Vorsorgeuntersuchungen an, die eine effektive und frühzeitige Behandlung gesundheitlicher Probleme ermöglichen:

> „We have started a master health check. So a health check department where we have healthy clients coming. We even don't call them patients. Clients coming without any reasons particularly. So they come get their check-ups, get their blood tests, (...) that we can detect any abnormalities at a very early stage." (Ph1)

Auch Firmen z.B. im IT-Bereich bieten jährliche Vorsorgeuntersuchungen für ihre Mitarbeiter an (Ph10, GpB1, Ph1), so dass selbst Personen mit einem geringen Gesundheitshandeln zumindest frühzeitig über gesundheitliche Probleme aufgeklärt werden. Eine andere Gruppe von Personen ist sehr gesundheitsbewusst und setzt dies z.B. in eine gesunde Ernährung, ausreichend Bewegung sowie ebenfalls in die Inanspruchnahme von Vorsorgeuntersuchungen um:

> „They are quite aware of their health, and even without some symptoms they really want to see at what position they are. That is the big difference in this area." (GpB3) (vgl. auch GpB2)

Während in der Gruppe der *intermediates* Gesundheitswissen und -handeln noch gewissen Limitationen unterworfen ist, ist das Gesundheitshandeln in der Gruppe der *affluent* stark von der jeweiligen Lebensphase und den Lebensumständen abhängig.

### 5.5.3 Erweiterte Definition gesundheitlicher Disparitäten

Aus den obigen Ausführungen wird ersichtlich, dass gesundheitliche Disparitäten sich in wesentlich mehr interdependent miteinander verwobenen Faktoren und gesundheitlichen Implikationen zeigen als alleine in der Krankheitslast (Abb. 52). Für das Verständnis gesundheitsdeterminierender Faktoren ist es essenziell, kontextuelle und kompositorische Aspekte zusammen zu betrachten, da sich diese vielschichtig bedingen. Aus den psychosozialen, verhaltensbezogenen, materiellen und ökologischen Faktoren, die durch den sozioökonomischen Status bedingt werden, sowie individuellen biologischen Faktoren ergeben sich unterschiedliche Risiko- und Schutzfaktoren, die ungleiche Suszeptibilitäten gegenüber verschiedenen Krankheiten zur Folge haben. Des Weiteren beeinflusst das Gesundheitswissen und das daran gekoppelte Gesundheitshandeln im Rahmen der eigenen Möglichkeiten das Eintreten eines Erkrankungsereignisses. Diese Faktoren münden in eine ungleiche Krankheitslast verschiedener Statusgruppen. Beispielsweise treten Anämie, Hautinfektionen oder Diarrhö in der Gruppe der *deprived* wesentlich häufiger auf als in der Gruppe der *affluent*. Letztere hingegen haben die höchste Prävalenz an Adipositas oder Hypertension. Aber auch bei Eintritt eines ähnlichen akuten oder chronischen Erkrankungsereignisses wie z.B. einer Malaria- oder Diabeteserkrankung hat die Analyse der Indikatorerkrankungen (vgl. 5.3) gezeigt, dass der Krankheitsverlauf mit der Schwere und Dauer der Erkrankung sowie dem Auftreten von Komorbiditäten ebenfalls einem sozioökonomischen Gradienten folgt. Der Krankheitsverlauf wird vom individuellen Krankheitshandeln beeinflusst, das eng an die Informiertheit und die finanziellen Ressourcen einer Person bzw. eines Haushalts und damit an den sozioökonomischen Status gekoppelt ist.

Das Krankheitshandeln wirkt sich zum einen auf die Entscheidung aus, ob eine Gesundheitseinrichtung aufgesucht werden muss oder ob eine Selbstmedikation bzw. eine Anpassung der Verhaltensweisen erfolgt. Je nach Art der Erkrankung und Krankheitswissen kann die Erkrankung erfolgreich oder nicht erfolgreich selbst behandelt werden. Ein Negativbeispiel wäre die Tendenz in der Gruppe der *deprived*, die Anzeichen einer Tuberkuloseerkrankung aus Scham oder Unwissenheit zu ignorieren und keine Gesundheitseinrichtung aufzusuchen. Aber auch bei dem Aufsuchen eines Gesundheitsdienstleisters besteht v.a. in der Gruppe der *deprived* und *strugglers* die Gefahr, dass der Arzt nicht ausreichend qualifiziert ist und keine adäquate Diagnose stellt, wodurch eine erfolgreiche Behandlung verhindert wird. Selbst bei einer adäquaten Diagnose kann es insbesondere in niedrigen Statusgruppen zu einer inadäquaten Behandlung kommen, sei es aus finanziellen Gründen (z.B. Diabetes-Medikamente können nicht dauerhaft finanziert werden) oder Mangel an Kontrollüberzeugung und Krankheitswissen (z.B. kostenfreie DOTS-Therapie zur Behandlung von Tuberkulose wird frühzeitig abgebrochen). Des Weiteren wird der Krankheitsverlauf vom Krankheitsverhalten positiv oder negativ beeinflusst; zum Beispiel erfolgt neben der Diabetesbehandlung auch eine Ernährungsumstellung oder wird bei einem grippalen Infekt eine ausreichende Ruhephase eingehalten. Diese verschiedenen Faktoren, die von der

Exposition zu Risiko- und Schutzfaktoren, dem Gesundheitswissen und -handeln hin zum Krankheitshandeln reichen, sind eng an den sozioökonomischen Status geknüpft und führen zu einem höheren Risiko niedriger Statusgruppen, einen ungünstigen Krankheitsverlauf mit einer längeren Dauer und Entwicklung von Komorbiditäten zu durchleiden. Gesundheitliche Disparitäten werden dabei von Systemfaktoren auf verschiedenen Ebenen beeinflusst, die zum einen gesundheitsdeterminierende Faktoren betreffen, zum anderen das Gesundheitssystem mit den angebotenen Dienstleistungen und Zugangsbarrieren.

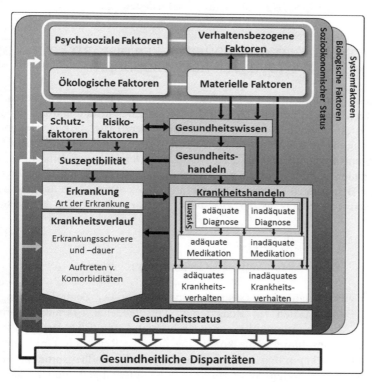

*Abb. 52: Konzeptionelle Betrachtung gesundheitlicher Disparitäten (Entwurf: M. Kroll)*

Basierend auf dem erweiterten Verständnis gesundheitlicher Disparitäten wird daher folgende Definition vorgeschlagen:

> Gesundheitliche Disparitäten zwischen verschiedenen sozioökonomischen Gruppen resultieren aus einer unterschiedlichen Exposition zu Risiko- und Schutzfaktoren in der physischen und sozialen urbanen Umwelt und münden in ungleiche Suszeptibilitäten gegenüber verschiedenen Krankheiten. Zusätzlich zu den Diskrepanzen in der Morbidität und Mortalität ergeben sich aus dem Krankheitshandeln weitere Disparitäten im Krankheitsverlauf in Bezug auf Schwere und Dauer einer Erkrankung sowie dem Auftreten von Komorbiditäten.

Damit wird der Disparitäten-Begriff nicht nur zur deskriptiven Beschreibung des Gesundheitsstatus als *health outcome* angewendet, sondern es findet auch eine Einbeziehung der Ursachen zur Analyse der Suszeptibilitäten verschiedener sozioökonomischer Gruppen statt. Auch wenn mit diesem mehrdimensionalen Ansatz und dem dadurch gestiegenen Komplexitätsgrad gesundheitliche Disparitäten nicht mehr durch einfache Indikatoren wie die Lebenserwartung messbar sind, so erlaubt der erweiterte Begriff dennoch eine umfassendere Analyse der zugrunde liegenden Ursachen und damit ein Ableiten von Handlungsansätzen zur Eliminierung gesundheitlicher Disparitäten auf verschiedenen Ebenen.

## 5.6 STELLENWERT GESUNDHEITLICHER DISPARITÄTEN IN DER ÖFFENTLICHEN GESUNDHEIT

Intraurbane gesundheitliche Disparitäten stellen in Pune sowie anderen schnell wachsenden Städten ein Problem für die Öffentliche Gesundheit dar, da sie Fortschritte in der Krankheitsbekämpfung unterminieren (vgl. 3.1.2). Dennoch sind sie bisher nur schwach im indischen Diskurs vertreten (vgl. Dasgupta/Bisht 2010), was sich entsprechend auch in der Öffentlichen Gesundheitspolitik niederschlägt. Im Folgenden werden zum einen Maßnahmen zum Abbau intraurbaner gesundheitlicher Disparitäten seitens der Regierung kurz erörtert, zum anderen auch die Funktionen von NGOs in der Gesundheitsversorgung urbaner Armutsgruppen diskutiert.

### 5.6.1 Nationale Gesundheitsprogramme

In Indien gibt es zahlreiche Gesundheitsprogramme der Zentralregierung sowie einzelner Bundesstaaten zur Reduzierung verschiedener Erkrankungsarten wie z.B. Polio, Malaria, Tuberkulose oder Krebs (vgl. Gupta/Bhandari 2010); vor allem durch die Impfprogramme konnte die indische Regierung einige Erfolge in der Krankheitsbekämpfung erzielen. Die meisten Gesundheitsprogramme haben jedoch keinen dezidierten Fokus auf urbane Armutsgruppen und sind daher nicht auf den Abbau von Disparitäten ausgerichtet. Das Integrated Child Development Services (ICDS)-Programm (auch als Anganwadi-Programm bezeichnet), das allerdings vom Ministry of Women and Child Development ausgerichtet wird, stellt eine Ausnahme dar, weshalb es im Folgenden ausführlicher betrachtet wird.

Das **ICDS-Programm** wurde 1975 speziell zur frühkindlichen Förderung konzipiert und strebt die Verbesserung des Ernährungs- und Gesundheitsstatus von Kindern bis zu sechs Jahren sowie deren Müttern an. Diese Ziele sollen durch

Immunisierung, supplementäre Nahrung, Gesundheitskontrollen und Überweisungen an Primary Health Centers in Krankheitsfällen für Kleinkinder, Schwangere und stillende Mütter erreicht werden. Zudem wird in den Anganwadis für Kinder zwischen drei und sechs Jahren eine Vorschulerziehung und für Frauen Ernährungs- und Gesundheitserziehung angeboten[33]. In Städten soll jeweils ein Anganwadi Center für etwa 400 bis 800 Menschen zur Verfügung stehen; in Pune sind diese v.a. in registrierten Slums zu finden. In den Untersuchungsgebieten existieren sieben Anganwadis in Slum A und drei in Slum C. In Slum B wurde 2010 ein Anganwadi in dem informellen Slum (B3) eingerichtet; in der Regel sind diese in unregistrierten Slums jedoch nicht zu finden. Das ICDS-Programm bietet von seiner Konzeption her mit dem Fokus auf Gesundheitsförderung und Krankheitsprävention einen sehr guten Ansatz für den Abbau gesundheitlicher Disparitäten. Allerdings wurden in Interviews mit NGOs einige Kritikpunkte geäußert, die auch zum Teil aus den Interviews mit den Mitarbeiterinnen bzw. dem Besuch der Anganwadis ersichtlich wurden: Am häufigsten wurde die sehr unterschiedliche Leistungsbereitschaft der Mitarbeiterinnen in den Anganwadis angesprochen, die mit der geringen Bezahlung[34] und seltenen Überprüfung der Zentren erklärt wurde (Et1). Die Qualität der Versorgung bzw. angebotenen Dienstleistungen hinge somit stark von der individuellen Leistungsbereitschaft der Mitarbeiterinnen ab, da die Slumbevölkerung diese Dienste in der Regel nicht einfordere (Ngo2). Viele Anganwadis würden primär Essen an Kinder verteilen und den anderen Aufgaben wie der Gesundheitskontrolle und -aufklärung kaum nachkommen (Ngo3). Zudem wurde von einer Fachärztin die Qualität des Essens bemängelt sowie die Betreuungssituation der Kinder. In manchen Anganwadis herrsche ein rüder Umgang mit den Kindern, die Zentren selbst seien z.T. überfüllt, baulich mangelhaft und zu dunkel, was u.a. zu Vitamin D-Mangel führe, wie die Fachärztin in einer Studie in Pune belegt habe:

> „In one of the crushes that we've worked in some days ago, they were around 40 children and in one dark room. (...) almost 100% of the children were Vitamin D deficient. (...) nine to five they are sitting there, all their mothers are housemaids." (Et1)

Trotz dieser Kritikpunkte leisten Anganwadis einen wichtigen Beitrag zur Gesundheitsförderung (GpB8). Insgesamt kann das Programm daher als positiver Ansatz bewertet werden, gesundheitliche Disparitäten bereits im Kleinkindalter in Slumgebieten zu bekämpfen und damit Entwicklungschancen zu erhöhen sowie die Müttergesundheit zu fördern. Dennoch besteht in vielen Zentren bei der Implementierung der Ziele Optimierungsbedarf. Problematisch ist zudem, dass die

---

33 http://wcd.nic.in/icds.htm (Zugriff 18.3.2012)
34 Das Monatsgehalt beträgt zwischen 1438 und 1563 INR je nach Qualifikation und Erfahrung (2008), Helfer verdienen 750 INR (http://wcd.nic.in/icds.htm; Zugriff: 18.3.2011).

PMC Anganwadis in der Regel nur in registrierten Slums einrichtet, so dass die ärmsten Bevölkerungsgruppen nicht von dem Programm profitieren können.

Abgesehen von weiteren Sozialprogrammen, die Armutsgruppen zugute kommen[35], ist insgesamt betrachtet keine holistische Herangehensweise der indischen Regierung zum Abbau intraurbaner gesundheitlicher Disparitäten erkennbar. Dabei wurde bereits 1984 das Health Post Scheme zur Gesundheitsverbesserung urbaner Armutsgruppen in Form von Gesundheitsstationen in Slums verabschiedet, dessen Förderung jedoch 1986 wieder eingestellt wurde (Kapadia-Kundu/Karnitkar 2002: 5088). Die Probleme urbaner Gesundheit, die sich durch die rapide Urbanisierung und wachsende sozioökonomische Disparitäten in den Städten in den letzten zwei Dekaden enorm verschärft haben, sind erst Mitte der 2000er Jahre (wieder) in den politischen Fokus gerückt:

> „So from about 1986 to 2006 this whole area was neglected. In the meantime, many big policies for India's health were formulated, but not for urban health. (...) In April 2005, one of the largest health policies in recent times, the National Rural Health Mission was launched. And in June of 2005, they realised they had forgotten urban health again." (Ngo4)

Auch das Gesundheitsministerium räumt Defizite in den bestehenden urbanen Strukturen ein, da Urban Health Posts, Urban Family Welfare Centres und Dispensaries aufgrund infrastruktureller Probleme, personeller Ressourcen, der räumlichen Verteilung und unangemessenen Öffnungszeiten sowie Problemen im Überweisungssystem, der Diagnostik und der Auslastung nur suboptimal funktionieren (MoHFW 2010: 52). Der öffentliche Gesundheitssektor ist aufgrund von Unterfinanzierung zu stark überlastet und fragmentiert, als dass er die gesundheitlichen Probleme urbaner Armutsgruppen, die auf subventionierte Gesundheitsdienste angewiesen sind, auffangen könnte (Nundy 2005, Mahal 2010). Dies trägt zu einer Verschärfung der gesundheitlichen Disparitäten weiter bei, zumal die zahlungsfähige Mittel- und Oberschicht mittlerweile fast vollständig auf den Privatsektor ausweicht (Et5). Gerade auf der Ebene der tertiären Versorgung haben Privatkrankenhäuser ihr Angebot in den letzten Jahren massiv ausgebaut, was aber v.a. höheren Statusgruppen zugute kommt. Somit trägt auch das zunehmende Auseinanderklaffen zwischen dem öffentlichen und dem privaten Gesundheitssektor zu einer Verschärfung gesundheitlicher Disparitäten bei.

Mitte 2005 wurde daher eine Task-Force zur Ausarbeitung einer **National Urban Health Mission** gegründet, die eigentlich 2008 vom Indischen Parlament hätte verabschiedet werden sollen (Dasgupta/Bisht 2010). Der Start der NUHM wurde jedoch aus finanziellen Gründen verschoben und ist nun für den Verlauf des zwölften Fünfjahresplans (2012–2017) geplant (Times of India 2010a, Times

---

35 Zum Beispiel: National Minimum Needs Programme (u.a. Verbesserung der Umweltbedingungen in urbanen Slums), Jawaharlal Nehru National Urban Renewal Mission (JNUURM) (adressiert die Bereitstellung von Basisinfrastruktur für urbane Armutsgruppen)

of India 2012). Im Juni 2010 hat das Gesundheitsministerium einen Entwurf für die Durchführungsbestimmungen verabschiedet (MoHFW 2010): Demnach richtet die NUHM, die in 640 Städten implementiert werden soll, ihren Fokus auf (1) urbane Armutsgruppen, die in registrierten und unregistrierten Slums leben, sowie (2) alle weiteren vulnerablen Gruppen wie *pavement dwellers*, Müllsammler, Straßenkinder, Bauarbeiter, Sexarbeiter und temporäre Migranten. Ziel ist die Verbesserung des Gesundheitszustands urbaner Armutsgruppen auf zwei Ebenen: (1) die Verbesserung der öffentlichen Hygiene durch adäquate Sanitäranlagen, sauberes Trinkwasser und Vektorkontrolle, und (2) gerechterer Zugang zu Gesundheitsdiensten durch die Stärkung und Rationalisierung der Kapazitäten aktuell bestehender Gesundheitseinrichtungen, die durch Public Private Partnerships gestärkt werden sollen. Je 50.000 Einwohner ist ein Primary Urban Health Centre geplant, Urban Social Health Activists (USHAs) sollen die Verbindung zu den Haushalten herstellen. Die Implementierung der NUHM obliegt den Städten selbst, um den jeweiligen Rahmenbedingungen in den Städten gerecht zu werden; auch sollen lokale Synergien mit bestehenden Programmen wie JNNURM oder privaten und zivilgesellschaftlichen Partner genutzt werden.

Ein weiteres Ziel der NUHM ist eine integrative Planung zur systematischen Bekämpfung übertragbarer und nichtübertragbarer Krankheiten auf der Stadtebene. Damit kommt das MoHFW einer Kritik an den nationalen Gesundheitsprogrammen nach, die durch die Adressierung einzelner Erkrankungen eine zu starke vertikale Ausrichtung aufweisen (Dasgupta/Bisht 2010, Nundy 2005). Dies ist zwar bei impfpräventablen Krankheiten sinnvoll, nicht jedoch bei Krankheiten mit komplexer Krankheitsätiologie wie Malaria oder Diabetes, die auf der präventiven Ebene nur durch Veränderungen in der physischen Umwelt sowie von Verhaltensweisen bekämpft werden können (vgl. 5.3). Auch wird durch die bisherige sektorale Strategie der Aufbau eines holistischen Öffentlichen Gesundheitssystems unterminiert (Dasgupta/Bisht 2010), was gerade in Städten aufgrund der komplexen Entwicklungsstrukturen problematisch ist:

> „The socio-ecological perspective to public health (…) in the main stream public health community it is I think completely lacking, and you should talk to public health officials for example. They have a very narrow kind of programme implementation approach, some standard schemes which they are implementing. The whole pattern of development, the entire pattern of socioeconomic development, it obviously precisely shapes the pattern of disease and health in a population." (Ngo1)

Die Gesundheitsprogramme werden daher den komplexen Gesellschaften der Megastädte und Sekundärstädte mit ihrem rapiden Wachstum und Infrastrukturdefiziten nicht mehr gerecht. Des Weiteren strebt die NUHM eine stärkere Verknüpfung des präventiven und kurativen Bereichs an, denn der öffentliche Gesundheitssektor ist ebenso wie der Private zu stark auf kurative Dienste ausgerichtet und vernachlässigt den Bereich der Gesundheitsförderung und Krankheitsprävention (Gupta/Bhandari 2010), der gerade vor dem Hintergrund der Zunahme chronischer Erkrankungen essenziell ist. Viele Programme sind auf der sekundären und tertiären Präventionsstufe angesiedelt (Früherkennung und Prävention von Komplikationen bei einer Erkrankung sowie Rehabilitation), wenige auf der Stufe der primären Prävention, bei der bereits der Ausbruch einer Erkrankung verhindert werden soll (z.B. durch eine sichere Trinkwasserversorgung). Auch wurde insbesondere von Fachärzten kritisiert, dass zwar existierende Gesetze zur Gesundheitsförderung gut durchdacht seien, es jedoch an der Implementierung u.a. aufgrund von Korruption scheitere (Ph 10).

Es bleibt abzuwarten, wann und in welchem Umfang die NUHM implementiert wird und welchen Beitrag sie tatsächlich zum Abbau intraurbaner Disparitäten leisten kann. Dabei bleibt jetzt schon als kleiner Erfolg festzuhalten, dass mit der Diskussion um die NUHM intraurbane gesundheitliche Disparitäten in den letzten fünf Jahren wesentlich stärker in den Fokus der Öffentlichkeit gerückt sind. Der Abbau gesundheitlicher Disparitäten seitens der Regierung steht jedoch noch am Anfang.

### 5.6.2 Funktion von Nichtregierungsorganisationen

Über den öffentlichen Gesundheitssektor hinaus engagieren sich in Pune sowie allgemein in Indien zahlreiche NGOs für gesundheitliche Belange urbaner Armutsgruppen, insbesondere von Slumbewohnern (vgl. Nadkarni/Sinha/D'Mello 2009). Bewohner informeller Slums oder *pavement dwellers* sind dabei aufgrund ihrer schwereren Zugänglichkeit seltener Zielgruppe dieser Form zivilgesellschaftlicher Interventionen. Aus den Experteninterviews mit NGOs in Pune können unterschiedliche Tätigkeitsfelder abgeleitet werden (Abb. 53): (1) Bewusstseinsbildung in der Bevölkerung in Bezug auf bestimmte gesundheitliche Probleme, v.a. bei tabuisierten Erkrankungen (krankheitsökologische Perspektive) und (2) Verbesserung des Zugangs zu Gesundheitsdiensten (systemische Perspektive) durch: a) Empowerment der Gemeinschaft, um vom öffentlichen Gesundheitssektor adäquate Dienste einzufordern, b) *capacity building* bei öffentlichen Gesundheitseinrichtungen, um den Ansprüchen der Armutsbevölkerung besser gerecht zu werden, und c) Absprachen mit dem privaten Sektor zur Aushandlung subventionierter Leistungen. Dabei sind beide Perspektiven in vielen Programmen miteinander verschränkt.

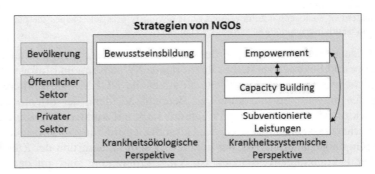

*Abb. 53: Strategien von NGOs im Gesundheitsbereich (Entwurf: M. Kroll)*

Auf der **krankheitsökologischen Ebene** arbeiten NGOs in Pune im Bereich der Krankheitsprävention und Früherkennung v.a. von infektiösen, teils tabuisierten Krankheiten wie HIV/AIDS, Tuberkulose oder Lepra sowie im Bereich Mütter- und Kindergesundheit. Das Pathway-Programm, in dem mehrere lokale NGOs in einem Netzwerk zusammenarbeiten, klärt z.B. über HIV/AIDS auf und vernetzt infizierte Personen mit öffentlichen Behandlungszentren (Ngo7). Gerade im Bereich tabuisierter Erkrankungen ist die Vertrauensbildung in den Slums wichtige Voraussetzung für die Aufklärungsarbeit, denn viele Bewohner haben z.B. Angst davor, dass Namen von erkrankten Personen an die Öffentlichkeit geraten (Ngo5). Daher trauen viele Bewohner auch nicht den lokalen Anganwadis, was die Mitarbeiterinnen selbst ebenfalls ansprachen (z.B. AnC3, AnC4, AnA8). Erst die Vertrauens- und Netzwerkarbeit durch Schlüsselpersonen, die hohes Ansehen in dem Slum genießen oder selbst von der Erkrankung betroffen sind, und Unterstützergruppen ermöglicht es, Risikopersonen zu identifizieren, zu testen und erkrankte Personen bei der Therapie zu begleiten und zu unterstützen, um eine erfolgreiche Behandlung sicherzustellen (Ngo4, Ngo7). Auch im Bereich der Müttergesundheit identifizieren NGOs z.B. Schlüsselpersonen und schulen sie in Gesundheitsfragen, damit sie schwangere Frauen im Slum über prä- und postnatale Untersuchungen sowie Geburtsrisiken aufklären (Ngo6). Gerade im präventiven Bereich wird zivilem Engagement und sozialen Unterstützungssystemen eine wachsende Bedeutung beigemessen, wie ein Arzt eines öffentlichen Krankenhauses bei der Diskussion über Alkoholmissbrauch in Pune zum Ausdruck brachte: So hätten z.B. Frauengruppen in Slums illegale Alkoholverkaufsstände zerstört, um dem massiven Alkoholproblem in vielen Slums entgegenzutreten (GpA4). Des Weiteren führen manche NGOs auch Surveys bzw. temporäre *health camps* in Slums durch, bei denen sie Bewohner über bestimmte Erkrankungen wie z.B. Diabetes oder Asthma aufklären, z.T. auch untersuchen und ggf. in ein öffentliches Krankenhaus überweisen (GpB1, GpB6).

Auf der **krankheitssystemischen Ebene** fungieren NGOs unter anderem als Bindeglied zwischen der Regierung als Anbieter gesundheitsbezogener Dienste und der Bevölkerung als Nutzer, da Letztere sich zum einen oftmals nicht ihrer Rechte bewusst oder nicht in der Lage sind diese durchzusetzen, zum anderen aber auch ein starkes Misstrauen gegenüber Regierungsinstitutionen besteht. NGOs übernehmen hierbei einerseits die Funktion, eine Kooperation mit öffentlichen Dienstleistungserbringern aufzubauen (*capacity building*), um den Zugang für die Slumbevölkerung zu optimieren, andererseits müssen in den Slumgemeinschaften Vertrauen aufgebaut und die Bewohner dazu befähigt werden, adäquate Dienstleistungen einzufordern und deren Erbringung dauerhaft zu überwachen (Empowerment):

> „The focus is not to provide any kind of services directly. Basically our role is to act as a facilitator so that the individuals, community households can access the facilities that are provided by the government. So on one hand we kind of motivate individuals for behaviour change, individuals, families, communities. And on the other we have this part where we link them with the facilities. We kind of activate the government." (Ngo7)

NGOs identifizieren somit Lücken in der Gesundheitsversorgung, z.B. bei der Versorgung von Müttern, Tuberkulosepatienten oder allgemein in der primären Gesundheitsversorgung, und versuchen, diese durch die Einbeziehung öffentlicher Gesundheitseinrichtungen zu schließen, und nicht etwa als alternative Anbieter die gleichen Leistungen zu erbringen (Ngo3, Ngo2). Eine NGO schulte z.B. *community worker* und half bei der Wahl von Sprecherkomitees in den entsprechenden Slums, welche die Aufgabenerfüllung der öffentlichen Gesundheitsstation überwachen, kranke Personen im Slum an diese verweisen und sich auch um weitere Infrastrukturverbesserungen kümmern. Damit hätten sie nicht nur eine Verbesserung der Gesundheitssituation der Bewohner erzielt, sondern auch die Bewohner befähigt, sich selbst um soziale und gesundheitsbezogene Aspekte zu kümmern, wodurch sich die Errungenschaften des Projekts langfristig etablieren könnten (Ngo4). Denn während die Projektarbeit von NGOs oft nur temporär durch Geldgeber finanziert wird, sind Regierungsinstitutionen feste Instanzen (Ngo7). Allerdings wurde von verschiedenen NGOs angesprochen, dass es sehr stark von einzelnen Personen im öffentlichen Sektor und deren persönlicher Motivation abhinge, ob diese kooperieren würden (Ngo7, Ngo2). Zudem arbeiten öffentliche Instanzen wesentlich langsamer als projektorientierte NGOs, wodurch es ebenfalls zu Inkompatibilitäten kommen kann.

Andere NGOs wie z.B. Uplift India agieren als Brücke zwischen der Slumbevölkerung und dem privaten Gesundheitssektor, indem sie durch Abkommen mit Privatkrankenhäusern subventionierte und adäquate Behandlungen für Armutsgruppen ermöglichen und für Letztere quasi eine Lotsenfunktion im privaten Sektor übernehmen. Uplift India arbeitet zwar momentan nur mit wenigen Slums zusammen, dennoch ist der Ansatz durchaus dazu geeignet, den extrem überlasteten öffentlichen Gesundheitssektor in Pune zu entlasten. Ein NGO-Mitarbeiter hob zudem die Versicherungsinitiative der Gewerkschaft für Müllsammlerinnen (KKPKP) positiv hervor, die eine staatlich subventionierte Krankenversicherung für ihre Mitglieder erwirkt haben, um Zugang zu Gesundheitsdiensten zu finanzieren (Ngo1). NGOs können somit auf verschiedene Weise einen Beitrag zur Verbesserung der Gesundheit urbaner Armutsgruppen leisten. Auch Yadav, Nikhil und Pandav (2011) betrachten gemeinschaftsbasierte Ansätze unter Einbeziehung von NGOs und Urban Local Bodies als wichtigen Ansatzpunkt, Präventionsprogramme und Gesundheitsdienste für die Slumbevölkerung zugänglich zu machen. Die Qualität der von den NGOs geleisteten Arbeit scheint dabei jedoch stark zu variieren (Ngo7) und es wäre wichtig, die einzelnen Tätigkeitsbereiche stärker zu vernetzen, um mehr Synergien zu gewinnen und aufgebaute Strukturen über die Förderdauer hinaus nachhaltig zu etablieren. Zudem muss auch beachtet werden, dass Slumbewohner zwar leicht als Zielgruppe zu identifizieren sind, es jedoch auch anderweitig erheblichen Handlungsbedarf gibt (Gupta/Arnold/Lhungdim 2009: 1). Daher liegt die Verantwortung letztendlich beim öffentlichen Gesundheitssektor bzw. der Regierung, die urbane Gesundheit und insbesondere die Gesundheit vulnerabler Gruppen zu fördern.

# 6. GESUNDHEITLICHE DISPARITÄTEN: EINE ABSCHLIESSENDE BETRACHTUNG

Der Globalisierungsprozess hat insbesondere in den Megastädten zu einer starken Aufweichung der räumlichen Armutsgrenzen zwischen „Nord" und „Süd" beigetragen, die heute vielmehr quer durch die urbanen Gesellschaften zwischen den gut ausgebildeten Menschen wie Meena (vgl. Kap. 1) auf der einen und den Menschen mit geringem Bildungsgrad im formellen und informellen Niedriglohnbereich wie Uma auf der anderen Seite des Kontinuums verlaufen. Damit ist auch die Unterscheidung in „Krankheiten der Industrieländer" wie z.B. Diabetes und „Armutskrankheiten der Entwicklungsländer" wie z.B. Tuberkulose (vgl. Cwikel 2006) obsolet. Und dennoch führt der hohe Grad an sozioökonomischen Disparitäten und gesellschaftlicher Fragmentierung sowie die starke Überlastung der urbanen Umwelt in den etablierten und entstehenden Megastädten in Indien zu ganz eigenen epidemiologischen Profilen, die sich von denen der Megastädte in den Industriestaaten unterscheiden.

*Epidemiologische Diversifizierung und gesundheitliche Disparitäten*

In Pune führen die mit dem rapiden Urbanisierungsprozess einhergehenden Veränderungen der physischen und sozialen Umwelt sowie die Zunahme sozioökonomischer Disparitäten in den letzten beiden Dekaden zu einer epidemiologischen Diversifizierung (vgl. 5.4.3), die zu einem Nebeneinander verschiedenartiger epidemiologischer Profile unterschiedlicher sozioökonomischer Bevölkerungsgruppen führt (vgl. 5.5.2). Diese Profile stehen jedoch nicht isoliert, sondern beeinflussen sich auf verschiedenen Ebenen. Die Zunahme chronischer Erkrankungen wie Diabetes und kardiovaskuläre Krankheiten folgt einem linearen Muster mit einer hohen Inzidenz, die insbesondere bei lebensstilinduzierten Erkrankungen in höheren Statusgruppen schneller steigt als in Niedrigen. Während impfpräventable Infektionskrankheiten allgemein rückläufig sind, weisen andere Infektionskrankheiten, die stärker an soziale und ökologische Faktoren geknüpft sind, eine nur langsam sinkende Prävalenz auf, wie z.B. gastrointestinale Erkrankungen, oder gar wieder steigende Prävalenzraten, wie bei Malaria und Denguefieber zu beobachten. Die Suszeptibilität variiert dabei zwischen verschiedenen sozioökonomischen Bevölkerungsgruppen, ist aber tendenziell in niedrigeren Statusgruppen höher ausgeprägt. Gleichzeitig nimmt die Prävalenz neuer chronischer Infektionskrankheiten wie HIV/AIDS zu (vgl. 5.5.2). Zudem bestehen verschiedene Interdependenzen zwischen chronischen und infektiösen Erkrankungen: So begünstigt z.B. die steigende Prävalenz von Diabetes und HIV/AIDS in der Bevölkerung die Ausbreitung von Tuberkulose. Darüber hinaus verändern sich die Morbiditätsmuster in ihrer Qualität mit einer Zunahme von Medikamentenresistenzen insbesondere in niedrigen Statusgruppen bei Tuberkulose, Lepra, HIV/AIDS und Malaria, die den Behandlungserfolg mindern und eine weitere Ausbreitung der Agenzien begünstigen.

Die epidemiologische Diversifizierung resultiert aus einer Risikotransition (vgl. 5.5.1), im Zuge derer sich manche Gesundheitsdeterminanten in Abhängigkeit vom sozioökonomischen Status linear, aber zeitverzögert verändern, wie z.B. die Erschwinglichkeit von Nahrungsmitteln oder Medikamenten. Andere Determinanten, insbesondere an die physische Umwelt gekoppelte Umweltrisiken wie z.B. die Lärm- und Feinstaubbelastung, nehmen unabhängig vom sozioökonomischen Status parallel mit dem Urbanisierungsprozess für alle Gruppen zu, wobei höheren Statusgruppen mehr Handlungsoptionen zur Risikominimierung zur Verfügung stehen. Dem medizinischen Fortschritt als protektivem Faktor kommt dabei eine zentrale Bedeutung zu: Das Angebot an präventiven und kurativen Gesundheitsdiensten hat sich in Pune innerhalb der letzten zwei Dekaden qualitativ und quantitativ stark verbessert, der Zugang ist jedoch an das Einkommen gekoppelt und daher sehr ungleich auf die Bevölkerung verteilt.

Die epidemiologische Diversifizierung führt daher zu einem Anstieg gesundheitlicher Disparitäten, die sich nicht nur in einer variierenden Morbidität und Mortalität als Folge einer unterschiedlichen Exposition zu gesundheitlichen Risiko- und Schutzfaktoren äußern, sondern ebenfalls im Krankheitsverlauf in Bezug auf Schwere und Dauer einer Erkrankung sowie das Auftreten von Komorbiditäten in Abhängigkeit vom sozioökonomischen Status. In einer Querschnittsstudie in Pune wurde gezeigt, dass höhere Statusgruppen zwar eine höhere Prävalenz bei lebensstilinduzierten Erkrankungen wie Diabetes Typ 2 und Hypertension aufweisen, dennoch ist zum einen die selbstberichtete Prävalenz in den beiden registrierten Slums höher als für niedrige Statusgruppen bisher allgemein angenommen; zum anderen verläuft die Krankheit in niedrigen Statusgruppen wesentlich ungünstiger mit einem häufigeren Auftreten von chronischen und infektiösen Komorbiditäten und einer höheren Mortalität. Umweltbedingte chronische Erkrankungen wie Asthma und COPD zeigen in allen Gruppen eine steigende Inzidenz. Nach den selbstberichteten Prävalenzraten sind sie in den höheren Statusgruppen etwas höher ausgeprägt, was jedoch nach Aussagen der Mediziner auf eine zu geringe Diagnoserate in den niedrigen Statusgruppen zurückzuführen sein dürfte, zumal diese tendenziell eine höhere Risikoexposition v.a. im Bereich der Innenraumluftverschmutzung aufweisen. Zudem wurde bei den Slumbewohnern und der gehobenen Mittelschicht in Stadtteil C eine erhöhte Suszeptibilität und Morbidität festgestellt, was auf räumlich variierende Risikoexpositionen in Pune schließen lässt. Auch bei vektorbürtigen Erkrankungen treten räumliche Muster hervor: In dem unregistrierten Slum (Slum B) übersteigt die Malariaprävalenz die der anderen Gebiete um das Mehrfache; auch Fälle von Chikungunya und Denguefieber wurden hier am häufigsten berichtet. Am zweithöchsten ist die Malariaprävalenz in UpperMiddleClass C; Allgemeinmediziner in Gebiet C bestätigten eine hohe Prävalenz von durch Moskitos übertragenen Erkrankungen. Als Ursache wurde hier u.a. die hohe Bautätigkeit identifiziert, im Zuge derer Moskitos in stehenden Wasserkörpern auf Baustellen ganzjährig brüten können. In der hoch verdichteten Innenstadt ist die Prävalenz hingegen am geringsten. Gastrointestinale Erkrankungen, die auf infrastrukturelle Defizite und mangelnde Umwelthygiene zurückzuführen sind, sind insbesondere in der Gruppe der *deprived* aufgrund der schlechten Lebensbedingungen noch immer weit verbreitet. In der Gruppe der *strugglers* haben sie innerhalb der letzten zehn Jahre stark abgenommen, sind aber immer noch prävalent. Auch in höheren Statusgruppen besteht aufgrund infrastruktureller und hygienischer Defizite immer noch eine wesentlich höhere Suszeptibilität als z.B. in westlichen Gesellschaften. Ähnlich zeigt sich die Suszeptibilität und Morbidität bei Tuberkulose, wenn auch auf einem wesentlich niedrigeren Niveau: Zwar ist die Prävalenz in niedrigeren Statusgruppen etwas größer, jedoch sind auch höhere Statusgruppen bei einem geschwächten Immunsystem z.B. aufgrund von Stress oder einer chronischen Erkrankung durchaus gefährdet, an Tuberkulose zu erkranken. Aufgrund einer höheren Fallaufdeckungs- und Heilungsrate verläuft die Erkrankung jedoch wesentlich günstiger als in niedrigen Statusgruppen, in denen sich Fälle einfacher und mehrfacher Medikamentenresistenzen aufgrund schlechter Compliance häufen.

Diesen Sachverhalten Rechnung tragend geht die erweiterte Definition gesundheitlicher Disparitäten (vgl. 5.5.3) über bestehende Definitionen, die insbesondere im Kontext der Industriestaaten entwickelt wurden, hinaus. Der Disparitäten-Begriff wird dabei nicht nur zur Beschreibung gesundheitlicher Disparitäten herangezogen, sondern er ermöglicht durch die Adressierung der verschiedenen Ebenen, auf denen Disparitäten auftreten oder verstärkt werden können, auch eine Ursachenanalyse. Daraus leitet sich die Frage ab, inwiefern die Ergebnisse dieser Studie auf andere Städte im Megaurbanisierungsprozess in Indien bzw. auch in anderen Schwellenländern übertragen werden können. Die selbstberichtete Morbidität aus dem Haushaltssurvey ist nur sehr eingeschränkt auf andere indische Städte übertragbar, da zum einen die Daten selbst methodischen Verzerrungseffekten unterliegen, zum anderen die Suszeptibilität der Bevölkerung gegenüber übertragbaren und nichtübertragbaren Krankheiten durch unterschiedliche regionale Einflussfaktoren variiert. So wurde z.B. für Diabetes nachgewiesen, dass die Bevölkerung südindischer Städte aufgrund einer höheren genetischen Prädisposition sowie unterschiedlicher Risikoexpositionen eine höhere Prävalenz aufweist als die Bevölkerung westlicher Städte (vgl. 5.3.6). Auch die infrastrukturelle Versorgung variiert stark zwischen Städten: So stellt die qualitative und quantitative Wasserversorgung in Pune ein geringeres Gesundheitsrisiko dar als z.B. in Mumbai oder Delhi. Generell scheint die Infrastrukturversorgung in vielen registrierten Slums in Pune über dem nationalen Durchschnitt zu liegen, da die Stadtverwaltung in Pune aufgrund des hohen Wirtschaftswachstums mehr in die Infrastruktur investieren kann. Diese Faktoren tragen insgesamt zu unterschiedlichen Suszeptibilitäten bei, die je nach Stadt und Bevölkerungsgruppe in variierende Prävalenzraten münden. Dennoch sind aus der Studie zwei Dinge auf eine Metaebene übertragbar: Zum einen zeigt die Studie die unterschiedlichen Mechanismen auf, die gesundheitliche Disparitäten in schnell wachsenden Städten im Entwicklungskontext erzeugen, und geht dabei über die Krankheitslast weit hinaus. Zum anderen ist die Exposition zu gesundheitlichen Risiko- und Schutzfaktoren in Abhängigkeit vom sozioökonomischen Status auf einer allgemeineren Ebene durchaus auch auf andere Städte übertragbar, z.B. was die psychische Belastung oder verhaltensbezogene Faktoren anbelangt. Daher ist die erweiterte Definition von gesundheitlichen Disparitäten (vgl. 5.5.3) durchaus auf andere entstehende und etablierte Megastädte im Entwicklungskontext anwendbar, in denen tief greifende sozioökonomische Disparitäten, infrastrukturelle Defizite sowie ein ungleicher Zugang zu Gesundheitsdiensten bestehen.

*Implikationen für die Health Governance*

Aus den gesundheitlichen Disparitäten, wie sie für Pune dokumentiert wurden, lassen sich verschiedene Herausforderungen für die Health Governance in den entstehenden und etablierten Megastädten in Indien ableiten, denn die Schwachstellen nationaler Gesundheitsprogramme und des öffentlichen Gesundheitssektors bestehen für alle Städte. Auch sind in anderen Schwellenländern Südasiens ähnliche Probleme wie z.B. defizitäre Strukturen im öffentlichen Gesundheitssystem oder die Zunahme ungesunder Verhaltensweisen zu beobachten (vgl. WHO SEARO 2011). Betrachtet man die verschiedenen Faktoren, die gesundheitliche Disparitäten konstituieren (Abb. 52), so können daraus Handlungsoptionen auf verschiedenen Ebenen abgeleitet werden.

Aus einer krankheitsökologischen Perspektive ist in Anbetracht der vielfältigen Überlastungserscheinungen eine Stärkung der Gesundheitsförderung und Krankheitsprävention in der Bevölkerung für eine allgemeine Reduktion der Morbidität unerlässlich: Diese sollte zum einen auf der Ebene der Gesundheitsdeterminanten ansetzen, zum anderen auf der Ebene des Gesundheitswissens. Eine Verbesserung des Gesundheitswissens ist für niedrige, aber auch mittlere Statusgruppen wichtig, um damit die Grundlage für ein adäquates Gesundheitshandeln zu legen. Dafür können z.B. bestehende Strukturen wie die Anganwadis effizienter genutzt werden. Zudem könnte Gesundheitswissen in größerem Umfang in den Schulen vermittelt werden, um Kinder zu sensibilisieren, zugleich aber auch durch einen Multiplikatoreffekt die Familien zu erreichen. Gerade in Anbetracht der Zunahme lebensstilinduzierter Erkrankungen, die durch einfache Verhaltensänderungen wie Nichtrauchen, ausreichend Bewegung und gesunde Ernährung vermeidbar sind, gewinnt Prävention durch Gesundheitshandeln an Wichtigkeit. Voraussetzung für aktives Gesundheitshandeln ist jedoch ein Mindestmaß an Einkommen und Infrastrukturausstattung, was in den informellen Slumgebieten in der Regel nicht gegeben ist und auch in den registrierten Slums ein Problem darstellt. Auf der Ebene der Gesundheitsdeterminanten ist daher eine integrative Stadtplanung zur Reduktion gesundheitlicher Risikofaktoren der physischen Stadtumwelt wichtig: Auf der Mesoebene bedeutet dies eine Behebung infrastruktureller Defizite in informellen und je nach Bedarf in formellen Slums in Bezug auf die Wasser- und Abwasserversorgung, sanitäre Anlagen, Strom und Abfallversorgung. Dazu bedarf es aber auch Verhaltensänderungen auf der Mikroebene, z.B. durch

Aufklärungskampagnen und Umwelterziehung, da die Umwelthygiene ein großes Problem darstellt, nicht nur in Slumgebieten. Andere Probleme auf der Makroebene wie die hohe Verkehrsbelastung und die zunehmende Bebauungsdichte können nur durch eine nachhaltigere Stadtplanung adressiert werden. Dafür müsste die Stadtplanung langfristig von einer nachholenden in eine vorausschauende und lenkende Planung übergehen, um Managementsysteme nachhaltig zu etablieren. Auch können durch eine integrative Stadtplanung z.B. mit mehr Grünflächen und Begegnungsstätten im öffentlichen Raum gezielte Anreize für Verhaltensänderungen seitens der Bevölkerung gesetzt werden. Im Bereich der sozialen Gesundheitsdeterminanten werden verhaltensbezogene und psychosoziale Aspekte bisher kaum berücksichtigt. Gerade in den Slumgebieten müssen soziale Aspekte stärker adressiert werden, da gesundheitsschädigende Verhaltensweisen wie z.B. Alkoholmissbrauch Fortschritte in anderen Bereichen konterkarieren können. Die Studie hat z.B. gezeigt, dass der Behandlungserfolg von Tuberkulose bei alkoholabhängigen Personen wesentlich geringer ausfällt. Diese Aspekte finden bisher aber in nationalen Gesundheitsprogrammen keine Beachtung. Auch ist eine stärkere Distinktion zwischen Marginalsiedlungen erforderlich: Die einfache Zuschreibung Slumbewohner gleich Armutsgruppe wird der Komplexität urbaner Gesellschaften längst nicht mehr gerecht. Gerade bei den registrierten Slums, in denen die Basisinfrastruktur gegeben ist und deren Bewohner eine sozioökonomische Aufwärtsmobilität zeigen, müssen soziale Strukturen gestützt und z.B. der Zugang zu Bildung insbesondere für Mädchen und junge Frauen gefördert werden. Auch wäre zu überlegen, wie Lebenswelten in den registrierten Slums weniger gesundheitsgefährdend und ansprechender gestaltet werden könnten, v.a. im Bereich sanitärer Anlagen, da es aufgrund des Bevölkerungsdrucks nicht realistisch ist, dass sich alle Haushalte langfristig eine Wohnung außerhalb des Slums leisten können.

Auf der krankheitssystemischen Ebene ist ein verbesserter und gerechter Zugang zu präventiven und kurativen Gesundheitsdiensten von zentraler Bedeutung. Verschiedene Autoren fordern daher eine höhere Investition in den öffentlichen Gesundheitssektor (vgl. Mahal 2010), um insbesondere für niedrige Statusgruppen eine adäquate Gesundheitsversorgung zu gewährleisten. Wichtige Voraussetzung dafür ist jedoch eine genaue Bedarfsanalyse, da z.B. chronischen Erkrankungen wie Diabetes bisher im öffentlichen Gesundheitssektor zu wenig Bedeutung beigemessen wird. Die Etablierung einer holistischen und langfristigen Gesundheitsberichterstattung, bei der nicht nur die Krankheitslast, sondern auch räumliche und sozioökonomische Variablen erhoben werden, ist somit eine wichtige Voraussetzung für die Planung im Gesundheitsbereich. Ebenso ist mittelfristig eine stärkere Verankerung von Krankheitsprävention und Gesundheitsförderung in nationalen Gesundheitsprogrammen, aber auch im Gesundheitssektor selbst essenziell. Z.B. könnten Ärzte vermehrt darin geschult werden, gemäß dem salutogenetischen Paradigma Patienten nicht nur Diagnose und Therapieansatz mitzuteilen, sondern auch stärker auf Ursachen und Risikominimierungsstrategien einzugehen, wie es zwar durchaus vereinzelt im Gesundheitssektor geschieht, aber nicht die Regel ist. Solange der öffentliche Gesundheitssektor weiterhin so stark überlastet ist, bleibt als kurz- und mittelfristige Strategie die Einbindung von zivilgesellschaftlichen und privaten Institutionen in Form von Public-Private-Partnerships zur Verbesserung des Zugangs zu Gesundheitsdiensten urbaner Armutsgruppen: NGOs können eine Brückenfunktion zwischen Bevölkerung und öffentlichem Gesundheitssektor erfüllen und somit adäquatere Dienstleistungen ermöglichen. Dies gilt auch für den privaten Gesundheitssektor, in dem NGOs vereinzelt eine Lotsenfunktion übernehmen, um niedrigen Statusgruppen eine adäquate und erschwingliche Behandlung zu ermöglichen. Denn solange eine ausreichende Qualifikation von Ärzten im Privatsektor aufgrund mangelnder Regulierungen nicht sichergestellt werden kann, verwenden gerade niedrige Statusgruppen zu viel Geld für inadäquate Dienstleistungen und müssen nicht selten mit erheblichen Komplikationen tertiäre Versorgungseinrichtungen aufsuchen. Allerdings besteht bei NGO-basierten Konzepten immer die Gefahr, dass Strukturen nicht nachhaltig etabliert werden können, da eine Abhängigkeit von Fördergeldern besteht. Daher strebt die National Urban Health Mission (vgl. 5.6.1) eine stärkere Vernetzung der verschiedenen privaten, zivilgesellschaftlichen und öffentlichen Akteure an, die in den Bereich der urbanen Gesundheit involviert sind, um den öffentlichen Gesundheitssektor effizienter zu gestalten. Letztlich bleibt abzuwarten, wann das Programm implementiert wird und welche Verbesserungen für die Gesundheit urbaner Armutsgruppen sowie der Bevölkerung insgesamt damit erreicht werden können.

Aber auch mit den nötigen Reformen des öffentlichen Gesundheitssektors können gesundheitliche Disparitäten langfristig nur durch einen Abbau der sozioökonomischen Disparitäten abgemildert werden. Die Commission on Social Determinants of Health der WHO benennt die Verbesserung der täglichen Lebensbedingungen und Minimierung der strukturellen gesellschaftlichen Ungleichheit, zusammen mit der Errichtung einer Gesundheitsberichterstattung, als Policy-Prioritäten im Kampf gegen gesundheitliche Disparitäten in Indien (CSDH 2008). Ein wichtiger Ansatz dafür ist die stärkere Bildungsförderung niedriger Statusgruppen, was jedoch eine erhebliche finanzielle Mehrbelastung für den öffentlichen Bildungssektor bedeuten würde. Zudem stellt das niedrige Lohnniveau ein massives Problem dar: Aufgrund der hohen Verfügbarkeit billiger Arbeitskräfte ist dieses Problem jedoch nur auf politischer Ebene z.B. durch Einführung eines Mindestlohns zu lösen. Da aber die meisten urbanen Armen im informellen Sektor beschäftigt sind, wäre dies für sie wirkungslos. Hier liegt es u.a. auch in der Verantwortung der gehobenen Mittelschicht, höhere Löhne z.B. für Haushaltshilfen oder Fahrer zu bezahlen. Es ist jedoch eher zu befürchten, dass in naher Zukunft durch einen prognostizierten Rückgang des Wirtschaftswachstums und einen Anstieg der Inflation der Anteil der urbanen Armutsgruppen in Indien eher zunehmen könnte (EIU 2012).

*Forschungsdesiderata*

Die etablierten und entstehenden Megastädte in Indien stehen vor enormen Herausforderungen in Bezug auf die urbane Gesundheit. Die Forschung kann einen sinnvollen Beitrag dazu leisten, Probleme und Ursachenzusammenhänge zu identifizieren, zu analysieren und Lösungsmechanismen daraus abzuleiten. Diese Agenda geht über die Geographische Gesundheitsforschung weit hinaus und erfordert eine interdisziplinäre Forschung u.a. mit Stadtplanern, Umweltwissenschaftlern, Soziologen, Medizinern und Public Health-Forschern. An der Schnittstelle zwischen Mensch und Umwelt gelegen ist die Geographische Gesundheitsforschung besonders dafür geeignet, die verschiedenen disziplinären Perspektiven auf die urbane Gesundheit unter einem Dach zusammen zu bringen.

Konzeptionell besteht dabei noch erheblicher Forschungsbedarf zu den Wirkmechanismen, die Gesundheit und Krankheit allgemein sowie in Abhängigkeit vom sozioökonomischen Status erzeugen, da sich die urbane Umwelt und damit auch die Mechanismen erheblich von denen der Industrieländer unterscheiden, in denen bisher die meisten Studien durchgeführt wurden (vgl. 3.1.2). Zudem fehlen Kenntnisse über die Wechselwirkungen zwischen verschiedenen Erkrankungen, die sich aus der Koexistenz verschiedener epidemiologischer Profile ergeben, z.B. zwischen Diabetes und Tuberkulose oder HIV/AIDS und Malaria, die für die Bekämpfung dieser Erkrankungen essenziell sind.

Bei der Erforschung gesundheitlicher Disparitäten bestehen jedoch insbesondere durch den Mangel an Daten zur Krankheitslast der Bevölkerung allgemein sowie verschiedener Subgruppen erhebliche methodische Herausforderungen: Der im Rahmen dieser Studie entwickelte Forschungsansatz mit einer Kombination von Primär- und Sekundärdaten sowie qualitativen und quantitativen Ansätzen hat sich hier als hilfreich erwiesen, da insbesondere durch die Adressierung unterschiedlicher Statusgruppen erhebliche Verzerrungseffekte aufgrund des variierenden Gesundheitswissens entstehen. Die Triangulation durch die Verwendung unterschiedlicher Methoden und Datenquellen ist somit unerlässlich, wenn nicht klinische Daten erhoben werden können, die allerdings auch aus einer ethischen Perspektive ihre Grenzen haben. Des Weiteren stellt Gesundheit einen sehr sensiblen Themenbereich dar, in dem verschiedene Erkrankungen wie Tuberkulose oder Determinanten wie soziale Konflikte stark tabuisiert sind; daher sind quantitative Ansätze nur begrenzt einsatzfähig. Qualitative Erhebungsmethoden sind wesentlich besser dazu geeignet, Probleme zu adressieren und Ursachen offen zu legen. Die Weiterentwicklung von Mixed-Methods-Ansätzen in der Geographischen Gesundheitsforschung im Entwicklungskontext ist daher ein weiteres wichtiges Forschungsdesiderat.

Aus der Grundlagenforschung lassen sich zudem mehrere anwendungsbezogene Desiderata ableiten, in die konzeptionelle und methodische Forschungsergebnisse einfließen können: Zum Beispiel scheint es besonders dringlich den Fragen nachzugehen, wie urbane Umwelten gesundheitsfördernder gestaltet werden können und wie durch einfache Handlungsstrategien beispielsweise mittels zivilgesellschaftlicher Organisationen Gesundheitsförderung und Krankheitsprävention stärker in der Bevölkerung, insbesondere in niedrigen Statusgruppen, verankert werden können. Eine zentrale Herausforderung besteht darin, wie eine Gesundheitsberichterstattung für indische Städte in Anbetracht der disparaten Strukturen konzeptualisiert und implementiert werden könnte, um eine adäquate Datenbasis für weitere gesundheitsbezogene Interventionen zu schaffen und damit auch gesundheitliche Disparitäten effektiv bekämpfen zu können. Daher wird in einem Pilotvorhaben, das als Folgeprojekt zusammen mit den Projektpartnern in Pune durchgeführt wird, die Konzeptualisierung und Implementierung einer Gesundheitsberichterstattung getestet. Diese würde nicht nur eine bessere Anpassung präventiver und kurativer Maßnahmen seitens der Akteure im Gesundheitssystem erlauben, sondern ebenfalls eine tief greifendere, evidenzbasierte Erforschung urbaner Gesundheit ermöglichen.

# LITERATURVERZEICHNIS

Agarwal, S. (2011): The state of urban health in India: comparing the poorest quintile to the rest of the urban population in selected states and cities. In: Environment and Urbanization 23 (1): 13–28.

Agarwal, S., Sangar, K. (2005): A need for dedicated focus on Urban Health within National Rural Health Mission. In: Indian Journal of Public Health 49: 141–151.

Aggarwal, S., Butsch, C. (2011): Environmental and Ecological Threats in Indian Megacities. In: M. Richter, Weiland, U. (Eds.): Applied Urban Ecology. Chichester: 66–81.

Agudo, A. (2005): Measuring intake of fruit and vegetables. Background paper for Joint FAO/WHO Workshop on Fruit and Vegetables for Health, 1–3 September 2004, Kobe, Japan.

Ahrens, W., Krickeberg, K., Pigeot, I. (2007): An Introduction to Epidemiology. In: Ahrens, W., Pigeot, I. (Eds.): Handbook of Epidemiology. Berlin: 1–40.

Ajay, V.S., Prabhakaran, D., Jeemon, P., Thankappan, K., Mohan, V., Ramakrishnan, L., Joshi, P., Ahmed, F., Mohan, B., Chaturvedi, V., Mukherjee, R., Reddy, K. (2008): Prevalence and determinants of diabetes mellitus in the Indian industrial population. In: Diabetic Medicine 25: 1187–1194.

Akhtar, R., Dutt, A.V., Wadhwa, V. (2010): Malaria Resurgence in Urban India: Lessons from Health Planning Strategies. In: Akhtar, R., Dutt, A.V., Wadhwa, V. (Eds.): Malaria in South Asia. Eradication and Resurgence During the Second Half of the Twentieth Century. Dordrecht: 141–155.

Anand, S. (2004): The Concern for Equity in Health. In: Anand, S., Peter, F., Sen, A. (Eds.): Public Health, Ethics, and Equity. New York: 15–20.

Audy, J. R. (1971): Measurement and diagnosis of health. In: Shepard, P., McKinley, D. (Eds.): Environmental essays on the planet as a home. Boston: 140–162.

Bähr, J., Mertins, G. (2000): Marginalsiedlungen in Großstädten der Dritten Welt. Geographische Rundschau 52 (7/8): 19–26.

Bapat, M. (1981): Shanty Town and City: The Case of Poona. In: Progress in Planning 15: 151–269.

Bapat, M. (2009): Poverty lines and lives of the poor: Underestimation of urban poverty – the case of India. Poverty Reduction in Urban Areas Series. IIED Working Paper 20. London.

Bapat, M., Agarwal, I. (2003): Our needs, our priorities; women and men from the slums in Mumbai and Pune talk about their needs for water and sanitation. Environment and Urbanization 15 (2): 71–86.

Bartley, M. (2004): Health Inequality. An Introduction to Theories, Concepts and Methods. Malden.

Bauer, U., Bittlingmayer, U., Richter, M. (2008): Determinanten und Mechanismen gesundheitlicher Ungleichheit. Die Herausforderung einer erklärenden Perspektive. In: Bauer, U., Bittlingmayer, U., Richter, M. (Eds.): Health Inequalities. Determinanten und Mechanismen gesundheitlicher Ungleichheit. Wiesbaden: 13–58.

Bauer, U., Bittlingmeyer, U. (2012): Zielgruppenspezifische Gesundheitsförderung. In: Hurrelmann, K., Razum, O. (Eds.): Handbuch Gesundheitswissenschaften. Weinheim: 693–728.

Beer, B. (2003a): Feldforschungsmethoden. In Beer, B. (Ed.): Methoden und Techniken der Feldforschung. Berlin: 9–31.

Beer, B. (2003b): Systematische Beobachtung. In Beer, B. (Ed.): Methoden und Techniken der Feldforschung. Berlin: 119–141.

Bernard, H. (2006): Research Methods in Anthropology. Qualitative and Quantitative Approaches. Lanham.

Bithell, J. F. (2007): Geographical Epidemiology. In: Ahrens, W., Pigeot, I. (Eds.): Handbook of Epidemiology. Berlin: 859–890.

Bogner, A., Littig, B., Benz, W. (2005): Das Experteninterview. Theorie, Methode, Anwendung. Wiesbaden.

Bohle, H.G. (2005): Umwelt und Gesundheit als geographisches Integrationsthema. In: Müller-Mahn, D., Wardenga, U. (Eds.): Möglichkeiten und Grenzen integrativer Forschungsansätze in Physischer Geographie und Humangeographie. Leipzig: 55–67.

Bonsignore, M, Barkow, K., Jessen, F., Heun, R. (2001): Validity of the five-item WHO Well-Being Index (WHO-5) in an elderly population. European Archives of Psychiatry and Clinical Neuroscience 251 (2): 27–31.

Bourdieu, P. (1979): Die feinen Unterschiede. Kritik der gesellschaftlichen Urteilskraft. Frankfurt am Main.

Brashier, B., Londhe, J., Jantikar, M., Bal, T., Salvi., S. (2005): Prevalence of obstructive lung diseases in 12,043 urban slum dwellers of Pune city, India. In: European Respiratory Journal 26 (49): 592–593.

Bravemen, P. (2006): Health Disparities and Health Equity: Concepts and Measurement. In: Annual Revue of Public Health 27: 167–194.

Bronger, D. (2004): Metropolen, Megastädte, Global Cities: Die Metropolisierung der Erde. Darmstadt.

Bruce, N., Perez-Padilla, R., Albalak, R. (2002): The health effects of indoor air pollution exposure in developing countries. WHO, Geneva.

Brunotte, E., Gebhardt, H., Meurer, M., Meusburger, P., Nipper, J. (Eds.) (2005): Lexikon der Geographie. Heidelberg.

Buist, A. (2009): Definitions. In: Barnes, P., Drazen, J, Rennard, S., Thomson, N. (Eds.): Asthma and COPD. Basic Mechanisms and Clinical Management. San Diego: 3–7.

Butsch, C. (2011): Zugang zu Gesundheitsdienstleistungen: Barrieren und Anreize in Pune, Indien. Stuttgart.

Caldwell, J. (1993): Health transition: The cultural, social and behavioural determinants of health in the third world. In: Social Science and Medicine 36 (2): 125–135.

Carlo, G., Crockett, L., Carranza, M. (2011): Health Disparities in Youth and Families. Research and Applications. New York.

Carter-Pokras, O., Baquet, C. (2002): What is a "Health Disparity"? In: Public Health Report 117: 426–434.

Castillo-Salgado, C. (2000): Health Situation Analysis in the Americas, 1999–2000. In: Epidemiological Bulletin 21 (4): 1–16.

Chakraborty, A.K. (2004): Epidemiology of tuberculosis: Current status in India. In: Indian Journal of Medical Research 120: 248–276.

Chandramouli, C. (2003): Slums in Chennai: A profile. In: Bunch, M., Suresh, V., Kumaran, T. (Eds.): Proceedings of the third International Conference on Environment and Health, Chennai, India, 15–17 December. Chennai: 82–88.

Cohen, B. (2004): Urban growth in developing countries: A review of current trends and a caution regarding existing forecasts. In: World Development 32 (1): 23–51.

CSDH (Commission on Social Determinants of Health) (2008): Closing the gap in a generation: health equity through action on the social determinants of health. Final Report of the Commission on Social Determinants of Health. WHO, Geneva.

Coy, M. (2006): Inner-city Development and Strategies for Sustainable Urban Renewal: The Case of the Megacity São Paulo. In: Kraas, F., Gaese, H., Kyi, M.M. (Eds.): Megacity Yangon: Transformation processes and modern developments. Southeast Asian Modernities. Berlin: 63–78.

Coy, M., Kraas, F. (2003): Probleme der Urbanisierung in den Entwicklungsländern. In: Petermanns Geographische Mitteilungen 147 (1): 32–41.
Creswell, J., Plano-Clark, V. (2011): Designing and Conducting Mixed Methods Research. Thousand Oaks.
Cummins, S., Curtis, S., Diez-Roux, A., Macintyre, S. (2007): Understanding and representing 'place' in health research: A relational approach. In: Social Science and Medicine 65: 1825–1838.
Curtis, S. (2004): Health and inequality. London.
Curtis, S., Taket, A. (1996): Health and Societies. London.
Cwikel, J. (2006): Social Epidemiology. Strategies for Public Health Activism. New York.
D, C. (2004): Dengue: The Re-emerging Disease. In: Mishra, AC (Ed.): NIV Commemorative Compedium 2004. Pune: 278–307.
Dahlgren, G., Whitehead, M. (1991): Policies and strategies to promote social equity in health. Background document to WHO – Strategy paper for Europe. Arbeitsreport Institute for Futures Studies.
Das, R., Sami, A., Lodha, R., Jain, R., Broor, S., Kaushik, S., Singh, B., Ahmed, M, Seth, R, Kabra, S. (2011): Clinical Profile and Outcome of Swine Flu in Indian Children. In: Indian Pediatrics 48: 373–378.
Dasgupta, R., Bisht, R. (2010): The Missing Mission in Health. In: Economic and Political Weekly 45 (6): 16–18.
Dash, A.P., Valecha, N., Anvikar, A.R., Kumar, A. (2008): Malaria in India: Challenges and Opportunities. In: Journal of Biosciences 33 (4): 583–392.
Datta, P. (Ed.) (2010): The Marketing Whitebook 2010-2011. Businessworld. New Delhi.
DHS (Directorate of Health Services, Government of Maharashtra) & SBHIVS (State Bureau of Health Intelligence and Vital Statistics) (o.J.): Medical Certification of Causes of Death Scheme. Annual Report 2003 and 2004. Pune.
DHS (Directorate of Health Services, Government of Maharashtra) (1995a): Annual Vital Statistics Report of Maharashtra State 1991. Bombay.
DHS (Directorate of Health Services, Government of Maharashtra) (1995b): Annual Vital Statistics Report of Maharashtra State 1992. Bombay.
DHS (Directorate of Health Services, Government of Maharashtra) (o.J.): Medical Certification of Causes of Death Scheme 2000-02 Maharashtra State. Pune.
Diddee, I., Gupta, S. (2003): Pune. Queen of the Deccan. Pune.
Diesfeld, H.J., Falkenhorst, G, Razum, O., Hampel, D. (2001): Gesundheitsversorgung in Entwicklungsländern. Medizinisches Handeln aus bevölkerungsbezogener Perspektive. Berlin.
Dodgson, R., K. Lee, Drager, N. (2002): Global Health Governance. A conceptual Review. Global Health Governance Discussion Paper No. 1. Geneva.
Duggal, R. (2008a): Inequities in Access to Health Care. In: Mishra, S., Duggal, R., Lingam, L., Pitre, A. (Eds.): A report on health inequities in Maharashtra. Pune: 29–56.
Duggal, R. (2008b): Inequities in Health Status. In: Mishra, S., Duggal, R., Lingam, L., Pitre, A. (Eds.): A report on health inequities in Maharashtra. Pune: 57–74.
Dutta, K., Shields, K., Edwards, R., Smith, K. (2007): Impact of improved biomass cookstoves on indoor air quality near Pune, India. In: Energy for Sustainable Development XI (2): 19–32.
EIU (Economic Intelligence Unit) (2012): Country Report India. London.
Elkeles, T, Mielck, A. (1997): Entwicklung eines Modells zur Erklärung gesundheitlicher Ungleichheit. In: Das Gesundheitswesen 59: 137–143.
Engelmann, F., Halkow, A. (2008): Der Setting-Ansatz in der Gesundheitsförderung. Genealogie, Konzeption, Praxis, Evidenzbasierung. Veröffentlichungsreihe der Forschungsgruppe Public Health. Berlin. Online verfügbar: http://bibliothek.wz-berlin.de/pdf/2008/i08-302.pdf (Zugriff: 27.03.2012).
Evans, R., Stoddart, G. (2003): Consuming research, producing policy? American Journal of Public Health 93: 371–379.

Eyles, J., Williams, A. (2008): Introduction. In: Eyles, J., Williams, A. (Eds.): Sense of Place, Health and Quality of Life. Hampshire: 1–14.
Faltermaier, T. (2005): Gesundheitspsychologie. Stuttgart.
Feuerpfeil, I., Botzenhart, K. (2008): Hygienisch-mikrobiologische Wasseruntersuchung in der Praxis: Nachweismethoden, Bewertungskriterien, Qualitätssicherung, Normen. Weinheim.
Flick, U. (2004): Triangulation. Eine Einführung. Wiesbaden.
Flick, U. (2007): Qualitative Sozialforschung. Eine Einführung. Hamburg.
Gaffney, P., Benjamin, M. (2004): Pune, India: Regional Emissions Inventory Study (PREIS). U.S. Environmental Protection Agency.
Galea, S., Freudenberg, N., Vlahov, D. (2005): Cities and population health. In: Social Science and Medicine 60: 1017–1033.
Galea, S., Vlahov, D. (2005a): Urban Health: Evidence, Challenges and Directions. In: Annual Revue of Public Health 2005 26: 341–365.
Galea, S., Vlahov, D. (2005b): Epidemiology and Urban Health Research. In: Galea, S., Vlahov, D. (Eds.): Handbook of Urban Health. Populations, Methods, and Practice. Heidelberg: 259–276.
Gatrell, C. (2002): Geographies of Health. An Introduction. Oxford.
Gaylin, D., Kates, J. (1997): Refocusing the lens: Epidemiologic transition theory, mortality differentials, and the AIDS pandemic. In: Social Science and Medicine 44 (5): 609–621.
Geißler, R. (2004): Facetten der modernen Sozialstruktur. In: Informationen zur politischen Bildung 269: 69–76.
Geyer, S. (2008): Empirie und Erklärung gesundheitlicher Ungleichheiten: Die Praxis empirischer Forschung zu gesundheitlichen Ungleichheiten und ihre theoretischen Implikationen. In: Bauer, U., Bittlingmayer, U., Richter, M. (Eds.): Health Inequalities. Determinanten und Mechanismen gesundheitlicher Ungleichheit. Wiesbaden: 125–142.
Geyer, S., Siegrist, J. (2006): Sozialwissenschaftliche Verfahren in den Gesundheitswissenschaften. In: Hurrelmann, K., Laaser, U., Razum, O. (Eds.): Handbuch Gesundheitswissenschaften. Weinheim: 319–346.
Glaser, B., Strauss, A., Paul, A. (2008): Grounded Theory: Strategien qualitativer Forschung. Bern.
Glouberman, S., Gemar, M., Campsie, P, Miller, G., Armstrong, J., Newman, C., Siotis, A., Groff, P. (2006): A framework for improving health in cities: a discussion paper. In Journal of Urban Health 83 (2): 325–338.
Graham, H. (2008): Die Bekämpfung gesundheitlicher Ungleichheiten und die Bedeutung sozialer Determinanten: Unterschiedliche Definitionsansätze und ihre politischen Konjunktoren. In: Bauer, U., Bittlingmayer, U., Richter, M. (Eds.): Health Inequalities. Determinanten und Mechanismen gesundheitlicher Ungleichheit. Wiesbaden: 455–197.
GRNUHE (Global Research Network on Urban Health Equity) (2010): Improving urban health equity through action on the social and environmental determinants of health. London.
Guerra, S., Martinez, F. (2009): Natural History. In: Barnes, P., Drazen, J, Rennard, S., Thomson, N. (Eds.): Asthma and COPD. Basic Mechanisms and Clinical Management. San Diego: 24–35.
Gupta, D., Bhandari, L. (2010): The Evolving Role of the Government: Regulations and Programmes. In: In Mahal, A., Debroy, B. und L. Bhandari (Eds.): India Health Report 2010. New Delhi: 97–108.
Gupta, K., Arnold, F., Lhungdim, V. (2009): Health and Living Conditions in Eight Indian Cities. National Family Health Survey (NFHS-3), India, 2005–06. Mumbai: International Institute for Population Sciences; Calverton, Maryland, USA: ICF Macro.
Gupta, R., Misra, A. (2007): Review: Type 2 diabetes in India: regional disparities. In: British Journal of Diabetes and Vascular Diseases 7: 12–16.
Gupte, M, Ramachandran, V., Mutatkar, R. (2001): Epidemiological Profile of India: Historical and contemporary perspectives. In: Journal of Biosciences 26 (4): 437–464.

Haes, J., Olschewski, M., Fayers, P., Visser, M., Cull, A., Hopwood, P., Sanderman, R. (1996): The Rotteram Symptom Checklist. A manual. Groningen.

Hall, P., Pfeiffer, U. (2000): Urban Future 21. Der Expertenbericht zur Zukunft der Städte. Stuttgart.

Hardoy, J., Mitlin, E., Satterthwaite, D. (2001): Environmental problems in an urbanizing world. Finding solutions for cities in Africa, Asia and Latin America. London.

Hasselaar, E. (2006): Health performance of housing. Indicators and tools. Amsterdam.

Haub, C., Sharma O.P. (2006): India's Population Reality: Reconciling Change and Tradition. In: Population Bulletin, 61 (3). Online verfügbar: http://www.prb.org/pdf06/61.3Indias Population Reality_Eng.pdf (Zugriff: 7.4.2012).

Helmert, U., Bammann, K., Voges, W., Müller, R. (2000): Müssen Arme früher sterben? Soziale Ungleichheit und Gesundheit in Deutschland. Weinheim.

Helmert, U., Schorb, F. (2006): Die Bedeutung verhaltensbezogener Faktoren im Kontext der sozialen Ungleichheit der Gesundheit. In: Richter, M., Hurrelmann, K. (Eds.): Gesundheitliche Ungleichheit: Grundlagen, Problemen, Perspektiven. Wiesbaden: 125–140.

Hensen, G. (2011): Gesundheitsverhalten und Ungleichheit zwischen individueller Freiheit und gesellschaftlicher Implikation. In: Hensen, P, Kölzer, C. (Eds.): Die gesunde Gesellschaft. Sozioökonomische Perspektiven und sozialethische Herausforderungen. Wiesbaden: 207–228.

Herrle, P., A. Jachnow, Ley, A. (2006): Die Metropolen des Südens: Labor für Innovationen? Mit neuen Allianzen zu besserem Stadtmanagement. SEF Policy Paper No. 25. Bonn.

Horton, R. (1996): The infected metropolis. In: The Lancet 347: 134–135.

Hurrelmann, K., Franzkowiak, P. (2003): Gesundheit. In: BZgA (Ed.): Leitbegriffe der Gesundheitsförderung. Glossar zu Konzepten, Strategien und Methoden in der Gesundheitsförderung. Schwabenheim: 52–55.

IIPS (International Institute for Population Sciences) (1994): National Family Health Survey (MCH and Family Planning): Maharashtra 1992–93. Bombay.

IIPS (International Institute for Population Sciences) (2002): National Family Health Survey (NFHS-2) India, 1998–99, Maharashtra. Mumbai.

IIPS (International Institute for Population Sciences) (2008): National Family Health Survey (NFHS-3) India, 2005–06, Maharashtra. Mumbai.

IIPS (International Institute for Population Sciences) and OCR Macro (2000): National Family Health Survey (NFHS-2), 1998–99. India, Mumbai.

IPCC (Intergovernmental Panel on Climate Change) (2007): Sachstandbericht (AR4) des IPCC (2007) über Klimaänderungen.

Janßen, C. (1999): Lebensstil oder Schicht? Ein Vergleich zweier Konzepte im Hinblick auf ihre Bedeutung für die subjektive Gesundheit unter besonderer Berücksichtigung der gesundheitlichen Kontrollüberzeugungen. Berlin.

Jenkins, C. (2005): Building Better Health. A Handbook of Behavioral Change. Washington D.C.

Joshi, P., Sen, S., Hobson, J. (2002): Experiences with surveying and mapping Pune and Sangli slums on a geographical information system (GIS). In: Environment and Urbanization 14 (2): 225–240.

Kale (2010): Emerging Issues in Health. In Mahal, A., Debroy, B. und L. Bhandari (Eds.): India Health Report 2010. New Delhi: 35–50.

Kapadia-Kundu, N., Karnitkar, T. (2002): Primary Health Care in Urban Slums. In: Economic and Political Weekly 37 (51): 5086–5089.

Kawachi, I. (2002): Editorial: Social Epidemiology. In: Social Science and Medicine 54: 1739–1741.

Kearns, R.A., Moon, G. (2002): From medical to health geography: novelty, place and theory after a decade of change. In: Progress in Human Geography 26 (5): 605–625.

Keleher, H., Murphy, B. (Eds.): Understanding health: a determinants approach. Melbourne.

Kelkar-Khambete, A., Kielmann, K., Pawar, S., Porter, J., Inamdar, V., Datye, A., Rangan, S. (2008): India's Revised National Tuberculosis Control Programme: looking beyond detection and cure. In: International Journal of Lung Diseases 12 (1): 87–92.

Khan, MH, Zanuzdana, A. (2011): Urban Health Research: Study Designs and Potential. In: Krämer, A., Khan, MH, Kraas, F. (Eds.): Health in Megacities and Urban Areas. Heidelberg: 53–71.

Kirchler, E., Meier-Pesti, K., Hofmann, E. (2008): Menschenbilder. In: Kirchler, E. (Ed.): Arbeits- und Organisationspsychologie. Wien: 17–198.

Kistemann, T., Leisch, H., Schweikart, J. (1997): Geomedizin und Medizinische Geographie: Entwicklung und Perspektiven einer „old partnership". In: Geographische Rundschau 49 (4): 198–203.

Kistemann, T., Schweikart, J. (2010): Von der Krankheitsökologie zur Geographie der Gesundheit. In: Geographische Rundschau 7–8: 4–10.

Köberlein, M. (2003): Living from Waste: Livelihoods of the Actors involved in Delhi's Informal Waste Recycling Economy. Saarbrücken.

Kolip, P., Wydler, H., Abel, T. (2010): Gesundheit: Salutogenese und Kohärenzgefühl. Einleitung und Überblick. In: Wydler, H., Kolip, P., Abel, T. (Eds.): Salutogenese und Kohärenzgefühl. Grundlagen, Empirie und Praxis eines gesundheitswissenschaftlichen Konzepts. München: 11–20.

Koschack, J. (2008): Standardabweichung und Standardfehler: der kleine, aber feine Unterschied. In: Zeitschrift für Allgemeinmedizin 84: 258–260.

Kraas, F. (2007): Megacities and global change. Key priorities. In: Geographical Journal 173 (1): 79–82.

Kraas, F., Kroll, M. (2008): Steuerungsprobleme aufsteigender Megastädte – Zur Reorganisation der Abfallwirtschaft von Pune/Indien. In: Geographische Rundschau 60 (11): 56–61.

Kraas, F., Nitschke, U. (2006): Megastädte als Motoren globalen Wandels. Neue Herausforderungen weltweiter Urbanisierung. Internationale Politik 61 (11): 18–28.

Krafft, T. (2006): Entgrenzung und Steuerbarkeit: Herausforderung für die Gesundheitsversorgung in den Megastädten Asiens. In: Kulke E., Monheim H., Wittmann, P. (Eds.): GrenzWerte. Tagungsbericht und wissenschaftliche Abhandlungen 55. Geographentag Trier 2005. Berlin: 131–137

Krafft, T., Wolff, T., Aggarwal, S. (2003): A New Urban Penalty? Environmental and Health Risks in Delhi. In: Petermanns Geographische Mitteilungen 147 (4): 20–27.

Kreienbrock, L., Pigeot, I., Ahrens, W. (2012): Epidemiologische Methoden. Berlin.

Krickeberg, K., Kar, A., Chakraborty, A. (2005): Epidemiology in Developing Countries. In: Ahrens, W., Pigeot, I. (Eds.): Handbook of Epidemiology. Berlin: 1545–1590.

Krieger, N. (1994): Epidemiology and the Web of Causation: Has anyone seen the Spider? In: Social Science and Medicine 39 (7): 887–903.

Krieger, N. (2001a): A glossar for social epidemiology. In: Journal of Epidemiology and Community Health 55: 693–700.

Krieger, N. (2001b): Theories for social epidemiology in the 21st century: an ecosocial perspective. In: International Journal of Epidemiology 30: 668–677.

Krieger, N. (2008): Proximal, Distal, and the Politics of Causation: What's Level Got to Do With it? In: American Journal of Public Health 98 (2): 221–230.

Kroegel, C. (2002): Definition, Einteilung und begriffliche Abgrenzung von Asthma bronchiale. In Kroegel, C. (Ed.): Asthma bronchiale: Pathogenetische Grundlagen, Diagnostik, Therapie. Stuttgart: 2–14.

Kroll, L. (2010): Sozialer Wandel, soziale Ungleichheit und Gesundheit. Die Entwicklung sozialer und gesundheitlicher Ungleichheit in Deutschland zwischen 1984 und 2006. Wiesbaden.

Kroll, M., Butsch, C., Kraas, F. (2011): Health inequities in the City of Pune, India. In: Krämer, A, Khan, M, Kraas, F. (Eds.): Health in Megacities and Urban Areas. Heidelberg: 263–277.

Kromrey, H. (2009): Empirische Sozialforschung. Stuttgart.

Kuhn, J., Heißenhuber, A., Wildner, M. (2004): Epidemiologie und Gesundheitsberichterstattung. Begriffe, Methoden, Beispiele. Handlungshilfe: GBE-Praxis 2. Erlangen.
Kulbe, A. (2009): Grundwissen Psychologie, Soziologie und Pädagogik. Stuttgart.
Kumar, A., Valecha, N., Jain, T., Dash, A. (2007): Burden of Malaria in India: Retrospective and Prospective View. In: American Journal of Tropical Medicine and Hygiene 77 (6): 69–78.
Lahelma, E., Laaksonen, M., Martikaine., P., Rahkonen, O. (2008): Die Mehrdimensionalität der sozioökonomischen Lage – Konsequenzen für die Analyse gesundheitlicher Ungleichheit. In: Bauer, U., Bittlingmayer, U., Richter, M. (Eds.): Health Inequalities. Determinanten und Mechanismen gesundheitlicher Ungleichheit. Wiesbaden: 143–166.
Lamnek, S. (2005): Qualitative Sozialforschung. Weinheim.
Lampert, T., Kroll, L. (2006): Messung des sozioökonomischen Status in sozialepidemiologischen Studien. In: Richter, M., Hurrelmann, K. (Eds.): Gesundheitliche Ungleichheit: Grundlagen, Problemen, Perspektiven. Wiesbaden: 297–319.
Lampert, T., Mielck, A. (2008): Gesundheit und soziale Ungleichheit. Eine Herausforderung für Forschung und Politik. In: Gesundheit – Gesellschaft – Wissenschaft (GGW) 8 (2): 7–16.
Mackenbach, J. (2006): Health Inequalities: Europe in Profile. An independent, expert report commissioned by the UK Presidency of the EU, London. Online verfügbar: http://ec.europa.eu/ health/ph_determinants/socio_economics/documents/ev_060302_rd06_en.pdf (Zugriff: 28.3.2012).
MacMahon, B., Pugh, T., Ipsen, J. (1960): Epidemiologic Methods. Boston.
Mahal, A. (2010): Health Financing in India. In: In Mahal, A., Debroy, B. und L. Bhandari (Eds.): India Health Report 2010. New Delhi: 109–126.
Mahal, A., Debroy, B., Bhandari, L. (2010): India Health Report 2010. New Delhi.
Majra, J., Gur, A. (2009): Climate change and health: Why should India be concerned? In: Indian Journal of Occupational and Environmental Medicine 13 (1): 11–16.
Martens, P. (2002): Health transitions in a globalising world: towards more disease or sustained health? In: Futures 34: 635–648.
Mayer, D. (1996): The political ecology of disease as one new focus for medical geography. In: Progress in Human Geography 20 (4): 441–456.
Mayring, P. (2002): Einführung in die Qualitative Sozialforschung. Weinheim.
McKinsey Global Institute (2007): The ′Bird of Gold`: The Rise of India's Consumer Market. Online verfügbar: http://www.mckinsey.com/locations/india/mckinseyonindia/pdf/India_Consumer_ Market.pdf (Zugriff: 7.4.2012).
Mead, M., Earickson, R. (2000): Medical Geography. New York.
Meier Kruker, V., Rauh, J. (2005): Arbeitsmethoden der Humangeographie. Darmstadt.
Merrill, M. (2010): Introduction to Epidemiology. Sudbury.
Mielck, A. (2005): Soziale Ungleichheit und Gesundheit. Bern.
Mielck, A. (2008): Regionale Unterschiede bei Gesundheit und gesundheitlicher Versorgung: Weiterentwicklung der theoretischen und methodischen Ansätze. In: In: Bauer, U., Bittlingmayer, U., Richter, M. (Eds.): Health Inequalities. Determinanten und Mechanismen gesundheitlicher Ungleichheit. Wiesbaden: 167–190.
Mielck, A., Bloomfeld, K. (Eds.) (2001): Sozial-Epidemiologie. Eine Einführung in die Grundlagen, Ergebnisse und Umsetzungsmöglichkeiten. Weinheim.
Mishra, S. (2008): Socioeconomic Inequities in Maharashtra. In: Mishra, S., Duggal, R., Lingam, L., Pitre, A. (Eds.): A report on health inequities in Maharashtra. Pune: 9–28.
Mishra, S., Duggal, R., Lingam, L., Pitre, A. (2008): A report on health inequities in Maharashtra. Report prepared by SATHI & CEEHAT. Pune.
Mohan, V. (2009): The challenge of tackling diabetes. Erschienen am: 14.11.2009 in The Hindu. Online verfügbar: http://www.thehindu.com/opinion/op-ed/article48234.ece?service=mobile (Zugriff: 7.03.2012).
Mohan, V., Mathur, P., Deepa, R., Shukla, D.K., Menon, G., Anand, K., Desai, N., Joshi, P., Mahanta, J., Thankappan, K., Shah, B. (2008): Urban rural differences in prevalence of self-

reported diabetes in India. The WHO-ICMR Indian NCD risk factor surveillance. In: Diabetes Research and Clinical practice 80: 159–168.

Mohan, V., Sandeep, S., Deepa, R., Shah, B., Varghese, C. (2007): Epidemiology of type 2 diabetes: Indian scenario. In: Indian Journal of Medical Research 125: 217–230.

Mohan, V., Shanthirani, S., Deepa, R., Prealatha, G., Sastry, N., Saroja, R. (2001): Intra-urban differences in the prevalence of the metabolic syndrome in southern India – the Chennai Urban Population Study (CUPS No. 4). In: Diabetic Medicine 18: 280–287.

MoHFW (Ministry of Health and Family Welfare) (2008b): TB India 2008. RNTCP Status Report. New Delhi.

MoHFW (Ministry of Health and Family Welfare, Government of India) (2008a): National Urban health Mission (2008–2012). Meeting the Health Challenge of Uran Population especially the Urban Poor. New Delhi.

MoHFW (Ministry of Health and Family Welfare, Government of India) (2010): National Urban Health Mission. Framework for Implementation. Draft for Discussion. Online verfügbar: http://mohfw.nic.in/NRHM/Documents/Urban_Health/UH_Framework_Final.pdf (Zugriff: 10.4.2012).

Mourya, DT, Yadav, P, Mishra AC (2004): The current status of Chikungunya virus in India. In: Mishra, AC (Ed.): NIV Commemorative Compedium 2004. Pune: 265–277.

Nadkarni, V., Sinha, R., D' Mello, L. (2009): NGOs, Health and the Urban Poor. New Delhi.

Nagargoje, B., Jadhao, A., Bhardwaj, S., Khadse, J. (2011): Missing girls: low child sex ratio, study from urban slum and elite area of Nagpur. In: Health Renaissance 9 (3): 189–193.

NARI (National AIDS Research Council) (2004): Annual Report 2003–2004. Pune.

NCRB (National Crime Records Bureau, Government of India) (2011): Accidental Deaths and Suicides in India 2010. New Delhi.

NIMS (National Institute of Medical Statistics), ICMR (Indian Council of Medical Research) (2009): IDSP Non-Communicable Disease Risk Factors Survey, Maharashtra, 2007–08. New Delhi.

NIN (National Institute of Nutrition, India) (2010): Dietary Guidelines for Indians. A Manual. Hyderabad. Online verfügbar: http://www.ninindia.org/DietaryguidelinesforIndians-Finaldraft.pdf (Zugriff: 9.4.2012).

NSSO (National Sample Survey Organisation) (2010): Some Characteristics of Urban Slums 2008–09. NSS 65th Round. Report No. 534. Delhi.

Nundy, M. (2005): Primary Health Care in India: Review of Policy, Plan and Committee Reports. Background Papers, National Commission on Macroeconomics and Health, MoHFW India. New. Delhi.

Obrist, B., Eeuwijk, P., Weiss, M. (2003): Health, anthropology and urban health research. In: Anthropology and Medicine 10 (3): 267–274.

Office of the Registrar General and Census Commissioner (2005): Slum Population, India, Series-I, Census of India 2001. New Delhi.

Omran, A. (1971): The epidemiological transition. A theory of the epidemiology of population change. In: Milbank Memorial Fund Quarterly 49 (4): 509–538.

Omran, A. (1983): the Epidemiological Transition Theory. A Preliminary Update. In: Journal of Tropical Paediatrics 29: 305–316.

Pandey, V. (2009): Crisis of urban Middle Class. Jaipur.

Paramasivan, C.N., Venkataraman, P. (2004): Drug resistance in tuberculosis in India. Indian Journal of Medical Research 120: 377–386.

Park, K. (2007): Preventive and Social Medicine. Jabalpur.

Patwardhan, A., Sahasrabuddhe, K., Mahabaleshwarkar, M., Joshi. J., Kanade, R., Goturkar, S., Oswal, P. (2003): Changing Status of Urban Water Bodies and Associated Health Concerns in Pune, India. In: Bunch, M., Suresh, V., Kumaran, T. (Eds.): Proceedings of the third International Conference on Environment and Health, Chennai, India, 15–17 December. Chennai: 339–345.

Pearce, J., Dorling, D. (2009): Commentary: Tackling global health inequalities: closing the health gap in a generation. In: Environment and Planning A 41:1–6.
Pforte, A. (2002) Definition und Epidemiologie. In: Pforte, A (Ed.): COPD – chronisch-obstruktive Lungenerkrankungen und Komplikationen. Berlin: 1–6.
Phillips, D. R. (1994): Does Epidemiological Transition have Utility for Health Planners? In: Social Science and Medicine 38 (10): vii–x.
Phillips, W. (2003): The Emerging Patterns of Urban Social Stratification in India. In: Sandhu, R. (Ed.): Urbanization in India. Sociological Contributions. New Delhi: 83–99.
Pitre, A., Hari, L, Kamble, M., Sardeshpande, N., Padhye, R., Mishra, S. (2009): Nutritional Crisis in Maharashtra. Report prepared by SATHI. Pune
PMC (Pune Municipal Corporation) (2006): Environmental Status Report 2006. Pune.
PMC (Pune Municipal Corporation) (2009): Environmental Status Report 2008–09. Pune.
Pries, L. (2010): Transnationalisierung: Theorie und Empirie grenzüberschreitender Vergesellschaftung. Wiesbaden.
Prüss-Üstün, A., Mathers, C., Corvalán, C., Woodward, A. (2003): Introduction and methods: Assessing the environmental burden of disease at national and local levels. Environmental Burden of Diseases Series, No. 1. WHO, Geneva.
Radkar, A., Kanitkar, T., Talwalkar, M. (2010): Epidemiological Transition in Urban Maharashtra. In: Economic and Political Weekly. 25 (39): 23–27.
Ramachandran, A., Cnehalatha, C., Kaour, A., Vijay, V., Mohan, V., Das, A., Rao, P., Yajnik, C. (2001): High prevalence of diabetes and impaired glucose tolerance in India: National Urban Diabetes Survey. In: Diabetologia 44: 1094–1101.
Ramachandran, A., Snehalatha, C. (2009): Current scenario of diabetes in India. In: Journal of Diabetes 1: 18–28.
Ramachandran, R. (2007): Urbanization and Urban Systems in India. New Delhi.
Rastogi, T., Reddy., K., Vaz, M., Spiegelmann, D., Prabhakaran, D., Willett, W., Stampfer, M., Ascherio, A. (2004): Diet and risk of ischemic heart diseases in India. In: American Journal of Clinical Nutrition 79: 582–592.
Reidpath, D. (2004): Social determinants of health. In: Keleher, H., Murphy, B. (Eds.): Understanding health: a determinants approach. Melbourne: 9–22.
Reinisch, A. (2006): Tabakentwöhnung für Jugendliche. Empirische Befunde und Grundzüge eines verhaltensorientierten Interventionskonzepts. Weinheim.
Richter, M., Hurrelmann, K. (2006): Gesundheitliche Ungleichheit: Ausgangsfragen und Herausforderungen. In: Richter, M., Hurrelmann, K. (Eds.): Gesundheitliche Ungleichheit: Grundlagen, Problemen, Perspektiven. Wiesbaden: 11–32.
Rode, S. (2009): Sustainable Drinking Water Supply in Pune Metropolitan Region: Alternative policies. In: Theoretical and Empirical Research in Urban Management, Special Number 15/April: Urban Issues in Asia: 48–59.
Rothermund, D. (2008): Indien. Aufstieg einer asiatischen Weltmacht. Bonn.
Ruststein, S., Johnson, K. (2004): The DHS Wealth Index. DHS Comparative Reposts No. 6. Calverton.
Saksena, S., Singh, PB, Prasad, R., Malhorta, P., Joshi, V., Patil, RS (2003): Exposure of infants to outdoor and indoor air pollution in low-income urban areas — a case study of Delhi. In: Journal of Exposure Analysis and Environmental Epidemiology 13: 219–230.
Sanchez-Rodriguez, R., Seto, C., Simon, D., Solecki, W., Kraas, F., Laumann, G. (2005): Science Plan. Urbanisation and global environmental change. IHDP Report No. 15. Bonn.
Schauerte, G., Geiger, P. (2006): Chronische Lungenerkrankungen (COPD). Eschborn.
Schiefer, B., Ward, R., Eldridge, B. (1977): Plasmodium cynomolgi: Effects of Malaria Infection on Laboratory Flight Performance of Anopheles stephensi Mosquitoes. In: Experimental Parasitology 41: 397–404.
Schirnding, Y. (2002): Health in Sustainable Development Planning: The Role of Indicators. WHO. Geneva.

Schnell, R., Hill, P., Esser, E. (2008): Methoden der empirischen Sozialforschung. München.
Schöffski, O., Greiner, W. (2012): Das QALY-Konzept als prominenter Vertreter der Kosten-Nutzwert-Analyse. In: Schöffski, O., Schulenburg, J. (Eds.): Gesundheitsökonomische Evaluationen. Heidelberg: 71–110.
Selbach, V. (2009): Wasserversorgung und Verwundbarkeit in der Megastadt Delhi/Indien. Köln.
Sen, A. (2004): Why Health Equity? In: Anand, S., Peter, F., Sen, A. (Eds.): Public Health, Ethics, and Equity. New York: 21–34.
Sen, S., Hobson, J., Joshi, P. (2003): The Pune Slum Census: creating a socio-economic and spatial information base on a GIS for integrated and inclusive city development. In: Habitat International 27: 595–611.
Shelter Associates (2004): The Kamgar Putla story: a community's struggle from slum to a society. Pune. Online verfügbar: http://shelter-associates.org/sites/default/files/kamgar-putala-narrative-story.pdf (Zugriff: 28.3.2012).
Shukla, A. (2007): Key Public Health Challenges in India: A Social Medicine Perspective. In: Social Medicine 2 (1): 1–7.
Siegrist, J., Dragano, N., Knesebeck, O. (2006): Soziales Kapital, soziale Ungleichheit und Gesundheit. In: Richter, M., Hurrelmann, K. (Eds.): Gesundheitliche Ungleichheit: Grundlagen, Problemen, Perspektiven. Wiesbaden: 157–170.
Singer, M., Teyssen, S. (2005): Alkohol und Alkoholfolgekrankheiten. Grundlagen, Diagnostik, Therapie. Heidelberg.
Smith, K., Apte, M., Yuqing, M., Wongsekiarttirat, W., Kulkarni, A. (1994): Air Pollution and The Energy Ladder In Asian Cities. In: Energy 19 (5): 187–600.
Smyth, F. (2008): Medical Geography: understanding health inequities. In: Progress in Medical Geography 32 (1): 119–127.
Sökefeld, M. (2003): Strukturierte Interviews und Fragebögen. In Beer, B. (Ed.): Methoden und Techniken der Feldforschung. Berlin: 95–117.
Stang, F. (2002): Indien. Darmstadt.
Starfield, B. (2002): Equity and health: a perspective on nonrandom distribution of health in the population. In: Pan American Journal of Public Health 12 (6): 384–387.
Starfield, B. (2007): Pathways of influence on equity in health. In: Social Science and Medicine 64: 1355–1362.
Stevenson, C., Forouhi, N., Roglic, G., Williams, B., Lauer, J., Dye, C., Unwin, N. (2007): Diabetes and tuberculosis: the impact of the diabetes epidemic on tuberculosis incidence. In: BMC Public Health 7: 234–242.
Times of India (2009a): Mysterious Viral. Erschienen am: 19.11.2009.
Times of India (2009b): Chikungunya cases rising. Erschienen am: 20.11.2009. Online verfügbar: http://articles.timesofindia.indiatimes.com/2009-11-20/pune/28099937_1_chikungunya-cases-testing-centres-fever (Zugriff: 25.3.2012).
Times of India (2009c): AIDS claimes 42 this year. Erschienen am: 28.11.2009.
Times of India (2010a): Urban health mission shelved for now. Erschienen am: 12.2.2010. Online verfügbar: http://articles.timesofindia.indiatimes.com/2010-02-12/india/28121433_1_69_cro re-slum-population-nuhm-pressure-on-urban-hospitals (Zugriff: 25.3.2012).
Times of India (2010b): Dengue cases more than double in 2009. Erschienen am: 14.1.2010.
Times of India (2010c): Rise in number of Chikungunya cases, too. Erschienen am: 14.1.2010.
Times of India (2010d): Malaria claimes 4 lives in Pune since June. Erschienen am: 24.07.2010. Online verfügbar: http://articles.timesofindia.indiatimes.com/2010-07-24/pune/28306976_1_cerebral-malaria-malaria-deaths-vivax-strain. (Zugriff: 25.3.2012).
Times of India (2010e): Pune's water good, Mumbai's water bad. Erschienen am: 2.04.2010. Online verfügbar: http://articles.timesofindia.indiatimes.com/2010-04-02/pune/28121403_1_water-samples-water-contamination-water-quality (Zugriff: 25.3.2012).
Times of India (2010f): HIV prevalence declines by 11.7 pc. Erschienen am: 20.11.2010.

Times of India (2010g): Slums get loos, but families need one their own. Erschienen am: 19.11.2010. Online verfügbar: http://articles.timesofindia.indiatimes.com/2010-11-19/pune/ 28263538_1_ toilet-blocks-shelter-associates-pratima-joshi (Zugriff: 14.4.2011).
Times of India (2011): New case detection rate of leprosy goes up in Maharashtra. Erschienen am: 27.5.2011. Online verfügbar: http://articles.timesofindia.indiatimes.com/2011-05-27/pune/ 29590850_1_central-leprosy-division-state-leprosy-officer-national-leprosy-elimination-programme (Zugriff: 11.4.2012).
Times of India (2012): New health scheme likely to benefit 40% of Pune's poor. Erschienen am: 18.03.2012. Online verfügbar: http://timesofindia.indiatimes.com/city/pune/New-health-scheme-likely-to-benefit-40-of-Punes-poor/articleshow/12312568.cms (Zugriff: 25.3.2012).
UHCR (Urban Health Resource Centre) (2007): Health of the Urban Poor in India. Issues, Challenges and the Way Forward. Report of the Panel Discussion and Poster Session. New Delhi.
UN (2010): World Urbanizations Prospects. The 2009 Revision. Highlights. New York.
UNDP (2006): Human Development Report 2006. Beyond scarcity: Power, poverty and the global water crisis. New York.
UNHABITAT (2003): The Challenge of Slums. Global Report on Human Settlement. London.
UNHABITAT (2010): State of the World`s Cities 2010/2011. Bridging the Urban Divide. London.
Vaid, D. (2007): Caste and Class in India – An Analysis. Paper for CIQLE Workshop Sept. 2007.
Vlahov, D., Gibble, E., Freudenberg, N., Galea, S. (2004): Cities and Health: History, Approaches, and Key Questions. In: Academic Medicine 79 (12): 1133–1138.
Vutuc, C., Waldhör, T., Haidinger, G. (2006): Grundlagen der Epidemiologie. In: Wittmann, K., Schoberberger, R. (Eds.): Der Mensch in Umwelt, Familie und Gesellschaft. Wien: 151–176.
Wadhwa, V., Akhtar, R., Dutt, A.V. (2010): The Dynamics of Urban Malaria in India: An Update. In: Akhtar, R., Dutt, A.V., Wadhwa, V. (Eds.): Malaria in South Asia. Eradication and Resurgence During the Second Half of the Twentieth Century. Dordrecht: 157–178.
WHO (1998): Wellbeing Measures in Primary Health Care/The DEPCARE Project. Copenhagen.
WHO (2002): Tuberculosis. Epidemiology and Control. New Delhi.
WHO (2004): Fruit and vegetables for health: Report of a Joint FAO/WHO Workshop, 1–3 September, 2004, Kobe, Japan.
WHO (2006): Basic documents, forty-fifth edition, Supplement. Online verfügbar: http://www.who.int/governance/eb/who_constitution_en.pdf (Zugriff: 22.4.2012).
WHO (2009): Global health Risks. Mortality and burden of disease attributable to selected major risks. Geneva.
WHO (2010): Equity, social determinants and public health programmes. Geneva.
WHO SEARO (2011): Noncommunicable Diseases in the South-East Asia Region. Situation and Responses 2011. New Delhi.
WHO, UNHABITAT (2010): Hidden Cities: Unmasking and Overcoming Health Inequities in Urban Settings. Kobe/Nairobi.
Woodward, A., Kawachi, I. (2000): Why reduce health inequalities? In: Journal of Epidemiology and Community Health 54: 923–929.
Yadav, K., Nikhil, S., Panday, S. (2011): Urbanization and Health Challenges: Need to Fast Track Launch of the National Urban Health Mission. In: Indian Journal of Community Medicine 36 (1): 3–7.
Yajnik, C., Ganpule-Rao, A. (2010): The Obesity-Diabetes Association: What is different in Indians? In: International Journal of Lower Extremity Wounds 9 (3): 113–115.
Yajnik, CS, Fall, CHD, Coyaji, KJ, Hirve, SS, Rao, S., Barker, D., Joglekar, C., Kellingray, S. (2003): Neonatal anthropometry: the thin-fat Indian baby. The Pune Maternal Nutrition Study. In: International Journal of Obesity 27: 173–180.
Yusuf, S., Nabeshima, K. und W. Ha (2007): What makes a city healthy? World Bank Policy Research Working Paper 4107. Online verfügbar: http://econ.worldbank.org (Zugriff: 20.5.2010).

# ANHANG A: VERZEICHNIS DER GEFÜHRTEN INTERVIEWS

## *Experteninterviews*

|    | Kürzel | Adressat | Feld-phase | Sprache |
|----|--------|----------|------------|---------|
| \multicolumn{5}{c}{**Allgemeinmediziner und Mediziner in Untersuchungsgebieten**} |||||
| 1  | GpA1 | Allgemeinmediziner (Privatpraxis, Allopathie), Gebiet A | 1 | Englisch |
| 2  | GpA2 | Allgemeinmediziner (Privatpraxis, Allopathie), Gebiet A | 1 | Englisch |
| 3  | GpA3 | Allgemeinmediziner (Privatpraxis, Allopathie), Gebiet A | 2 | Englisch |
| 4  | GpA4 | Medical Superintendant (Öffentl. Krankenhaus), Gebiet A | 2 | Englisch |
| 5  | GpB1 | Allgemeinmediziner (Privatpraxis, Allopathie), Gebiet B | 1 | Englisch |
| 6  | GpB2 | Allgemeinmediziner (Privatpraxis, Allopathie), Gebiet B | 1 | Englisch |
| 7  | GpB3 | Allgemeinmediziner (Privatpraxis, Allopathie), Gebiet B | 1 | Englisch |
| 8  | GpB4 | Direktor (Öffentliches Krankenhaus), Gebiet B | 1 | Englisch |
| 9  | GpB5 | Gynäkologin (Öffentliches Krankenhaus), Gebiet B | 1 | Englisch |
| 10 | GpB6 | Allgemeinmediziner (Privatpraxis, Ayurveda), Gebiet B | 2 | Englisch |
| 11 | GpB7 | Allgemeinmediziner (Privatpraxis, Ayurveda), Gebiet B | 2 | Englisch |
| 12 | GpB8 | Allgemeinmediziner (Privatpraxis, Ayurveda), Gebiet B | 2 | Englisch |
| 13 | GpC1 | Allgemeinmediziner (Privatpraxis, Allopathie), Gebiet C | 1 | Englisch |
| 14 | GpC2 | Allgemeinmediziner (Privatpraxis, Allopathie), Gebiet C | 1 | Englisch |
| 15 | GpC3 | Allgemeinmediziner (Privatpraxis, Allopathie), Gebiet C | 1 | Englisch |
| 16 | GpC4 | Allgemeinmediziner (Privatpraxis, Allopathie), Gebiet C | 1 | Englisch |
| 17 | GpC5 | Allgemeinmediziner (Privatpraxis, Ayurveda), Gebiet C | 1 | Englisch |
| 18 | GpC6 | Direktor (Trust Krankenhaus), Gebiet C | 1 | Englisch |
| 19 | GpC7 | Allgemeinmediziner (Privatpraxis, Allopathie), Gebiet C | 2 | Englisch |
| 20 | GpC8 | Allgemeinmediziner (Privatpraxis, Allopathie), Gebiet C | 2 | Englisch |
| \multicolumn{5}{c}{**Medizinische Direktoren und Fachärzte**} |||||
| 1  | Ph1 | Medical Superintendant, Privates Krankenhaus I | 1 | Englisch |
| 2  | Ph2 | Facharzt, Chest & TB, Privates Krankenhaus I | 1 | Englisch |
| 3  | Ph3 | Facharzt, Diabetes, Privates Krankenhaus I | 1 | Englisch |
| 4  | Ph4 | Facharzt, Cardiac Unit, Privates Krankenhaus I | 1 | Englisch |
| 5  | Ph5 | Medical Superintendant, Privates Krankenhaus II | 1 | Englisch |
| 6  | Ph6 | Facharzt, Diabetes, Privates Krankenhaus II | 1 | Englisch |
| 7  | Ph7 | Facharzt, Diabetes, Privates Krankenhaus II | 1 | Englisch |
| 8  | Ph8 | Facharzt, Cardiac Unit, Privates Krankenhaus II | 1 | Englisch |

| 9 | Ph9 | Medical Director, Privates Krankenhaus III | 1 | Englisch |
|---|---|---|---|---|
| 10 | Ph10 | Facharzt, Chest & TB, Privates Krankenhaus III | 1 | Englisch |
| 11 | Ph11 | Facharzt, Diabetes, Privates Krankenhaus III | 1 | Englisch |
| 12 | Ph12 | Facharzt, Kidney Department, Privates Krankenhaus III | 1 | Englisch |
| 13 | Gh1 | Medical Director, Öffentliches Krankenhaus | 1 | Englisch |
| 14 | Gh2 | Facharzt, Chest & TB, Öffentliches Krankenhaus | 1 | Englisch |
| 15 | Gh3 | Facharzt, Diabetes, Öffentliches Krankenhaus | 1 | Englisch |
| 16 | Gh4 | Facharzt, Cardiac Unit, Öffentliches Krankenhaus | 1 | Englisch |
| **Mitarbeiterinnen der Anganwadis** | | | | |
| 1 | AnA1 | Mitarbeiterin, staatlicher Anganwadi, Slum A | 1 | Marathi |
| 2 | AnA2 | Mitarbeiterin, staatlicher Anganwadi, Slum A | 2 | Marathi |
| 3 | AnA3 | Mitarbeiterin, staatlicher Anganwadi, Slum A | 2 | Marathi |
| 4 | AnA4 | Mitarbeiterin, staatlicher Anganwadi, Slum A | 2 | Marathi |
| 5 | AnA5 | Mitarbeiterin, staatlicher Anganwadi, Slum A | 2 | Marathi |
| 6 | AnA6 | Mitarbeiterin, staatlicher Anganwadi, Slum A | 2 | Marathi |
| 7 | AnA7 | Mitarbeiterin, staatlicher Anganwadi, Slum A | 2 | Marathi |
| 8 | AnA8 | Mitarbeiterin, privater Anganwadi einer NGO, Slum A | 2 | Marathi |
| 9 | AnA9 | Mitarbeiterin, privater Anganwadi einer NGO, Slum A | 1 | Marathi |
| 10 | AnC1 | Mitarbeiterin, staatlicher Anganwadi, Slum C | 1 | Marathi |
| 11 | AnC2 | Mitarbeiterin, staatlicher Anganwadi, Slum C | 1 | Marathi |
| 12 | AnC3 | Mitarbeiterin, staatlicher Anganwadi, Slum C | 1 | Marathi |
| 13 | AnC4 | Mitarbeiterin, staatlicher Anganwadi, Slum C | 2 | Marathi |
| 14 | AnC5 | Mitarbeiterin, staatlicher Anganwadi, Slum C | 2 | Marathi |
| 15 | AnC6 | Mitarbeiterin, staatlicher Anganwadi, Slum C | 2 | Marathi |
| **Experteninterviews mit Medizinern zur Datentriangulation** | | | | |
| 1 | Et1 | Senior Research Officer, Privates Krankenhaus | 2 | Englisch |
| 2 | Et2 | Fachärztin, Privates Krankenhaus | 2 | Englisch |
| 3 | Et3 | Facharzt, Privates Krankenhaus | 2 | Englisch |
| 4 | Et4 | Allgemeinmediziner (Privatpraxis, Allopathie), Gebiet C | 2 | Englisch |
| 5 | Et5 | Kinderarzt (Privatpraxis, Allopathie) | 1 | Englisch |
| **Weitere Experteninterviews** | | | | |
| 1 | Or1 | Direktor, Air Quality Management Cell, Pune | 1 | Englisch |
| 2 | Or2 | Direktor, Chest Research Foundation, Pune | 1 | Englisch |
| 3 | Ngo1 | Direktor, NGO | 1 | Englisch |
| 4 | Ngo2 | Mitarbeiter, NGO | 1 | Englisch |
| 5 | Ngo3 | Mitarbeiter, NGO | 2 | Englisch |
| 6 | Ngo4 | Mitarbeiter, NGO | 1 | Englisch |

| 7 | Ngo5 | Mitarbeiter, NGO | 2 | Englisch |
|---|---|---|---|---|
| 8 | Ngo6 | Mitarbeiter, NGO | 2 | Englisch |
| 9 | Ngo7 | Mitarbeiter, NGO | 2 | Englisch |

*Tiefeninterviews*

| | Kürzel | Adressat | Feldphase | Sprache |
|---|---|---|---|---|
| 1 | MC/A/1 | Laie, Gebiet MiddleClass A | 1 | Englisch |
| 2 | MC/A/2 | Laie, Gebiet MiddleClass A | 1 | Englisch |
| 3 | MC/A/3 | Laie, Gebiet MiddleClass A | 1 | Marathi |
| 4 | MC/A/4 | Laie, Gebiet MiddleClass A | 1 | Marathi |
| 5 | MC/A/5 | Laie, Gebiet MiddleClass A | 2 | Marathi |
| 6 | MC/A/6 | Laie, Gebiet MiddleClass A | 2 | Marathi |
| 7 | MC/A/7 | Laie, Gebiet MiddleClass A | 2 | Marathi |
| 8 | SL/A/1 | Laie, Gebiet Slum A | 1 | Englisch/Marathi |
| 9 | SL/A/2 | Laie, Gebiet Slum A | 1 | Marathi |
| 10 | SL/A/3 | Laie, Gebiet Slum A | 1 | Marathi |
| 11 | SL/A/4 | Laie, Gebiet Slum A | 1 | Marathi |
| 12 | SL/A/5 | Laie, Gebiet Slum A | 2 | Marathi |
| 13 | SL/A/6 | Laie, Gebiet Slum A | 2 | Marathi |
| 14 | SL/A/7 | Laie, Gebiet Slum A | 2 | Marathi |
| 15 | MC/B/1 | Laie, Gebiet UpperMiddleClass B | 1 | Englisch |
| 16 | MC/B/2 | Laie, Gebiet UpperMiddleClass B | 1 | Englisch |
| 17 | MC/B/3 | Laie, Gebiet UpperMiddleClass B | 1 | Englisch |
| 18 | MC/B/4 | Laie, Gebiet UpperMiddleClass B | 1 | Englisch |
| 18 | MC/B/5 | Laie, Gebiet UpperMiddleClass B | 1 | Englisch |
| 20 | MC/B/6 | Laie, Gebiet UpperMiddleClass B | 2 | Englisch |
| 21 | MC/B/7 | Laie, Gebiet UpperMiddleClass B | 2 | Englisch |
| 22 | MC/B/8 | Laie, Gebiet UpperMiddleClass B | 2 | Englisch |
| 23 | SL/B/1 | Laie, Gebiet Slum B | 1 | Marathi |
| 24 | SL/B/2 | Laie, Gebiet Slum B | 1 | Marathi |
| 25 | SL/B/3 | Laie, Gebiet Slum B | 1 | Marathi |
| 26 | SL/B/4 | Laie, Gebiet Slum B | 1 | Marathi |
| 27 | SL/B/5 | Laie, Gebiet Slum B | 1 | Marathi |
| 28 | SL/B/6 | Laie, Gebiet Slum B | 2 | Marathi |
| 29 | SL/B/7 | Laie, Gebiet Slum B | 2 | Marathi |

| 30 | SL/B/8 | Laie, Gebiet Slum B | 2 | Marathi |
|---|---|---|---|---|
| 31 | SL/B/9 | Laie, Gebiet Slum B | 2 | Marathi |
| 32 | MC/C/1 | Laie, Gebiet UpperMiddleClass C | 1 | Englisch |
| 33 | MC/C/2 | Laie, Gebiet UpperMiddleClass C | 1 | Englisch |
| 34 | MC/C/3 | Laie, Gebiet UpperMiddleClass C | 1 | Englisch |
| 35 | MC/C/4 | Laie, Gebiet UpperMiddleClass C | 1 | Englisch |
| 36 | MC/C/5 | Laie, Gebiet UpperMiddleClass C | 2 | Englisch |
| 37 | MC/C/6 | Laie, Gebiet UpperMiddleClass C | 2 | Englisch |
| 38 | MC/C/7 | Laie, Gebiet UpperMiddleClass C | 2 | Englisch |
| 39 | SL/C/1 | Laie, Gebiet Slum C | 1 | Marathi |
| 40 | SL/C/2 | Laie, Gebiet Slum C | 1 | Marathi |
| 41 | SL/C/3 | Laie, Gebiet Slum C | 1 | Marathi |
| 42 | SL/C/4 | Laie, Gebiet Slum C | 1 | Marathi |
| 43 | SL/C/5 | Laie, Gebiet Slum C | 1 | Marathi |
| 44 | SL/C/6 | Laie, Gebiet Slum C | 2 | Marathi |
| 45 | SL/C/7 | Laie, Gebiet Slum C | 2 | Englisch |
| 46 | SL/C/8 | Laie, Gebiet Slum C | 2 | Englisch |

## ANHANG B:

## FOTOGRAFISCHE DOKUMENTATION DER UNTERSUCHUNGSGEBIETE

Aufnahmen: Mareike Kroll (09/2008 bis 01/2009, 09/09 bis 2/2010)

*MiddleClass A*

**Foto 1**: Alter *wada* (traditionelles Wohnhaus in Pune) mit gemeinsamem Innenhof; je nach Größe werden die *wadas* von einer Großfamilie oder mehreren Haushalten bewohnt

**Foto 2**: Alter *wada* mit kleinem Laden; noch herrscht in der Altstadt fast ausschließlich der traditionelle Einzelhandel vor

**Foto 3**: Das Wohngebiet hat die höchste Tempeldichte Punes mit vielen kleinen und großen hinduistischen Tempelanlagen, z.T. auch in privaten Hinterhöfen, die den Bewohnern als Begegnungsstätten dienen

**Foto 4**: In Gebiet A ist der Frei- und Grünflächenanteil sehr gering; diese Flächen zeichnen sich häufig durch eine hohe ökologische Degradierung aus wie dieser mit Abfällen verschmutzte Abwasserkanal (*nallah*), der durch das Gebiet MiddleClass A fließt

**Foto 5**: Die Wohnverhältnisse sind in den meisten Haushalten sehr beengt; mit einer zunehmenden Modernisierung nimmt der Mechanisierungsgrad im Alltag zu

**Foto 6 und 7**: Die alten *wadas* verschwinden zunehmend aus dem Stadtbild und werden durch mehrstöckige Neubauten ersetzt, wodurch die Bebauungsdichte in Gebiet A stark zunimmt

## *Slum A*

**Foto 8**: Slum A besteht zum größten Teil aus weitestgehend konsolidierten Hütten mit soliden Wänden; diese Haushalte haben einen Wasseranschluss direkt vor der Hütte

**Foto 9**: Die Hütten in der nördlichen Randlage sind jedoch noch sehr rudimentär; es fehlt auch eine Kanalisation und die Haushalte haben keinen eigenen Wasseranschluss

284  Anhang B

**Foto 10**: Eine Mauer schützt den Slum seit 2006 vor Überschwemmungen; allerdings akkumuliert sich vor und hinter der Mauer Abfall und Abwasser

**Foto 11**: Eine notdürftig geflickte Trinkwasserleitung, die zu Brauchwasserintrusion führen kann; ein häufigeres Problem in Pune

**Foto 12**: Die Wohnverhältnisse in Slum A sind sehr beengt; in diesem Raum, der nicht weit über den Fotoausschnitt hinausgeht, lebt eine vierköpfige Familie; das Kochen innerhalb der Hütte führt aufgrund der geringen Ventilation zu einer hohen Innenraumluftverschmutzung

**Foto 13**: Das Badewasser wird in den drei Slumgebieten häufig mit Feuerholz erhitzt, wodurch es in den engen Gassen zu einer starken Rauchbelastung kommt; aufgrund der beengten Wohnverhältnisse werden viele Dinge wie z.B. auch der Abwasch in den engen Gassen erledigt; hier werden auch Ziegen und Hühner gehalten

**Foto 14**: Menschen und Tiere leben in Slum A auf engstem Raum zusammen; neben Hühnern und Ziegen hält ein Haushalt an der Mauer sogar eine Büffelherde

Nur wenige Bäume sind im Zuge der hohen Nachverdichtung in Slum A erhalten geblieben

## UpperMiddleClass B

**Foto 15 und 16**: In Koregaon Park gibt es in dem alten Teil des früheren britischen *cantonments* noch viele Alleen und große Gartenanlagen sowie alte britische Bungalows und moderne Villen

**Foto 17**: Es gibt aber auch einfachere Einfamilienhausgebiete, die z.T. in *housing societies* zusammen geschlossen und mit einem Tor und Wachpersonal gesichert sind

**Foto 18**: An das alte *cantonment* anschließend sind in den letzten zehn Jahren moderne und luxuriöse Appartmentkomplexe entstanden

**Foto 19 und 20**: In dem Wohngebiet existieren bereits mehrere Malls, auch Konditoreien, Fast-Food-Filialen und Eiscremeshops siedeln sich zunehmend an und können als Indikator für veränderte Ernährungsmuster gewertet werden

**Foto 21**: Im Gegensatz zu den anderen fünf Untersuchungsgebieten gibt es in UpperMiddleClass B zwei öffentliche und eine private Parkanlage, die u.a. zum Sport treiben benutzt werden können

**Foto 22**: Während der Fluss in der Innenstadt kanalisiert ist, bilden sich in Gebiet B in der Trockenzeit viele Wasserbecken, die als Moskitobrutstätten dienen; zudem sind die Grünflächen entlang des Flusses stark mit Abfall verschmutzt und der Fluss verbreitet in der Trockenzeit einen fauligen Geruch

*Slum B*

**Foto 23 und 24**: In dem temporären Bauarbeitercamp (B1) hat der Bauherr rudimentäre Hütten aus Wellblech für die Bauarbeiter und einen Wassertank mit unbehandeltem Brunnenwasser aufgestellt

**Foto 25**: In dem zweiten Bauarbeitercamp (B2) haben sich viele Haushalte selbst Hütten aus Wellblech, Plastikplanen und Sperrholz gebaut

**Foto 26**: In dem informellen Teilgebiet (B3), das zwischen einem Abwasserkanal und einer Kläranlage (Foto 27) gelegen ist, bestehen die meisten Hütten aus Plastikplanen und Sperrholz

**Foto 27**: Der Konsolidierungsgrad ist in Teilgebiet C3 u.a. daher so gering, da der Slum etwa einmal jährlich von der PMC geräumt wird; das Foto zeigt die Bewohner einen Tag nach der Räumung bei der Suche nach wiederverwertbaren Materialien, eine Woche später standen die Hütten bereits wieder

**Foto 28**: Die meisten Haushalte in Slum B kochen mit Feuerholz, das eine hohe Rauchbelastung verursacht

**Foto 29**: Da alle drei Slumgebiete über keine Wasserversorgung verfügen, wenden die Bewohner z.T. informelle Strategien zur Wasserbeschaffung an; sonst müssen sie weite Strecken zu öffentlichen Wasserhähnen zurück legen

**Foto 30**: Mädchen bringen Wasser zum Slum; als Abkürzung durchqueren sie den Abwasserkanal; in diesen Gefäßen wird das Wasser vor den Hütten auch aufbewahrt

## UpperMiddleClass C

**Foto 31 und 32**: Der Stadtteil Kondhwa ist erst innerhalb der letzten 20 Jahre entstanden; die meisten Menschen leben in sog. *housing societies* in modernen Apartmentanlagen

**Foto 33**: Die *housing societies* sind nach außen durch Tore und Wachpersonal gesichert; innerhalb der Anlagen gibt es in manchen *societies* Spielplätze, kleine Gärten und Club Häuser für die Bewohner

Foto 34: In dem relativ jungen Stadtgebiet lassen sich vermehrt Supermarktfilialen als neues Phänomen im Urbanisierungsprozess nieder; damit sind auch neue Produkte verfügbar wie z.B. Tiefkühlkost und Fertiggerichte

Foto 35: In der Nachbarschaft befinden sich wie auch in UpperMiddle Class B mehrere Alkoholgeschäfte; die Verfügbarkeit von Alkohol hat in den beiden Gebieten in den letzten Jahren stark zugenommen

Foto 36: Viele Freiflächen in Gebiet C sind mit Abfällen verschmutzt; insbesondere die noch im öffentlichen Raum verbliebenen Abfallcontainer führen zu lokalen Verunreinigungen und ziehen streunende Tiere an

**Foto 37**: Auf Baustellen befinden sich häufig offene und stehende Wasserkörper, die ideale Brutstätten für Moskitos darstellen; in Gebiet C als jüngstem Gebiet ist die Bauaktivität besonders hoch

*Slum C*

**Foto 38**: Teilgebiet C1: Der Konsolidierungsgrad der Hütten variiert stark von soliden Steinhäusern bis hin zu Wellblechhütten

**Foto 39**: In Teilgebiet C2 bestehen nahezu alle Hütten aus Wellblech; das Gebiet ist direkt an einem *nallah* gelegen, der stark mit Abfällen verschmutzt ist und daher einen fauligen Geruch verbreitet; auch Brüten in dem *nallah* Moskitos

**Foto 40 und 41**: Teilgebiet C3 besteht aus verschiedenen Bereichen: im hinteren Teil des Slums stehen rudimentäre Wellblechhütten, der vordere Teil ist stark verdichtet und die Hütten konsolidiert; auf Foto 40 sieht man zudem Fässer zur Wasserspeicherung, die meist nicht fest verschlossen sind, auf Foto 41 einen kleinen Shop, der Chips und weitere Kleinigkeiten verkauft

**Foto 42**: In den Teilgebieten C2 und C3 entsorgen viele Anwohner ihren Abfall im öffentlichen Raum anstatt im dafür vorgesehenen Container; dies führt zu starken Verunreinigungen

**Foto 43**: Teilgebiet C3 ist um einen Schlachthof gewachsen; in dem Slum befinden sich viele informelle Betriebe, die Schlachtabfälle verarbeiten; dies führt zu einer hohen Geruchsbelästigung, einem hohen Fliegenaufkommen, zudem werden Abwässer in den Slum geleitet

**Foto 44**: Essensausgabe für Kleinkinder in einem Anganwadi in Teilgebiet C2

**Foto 45**: Das Zelt eines ayurvedischen „Wunderheilers" vor Teilgebiet C3; das Schild verspricht u.a. Heilung von Tuberkulose, Asthma, Diabetes („Zucker") und Bluthochdruck

## MEGACITIES AND GLOBAL CHANGE / MEGASTÄDTE UND GLOBALER WANDEL

herausgegeben von Frauke Kraas, Jost Heintzenberg, Peter Herrle und Volker Kreibich

Franz Steiner Verlag  ISSN 2191-7728

1. Susanne Meyer
   **Informal Modes of Governance in Customer Producer Relations**
   2011. 222 S. mit 15 Abb., 45 Tab., kt.
   ISBN 978-3-515-09849-6

2. Carsten Butsch
   **Zugang zu Gesundheitsdienstleistungen**
   Barrieren und Anreize in Pune, Indien
   2011. 324 S. mit 24 Abb., 11 Tab, 3 Ktn., 49 Diagr., kt.
   ISBN 978-3-515-09942-4

3. Annemarie Müller
   **Areas at Risk – Concept and Methods for Urban Flood Risk Assessment**
   A Case Study of Santiago de Chile
   2012. 265 S. mit 75 z.T. farb. Abb., kt.
   ISBN 978-3-515-10092-2

4. Tabea Bork-Hüffer
   **Migrants' Health Seeking Actions in Guangzhou, China**
   Individual Action, Structure and Agency: Linkages and Change
   2012. 294 S. mit 29 Abb., 37 Tab., kt.
   ISBN 978-3-515-10177-6

5. Carolin Höhnke
   **Verkehrsgovernance in Megastädten – Die ÖPNV-Reformen in Santiago de Chile und Bogotá**
   2012. 252 S. mit 17 Abb., 10 Tab., kt.
   ISBN 978-3-515-10251-3

6. Mareike Kroll
   **Gesundheitliche Disparitäten im urbanen Indien**
   Auswirkungen des sozioökonomischen Status auf die Gesundheit in Pune
   2013. 295 S. mit 53 Abb., 13 Tab. und 45 Fotos, kt.
   ISBN 978-3-515-10282-7